Der Blick nach den Sternen steht am Anfang menschlicher Kultur. Die frühesten Ackerbauern wußten um den Einfluß von Mond- und Sonnenjahren auf die belebte Welt. Sumerer, Assyrer und Ägypter berechneten die Bahnen der Gestirne äußerst präzise. Die Griechen vermuteten in den Bewegungen am Himmel eine Ordnung, die mathematischen Gesetzen genügen müsse. Namhafte Wissenschaftler beschreiben in diesem Buch das wachsende Wissen über kosmische Zusammenhänge – von Stonehenge bis hin zur modernsten Radioastronomie. Schritt für Schritt wird der Weg der großen astronomischen Entdeckungen nachgezeichnet.

Immer weiter reichende Radioteleskope und in den Weltraum entsandte Sonden sollen helfen, die Welträtsel zu entschlüsseln. Der Weg zu den Sternen ist zum Griff nach den Sternen geworden. Doch jede Antwort führt zu neuen Fragen. Die Autoren machen verständlich, womit sich die moderne Astronomie beschäftigt, wenn sie von Pulsaren, Quasaren und Schwarzen Löchern spricht. Es sind Fragen nach Anfang und Grenzen des Alls.

Der Herausgeber Uwe Schultz, Dr. phil., geboren 1936, war bis Ende 1994 Leiter der Hauptabteilung Kulturelles Wort beim Hessischen Rundfunk. 1966 erhielt er den Kurt-Magnus-Preis der deutschen Rundfunkanstalten, 1975 den Journalistenpreis des Deutschen Nationalkomitees für Denkmalschutz. Im Insel Verlag erschienen die von Uwe Schultz herausgegebenen Sammlungen *Speisen, Schlemmen, Fasten. Eine Kulturgeschichte des Essens* (1994) sowie *Das Duell* (insel taschenbuch 1995).

insel taschenbuch 1804
Uwe Schultz (Hg.)
Scheibe, Kugel, Schwarzes Loch

Scheibe, Kugel, Schwarzes Loch

Die wissenschaftliche Eroberung des Kosmos

Herausgegeben von Uwe Schultz

Insel Verlag

insel taschenbuch 1804
Erste Auflage 1996
Insel Verlag Frankfurt am Main und Leipzig
© 1990 C. H. Beck'sche Verlagsbuchhandlung, München
Alle Rechte vorbehalten
Lizenzausgabe mit freundlicher Genehmigung
des C. H. Beck Verlags, München
Hinweise zu dieser Ausgabe am Schluß des Bandes
Vertrieb durch den Suhrkamp Taschenbuch Verlag
Umschlag nach Entwürfen von Hermann Michels
Druck: Nomos Verlagsgesellschaft, Baden-Baden
Printed in Germany

1 2 3 4 5 6 – 01 00 99 98 97 96

Inhalt

Vorwort

Die unantastbare Wahrheit des Weltalls

„Galilei widerrief die Lehre von der Drehung der Erde
um die Sonne, und man fand die treffende Anekdote von
seinem nachher gesprochenen Wort: Und sie bewegt sich
doch. … Wahrheit, deren Widerruf sie nicht antastet."
Karl Jaspers: Der philosophische Glaube

1633, als Galileo Galilei sich gezwungenermaßen darauf vorbereitet, der
Aufforderung des Heiligen Offiziums zu folgen und nach Rom zu reisen,
schreibt er am 15. Januar an den Pariser Juristen Elia Diodati: „Ich höre
von wohlunterrichteter Seite, daß die Jesuitenpatres maßgebenden Orts die
Überzeugung eingeflößt haben, dieses mein Buch sei verabscheuungswürdi-
ger und der Heiligen Schrift schädlicher als die Schriften Luthers und
Calvins." Die Jesuiten irrten sich nicht. Die katholische Kirche konnte
Martin Luther verbannen und Giordano Bruno sogar verbrennen, und beide
hatten persönlich für ihre Glaubenswahrheit mit ihrer körperlichen Existenz
einzustehen, denn ihre Wahrheit wäre durch den Widerruf widerlegt worden.
Die Wahrheit, die Galilei am Himmel und in den physikalischen Bewegungen
der Körper entdeckt hatte, wäre durch seine Hinrichtung nach dem Prozeß
jedoch nicht angetastet worden, denn die Jupiter-Monde hätten weiterhin die
aristotelisch-dogmatischen Sphärenschalen zerschlagen, und kein Theologe
hätte diesen Befund auf der Linse des Fernrohrs tilgen können.

Aber im Prozeß mit gefälschten Dokumenten und angedrohten Folterin-
strumenten trennt sich die katholische Kirche für Jahrhunderte und bis heute
von der Naturwissenschaft und gibt die fortschrittlich-offene Toleranz der
Renaissance, den Glauben auf der Höhe der Wissenschaft und Forschung zu
halten, endgültig preis. Der Sieger im Häresie-Prozeß des Heiligen Offiziums
von 1633 wird zum Verlierer vor dem Gerichtshof der Geschichte, und der
gläubige Katholik Galilei, der seiner Kirche die modernsten Erkenntnisse
darbringt, um den Glauben auch wissenschaftlich auf der Höhe der Zeit zu
sehen, wird zum konsequenten Zeugen einer Wahrheit, die nicht das eigene
Blutopfer verlangt und deren von jedermann jederzeit im Beweis überprüfbare Gültigkeit die Wahrheit der Gottesbeweise, an die Papst Urban VIII.
wie Martin Luther gleichermaßen glaubten, weit hinter sich gelassen hat.

Dieser Wahrheit des Weltalls, die kein Widerruf anzutasten vermag, war die Sendereihe „Und sie bewegt sich doch – die wissenschaftliche Eroberung des Kosmos" gewidmet, die vom 5. Februar bis 23. Juli 1989 jeweils am Sonntagmorgen im Ersten Programm des Hessischen Rundfunks ausgestrahlt wurde und ein besonders lebhaftes Echo fand. Das Sendeprojekt vereinigte Astronomie-Historiker, Religionswissenschaftler, Physiker, Mathematiker, wissenschaftliche Publizisten und praktizierende Himmelsforscher mit ihren jeweiligen Spezialkenntnissen und auch ihrem individuellen Ausdruckswillen, denn Vorrang hatte die Fachkompetenz vor der stilistischen Einheitlichkeit. Die wöchentliche Abfolge verlangte zudem eine immanente Geschlossenheit des jeweils dargestellten Sachverhalts, was gelegentlich zu Überschneidungen führte, die im Buch zurückgenommen sind, jedoch erkennbar bleiben. Eine stilistisch-politische Überschneidung stellt auch die Schreibweise von Kopernikus/Copernicus dar, da der Autor Heribert Maria Nobis mit seiner Schreibweise auch nur den Schein vermeiden möchte, von deutscher Seite könnte national-orthografischer Anspruch auf den Astronomen von Frauenburg erhoben werden.

In dem legendären Galilei-Zitat der Sendereihe spricht sich eine Erkenntnis-Energie aus, die in der Menschheitsgeschichte von weit herkommt und in den Welt-Entwürfen *Scheibe, Kugel, Schwarzes Loch* bis heute entscheidende Etappen zurückgelegt hat. Es war zudem kein gradliniger Weg, wenn Aristarchos von Samos, der 310 v. Chr. geboren wurde, bereits die Sonne ins Zentrum der Welt rückte und die Planeten, einschließlich der Erde, um sie kreisen ließ. Vielmehr waren, seitdem zunächst die Berechnung des Sirius in der Hand ägyptischer Priester lag und noch früher Göttersteine oder der „Indische Zirkel" den Weg zu Sonne und Sterne fixieren sollten, Umwege unvermeidlich, da – wie Arthur Koestler die frühen Astronomen nannte – „Schlafwandler" sich mühsam vorwärtstasteten.

Um auf den weltweiten Suchprozeß mit seiner Methodenvielfalt in jeweils getrennten Kontinenten hinzuweisen, ist auch ein Ausblick auf die frühe Himmelskunde in China und Südamerika unternommen worden. Langsam gelang jedoch die Befreiung aus der naturmystischen Macht der antiken Götter, die als Namen der Planeten heute in nüchternen Sternzeichen gebannt sind, langsam verlieren die Sterne ihre Strahlungskraft als Schicksalsstifter, obgleich noch der „Mathematicus der Kaiserlichen Majestät und des Herzogs von Friedland" Johannes Kepler dem Feldherrn Wallenstein die berühmten „Rudolphinischen Tafeln" für eine astrologische Auswertung zur Verfügung stellte, und langsam löste sich der Blick von der Bibel – nach der Gott befahl: „Sonne stehe still zu Gibeon, und Mond im Tal von Ajalon" (Buch Josua 10,13) – und vermochte durch das Fernrohr am Firmament die Unbeweglichkeit der Sonne zu erkennen. Denn mit Galileo Galilei, der erstmals systematisch die Beobachtung dem mathematisch-physikalischen Beweis unterwarf, fand die Himmelskunde den Königsweg der stets ihre Erkenntnisse verifizierenden Wissenschaft und wich nicht mehr von ihm ab. Seitdem das Fernrohr dem Auge eine permanent fortschreitende Ausweitung seines Blickfeldes verschaffte, ist die Himmelskunde nicht nur an die Technik und ihren Fortschritt gebunden, die makrokosmische Vergrößerung des „Augen-Blicks" sprengt auch den Maßstab, der dem natürlichen Auge des Menschen in Raum und Zeit auf dieser Erde gesetzt ist. In einer neuen Dimension fordert damit die Physik des Kosmos wieder die Metaphysik des Menschen heraus, womit die Astronomie eine neue, erregende, radikal nachfragende Attraktion gerade auch für den Laien gefunden hat.

Denn wenn Röntgen-Satelliten und Radio-Teleskope in die Weiten des Weltalls zu sehen vermögen, wo die explosive Ausdehung des Kosmos möglicherweise in eine implodierende Rückwärtsbewegung umschlägt, dann stellt sich die Frage neu und alt-metaphysisch, was denn der Raum, der Kosmos, das Unendliche sei. Und wenn das vor kurzem gestartete Hubble-Teleskop mit seinem „übermenschlich" gesteigerten Auge die Geschichte des Weltalls um 15 Milliarden Jahre auf wenige Stunden nach dem „Urknall" zurückzudrehen vermag, dann verlangt diese wissenschaftliche Simulation folgerichtig die radikale Rückfrage danach, was Zeit im Grenzwert von Anfang und Ende des Weltalls noch zu leisten vermag und wo die neue „Zeitlosigkeit" vor dem „Urknall" oder nach dem Ende des Sonnensystems in fünf Milliarden Jahren beginnt. Gerade weil die modernen Astronomen – und sie tun es in diesem Buch so ruhig wie faszinierend – mit Raum und Zeit bis an den Grenzwert des „Unendlichen" hantieren und nur die kalten Eckwerte des Kosmos hinstellen, gerade deshalb erscheinen dem Menschen Geburt und Sterblichkeit der Welt wie Chaos und Ordnung des Universums als monströse Symbole seiner eigenen Existenz und ihrer offenen Fragen. Selbst ein so kühler Theoretiker des Himmels wie Immanuel Kant, der 1755 das „ganze Weltgebäude" und seinen „mechanischen Ursprung ... nach Newtonschen Grundsätzen abgehandelt" hat, verlangte jenseits der physikalischen Fakten eine metaphysisch-theologische Fortsetzung: „Es ist ein Gott eben deswegen, weil die Natur auch selbst im Chaos nicht anders als rechtmäßig und ordentlich verfahren kann."

So führt am immer noch nicht absehbaren Ende der astronomischen Erkenntnis des Kosmos das Wissen wieder vor die alten Fragen des Glaubens, doch die Wissenschaftler der Himmelskunde sind die Hohen Priester einer gnadenlos nüchternen Wahrheitslehre. Sie verweigern den astrophysikalisch dilettierenden Theologen nicht den Aufstieg in eine neue Allmachtsmystik, sie halten nicht höhnisch Gerichtstag über die eschatologischen Ängste oder Hoffnungen von Gläubigen der verschiedensten Konfession – sie treiben statt dessen mit Satelliten, Sonden, Teleskopen und einer entfesselten Technik die unantastbare Wahrheit des Weltalls in immer neue Weiten.

Uwe Schultz   *Frankfurt am Main, im Mai 1990*

Wolfhard Schlosser

Sterne und Steine

Erste Vermessungen des Himmels

Die Astronomie ist die älteste der Naturwissenschaften. Dieser schon sprichwörtliche Satz hat einen ebenso überraschenden wie überzeugenden Grund: Die Astronomie ist in mancherlei Hinsicht die einfachste der Naturwissenschaften! Den modernen Menschen, der mit der Astronomie die Arbeit an hochpräzisen Großteleskopen und den Umgang mit komplizierten Rechenverfahren verbindet, mag diese Feststellung verwundern. Und doch ist es so. Die elementaren Vorgänge am Himmel werden durch wenige einfache Naturgesetze geregelt, deren Wirkung fast gar nicht durch Nebeneffekte verdunkelt wird.

Hierzu ein Beispiel: Ein Halbmond am Abendhimmel hat mit zwingender Konsequenz eine Woche später den Vollmond zur Folge und dieser wiederum vierzehn Tage später das Verschwinden des Mondes für einige Tage. Monat für Monat wiederholt sich dieses Spiel, ändert sich nicht über Jahrtausende und kann an jedem Ort der Erde in gleicher Weise beobachtet werden. Kein Zweifel: Sobald der Mensch anfing, seine Umwelt auf vorhersagbare Phänomene hin zu beobachten, um im Lebenskampf besser bestehen zu können, müssen ihm die astronomischen Elementarerscheinungen aufgefallen sein. Es bleibt also festzuhalten, daß astronomische Grundtatsachen an allen Orten der Welt und zu jeder Zeit gelten – astronomische Kenntnisse sind ohne Einschränkungen übertragbar.

Ganz anders steht es um die zweite Art von himmlischen Erscheinungen, die Witterungsphänomene. Ganz sicher waren sie für das Überleben des frühen Menschen von weitaus größerer Bedeutung als etwa die Mondphasen. Obwohl das Wettergeschehen ebenfalls auf den Naturgesetzen basiert, so beeinflussen diese sich doch in einer so undurchsichtigen Weise, daß die Meteorologie trotz der Großcomputer bis heute keine langfristige Wetterprognose wagt. Meteorologische Erfahrungen sind daher kaum übertragbar.

Will man den Unterschied an Komplexität zwischen den einfachsten Erscheinungen der Astronomie und Meteorologie einmal drastisch formulieren: Der Meteorologe muß damit leben, daß seine Dreitagesvorhersage gelegentlich gründlich danebengeht; würde hingegen auch nur eine einzige der für das nächste Jahrhundert vorhergesagten Sonnenfinsternisse ausfallen, so wäre das Gebäude der Astronomie wie auch der Physik in seinen Grundfesten erschüttert.

Der krasse Unterschied in der Sicherheit astronomischer und meteorologischer Vorhersagen soll jedoch nicht darüber hinwegtäuschen, daß durchaus eine Kopplung zwischen den Ereignissen am Sternenhimmel und dem Wettergeschehen besteht. Die Hauptniederschläge im Einzugsgebiet der Quellflüsse des Nils finden im Frühjahr statt. Das durch sie bedingte Hochwasser des Nils erreichte in der Antike das weiter nördlich gelegene Ägypten zu einem Zeitpunkt, an dem der Sirius erstmalig wieder in der Morgendämmerung sichtbar wurde. Natürlich ist die Nilflut in Ägypten nicht durch den Sirius bedingt, sondern sie wird durch die Jahreszeiten bestimmt und hängt letztlich vom Lauf der Sonne ab. Die Sichtbarkeit der Fixsterne wird aber ebenfalls durch den Sonnenlauf bestimmt und erlaubt die Festlegung jahreszeitlicher Stichdaten oft viel direkter.

Alle Menschheitsepochen, die wir üblicherweise als „Geschichte" bezeichnen, sind durch Inschriften und Urkunden gut bekannt. Wo immer eine Kultur aus schriftloser Vorzeit in das Licht der Geschichte tritt, ihre prägenden Gestalten und geistigen Strömungen in Bilder-, Silben- und Buchstabenschriften zu uns sprechen, stets ist die Kenntnis des gestirnten Himmels voll entwickelt und fest in religiöse Vorstellungen eingebettet. Die Anfänge des menschlichen Interesses am Sternenhimmel und an den Bewegungen von Sonne und Mond verlieren sich in Zeiten, aus denen keine schriftlichen Zeugnisse auf uns gekommen sind. Die Erforschung der materiellen Hinterlassenschaften jener fernen Zeiten ist die Aufgabe des Vorgeschichtlers. Er weist die allerältesten Funde der Altsteinzeit zu. In diese für die Entwicklung der Menschheit so wichtige Epoche fallen die Erfindung des Faustkeils, die Nutzbarmachung des Feuers und die Höhlenmalereien von Altamira und Lascaux. Mit dem Ende der letzten Eiszeit vor etwa 10 000 Jahren beginnt die Mittelsteinzeit. Einen weiteren tiefen Einbruch in der Geschichte der Menschheit bildete der Übergang der Mittelsteinzeit zur Jungsteinzeit. In dieser Epoche, etwa vor 7500 Jahren, ging man in Mitteleuropa zum Ackerbau über. Und hier wird die „Astronomie der Vorzeit" erstmals zweifelsfrei wissenschaftlich faßbar.

Welche Spuren eines Interesses des Menschen am gestirnten Himmel sind aus jenen fernen Zeiten auf uns gekommen? Es sind weder Meßinstrumente noch Himmelskarten, sondern – Gräber. Seit der Neandertalerzeit, also seit über 60 000 Jahren, hat der Mensch seine Toten bestattet. Ergriffen von dem Mysterium des Todes, widmete bereits der vorzeitliche Mensch dem Grab seiner Angehörigen besondere Sorgfalt. Er suchte dem Toten durch Überstreuung mit Rötel die Farbe des Lebens zurückzugeben, rüstete ihn mit Wegzehrung für die Reise ins Jenseits aus – häufig auch mit Waffen und Schmuck. Oft schwang jedoch Angst mit. Fast alle jungsteinzeitlichen Kulturen begruben ihre Toten in einer besonderen Körperhaltung, die auf eine

Fesselung des Toten schließen läßt und als Furcht vor dem Wiedergänger gedeutet werden kann.

In den Totenkult flossen zu allen Zeiten religiöse Vorstellungen ein. Insofern geben die Gräber indirekte Hinweise auf die damalige Religion – und damit auch auf astronomische Kenntnisse. Von Vorteil ist für die Wissenschaft, daß Gräber im Regelfall unterirdisch liegen. Es besteht daher nicht das Problem wie bei den megalithischen Steinsetzungen. Diese oberirdischen Zeugnisse früher Astronomie sind meist eingestürzt oder umgefallen. Oft ist ihre ursprüngliche Stellung nicht mehr sicher zu rekonstruieren, und damit relativiert sich auch das wissenschaftliche Ergebnis.

Nur wenig läßt sich über das Interesse des altsteinzeitlichen Menschen an kosmischen Vorgängen vermuten. Vor allem wurden die berühmten Höhlenmalereien untersucht. Kürzlich hat der Münchener Astronom Felix Schmeidler eine astronomische Deutung gewisser Einzelheiten der Malereien von Lascaux vorgeschlagen.[1] Anderen war aufgefallen, daß die wenigen gut erhaltenen altsteinzeitlichen Gräber nach den Haupthimmelsrichtungen ausgerichtet waren. Leider gibt es weder genug Gräber aus dieser Zeit, noch sind die Interpretationen einiger weniger Höhlenmalereien zwingend, so daß wir auf diesem Gebiet noch nicht den Grad der Gewißheit haben wie bei späteren Epochen.

Das Antlitz unserer Erde wurde wiederholt von großen Eiszeiten geprägt, die bis weit in die geologische Vergangenheit zurückverfolgt werden können. Auch der Mensch wurde durch die Eiszeiten geformt. Die vorerst letzte Eiszeit ging vor etwa 10000 Jahren zu Ende. Danach zogen sich die bis weit nach Mitteleuropa hineinreichenden Gletscher zurück. Sie hinterließen tundra-ähnliche Landschaften, die sich der Mensch rasch wieder eroberte. Wie die Landschaft hatten sich auch Pflanzen- und Tierwelt gewandelt. Vorbei waren die Zeiten, als ein erlegtes Mammut einer Horde Menschen für längere Zeit als Nahrung dienen konnte. Mammute gab es nicht mehr, und der Mensch mußte mit kleinerem Jagdwild zufrieden sein. Verstärkt wandte er sich dem Fischfang und dem Sammeln von Schnecken und Muscheln an den Stränden der Meere und den Ufern der Flüsse und Seen zu. Noch heute finden wir an vielen Küsten die gewaltigen Abfallhaufen von Muschelschalen aus jener Zeit. Damals wurden das Fischernetz und die Reuse erfunden.

Die Erforschung dieser Epoche – der Mittelsteinzeit oder des Mesolithikums –, die in Europa etwa von 8000 bis 4000 v. Chr. währte, hat mit ähnlichen Problemen zu kämpfen wie bei der vorangegangenen Altsteinzeit. Es gibt einfach zu wenig Grabfunde, um sich ein klares Bild über Kult bzw. Religion jener Zeit machen zu können. Den umfangreichsten Katalog zu den Gräbern der Mittelsteinzeit hat der Prähistoriker Jan Čierny zusammengestellt. Trotzdem umfaßt er nur 223 Funde, obwohl er alle Grabungen zwischen Südskandinavien und Südfrankreich berücksichtigt.[2] Die ältesten

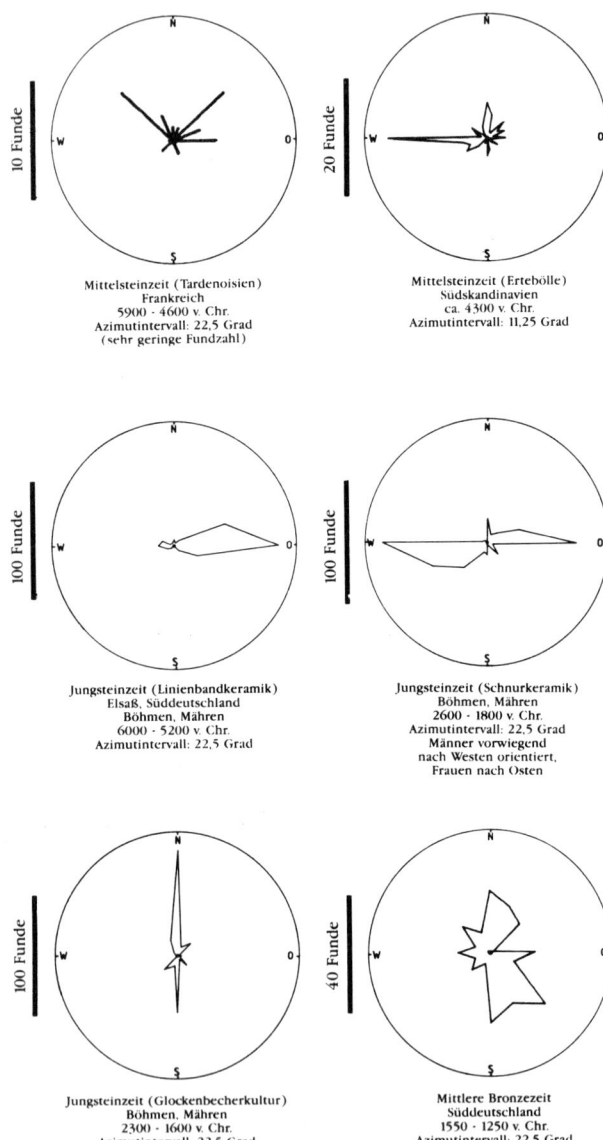

10 Funde

Mittelsteinzeit (Tardenoisien)
Frankreich
5900 - 4600 v. Chr.
Azimutintervall: 22,5 Grad
(sehr geringe Fundzahl)

20 Funde

Mittelsteinzeit (Ertebölle)
Südskandinavien
ca. 4300 v. Chr.
Azimutintervall: 11,25 Grad

100 Funde

Jungsteinzeit (Linienbandkeramik)
Elsaß, Süddeutschland
Böhmen, Mähren
6000 - 5200 v. Chr.
Azimutintervall: 22,5 Grad

100 Funde

Jungsteinzeit (Schnurkeramik)
Böhmen, Mähren
2600 - 1800 v. Chr.
Azimutintervall: 22,5 Grad
Männer vorwiegend
nach Westen orientiert,
Frauen nach Osten

100 Funde

Jungsteinzeit (Glockenbecherkultur)
Böhmen, Mähren
2300 - 1600 v. Chr.
Azimutintervall: 22,5 Grad
Männer vorwiegend
nach Norden orientiert,
Frauen nach Süden

40 Funde

Mittlere Bronzezeit
Süddeutschland
1550 - 1250 v. Chr.
Azimutintervall: 22,5 Grad

Gräber zeigen keine Ausrichtung nach den vier Haupthimmelsrichtungen oder anderen astronomisch bedeutsamen Horizontpunkten (Abb. 1, l. o.: Tardenoisien). So bleibt die Frage unbeantwortet, ob der Mensch sich schon vor 10 000 Jahren mit dem Lauf der Gestirne befaßte. Auszuschließen ist es nicht, denn auch eine hochentwickelte Astronomie muß sich keinesfalls im Totenkult niederschlagen. Unsere Zeit ist ein gutes Beispiel dafür.

Gegen Ende der Mittelsteinzeit beginnt sich jedoch in Skandinavien eine deutliche Westausrichtung der Gräber durchzusetzen (Abb. 1, r. o.: Erte-bölle). Diese ist an verschiedenen Fundorten zu beobachten, umfaßt eine große Anzahl von Gräbern und ist daher nicht zufällig. Die Genauigkeit, mit der die Westrichtung damals bestimmt wurde, betrug drei Grad. Ein bemerkenswerter Umstand bei diesem erstmaligen Sichtbarwerden eines dokumentierten Interesses des Menschen am gestirnten Himmel verdient festgehalten zu werden. Die skandinavischen Kulturen mit Westausrichtung standen nämlich in Kontakt mit Siedlern aus einer anderen Welt und einer neuen Zeit. Im Südosten war bereits die Jungsteinzeit angebrochen – eine neue Menschheitsepoche, in der erstmalig der Mensch planend in die Natur eingriff.

Der Übergang von der Mittelsteinzeit zur Jungsteinzeit verlief graduell: im Südosten Europas viel früher als im Norden. Der Beginn der mitteleuropäischen Jungsteinzeit – oder des Neolithikums – kann auf etwa 6000 v. Chr. angesetzt werden. An ihrem Anfang steht die „neolithische Revolution", die Einführung von Ackerbau und Viehzucht. Nachdem der Mensch zuvor ein Jäger und Sammler war, also gewissermaßen von der Hand in den Mund lebte, ging er jetzt zur planenden und vorausschauenden Tätigkeit des Bauern über. Die damit verbundene Umgestaltung des Lebens läßt sich in vielen Bereichen verfolgen. Bereits in der frühesten Phase der Jungsteinzeit – zur Zeit der sogenannten Linienbandkeramik – wurden große Häuser gebaut. Mit einem Grundriß von 6 mal 40 Metern hoben sie sich nicht nur vorteilhaft von den fellüberdachten Gruben der Mittelsteinzeit ab; sie würden auch heute noch, jedenfalls von der Wohnfläche her, ein veritables Bauernhaus abgeben.

Nicht alle Menschen der Jungsteinzeit waren ausschließlich Bauern. Einen Zweitberuf – wenn dieser moderne Ausdruck erlaubt ist – hatten die Glok-kenbecherleute, so genannt nach der für sie typischen Keramikform. Sie schürften nach Gold und Silber, die sie zu schmelzen verstanden. Hier bereitete sich schon die nachfolgende Bronzezeit vor.

◁ Abb. 1: Panorama historischer Ausrichtungen von Gräbern und Skeletten. Dazu wurden im Rahmen des Bochumer Archäoastronomie-Projekts sechs vorgeschichtliche Kulturen untersucht. Wie die Ausrichtungen verteilt sind, ist in Polarkoordinaten dargestellt. Man erkennt die Bedeutung der vier Himmelsrichtungen für den Totenkult, aber auch die kulturelle Vielfalt.

Bauerntum und Kalenderwesen sind untrennbar miteinander verbunden. Bereits der altgriechische Bauerndichter Hesiod, der um 700 v. Chr. lebte, beschreibt in aller Ausführlichkeit, welche landwirtschaftlichen Tätigkeiten beim Sichtbarwerden gewisser Sterne zu beginnen oder zu beenden waren. In entlegenen Gebieten haben sich derartige Regeln bis in unser Jahrhundert hinein erhalten. Bei diesen Tatsachen verwundert es nicht, daß mit dem Beginn der Jungsteinzeit die Gräber in überraschender Einheitlichkeit nach den vier Haupthimmelsrichtungen ausgerichtet waren, die nur astronomisch zu bestimmen sind. Die Einheitlichkeit im Großen enthält jedoch eine überraschende Vielfalt im Detail.[5]

Die frühe Stufe der Jungsteinzeit richtete die Skelette nach Osten aus, wobei die Schädel nach Süden blicken (Abb. 1, Mitte l.: Linienbandkeramik). Ein Unterschied zwischen Männern und Frauen wird nicht gemacht. Ganz anders die späten Stufen der Jungsteinzeit, in der die Geschlechter verschieden beigesetzt wurden. In den Gräbern der Schnurkeramik wurden die Frauen auf der Seite liegend mit dem Kopf nach Osten, die Männer mit dem Kopf nach Westen beerdigt (Abb. 1, Mitte r.: Schnurkeramik). Alle blicken jedoch nach Süden. Rechtwinklig dazu ruhen die Toten der Glockenbecherkultur. Auch hier eine einheitliche Blickrichtung, nämlich nach Osten, bei unterschiedlicher Lage der Toten. Die Männer liegen mit dem Kopf nach

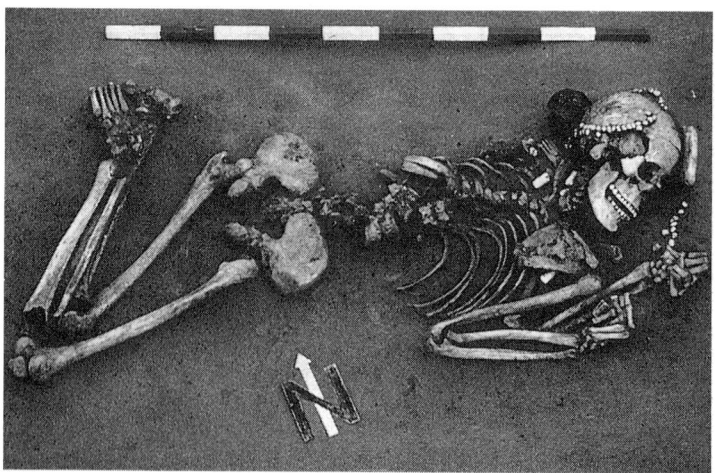

Abb. 2: Weibliches Skelett (etwa 5500 v. Chr.) aus der Zeit der Linienbandkeramik. Es wurde im Gräberfeld von Aiterhofen/Bayern gefunden. Die Tote wurde vermutlich mit gefesselten Beinen in der „Hockerstellung" begraben. Als Schmuck wurden Kamm, Schminkstein und Flußschnecken beigegeben. Die Ost-Ausrichtung der Toten war damals allgemein üblich (siehe Abb. 1, Mitte links).

Norden, die Frauen mit dem Kopf nach Süden (Abb. 1, l. u.: Glockenbecher-kultur).

Das verfallene Hünengrab in einsamer Heidelandschaft ist nicht nur romantisches Beiwerk vieler Heimaterzählungen, es kündet gleichzeitig von einer großen vorzeitlichen Kultur. Ihren Höhepunkt hatte diese Großstein- oder Megalithkultur am Ende der Jungsteinzeit. Sie war keineswegs auf Europa beschränkt, sondern reichte bis in den Nahen Osten. Beiderseits des Jordan können noch heute Tausende von Großsteinsetzungen besichtigt werden.

Der astronomisch oder historisch interessierte Laie verbindet heute mit vorzeitlicher Astronomie fast ausschließlich die der Megalithkultur und denkt vor allem an die großartige Steinsetzung von Stonehenge in Südengland. Dies ist besonders der Pionierarbeit des englischen Wissenschaftlers Alexander Thom zu verdanken, der seit den fünfziger Jahren mit einem Theodoliten durch England und Schottland zog und Hunderte von Steinringen und Steinreihen vermaß. Er verfaßte zwei Bücher über seine Forschungen, und seither ist die Megalithastronomie in aller Munde.[4] Stonehenge ist nur einer von vielen Megalithbauten und für eine Gesamtwürdigung der Astronomie dieser Zeit keineswegs entscheidend. Da Stonehenge jedoch so gut erforscht ist wie kaum ein anderes Bauwerk aus jener Zeit, soll es hier exemplarisch beschrieben werden.

Die ältesten Spuren reichen bis 3100 v. Chr. zurück. Von dieser ersten Bauphase zeugen 56 eigentümliche Löcher, die auf einem Kreis von 86 Metern Durchmesser liegen. Das Stonehenge der Ansichtskarten entstand um 2000 v. Chr. Damals wurden die torartigen Dreisteine (Trilithen) aufgestellt. Etwas älter dürfte der berühmte Fersenstein sein, der noch heute den Sonnenaufgang zur Sommersonnenwende markiert. Um 1100 v. Chr. schließlich kam eine Art Prozessionsstraße hinzu. Diese liefert nach Meinung des Stonehengespezialisten R. J. C. Atkinson das überzeugendste Argument für eine astronomische Funktion von Stonehenge. Ihre Richtung weicht von der des Sonnenaufgangs zu Sommerbeginn nur um wenige Bogenminuten ab.[5] Dies entspricht übrigens auch der Orientierungsgenauigkeit der Cheopspyramide, deren vier Grundseiten ähnlich exakt nach den Haupthimmelsrichtungen weisen.

Die umwohnende Landbevölkerung hat Stonehenge noch über ein Jahrtausend danach als etwas Besonderes in Erinnerung behalten. Wie Luftaufnahmen gezeigt haben, ist das Areal von Stonehenge bis um 500 n. Chr. landwirtschaftlich nicht genutzt worden – fast 4000 Jahre nach den ersten Bauspuren! Doch damit ist das Kapitel „Megalithkultur" für die dortige Bevölkerung noch keineswegs abgeschlossen. Der archäologisch interessierte Wanderer, der die vielen Megalithbauten im weiteren Umfeld von Stonehenge aufsucht, wird nicht selten einen frischen Blumenstrauß oder ein Erntedankopfer auf den alten Steinplatten finden.

Was sind die gesicherten Fakten der Megalithastronomie? Ohne Zweifel war die präzise Kenntnis der Sonnenbahn gegeben. Viele Steinringe scheinen auch nach hellen Fixsternen orientiert zu sein. Allerdings ist dabei ein Problem zu beachten. Könnte man eine megalithische Steinsetzung auf etwa hundert Jahre genau datieren, so wären solche Koinzidenzen auch im Einzelfall genau zu belegen. Leider ist dies nie der Fall, und Sterne verändern bereits in hundert Jahren durch die sogenannte Präzession deutlich ihre Auf- und Untergangspunkte. Bei der Vielzahl der Steinsetzungen sprechen aber statistische Argumente durchaus für eine Berücksichtigung auch der Fixsterne. Schließlich darf auch vermutet werden, daß der Mondlauf mit seinem neunzehnjährigen Zyklus bekannt war. Insbesondere die 56 Aubreylöcher, der älteste Teil von Stonehenge, erlauben nach einem einfachen Merkschema die Berechnung vieler Sonnen- und Mondfinsternisse – auch noch für unsere Zeit. Ob dies aber tatsächlich so war, das können wir nicht sagen. Vorgeschichte heißt „Geschichte ohne Schrift", und irgendwelche schriftlichen „Gebrauchsanweisungen" für Stonehenge sind daher nicht auf uns gekommen.

Die Megalithkultur reicht bis in die Bronzezeit hinein. Es ist diejenige Menschheitsepoche, in der erstmalig Metall nicht mehr vornehmlich zu Schmuck, sondern auch zu Waffen und Arbeitsgeräten verarbeitet wurde. Die Astronomie der in die Bronzezeit hineinreichenden Megalithkultur, die sicher nicht unbedeutend war, sollte jetzt eigentlich voll zur Entfaltung kommen. Leider ist das Gegenteil der Fall. Eine großangelegte Bestandsaufnahme, die der Münchner Forscher Bert Wiegel durchführte und die 2350 Gräber in einer Datenbank erfaßte, ergab fast keine bevorzugte Ausrichtung der bronzezeitlichen Gräber – jedenfalls nicht für die Mittlere Bronzezeit in Mitteleuropa (Abb. 1, r. u.).[6] Derselbe Forscher fand bei Grabungen in Bayern ringförmige Bodenstrukturen, die sehr wohl nach den Haupthimmelsrichtungen hin orientiert sind. Dies ist ein erneuter Beweis dafür, daß in den Totenkult nicht unbedingt astronomische Kenntnisse einfließen müssen. Eine Orientierung der Gräber nach den vier Haupthimmelsrichtungen läßt auf himmelskundliche Kenntnisse schließen – eine fehlende aber keineswegs auf einen Mangel daran!

Das „Panorama prähistorischer Ausrichtungen" (Abb. 1) zeigt bei aller Vielfalt der Kulturen eine Gemeinsamkeit: die auffällige Betonung der vier Haupthimmelsrichtungen Nord, Süd, Ost und West. Die Daten zu diesem Diagramm entstammen dem Forschungsprojekt „Archäoastronomie", das seit 1978 an der Ruhr-Universität Bochum läuft.[7] Eines der Ziele dieses Forschungsprogrammes war die Klärung der Frage, mit welcher Genauigkeit der vorgeschichtliche Mensch die Haupthimmelsrichtungen bestimmen konnte. Zu diesem Zweck wurden für mehrere Gräberfelder die Orientierungen der Grabgruben und/oder Skelette mit einer Genauigkeit von zwei Grad bestimmt. Abbildung 3 zeigt als Beispiel die Verteilung der Ausrichtung der

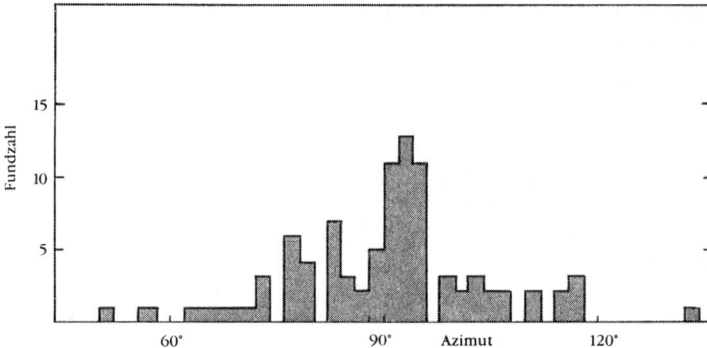

Abb. 3: Orientierung der großen Achsen der Gräber von Aiterhofen/Bayern aus der Zeit der Linienbandkeramik. Das Azimut von 90 Grad entspricht der Ostrichtung. Die Einteilung in Intervalle von 2 Grad läßt eine „steinzeitliche Meßgenauigkeit" von rund 3 Grad erkennen.

Grabgruben des kürzlich erschlossenen linienbandkeramischen Gräberfeldes von Aiterhofen in Bayern. Man erkennt, daß vor 7500 Jahren die Ostrichtung fast exakt getroffen wurde; die Abweichung betrug etwa drei Grad. Ein „steinzeitlicher Meßfehler" von drei Grad konnte auch für die mittelsteinzeitliche Ertebøllekultur und das endjungsteinzeitliche Gräberfeld von Vikletice ermittelt werden. Soweit der Befund. Es fragt sich nun, welche Verfahren dem Menschen der Frühzeit zur Verfügung standen, um etwa die Ostrichtung mit dieser Genauigkeit festzustellen.

Würde man einen Zeitgenossen auffordern, die vier Haupthimmelsrichtungen festzulegen, so fiele ihm sicher als erstes der Kompaß als Hilfsmittel ein. Das wäre eine gute Wahl, denn die Kompaßnadel zeigt mit nur geringer Abweichung nach Norden, jedenfalls bei uns in Mitteleuropa. Allerdings kam der Kompaß erst im Mittelalter nach Europa. Ohne Kompaß wäre unser Proband vermutlich in Nöten. Dann erinnert er sich vielleicht, daß die Sonne mittags im Süden steht. Er schaut auf die Uhr, zeigt um Punkt Zwölf zur Sonne und sagt: „Dort ist Süden." Damit ist ein Fehler von etwa sieben Grad vorprogrammiert, bei Gültigkeit der Sommerzeit sogar von über zwanzig Grad! Dieser Irrtum rührt natürlich von unserer standardisierten Zeit her, die als „Mitteleuropäische Zeit" der wahren – das heißt der Ortszeit – eine halbe Stunde vorauseilt, im Sommer sogar, wenn die Mitteleuropäische Sommerzeit gilt, um eineinhalb Stunden.

Den vorzeitlichen Menschen standen keine modernen Uhren zur Verfügung. Es ist ziemlich sicher, daß sie mit Schattenstäben ganz nach Art unserer Sonnenuhren den Lauf der Sonne verfolgten. Steckt man einen Stab senkrecht in den Boden, so kann man den Sonnenstand gut an der

Schattenlänge verfolgen. Der kürzeste Schatten tritt bei Sonnenhöchststand ein, also beim Südstand der Sonne. Beobachtet man jedoch den Stabschatten um die Mittagszeit herum, so läßt sich über mehr als eine Stunde überhaupt keine deutliche Veränderung der Schattenlänge feststellen. Damit ist die Südrichtung innerhalb eines Winkelbereichs von 15 bis 20 Grad festzulegen, nicht aber innerhalb von 3 Grad wie in der Steinzeit. Worin bestand der meßtechnische Trick unserer Vorfahren?

Genau wissen wir es natürlich nicht. Die Völkerkunde hat jedoch in vielen Gebieten unserer Welt ein Verfahren nachgewiesen, das als „Indischer Kreis" bekannt geworden ist. Mißt man nämlich nicht die Schattenlänge um die Mittagszeit herum, sondern bestimmt etwa mit einer Schnur, wann der Schatten am Vor- und Nachmittag die gleiche Länge hat, so gibt die Winkelhalbierende dieser Richtungen exakt die Nord-Süd-Richtung an. Die Genauigkeit des Verfahrens liegt bei einem Grad oder darunter. Die große Verbreitung dieses Meßverfahrens deutet auf ein hohes Alter hin. Kein anderes ähnlich einfaches Prinzip erlaubt die Festlegung der Mittagslinie. Wir dürfen daher davon ausgehen, daß Schattenstäbe die frühesten astronomischen Meßinstrumente waren, die Vorläufer unserer Großteleskope und Satelliten. Die Menschen der Steinzeit müssen auch über einen Grundbestand an astronomischen und geometrischen Kenntnissen verfügt haben. Sonst wäre ihnen weder die Symmetrie der Sonnenbahn zum Südpunkt bekannt gewesen noch die Winkelhalbierende als Konstruktionsvorschrift für die Mittagslinie. Beides sind aber unentbehrliche Voraussetzungen für das Funktionieren des Indischen Kreises.

Die Spatenforschung ist nicht die einzige Wissenschaft, die eine Brücke zur Vergangenheit schlägt. Auch die Völkerkunde liefert Beispiele für Beobachtungsverfahren ältester Zeiten, die in entlegenen Ländern noch bis in unser Jahrhundert hinein praktiziert wurden. Lehrreiche Fallstudien zum Thema „Frühe Kalenderbestimmung" konnten noch um die Jahrhundertwende herum im Hindukusch und Pamir-Gebirge betrieben werden. Hier wohnten seit alten Zeiten Bergstämme, die wegen ihrer Abgelegenheit nur selten von Fremden besucht wurden. Sie waren bis 1896 nicht islamisiert und hingen noch der alten indo-iranischen Religion an. Trotz ihrer räuberischen Natur und den recht primitiven Lebensumständen verfügten die Bergbewohner über ein gut funktionierendes System zur Zeitbestimmung. Der englische Forschungsreisende Robertson, der um 1890 längere Zeit unter ihnen lebte, war überrascht, daß die Bevölkerung praktisch auf den Tag genau zu den großen Festen zusammenkam, obwohl die Menschen sonst wegen der großen Entfernungen und des unwegsamen Geländes kaum Kontakt untereinander hielten.[8]

Zwei Expeditionen, die von der Deutschen Forschungsgemeinschaft in dieses Gebiet entsandt wurden, konnten dieses Rätsel lösen. Der Sprachwissenschaftler und Kalenderfachmann Wolfgang Lentz fand in vielen Dörfern

Vorrichtungen zur Bestimmung des Jahreslaufs. Schien beispielsweise die Sonne bei ihrem Aufgang zwischen zwei Felsen hindurch genau auf einen Maulbeerbaum, so war Frühlings-Tag- und Nachtgleiche und damit Jahresanfang. Ein anderes Dorf stellte durch das abendliche Verschwinden der Sonne hinter einer bestimmten Felsspitze den Tag der Sommersonnenwende ·fest. So hatte jedes Dorf seine eigenen Kalendermerkpunkte, die von angesehenen Mitgliedern der Dorfgemeinschaft ständig kontrolliert wurden. Meist blieb dieses Wissen in der Familie und ging vom Vater auf den Sohn über. Da diese „Kalendermänner" sehr angesehen waren, oblag ihnen auch oft die Durchführung der religiösen Zeremonien.[9]

Größere Stammesverbände, die von einem König regiert wurden, erhielten von ihm die Einteilung des Jahresverlaufs. Damit hat noch bis in unsere Zeit hinein eine Praxis überlebt, die für das persische Reich unter Darius dem Großen archäologisch erschlossen wurde. Hier war es der Großkönig selbst, der in seinem Palast von Persepolis ein halbes Jahrtausend vor Christus den Jahresanfang feststellte und in seinen Satrapien verkünden ließ. Ähnliche Beispiele wie die aus dem indo-iranischen Raum ließen sich auch aus anderen Weltgegenden bringen. Insgesamt überrascht immer wieder die Einheitlichkeit astronomischer Beobachtungsverfahren und ihre Unveränderlichkeit in Raum und Zeit. Dies ist natürlich die Folge unserer kleinen Erde im großen Kosmos, von der aus gesehen die Erscheinungen am Himmel alle ähnlich verlaufen.

Zum Abschluß noch einige Worte zu einem Forschungsgebiet, das möglicherweise tief in die Geschichte der Menschheit zurückführt, in seinen Ergebnissen aber nicht die Schärfe etwa der Archäoastronomie erreicht. Es handelt sich um die Deutung der Märchen, Sagen und Bräuche – nicht nur bei uns, sondern in aller Welt. Auffällig ist, daß dabei häufig Zahlen vorkommen, die zwanglos astronomischen Phänomenen zugeordnet werden können. Unter den kleineren Zahlen kommen die 7 und 12 auffällig oft vor, die natürlich der Anzahl der Tage in der Woche beziehungsweise der Monate im Jahr entsprechen. Unter den größeren Zahlen fallen 19 und 30 auf. Neben der 30 als Zahl der Tage im Monat ist besonders die 19 bemerkenswert. Hier könnte eine Eigentümlichkeit der Mondbewegung erkannt worden sein, die in der Statistik der Sonnen- und Mondfinsternisse eine wichtige Rolle spielt.

Vielleicht weisen unsere Märchen aber noch direktere Bezüge zum himmlischen Geschehen auf. So deutet der Märchenforscher Ralf Koneckis den Wettlauf zwischen dem Hasen und Igel im Grimmschen Märchen als Abbild des monatlichen Fangspiels von Sonne und Mond.[10] Möglicherweise behandeln aber auch andere unserer Märchen, Mythen und Bräuche in stark verdunkelter Weise kosmische Vorgänge, ohne daß dies bisher aufgedeckt werden konnte. Für die Vorgeschichte der Astronomie kann die vorsichtige Wissenschaft einen Grundbestand astronomischer Kenntnisse des frühen

Menschen sicherstellen. Aber genauso, wie die wenigen Hinterlassenschaften aus jenen fernen Zeiten nur einen kargen Abglanz der damaligen Lebensfülle widerspiegeln: Genauso dürfte die gesicherte Erkenntnis nur einen kleinen Teil des damals wirklich vorhanden gewesenen Wissens über die Bewegung von Sonne, Mond und Sternen darstellen.

Tilman Spengler

Die Häuser des Mondes

Geschichte der chinesischen Astronomie

Der Anfang verflüchtigt sich – wie überall auf der Welt – in Mythologie. Der Ur-Chinese, der legendäre Reichsgründer Fuxi, soll in den Jahren 2852–2773 v. Chr. regiert haben. Seine Mutter hieß „Blütenall" und war die leibliche Erscheinung des Sternenhimmels und auch der Erde, denn die Sterne entsprachen dem Samen der Pflanzen. Fuxis Mutter wandelte in den Fußspuren eines großen Wesens auf der Oberseite des Sternenzeltes; diese Fußspuren waren die verschiedenen Formen des Mondes am nächtlichen Himmel. So wurde Fuxi eine Gottheit des Mondes und des Kalenders.

Ein gewaltiger historischer Sprung führt in das zweite vorchristliche Jahrhundert. In dem Geschichtsbuch *Die Frühlings- und Herbstannalen des Lü Buwei* ist zu lesen: „Im ersten Frühlingsmonat steht die Sonne im Zeichen Ying Shi ... In diesem Monat begeht man den Eintritt des Frühlings. Drei Tage vor dem Eintritt des Frühlings begibt sich der Großastrologe zum Himmelssohn und spricht: An dem und dem Tag ist Frühlingseintritt; die wirkende Kraft beruht auf dem Holz ... Der Himmelssohn fastet dann. Am Tag des Frühlingsantritts befiehlt der Himmelssohn dem Großastrologen, auf die Wahrung der Gesetze zu achten und Verordnungen zu erlassen, den Lauf des Himmels, der Sonne, des Mondes, der Sterne und Sternzeichen zu beobachten, damit die Mondhäuser in ihrem Rückgang ohne Irrtümer festgestellt werden, damit die Bahnen nicht falsch berechnet werden und der Frühlingseintritt als fester Punkt bestimmt wird."

Soweit Lü Buwei, ein reicher Kaufmann, der festgehalten wissen wollte, was am chinesischen Himmel zu beachten ist, damit die Ordnung auch auf Erden nicht gestört wird. Zur damaligen Zeit trug dafür das Ministerium der Riten Sorge, das ein eigenes Kalenderamt unterhielt, das sogenannte „Amt für die kaiserlichen Befehle zur Angleichung an den Himmel". In diesem Amt wiederum arbeiteten zwei Hauptreferate: die „Abteilung für das Gesetz der Zeit" und die „Abteilung für die Zeichen des Himmels". Übersetzt man diese beiden Begriffe in eine uns geläufigere Terminologie, dann kann man von einem Amt für Astronomie und einem für Astrologie reden.

Im *Zhou Li*, einem Werk aus dem 2. Jahrhundert v. Chr., lesen wir über die Aufgabenverteilung zwischen den kaiserlichen Astronomen und deren

Kollegen von der Astrologie: „Der Astronom befaßt sich mit den zwölf Jahren, der Bahn des Jupiter, den zwölf Monaten, den zwölf Doppelstunden, den zehn Tagen und den Positionen der 28 Leitsterne. Er unterscheidet zwischen ihnen und fügt sie in eine Ordnung, so daß er einen Plan des Himmels anfertigen kann. Er beobachtet die Sonne zur Sommer- und zur Winterwende, und er beachtet den Mond bei der Tag- und Nachtgleiche im Frühling und im Herbst, um so die Abfolge der vier Jahreszeiten festzulegen."

Zu den Aufgaben der Astrologen dagegen zählte: „... das Festhalten der Bewegungen der Planeten, der Sonne und des Mondes, um Aufschluß darüber zu erhalten, was auf der Erde vorgeht, um gutes und schlechtes Schicksal zu unterscheiden und vorauszusagen ... So warnt der Astrologe den Kaiser und kommt der Regierung zu Hilfe und räumt die Möglichkeit ein, die Zeremonie je nach den Umständen umzuändern."

Damit sind bereits einige wesentliche Bestimmungen der chinesischen Sternkunde sichtbar: Sie war von Anfang an eine Staatswissenschaft, zu bedeutend für das Schicksal des Reiches und der Menschen, um sie Privatleuten überlassen zu können. Denn nach den chinesischen Vorstellungen der Entsprechung von Mikrokosmos und Makrokosmos gab es keine Zufälle am Himmel. Die Astronomie hatte eine eminent wichtige Bedeutung für die Festlegung des Kalenders; ihr Nutzen resultierte natürlich aus den Gegebenheiten eines Agrarstaates und der Notwendigkeit, über die Zeitpunkte von Aussaat und Ernte, über Wintereinbruch und Schneeschmelze rechtzeitig informiert zu sein. Es gab darüber hinaus auch noch einen tiefer gehenden, herrschaftsgeschichtlichen Aspekt: Der Kaiser, der Sohn des Himmels, war auch der Herr über die Zeit seiner Untertanen. Wer sich eine eigene Zeitrechnung anmaßte – und das taten häufig genug Abtrünnige und Aufständische – verfiel schon deshalb der ganzen Schärfe des Gesetzes.

Da es also keine Zufälle am Himmel gab, mußten alle Zeichen, alles Außergewöhnliche – wie Sonnen- und Mondfinsternisse, das Auftauchen von Novä oder Supernovä, von Kometen oder Sonnenflecken – sorgfältig registriert und gedeutet werden. Das war für die Geschichte der Sternerfassung nicht nur in China ein gewaltiger zivilisatorischer Beitrag.

Bevor beschrieben wird, *wie* diese Erkenntnisse gesammelt wurden, sei ein kurzer Blick auf die grundlegenden Vorstellungen der Chinesen über den Aufbau des Kosmos geworfen: Eine der ältesten sah den Himmel als eine Halbkugel oder einen Schirm über der Erde, der die Form einer umgestülpten Reisschale hatte. Einer quadratischen Schale allerdings, denn die Erde wurde viereckig, der Himmel dagegen rund gedacht. Umgeben war die Erde von den Ozeanen, wenn man so will: den Auffangbecken für das Wasser, das vom Himmel auf die Erde herabregnete. In frühen Vorstellungen drehte sich die Himmelshalbkugel – mit dem Großen Bär in der Mitte – wie ein Mühlrad. Dabei nahm sie Sonne und Mond mit, die allerdings auch ihrerseits

Abb. 4: Der Große Bär trägt einen der himmlischen Bürokraten. Auf dem Originalrelief des Totenschreins von Wu Liang (um 147 n. Chr.) befindet sich der Geist mit dem einzelnen Stern jenseits des letzten Sterns der „Deichsel": Vermutlich handelt es sich bei dem isolierten Stern um Bootes gamma.

eine Bewegung vollführten. In diesen archaischen Konzeptionen waren die Sterne noch am Himmel befestigt, doch bereits im 3. Jahrhundert v. Chr. wurde dieser Gedanke aufgegeben. Der Astronom Ge Hong führte dazu aus: „Sonne, Mond und die Gesellschaft der Sterne treiben frei im leeren Raum, bewegen sich oder stehen still. Sie alle bestehen aus kondensiertem Dampf. Somit erscheinen Sonne, Mond und die fünf Planeten bisweilen, bisweilen verschwinden sie. Weil sie nirgendwo verankert sind, oder festgebunden, können ihre Bewegungen so sehr unterschiedlich ausfallen. Von den himmlischen Körpern hält der Polarstern immer seine Position, und der Große Bär geht nie – wie die anderen Sterne – hinter dem westlichen Horizont nieder ... Die Geschwindigkeit der Sterne hängt von ihrer individuellen Art ab, was beweist, daß sie an nichts festgemacht sind. Denn wenn sie am Körper des Himmels festgeschnallt wären, könnte dies nicht der Fall sein."

In China wurde der Kosmos somit ganz anders erfaßt als etwa bei den Babyloniern, den Ägyptern und den Griechen – und entsprechend schufen sich die Chinesen auch ein ganz anderes Bezugssystem, um die Botschaft zu ordnen, die ihnen die Sterne vermittelten. Um die Andersartigkeit des chinesischen System erkennbar zu machen, sei es gegenübergestellt dem bekannteren griechischen Modell, wie es übrigens schon vor achtzig Jahren der französische Wissenschaftshistoriker und Sinologe de Saussure machte. De Saussure brachte den Unterschied auf folgende Formel: Die griechische Astronomie operierte mit der Ekliptik und der Höhe der Sterne; sie zielte auf mathematische Wahrheit und war auf den Ablauf eines Jahres bezogen. Dagegen richtete sich die chinesische Astronomie auf den Äquator, bemühte sich um statistische Mittelwerte, ging von Stunden und von Tag-/Nachtfolgen aus.

Diese grobe Charakterisierung eines der Pioniere der westlichen Erkundung der chinesischen Astronomie hat über die Jahrzehnte nichts von ihrer Prägnanz verloren. So formulierte der chinesische Astrophysiker und Wissenschaftshistoriker Ho Peng Yoke den Sachverhalt vor kurzem so: „Die traditionelle chinesische Astronomie unterscheidet sich in vieler Hinsicht von der vor-kopernikanischen Astronomie des Westens, so etwa durch den Gebrauch des Polar-/Äquatorialsystems anstelle des ekliptischen Systems, durch das Fehlen eines geometrischen Systems zur Erklärung der Himmelskörper und durch die fehlende Vorstellung von Fixsternen."

Der britische Wissenschaftsforscher Joseph Needham hat das am Gegensatzpaar „Nachbarschaft" und „Gegenübersetzung" demonstriert. Sein Ausgangspunkt ist dabei die Schwierigkeit aller traditionellen Astronomen, die Position der Sonne im Verhältnis zu anderen Sternen zu bestimmen, denn die Helligkeit der Sonne macht ja eine gleichzeitige Beobachtung dieser Sterne unmöglich. Die Ägypter und die Griechen bemühten sich um eine „nachbarschaftliche" Lösung, sie gingen das Problem an, indem sie ihre Aufmerksamkeit auf das Aufgehen und Versinken von Sternen nahe der Ekliptik, kurz vor Sonnenaufgang und kurz nach Sonnenuntergang, richteten. Das vom Sonnenstand abhängige Erscheinen oder Verschwinden eines Sterns gibt auf ein paar Tage genau den Stand innerhalb des jährlichen Tageskreises an. Das berühmteste Beispiel: das vom Sonnenstand abhängige Erscheinen des Sirius, der die Ägypter vor den bevorstehenden Überflutungen durch den Nil warnte.

Dieses Phänomen hängt damit zusammen, daß Konstellationen, die zu einer bestimmten Jahreszeit kurz vor Sonnenaufgang am südlichen Himmel wahrgenommen werden können, immer weiter nach Westen vordringen, dabei nimmt die Dauer ihrer Sichtbarkeit beständig ab. Drei Monate später stehen sie nur noch so niedrig über dem Horizont, daß sie fast sofort nach ihrem Aufgehen wieder untergehen – worauf sich dann der Zyklus fortsetzt. Für diese Beobachtung benötigte der ägyptische Astronom keine Kenntnis von Himmelspol, Meridian oder Himmelsäquator, doch sie führte ihn zur Erkenntnis der Tierkreiszeichen und lenkte seine Aufmerksamkeit auf den Horizont und auf die Ekliptik.

Die Chinesen verfuhren da anders. Ihre Neugier galt dem Polarstern, dem Himmelspol und den Zirkumpolarsternen, die weder auf- noch niedergehen. Für sie war der Meridian entscheidend, der Großkreis, der den Polarstern umgibt und den Zenit des Beobachters durchmißt. Und sie stützten sich auf die Kulminationen sowie die unteren Durchgänge der Zirkumpolarsterne.

Der zentrale Bezugspunkt der chinesischen Astronomie war der Himmelspol. Das entsprach dem allgemeinen kosmologischen Bezugsrahmen. Denn der Himmelspol hatte dieselbe Bedeutung wie der chinesische Kaiser. Jedes Kind, wenn es denn in den Genuß einer klassischen Ausbildung kam, konnte den berühmten Satz aus dem *Lun Yü* des Konfuzius zitieren: „Der Meister sprach: Wer seine Herrschaft gestützt auf seine Tugend ausübt, den kann man dem Polarstern gleichsetzen, der seine Position behält, während alle Sterne um ihn kreisen."

Doch die Analogie geht noch weiter. In seinem monumentalen Geschichtswerk *Science and Civilization in China* schreibt Needham: „So wie der

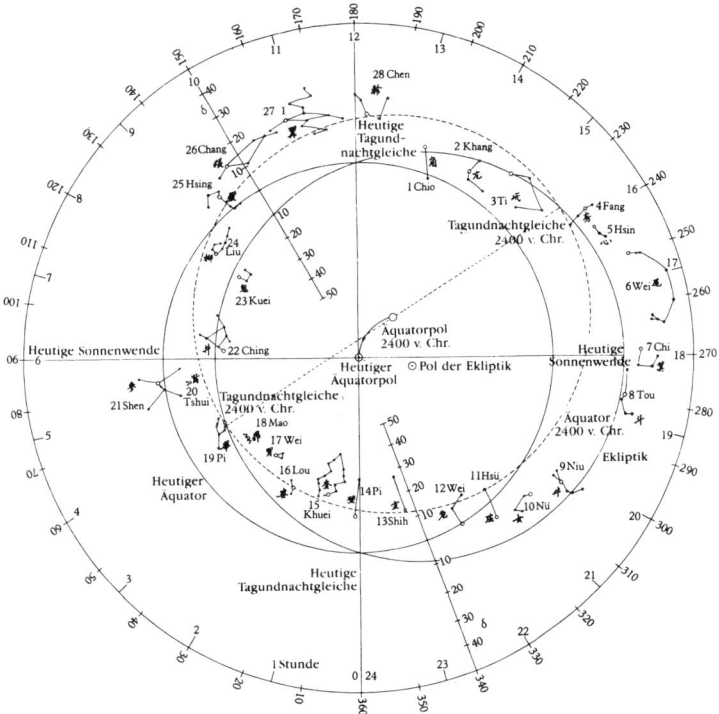

Abb. 5: Himmelskarte des *hsiu*, der 28 Häuser des Mondes. Im ersten Jahrtausend vor Christus schufen die Chinesen ein vollständiges System von äquatorialen Einteilungen, den sogenannten Häusern des Mondes, die durch jene Punkte bestimmt waren, in denen die Stundenkreise den Äquator durchschnitten.

Einfluß des Sohns des Himmels auf Erden in alle Richtungen ausstrahlte, so breiteten sich die Stundenkreise vom Himmelspol aus. Während des ersten Jahrtausends vor unserer Zeitrechnung schufen die Chinesen ein vollständiges System von äquatorialen Einteilungen, den sogenannten Häusern des Mondes, die durch jene Punkte bestimmt waren, in denen diese Stundenkreise den Äquator durchschnitten. Auf chinesisch heißen sie *Xiu*. Man muß sie sich als Segmente der Himmelskugel vorstellen (wie die Scheiben einer Orange), abgegrenzt durch Stundenkreise und nach Konstellationen benannt, die als Leitsterne dienten, Sterne also, die auf diesen Stundenkreisen lagen und die Ausdehnung in jedem dieser Mondhäuser nach Winkelgraden auszuzählen gestatteten. Viele europäische Gelehrte fanden es fast unmöglich zu glauben, daß ein vollständiges äquatoriales System der Astronomie entstehen konnte, ohne vorher eine Phase durchlaufen zu haben, in der die Ekliptik, in der die Tierkreiszeichen eine Rolle spielten. Doch ganz ohne Zweifel geschah genau das.«

Nachdem aber die Häuser des Mondes einmal festgelegt waren, konnten die chinesischen Astronomen ihre Sterngruppen auch finden, wenn sie mit dem bloßen Auge oder dem »Weitsehrohr« – einem Fernglas ohne Linsen – nicht auszumachen waren. Sie mußten lediglich aus den Meridianpassagen der Zirkumpolarsterne extrapolieren, die sie den fraglichen Sternen zugeordnet hatten. So wurde, schließt Needham, das Problem der hellen Sonne und der unsichtbaren Sterne gelöst, durch »Gegenübersetzung«, wie denn auch die Position des Vollmonds der unsichtbaren Position der Sonne genau gegenüberliegt. Sobald einmal die tägliche Himmelsdrehung voll verstanden war, konnten die Kulminationen und unteren Durchgänge der Zirkumpolarsterne die Position eines jeden beliebigen Punktes auf dem Himmelsäquator festlegen.

Wann das System der Häuser des Mondes entstand, ist immer noch Anlaß für manchen wissenschaftlichen Eifer. Der chinesische Historiker Dong geht davon aus, daß sich erste Formen bereits im 14. Jahrhundert v. Chr. finden lassen. Doch da die Chinesen insgesamt 28 Häuser unterschieden; da nicht alle Aufzeichnungen erhalten sind – und viele auf mannigfache Weise interpretiert werden können; da zudem die Verifizierung auch davon abhängt, wo sich welcher Stern wann in der Protokolleintragung befand, müssen wir von einer Entstehungsperiode von etwa 1000 Jahren – zwischen dem 14. und dem 4. Jahrhundert v. Chr. – ausgehen. Doch wichtiger ist sicherlich, daß die Mondhäuser *das* Bezugssystem der chinesischen Astronomen bis zum Auftauchen der Jesuitenmissionare Ende des 16. Jahrhunderts blieben.

»Vor der Han-Dynastie glaubte man, der Polarstern stünde im Mittelpunkt des Himmels... Zu Geng fand mit Hilfe eines Sehrohrs heraus, daß der Punkt, der sich wirklich nicht bewegt, um etwa ein Grad von dieser Position entfernt liegt. Als ich mit der Leitung des Kalenderbüros beauftragt wurde, ... entdeckte ich, daß der Polarstern um mehr als drei Grad vom wahren

Himmelspol entfernt liegt. Wir fertigten Aufzeichnungen von diesem Gebiet an, ... wir beobachteten nach Einbruch der Nacht, um Mitternacht und früh am Morgen, vor der Dämmerung. Zweihundert solcher Aufzeichnungen bewiesen, daß der sogenannte Polarstern in Wirklichkeit ein Zirkumpolarstern ist." Soweit das Zeugnis des Gelehrten Shen Gua aus der Song-Zeit, eines Wissenschaftlers, nebenbei gesagt, dem wir neben astronomischen Erkenntnissen auch Einblicke in die Technik des Kompasses und in die Vorgänge von Sedimentierung verdanken.

Doch nicht deswegen wurde er hier zitiert, sondern vielmehr als Zeuge für die vielen Versuche chinesischer Gelehrter, Ordnung und Klarheit in die Vielfalt von empirischen Daten zu bringen. Das war schon deswegen schwierig, weil viele Zeugnisse – gerade auf dem Gebiet der Sternkunde – nicht mehr im Original, sondern nur aus späteren Zitaten oder Kompilationen erhalten waren. In manchen Fällen sind nur noch die Titel von Werken verbürgt, in anderen die Erinnerungen von Schülern und von Schülern von Schülern. Das warf zudem das Problem auf, daß manche dieser Aufzeichnungen – gerade wenn es sich um Kompilationen handelte – nicht nach naturwissenschaftlichen, sondern nach ehrfürchtig philologischen Gesichtspunkten aufbereitet wurden. Dennoch ist es dem japanischen Historiker Ueta Ende der 20er Jahre dieses Jahrhunderts gelungen, Licht in die obskure Frage klassischer chinesischer Sternlisten zu bringen. Danach können wir davon ausgehen, daß die klassischen Astronomen im Reich der Mitte etwa anderthalbtausend Sterne in ihren Karten und Katalogen führten. Zum Vergleich: Noch Anfang des 17. Jahrhunderts, so fand der Historiker Thorndike heraus, diskutierten europäische Astronomen die Frage, ob es denn überhaupt mehr als 1022 Sterne geben könne.

Die unendliche Sorgfalt bei der genauen Beobachtung und Kartierung des Sternenhimmels, die sich trotz aller verlorengegangenen Dokumente durch die gesamte Geschichte der chinesischen Astronomie zieht, ist den Chinesen später oft spöttisch vorgehalten worden: Sie seien eben brave Aufzeichner gewesen, hieß es dann gönnerhaft, doch nach der Krone der Astronomie, der Anwendung geometrischer Modelle, der exakten Mathematisierung empirischer Erfahrung hätten sie nie gegriffen.

Man mag den Vorwurf zur Kenntnis nehmen – und ihm entgegenhalten: daß gerade die Nichtbesessenheit von geometrischen Modellen, etwa der Perfektion des Kreises, die die europäische Astronomie an der Bahn der Kometen verzweifeln ließ – daß also diese Nichtbesessenheit die Augen der Chinesen offenhielt. Sie mußten sich nicht damit quälen, daß etwas nicht sein dürfte, weil es nicht sein konnte (mathematisch nämlich), sondern gingen zunächst einmal von dem aus, was sichtbar war: wie, um ein Beispiel zu nennen, der Halleysche Komet. Halley erblickte den nach ihm benannten Stern 1682, identifizierte ihn als denselben, den Apianus 1531 und Kepler 1607 gesehen hatten, und kündigte seine Wiederkehr für das Jahr 1758 an.

Die chinesischen Astronomen hatten das Auftreten des Kometen vielleicht schon 467 v. Chr., sicher aber 227 Jahre später festgehalten, und nach dem Jahr 87 v. Chr. verging keiner der 76 Jahreszyklen, ohne daß in China von diesem Kometen nicht Notiz genommen worden wäre. Auch Statistik kann ein Gefühl von Verläßlichkeit vermitteln. Damit sind andere Beobachtungen wie die der Novä oder Supernovä, die die Chinesen übrigens „Gaststerne" nannten, noch gar nicht gewürdigt.

Dazu eine kurze Abschweifung zur Namensgebung von Sternen, respektive Sternkonstellationen. Der uneingeweihte Beobachter könnte vermuten, daß die Wahrnehmung identischer Konstellationen durch Astronomen in Ost und West auch zu einer verwandten Symbolsprache geführt hätte. Doch das war nur ganz selten der Fall: Die „himmlische Amme" der Chinesen entspricht keineswegs unserer „Jungfrau", unser „Schütze" liegt zwar in der Nähe des chinesischen „Himmelsgefängnisses", doch deswegen wird man kaum Schütze und Kerker gleichsetzen können. Kurzum: Die Unterschiede sind weitaus auffallender als die wenigen Gemeinsamkeiten.

Zu Gemeinsamkeiten kam es erst, als nach der Ankunft der ersten Jesuitenmissionare, Ende des 16. Jahrhunderts, abendländische und chinesische Sternkunde miteinander in Kontakt gebracht wurden. Beeindruckt waren die Europäer insbesondere von den Instrumenten, die sie zu Gesicht bekamen. Um das Jahr 1600 bemerkte der wohl berühmteste der Jesuitenmissionare, Matteo Ricci, nach einem Besuch in Nanking: „Noch innerhalb der Stadtmauer liegt ein Hügel. Auf seiner Spitze eine weite Terrasse, hervorragend geeignet für astronomische Beobachtungen. Hier finden sich einige der Astronomen jede Nacht ein, um zu beobachten, was sich am Himmel zutragen mag: Feuer von Meteoriten oder Kometen, und um dann dem Kaiser in allen Einzelheiten darüber zu berichten. Die Instrumente waren alle aus Bronze gegossen, sehr sorgfältig ausgeführt und edel geschmückt – so groß und elegant, wie es die Glaubensbrüder in Europa auch nicht besser gesehen hatten."

Weder Regen noch Schnee hatten ihnen etwas anhaben können, hielt der Jesuit fest, und er fuhr fort: „Es waren vier Instrumente. Das erste ein Globus mit allen Parallelen und Meridianen, Grad für Grad, ziemlich gewaltig im Ausmaß, denn drei Männer mit ausgestreckten Armen hätten das Instrument kaum umfangen können ... Allerdings war auf dieser Kugel nichts aufgezeichnet, weder Sterne noch Formen der Erde. Vielleicht ein unvollendetes Werk ... Das zweite Instrument war eine große Armillarsphäre, im Durchmesser nicht kleiner als die Spanne zwischen zwei ausgebreiteten Armen. Es verfügte über einen Horizontkreis und Pole ... und gewisse Doppelringe, der Abstand zwischen diesem Paar diente demselben Zweck wie die Ringe auf unseren Kugeln. Sie waren in 365 Grad und einige Minuten unterteilt. Es fehlte ein Globus in der Mitte, der die Erde repräsentierte, stattdessen gab es ein Rohr ..., das man in jede Höhe und jede Winkelstellung bewegen konnte, um irgendeinen besonderen Stern zu beobachten ... Keine üble Erfindung."

Ricci erwähnt noch ein Gnomon zur Erkennung der Sommer- und Winterwenden und der Tag- und Nachtgleichen und eine Anordnung von Instrumenten, die er fälschlich für ein Astrolabium hielt. So beeindruckt war der Missionar von dem Gesehenen, daß er und seine Glaubensbrüder mit Sicherheit davon ausgehen zu dürfen glaubten, daß es sich keinesfalls um chinesische Schöpfungen handeln könne. Denn daß die Chinesen eine eigene Tradition im Instrumentenbau entwickelt haben könnten, schien diesen Europäern eine zu tollkühne Vermutung. Sie kannten auch nicht jene Orakelknochen aus der Shang-Zeit, mithin aus dem 13. und 14. Jahrhundert v. Chr., in die ein Zeichen geritzt ist, das ziemlich genau eine Hand zeigt, die einen Stab umfaßt, hinter dem die Sonne steht. Aller Wahrscheinlichkeit nach ist es eine der ersten Darstellungen eines Gnomon zur Feststellung der Wintersonnenwende. Die Europäer konnten auch nicht wissen, daß in den nachfolgenden Jahrhunderten derlei Konstruktionen immer stärker den Bedürfnissen nach wissenschaftlicher Exaktheit angepaßt worden waren; immerhin erwähnt schon das *Zhou Li* Wasserspiegel und Lote.

Mitte des 4. Jahrhunderts verbanden sich Kriegsexpeditionen mit astronomisch-wissenschaftlicher Neugier. Der Heerführer Guan Sui führte einen Gnomon mit sich, als er Widersacher des Reiches tief in den Süden trieb – und stellte dabei fest, daß „die Bewohner jenes Landes die Türen ihrer Häuser nach Norden ausrichten, um sie der Sonne entgegenzuhalten", weil eben südlich vom Wendekreis des Krebses die Sonne zu bestimmten Jahreszeiten mittags ihren Schatten nach Süden wirft.

Dieser Heerführer war nur einer in einer Legion von Schattenmessern zwischen der nördlichen Mongolei und dem tropischen Süden Chinas zur Verbesserung der Genauigkeit der Kalender. Und mit der Verbesserung der Kalender reiften auch die Instrumente, bis hin zur Entwicklung einer komplizierten Maschinerie, deren Entwurf wir aus dem Jahre 1088 n. Chr. kennen und die einen Himmelsglobus vorstellte, an dem kleinere Figuren die Zeit anzeigten. Der Titel dieser Aufzeichnung lautet etwa: „Neuer Entwurf für eine astronomische Uhr". Oder wörtlich übersetzt: „Notwendige Voraussetzungen für eine neue Methode zur Mechanisierung der Rotation einer die Himmelskörper darstellenden Sphäre und eines himmlischen Globus".

Es handelte sich um die mechanisierte, observatorische Darstellung der Sternbewegungen, die drei Funktionen erfüllte: 1. eine astronomische Beobachtung durch die Darstellung der Himmelssphäre; 2. eine Zeitangabe – optisch wie auch akustisch – und 3. die Darstellung aller Konstellationen auf dem Globus und deren Beziehung zu Modellen der Sonne, des Mondes und der Planeten, die mit dem Globus zusammenhingen. Es war ein Werk der astronomischen Ingenieurskunst von höchster Vollendung.

Gegen Ende des 16., Anfang des 17. Jahrhunderts sorgte das Wirken europäischer Jesuitenmissionare in China für eine erste Harmonisierung der wissenschaftlichen Weltbilder von den Bewegungen am Sternenhimmel. Die Beiträge der Missionare – wie Matteo Ricci, Nicolas Trigault und Adam Schall von Bell, um nur einige der bekanntesten Namen zu nennen – sind mittlerweile gut dokumentiert: Zu ihren entscheidenden Beiträgen zählen zum einen die Einführung der euklidischen Geometrie wie überhaupt die Mathematisierung empirischer Beobachtungen und Prognosen, zum zweiten der Import von für die damalige Zeit modernsten wissenschaftlichen Geräten, denken wir nur an das gerade erfundene Fernrohr, zum dritten die Kunde von der Kugelgestalt der Erde.

Das waren natürlich außerordentlich wichtige Beiträge, und sie trafen auf eine chinesische Gelehrtenwelt, die von starken Verfallserscheinungen gekennzeichnet war. Examenskandidaten für die offiziellen Stellungen wurden nur noch unzureichend ausgebildet, die Atmosphäre der alles überziehenden Geheimniskrämerei und des Mißtrauens, die die letzten Jahrzehnte der Ming-Dynastie kennzeichnete, erstickte auch den staatlichen Sektor der Sternforschung, die Bedienung vieler Observationsgeräte wurde oft nur noch mangelhaft beherrscht: Wo früher Observatorien untereinander konkurriert hatten, wurden mittlerweile die Ergebnisse schlicht abgeschrieben.

Da hatten die Jesuiten kein allzu schweres Spiel. Andererseits stand natürlich deren neue Kunde unter der gewaltigen Hypothek eines ptolemäisch-aristotelischen Weltbildes mit der Erde in einem Zentrum von kristallenen Schalen, an denen die Sterne befestigt waren. Die Verurteilung des Galilei war zu frisch noch im Bewußtsein, als daß die Missionare – von einigen Ausnahmen einmal abgesehen – die Einführung eines heliozentrischen kopernikanischen Modelles auch nur erwogen hätten. Die chinesische Kosmologie eines unbegrenzten Raumes, in dem die Sterne sich frei bewegen, mußten diese Jesuiten als absurd zurückweisen – jedenfalls, wenn sie sich öffentlich darüber äußerten.

Doch die Problematik einer sich ausdehnenden Weltwissenschaft der Astronomie – begründet auf Beobachtung und mathematische Erfassung – lag noch auf einem ganz anderen Gebiet: Da die chinesische Astronomie als soziales und institutionelles Unterfangen eine Angelegenheit des Hofes und der Konfuzianer war, waren Forschung und Lehre bestimmten Ritualen unterworfen – nicht nur der schon erwähnten Geheimhaltung, sondern auch einer spezifischen Lehrer-Schüler-Beziehung. Die Jesuiten schlüpften nun in diese Rolle der Konfuzianer. Das heißt, auch sie hielten an der absoluten Autorität der Lehrherren fest, auch sie modellierten ihr Bildungswerk im klassischen Sinne kanonisch. Da die viel gepriesene Geburt der modernen Wissenschaft in Europa eng mit dem Aufkommen von Akademien – und damit mit dem mehr oder weniger freien Disput mehr oder weniger unabhängiger Gelehrter – einherging, wird sinnfällig, wie hier eine weitere Blockade gelegt wurde. Es wird auch verständlich, warum in manchen astronomischen Kreisen in China das aristotelisch-ptolemäische Weltbild noch vorherrschte, als es in Europa nur noch von der Kurie ernstgenommen wurde. Erst die protestantischen Missionare des frühen 19. Jahrhunderts sorgten hier für eine nachhaltige Durchsetzung der Moderne.

Thomas W. Kraupe

Linien zu den Göttern

Himmelsbilder in Mittel- und Südamerika

Wer an Bord eines modernen Düsenflugzeuges die Wassermassen des Atlantiks überfliegt, dem kann es passieren, daß neben ihm ein Astronom sitzt, ein Sternforscher auf dem Weg zu den größten Observatorien unserer Erde. Auf hochgelegenen Plätzen der südamerikanischen Anden entstanden in den vergangenen zwei Jahrzehnten internationale Zentren für die Himmelsbeobachtung – fernab der Licht- und Luftverschmutzung unserer modernen Zivilisation. Die Astronomen von heute sind dort nicht nur auf ihre Riesenteleskope angewiesen: Sie benötigen eine komplexe Instrumentierung, die Unterstützung durch modernste elektronische Bild- und Datenverarbeitung, um in die Geheimnisse des Makrokosmos einzudringen. Mit dieser Abhängigkeit von modernster Technologie fällt es schwer zu begreifen, daß unsere Vorfahren bereits vor vielen Jahrhunderten zu erstaunlichen wissenschaftlichen Erkenntnissen gelangt sind – und dies zumeist ohne technische Hilfsmittel!

Die Astronomie im alten Babylon und im antiken Griechenland ist unserem Denken dabei noch eher zugänglich – stehen wir doch in ihrer direkten Tradition. Doch in Süd- und Mittelamerika, wo unsere modernen Sternwarten angesiedelt werden, finden wir Spuren längst versunkener Kulturen, Bauwerke und Zeichnungen, großartige Zeugnisse einer „anderen Astronomie", die sich völlig unabhängig von der Astronomie unseres Kulturkreises entwickelt hat.

Warum erreichte gerade dort die Himmelskunde eine solche Blüte – insbesondere in der tropischen Zone? Um dies zu verstehen, müssen wir uns klarmachen, daß der Anblick der Himmelsvorgänge sich in dieser Region fundamental von dem uns gewohnten unterscheidet. In unseren nördlichen geographischen Breiten scheinen die Sterne, Sonne, Mond und Planeten Tag und Nacht auf schräg zum Horizont verlaufenden Bahnen um den Polarstern zu kreisen. Der Himmel erscheint uns asymmetrisch – es gibt ein Himmelsgebiet, in dem die Sterne auf- und untergehen, während sie andererseits im Norden nur kleine Kreise am Himmel ziehen. In unserem Denken wurden vermutlich deshalb die übernatürlichen Antriebskräfte des Weltgeschehens außerhalb unserer Welt angesiedelt. In den Tropen dagegen wirkt der Himmel sehr symmetrisch: Alle Himmelskörper bewegen sich praktisch senkrecht zum Horizont.

Diese scheinbare Bewegung der Sterne ist das Spiegelbild der Erdrotation, wie wir heute wissen. Nahe dem Erdäquator liegt die Drehachse der Erde ungefähr parallel zur Horizontebene. Der Himmel wird dadurch symmetrisch zur Ost-Westachse: Alle Gestirne steigen senkrecht am Osthorizont herauf, um auf der anderen Seite im Westen wieder senkrecht zum Horizont zu sinken. Dieses wohlgeordnete „Auf" und „Ab" der Gestirne in den Tropen spiegelt sich im Denken, im Weltbild der mittel- und südamerikanischen Völker wider. Die Menschen sahen sich in der Mitte zwischen „oben" und „unten", im Gleichgewicht, im Mittelpunkt aller Kräfte, was entscheidenden Einfluß auf die Städteplanung und die Sozialstruktur der Kulturen hatte.

Cuzco, die im heutigen Peru gelegene, ehemalige Hauptstadt des Inka-Reiches, ist so ein Spiegelbild des Kosmos. „Cuzco" heißt so viel wie „der Nabel", und es war der Nabel der Inka-Welt, bis Francisco Pizarro und seine 168 Soldaten Ende des Jahres 1532 ihr grausames Zerstörungswerk begannen. Die Inkas waren die letzten Vertreter einer langen Tradition andiner Kulturen. Um 1520 erstreckte sich das Inka-Reich vom heutigen Ecuador bis zur Mitte Chiles. Der nördlichste Punkt war über 5000 Kilometer vom südlichsten entfernt. „Inka" bedeutet so viel wie „Herr" und war die Bezeichnung für den Herrscher dieses Reiches. Erst nach der spanischen Kolonisation wurde dieser Titel als Bezeichnung für das gesamte Volk verwendet. Die Inkas sind eines der wenigen Völker Amerikas, über dessen astronomische Kenntnisse wir vergleichsweise gute Informationen besitzen. Allerdings kannten die Inkas keine Schrift in unserem Sinne, und so sind wir auf die Überreste der Bauwerke und die Beobachtungen der Spanier angewiesen – die jedoch eingefärbt sind durch ihre eigenen Vorstellungen und Interessen.

Mitte des 15. Jahrhunderts hatte der Inka Pachakuti das Stadtbild von Cuzco völlig neu angelegt. Diese präzise durchdachte Planung und Einteilung der Stadt in vier Quadranten war ein genaues Abbild des Inka-Imperiums. So mußten Besucher aus den jeweiligen Landesteilen in den entsprechenden Stadtsektoren Cuzcos wohnen. Eine Grenzlinie dieser Stadtquadranten zeigt eine auffällige Krümmung. Der Anthropologe Gary Urton glaubt, daß dies in der Absicht geschah, sie auf den Aufgangspunkt der Milchstraßenmitte am fernen Horizont hinzuführen.[1] Die Milchstraße galt bei den Inkas als „himmlischer Fluß", der direkt mit den Flußläufen der Erde verbunden war. Die beiden durch Cuzco ziehenden Flußläufe waren übrigens so kanalisiert, daß auch sie nahe dem Symmetrie-Zentrum der Stadt zusammenfließen. Demnach war der Stadtplan Cuzcos nicht nur Abbild des irdischen Machtgefüges, sondern der Ordnung des Kosmos insgesamt! Im Zentrum der Stadt, im Brennpunkt der irdischen und himmlischen Richtungen, lag der Tempel der Sonne – „Coricancha" genannt. Dieser Sonnentempel war eine Art Nationalheiligtum im Inka-Reich.

Der Inka galt als „Sohn der Sonne". Die Sonne war neben Viracocha, dem Herrn der Schöpfung, die oberste Gottheit. Die Coricancha war, wie die spanischen Chronisten berichten, mit verschwenderischer Pracht ausgestattet. Neben dem Heiligsten Bereich mit seinen goldenen Abbildern der Sonne gab es auch Räume, die dem Mond, den Sternen sowie Blitz und Donner geweiht waren.

Der Sonnentempel war der Ausstrahlungspunkt von 41 imaginären Linien, die wie Speichen eines Rades in die Umgebung Cuzcos liefen. Diese sogenannten *ceques* waren jeweils verschiedenen sozialen Gruppen der Stadtquadranten zugeordnet, in die sie auffächerten. Man darf sich diese *ceques* allerdings nicht als geradlinige Wege vorstellen. Sie waren vielmehr Richtungen, entlang denen wie an einer Perlschnur – allerdings in oft unterschiedlichen Distanzen – verehrungswürdige Plätze und Heiligtümer aufgereiht waren. Entlang den *ceques* zählt man jeweils zwischen drei und fünfzehn solcher Heiligtümer – darunter Bäume, Hügel, Quellen, Brunnen, Brücken und Schlachtfelder, deren Pflege der jeweiligen sozialen Gruppe oblag, die dem *ceque* zugeordnet war.

Die *ceques* bildeten eine Art Koordinatensystem, mit dem vielerlei Aktivitäten organisiert waren, die zumeist rituellen Charakter hatten und nach einem präzise darauf abgestimmten siderischen Mondkalender abliefen. Untersuchungen von Anthony Aveni von der Colgate University in New York und Tom Zuidema von der University of Illinois brachten in den vergangenen Jahren diese erstaunlichen kalendarisch-astronomischen Zusammenhänge ans Tageslicht.[2]

Es gelang ihnen, den Inka-Kalender zu rekonstruieren und damit einen Einblick in die astronomischen Beobachtungstechniken der Inkas zu gewinnen. Für die Aufstellung ihres Kalenders verwendeten die Inkas demnach Beobachtungen der Sonne, des Mondes und bestimmter Sterne – insbesondere den Sternhaufen der Plejaden, der als „Mutter der Sterne" galt.

Wie bereits erwähnt, hatte die Milchstraße eine besondere Bedeutung. Ganz im Gegensatz zu unserem Kulturkreis sahen die Inkas die Dunkelwolken der Milchstraße als „Sternbilder" an. So kannten sie eine „Dunkle Schlange" und ein „Schwarzes Lama", dessen Augen durch die beiden Sterne Alpha und Beta Centauri gebildet wurden. Die heute als „Südlicher Kohlensack" bezeichnete Dunkelwolke im Sternbild Kreuz des Südens wurde „Yutu" – das Huhn – genannt.[3]

Im wesentlichen wurden drei verschiedene Himmelszyklen von den Inkas beobachtet: der Lauf der Sonne in bezug auf den Mond, das heißt die Mondphasen, sowie der Lauf der Sonne und des Mondes bezogen auf die Sterne, insbesondere die Plejaden. Zur Aufzeichnung und Zählung ihres Kalenders verwendeten die Inkas sogenannte Knotenschnüre, die *quipus*.

Tatsächlich besteht eine enge Analogie zwischen der Aneinanderreihung von Heiligtümern, den *huacas,* entlang den 41 Linien von Cuzco und der Abfolge der Knoten eines *quipus:* Dem räumlichen Konzept des *ceque*-Systems läßt sich das zeitliche Konzept eines Kalender-*quipus* zuordnen. In der Kultur der Inkas gab es auch nur ein gemeinsames Konzept von Raum-Zeit, genannt *pacha.*

Tatsächlich konnten Aveni und Zuidema viele der *ceques* als Sichtlinien zum Horizont deuten, mit denen die wesentlichen astronomischen Ereignisse im Inka-Kalender festgelegt wurden. Die *huacas* dienten dabei oft als Markierungspunkte auf den Hügeln in der Umgebung von Cuzco. Der Sonnentempel im Zentrum des Liniensystems ist auf den Aufgangspunkt der Sonne am 26. Mai ausgerichtet. Der erste Monat des Inka-Jahres hieß *Inti Raymi,* Fest der Sonne. Es war der Monat der Juni-Sonnwende. Der 26. Mai entsprach damit dem frühesten Zeitpunkt, an dem der Mond in diesem Festmonat als zunehmender Mond sichtbar werden konnte.

Gleichzeitig weist diese (Aus-)Richtung des Sonnentempels mit einer Genauigkeit von einem Grad auf den Aufgangspunkt der Plejaden hin. In diese Richtung zielt auch eine der 41 *ceques,* die von der Coricancha ausstrahlen. An dieser Linie findet sich ein Heiligtum, das die Geburt des Sonnengottes von den Plejaden bezeichnet: ein weiterer Beleg für den Zusammenhang zwischen Inka-Kalender und dem Liniensystem von Cuzco.

Der Inka-Kalender verwendet das siderische Mondjahr – 328 Tage, vom 9. Juni bis 3. Mai, entsprechend zwölf Mondumläufen bezogen auf die Sterne. Erstaunlich genug: Die Zahl der Heiligtümer, der *huacas,* im Liniensystem beträgt ebenfalls 328!

Vom Sonnentempel beobachteten die Inkas den Aufgang der Plejaden in bezug auf den Sonnenaufgang des 26. Mai sowie längs einer anderen Linie den Plejadenuntergang in Relation zum Sonnenuntergang des 26. April. So konnten sie ihr siderisches Mondjahr dem Sonnen- und Mondlauf präzise zuordnen. Auch die höchsten Festtage im Inka-Kalender, die Monate der beiden Sonnwenden, sind im *ceque*-System von Cuzco markiert als Richtungen zu den jeweiligen Sonnenaufgängen. Wie uns die Überlieferung berichtet, fanden an solchen Festtagen Prozessionen längs der Linien statt.

Doch die Zeugnisse der spanischen Chronisten sagen uns auch, daß ein noch bedeutenderes Datum des alten Inka-Kalenders mit dem Beginn der Aussaat zusammenfiel: Mitte August öffnete sich in der Vorstellung der Inkas unter ihren Füßen die Mutter Erde, Pachamama, um die Samenkörner der Bauern aufzunehmen. Dies wurde dem Einfluß der Sonne zugeschrieben, die eben zu dieser Zeit um Mitternacht genau senkrecht unter dem Erdboden stand – im sogenannten Nadir. Natürlich konnte dieser Zeitpunkt nicht direkt beobachtet werden, aber durch ihr genaues System astronomischer Beobachtungen konnten die Inkas diesen Zeitpunkt festlegen: An allen Orten zwischen dem nördlichen und südlichen Wendekreis, in den Tropen, gibt es zwei spektakuläre Tage im Jahr, an denen die Sonne mittags senkrecht am Himmel, im Zenit, steht. In Cuzco – 13 ½ Grad südlich des Erdäquators – fallen diese Zenitstellungen der Sonne auf den 13. Februar und den 30. Oktober. Ein senkrecht im Boden befestigter Stab wirft an diesen Tagen in Cuzco mittags keinen Schatten.

Abb. 6: Die Inka-Stadt Machu Picchu. Hier finden sich vielfältige Indizien für die kultisch-ordnende Funktion der Astronomie. Im höher gelegenen Tempelbereich weisen verschiedene Bauteile eine präzise astronomische Ausrichtung auf.

Mit Blumen reich geschmückte Schattenstäbe wurden im Reich der Inkas verwendet, um diese dramatischen Tage festzulegen. Gleichzeitig beobachteten die Inkas den Aufgangspunkt der Sonne an diesen Tagen. Genau 180 Grad gegenüber liegt der Untergangspunkt der Sonne für die beiden Tage, an denen die Sonne um Mitternacht senkrecht unter ihren Füßen den Nadir passierte. So bestimmten die Inkas auch diese beiden wichtigen Tage – den 26. April und den 18. August in Cuzco. Zwei Säulen auf dem westlich der Stadt gelegenen Hügel Picchu rahmen, vom Zentrum Cuzcos aus gesehen, die untergehende Sonne des 18. August ein.

Wie uns die Untersuchungen des Liniensystems von Cuzco zeigen, spielte die Verbindungsachse zwischen Zenit und Nadir, zwischen „Oben" und „Unten", im Zeremonial-Kalender der Inkas eine entscheidende Rolle. Nicht nur dies: Die ganze Gesellschaft der Inkas war Teil, ja Mittelpunkt der kosmischen Ordnung.

Auch in der atemberaubenden Inka-Stadt Machu Picchu finden sich Indizien für diese kultisch-ordnende Funktion der Astronomie. Der heilige, höhergelegene Tempelbereich dieser geheimnisvollen Stadt durfte wohl nur von Priester-Astronomen betreten werden. Auf einem großen Felsen ragt ein Rundturm gen Himmel, dessen Mauergestein, ebenso wie das der Coricancha in Cuzco, präzise behauen, poliert und mit außergewöhnlicher Präzision zusammengesetzt worden ist. Die exakte astronomische Ausrichtung der beiden trapezförmigen Fenster dieses Rundturms erlaubte in Verbindung mit einem riesigen „Altarstein" im Inneren die Festlegung der Juni-Sonnwende und der Zenitstellungen der Sonne.[4]

Wie die astronomisch-kalendarischen Kenntnisse der Inkas im Laufe der Jahrhunderte entstanden sind, liegt für uns im dunkeln. Die siegreichen Inka-Herrscher hatten eine Vielzahl alter Kulturen in das Großreich einverleibt. Viele Eigenarten und Kenntnisse dieser vorinkaischen Kulturen wurden dabei wohl übernommen. Vielleicht haben wir daher nach unserer Betrachtung der Inka-Astronomie sogar den Schlüssel in Händen, um eines der größten Rätsel der Archäologie zu lösen – das Geheimnis der „Scharrbilder von Nazca"?

Diese Zeichnungen gigantischen Ausmaßes finden sich heute noch im Wüstenboden der Küstenregion von Peru – etwa 400 Kilometer südöstlich von Lima: Tausende von Linien ziehen sich über viele Kilometer schnurgerade durch die Landschaft – dazwischen Hunderte von kolossalen geometrischen Figuren: Dreiecke, Rechtecke und Spiralen sowie überdimensionale, zum Teil über hundert Meter große Tier- und Menschenbilder. Wie sind diese Scharrbilder entstanden und bis heute erhalten geblieben?

Die jahrtausendelange Erosion hat an den westlichen Abhängen der Anden eine Steinwüste geschaffen. Durch die Sonneneinstrahlung oxidierte diese Oberflächenschicht aus Steinen und färbte sich rotbraun. Schiebt man diese nur wenige Zentimeter tiefe Schicht beiseite, so entsteht im Kontrast

zur dunkleren Umgebung eine helle, gelblich-weiße Linie. Da es in dieser
Gegend, die zu den trockensten Gebieten der Erde zählt, im Schnitt nur alle
zwei Jahre eine halbe Stunde regnet, bleiben die so gezogenen Linien über
viele Jahrhunderte erhalten. Allerdings sind die Ausmaße der Bodenzeich-
nungen so gewaltig und ihr Helligkeitskontrast doch so gering, daß sie vom
Erdboden aus kaum zu erkennen sind. So wurden diese Muster in der Pampa
von Nazca erst in den dreißiger Jahren entdeckt, als die ersten Linienflüge
über dieser Gegend Perus aufgenommen wurden. Erst aus der Vogelperspektive – an Bord eines Flugzeuges – wirken die immensen Scharrbilder spektakulär.

Was hat wohl die Künstler der Nazca-Kultur vor bald 2000 Jahren angeregt, losgelöst von der erdgebundenen Perspektive eines gewöhnlichen Betrachters, das verwirrende Netzwerk in den kargen Boden der Wüste zu
graben? Die Frage hat in den vergangenen Jahrzehnten die Phantasie der
Touristen – wie auch der Wissenschaftler – angeregt. Manche spekulierten,
daß die Scharrbildzeichner mit Heißluftballons oder Flugdrachen über die
Pampa schwebten. Andere meinten, es handle sich um Signale für extraterrestrische Lebewesen, und die riesigen Rechtecke seien Landebahnen für
diese außerirdischen Besucher. Diese Theorien schreiben die Leistungen der
Scharrbildzeichner dem Einfluß einer überlegenen technologischen Zivilisation zu – eine typische Mißachtung der Fähigkeiten und Vorstellungen

Abb. 7: Die „Scharrbilder von Nazca" in der peruanischen Küstenregion. Über viele
Kilometer ziehen sich seit fast 2000 Jahren schnurgerade Linien durch die Landschaft,
unterbrochen von Dreiecken, Rechtecken und Spiralen.

antiker Kulturen. Doch wozu konnten die Linien von Nazca sonst gedient haben, wenn nicht zu ihrer Betrachtung aus der Luft?

Nach einer weitverbreiteten Theorie bilden die Scharrbilder von Nazca „das größte Astronomie-Buch der Welt". Demnach waren die Linien Kalenderlinien, die zu Auf- und Untergangspunkten von Sonne, Mond und Sternen führen. Diese Ansicht wird besonders energisch von der deutschen Mathematikerin Maria Reiche vertreten. Von den Peruanern wie eine Nationalheilige verehrt, lebt und forscht diese Frau seit fünfzig Jahren in Nazca. Maria Reiche – der „Hüterin der Linien" – ist der Erhalt des einzigartigen Kulturdenkmals zu verdanken. Bei ihren Untersuchungen entdeckte sie, daß einige der Tierbilder im Wüstenboden durch die darüber hinweglaufenden Linien anscheinend den Sonnwenden zugeordnet werden können – so die riesige Figur des Kondors, über dessen ausgebreitete Flügel eine schnurgerade Linie zum Auf- bzw. Untergangspunkt der Sonne bei der Juni- bzw. Dezember-Sonnwende führt.[5] Könnte der Kondor, der Bote des Lichts, nicht als Kalender-Symbol der Sonnwenden angesehen werden?

Maria Reiche ist überzeugt davon, daß die Tierbilder als Sternbilder der Nazca-Kultur zu deuten sind.[6] Auch ihre designierte Nachfolgerin, Phyllis Pitluga vom Adler Planetarium in Chicago, hält an dieser Überzeugung fest. Sie glaubt, daß drei sogenannte Tupu-Figuren auf den hellen Stern Achernar ausgerichtet sind.[7]

Gerald Hawkins, dem kurz zuvor die astronomische Deutung von Stonehenge gelungen war, organisierte Ende der 60er Jahre eine systematische Untersuchung. Mit demselben Computerprogramm, das ihn in Stonehenge zum Erfolg geführt hatte, untersuchte die mögliche astronomische Zuordnung von 186 Richtungen im Liniennetz von Nazca. Das Ergebnis war enttäuschend: Es konnten gerade soviele Richtungen astronomisch zugeordnet werden, wie bei einer völligen Zufallsverteilung zu erwarten war – die Mehrheit der Linien ließ sich demnach nicht als Kalenderrichtungen deuten.[8]

Neue Analysen der Tonscherben in den Nazca-Linien deuten darauf hin, daß die komplexen Tierfiguren etwa um Christi Geburt und damit wohl bald tausend Jahre vor der Mehrzahl der Linien und Rechtecke entstanden sind.[9] Offensichtlich sind die geraden Linien einer späteren Phase der Nazca-Kultur zuzurechnen, die durchaus schon Bezüge zur Inka-Kultur aufweist.

Wie weit geht die Analogie zwischen den Linien von Nazca und den Linien von Cuzco – den „Pulsadern" der Inka-Kultur? Diese neue Fragestellung rückte die Ausstrahlungszentren der Linien in den Blickpunkt des Interesses der Wissenschaftler. Im Unterschied zu Cuzco gibt es in der Pampa von Nazca jedoch Dutzende von „Linienzentren": Ausstrahlungspunkte, von denen viele Linien in alle Himmelsrichtungen auffächern. Die bisherigen Untersuchungen dieser Ausstrahlungszentren ergaben nun, daß sie im Rahmen eines Fruchtbarkeitskultes gedeutet werden können, als „Kraftzentren", an denen der Lauf des Wassers von den Bergen mit Opfern beschworen wurde. Prozessionen längs bestimmter Linien und Muster führten von dort zu den heiligen Bergen der Umgebung. Sicher hatten einige der Linien astronomisch-kalendarische Funktion – jedoch nicht ausschließlich.

Auch die Linien von Cuzco wurden für eine Vielzahl von Handlungen verwendet. Die Inkas zelebrierten dort Riten, die den Erfolg in einer Schlacht, die Abwehr eines Erdbebens oder auch die Fruchtbarkeit gewähren sollten. Die astronomisch-kalendarische Rolle der *ceques* von Cuzco war nur *ein* Aspekt ihrer allumfassenden Vorstellung von Raum und Zeit.

Der Vergleich zeigt, daß jede singuläre Theorie der Linien von Nazca, die nur einen Aspekt berücksichtigt, zum Scheitern verurteilt ist. Auch eine rein astronomische Deutung – ohne Betrachtung von Bergen, Wasser und rituellen Wanderungen – ist für das Verständnis der Scharrbilder und der Kultur ihrer Schöpfer völlig ungenügend. Die Entschleierung der präkolumbianischen Astronomie kann nur gelingen, wenn die Wissenschaftler bei ihren Untersuchungen neben der Astronomie auch astrologische, rituelle, religiöse und mythische Elemente gleichrangig verwenden – Elemente eines komplexen Ganzen für die damaligen Kulturen.

Die Besonderheiten des Himmelsanblicks in der Nähe des Erdäquators spielten für dieses Ganze aber, wie wir gesehen haben, eine entscheidende Rolle. Während unsere Vorfahren in den nördlichen gemäßigten Breiten sich hauptsächlich für Gestirnbahnen entlang dem Horizont interessierten, war die Kosmologie der tropischen Himmelsbeobachter deutlich durch die Beziehung Horizont-Zenit – durch „oben" und „unten" geprägt. Dies zeigt auch die Betrachtung der mittelamerikanischen Kulturen. So finden wir im heutigen Mexiko die Überreste von „Zenit-Observatorien". Durch eine vertikale Röhre konnte das Sonnenlicht beim Zenitdurchgang in das Innere dieser Gebäude dringen – der Zeitpunkt des Zenitdurchgangs ließ sich dadurch genau fixieren.[10] Eine der „Zenit-Sonnenwarten" befindet sich im Tempelbereich des Monte Alban. Dieser Berg im südlichen Hochland von Mexiko trägt eines der bedeutendsten Zeremonialzentren Mittelamerikas. Die Paläste und Tempel des Monte Alban sind über zweitausend Jahre alt. In der Blütezeit dieser Kultur – von 300 bis 600 n. Chr. – lebten dort dreißig- bis sechzigtausend Menschen.

Auf dem Hauptplatz, der Plaza von Monte Alban, stehen heute noch die Reste eines eigentümlich geformten Gebäudes. Dieses asymmetrische Gebäude ist in seiner Ausrichtung um fast 45 Grad gegen die Symmetrieachse der anderen Tempel verdreht. Damit zielt es genau auf die Eingangstreppe eines anderen Bauwerks – und genau unterhalb dieser Treppe befindet sich die „Zenit-Sonnwarte". Verlängern wir die Zielrichtung des Tempels noch weiter, so führt sie uns zum Aufgangspunkt des Sterns, den wir heute Capella nennen. Vermutlich beobachteten vor bald 2000 Jahren die Priester-Astronomen von diesem Tempel das erste Sichtbarwerden des Sterns in der Morgendämmerung – den Frühaufgang der Capella. Das Ereignis fiel damals

in die Zeit des ersten Zenitdurchgangs der Sonne und konnte als dessen
Ankündigung gelten.

Für viele Völker Mittelamerikas wurde durch den ersten Zenitdurchgang
der Sonne der Beginn des Neuen Jahres festgelegt – markierte er doch den
Beginn der Regenzeit und der Anpflanzung. Neben solch vergleichsweise
einfachen Zusammenhängen zwischen Astronomie und dem bäuerlichen
Jahreslauf stoßen wir auch auf komplizierteres Gedankengut der mittelamerikanischen Kulturen.

Die Außenwände des Tempels in Monte Alban sind durch steinerne Hieroglyphen geschmückt, die man teilweise als Kalendersymbole deuten konnte.
Sie zählen zu den ältesten Kalenderangaben der Neuen Welt. Der Kalender
besteht aus einer Abfolge von 20 Tagesnamen, die nacheinander mit einer
Abfolge von 13 Zahlen kombiniert werden. Als anschaulicher Vergleich
dazu mag unser heutiger Kalender dienen: Wir kombinieren nur sieben
verschiedene Tagesnamen – Montag bis Sonntag – mit 30 bzw. 31 numerier-
ten Tagen des Monats. Im System der 20 Tagesnamen wiederholt sich erst
nach 260 Tagen wieder dieselbe Kombination mit den 13 Zahlen – der
Kalenderzyklus beginnt von neuem. Welche Beobachtungen und Analogien
führten zu einer Periode von 260 Tagen? Vieles spricht dafür, daß der
Kalenderzyklus der neunmonatigen Zeitspanne zwischen Zeugung und Geburt entsprechen sollte.

Dieser Kalender wurde nicht nur auf dem Monte Alban, sondern wohl
von allen Kulturen Mittelamerikas verwendet. Gemeinsamkeiten in den
kosmologischen und kalendarischen Vorstellungen der alten Kulturen begegnen uns an erstaunlich weit auseinanderliegenden Plätzen Mittelamerikas.
Sowohl im Grenzgebiet zu den Vereinigten Staaten, als auch in den Regen-
wäldern Guatemalas entdeckten Archäologen in Tempelruinen seltsame Gra-
vuren. Eine Abfolge von „Punkten", die als einzelne Vertiefungen ins Felsge-
stein gemeißelt wurden, bildet jeweils ein Symbol, das aus zwei konzentrischen Kreisen besteht, die durch zwei rechtwinkelige Achsen in vier gleiche
Sektoren aufgeteilt werden. Allein 16 dieser Fadenkreuz-förmigen Symbole
konnten nahe der Sonnenpyramide von Teotihuacan identifiziert werden.
Die riesige Pyramide entspricht in ihren Ausmaßen nahezu den großen
Pyramiden in Ägypten und bildete das Zentrum eines riesigen Reiches. Das
Imperium von Teotihuacan entfaltete etwa um Christi Geburt seine Macht
in Zentralmexiko. Es war für viele Jahrhunderte die dominierende Kultur
Mittelamerikas und kann durchaus mit dem Römischen Reich unserer Alten
Welt verglichen werden. Spaziert man heute als Tourist über die Hauptstraße,
die „Straße der Toten", im Ruinenfeld von Teotihuacan, so ist man überwäl-
tigt von der kolossalen architektonischen Grundkonzeption der Stadt.

Den Schlüssel zum rechtwinkligen Grundmuster Teotihuacans stellen
die erwähnten Doppelkreis-Kreuzsymbole dar. Verbindet man eines dieser
Symbole, das an der Westseite des Sonnentempels eingraviert ist, mit einem

anderen, das auf einem fast drei Kilometer entfernten Hügel gelegen ist, so
bildet die Verbindungslinie einen perfekten rechten Winkel zur „Straße der
Toten" – ganz im Sinne der rechtwinkeligen Kreuze in den beiden Symbolen.
Verlängert man die Linie weiter nach Westen, so weist sie uns auf den Punkt
am Horizont, wo im ersten bis zweiten Jahrhundert n. Chr. die Plejaden
untergingen. In der Gründungszeit Teotihuacans markierte der letzte Untergang der Plejaden vor der Morgendämmerung den Beginn des ersten Tages,
an dem die Sonne den Zenit erreichen würde. Ähnlich wie auf dem Monte
Alban war auch hier über eine solar-stellare Beziehung der Zusammenhang
zwischen harmonischem Stadtbild und vertikaler Sonnenstellung – dem
„schattenlosen Mittag" – hergestellt worden.[11]

Bald tausend Kilometer nördlich von Teotihuacan entdeckte vor kurzem
der Archäologe Charles Kelley ein ähnliches Paar dieser Symbole, die auf
den Sonnenaufgang am Tag der Juni-Sonnenwende ausgerichtet sind. Doch
die außergewöhnliche geographische Lage der Symbole teilt ihnen eine
besondere Bedeutung zu: Zusammen mit dem Sonnentempel der nahegelege-
nen Ruinen von Alta Vista markieren sie den Nördlichen Wendekreis der
Sonne, den Wendekreis des Krebses. Die Sonne steht dort nur einmal im
Jahr im Zenit, und zwar genau am Tag der Juni-Sonnenwende. Nördlich
davon gelangt die Sonne mittags nie in den Zenit. Vermutlich wollten die
Priester-Astronomen von Teotihuacan mit dem Außenposten die nördliche
Grenze ihrer „Zenit-Astronomie" festlegen.[12]

Man ist versucht, die Kreis-Kreuz-Symbole als reine Sonnenzeichen zu
deuten. Doch damit ist sicher nur ein Teil ihrer wichtigen Funktionen
entschlüsselt. Sie wurden auch als architektonische Positioniermarken und
als Träger astronomischer sowie kalendarischer Information gebraucht. Zählen wir die Punkte, aus denen die Symbole zusammengesetzt sind, so kommen wir häufig auf die Zahl 260. Jede der vier Achsen trägt genau 20 Punkte
dazu bei – entsprechend der Zahl der Tagesnamen im damaligen Kalender.

Die volle Bedeutung der „viergeteilten Doppelkreise" bleibt unserem
heutigen Denken allerdings verborgen. Dennoch zeigen die „multifunktio-
nalen" Zeichen, daß die frühen mittelamerikanischen Astronomen in ihrer
Kosmologie räumliche Aspekte mit zeitlichen Aspekten verbunden hatten.
Den Kalendertagen waren genau entsprechende Raumrichtungen zugeordnet. Die Vermählung von Raum und Zeit zur Raum-Zeit begegnet uns in
fast allen Kulturen dieser tropischen Region – auch bei den Mayas. So steht
bei den Mayas das Wort *kin* sowohl für Sonne als auch für Tag und Zeit.

Der Stern der Maya-Kultur stieg auf, nachdem das Imperium von Teotihuacan Mitte des 7. Jahrhunderts zusammengebrochen war. In den folgenden
Jahrhunderten führten die Mayas Astronomie und Mathematik zu ihrer
höchsten Blüte in der Neuen Welt. Etwa zur selben Zeit, als Karl der Große
in Rom zum Kaiser gekrönt wurde, errichteten die Mayas auf der Halbinsel
Yucatan großartige Paläste. Horst Hartung von der Universität in Guadala-

jara, Mexiko, hat in den vergangenen Jahren zusammen mit Anthony Aveni
die Ausrichtung einer Vielzahl von Maya-Bauten vermessen.[13] Dabei ergab
sich, daß ein einheitliches Orientierungssystem, das auf Kalender-Richtun-
gen zu wesentlichen Sonnenpositionen bezogen ist, überall angewandt worden ist. Dieser Orientierungskalender besteht aus Einheiten von 20 Tagen,
die symmetrisch zum Zenit-Durchgang der Sonne gezählt wurden. Die
Vereinheitlichung ist ein weiterer Ausdruck des mittelamerikanischen Stre-
bens, die Zeit mehr räumlich und den Raum mehr zeitlich zu machen.

Die architektonischen Kalendersymmetrien deuten schon an, daß Zahlen
in der Kultur der Mayas eine besondere Rolle spielten. Tatsächlich hatten
die Mayas eine den Babyloniern vergleichbare Zahlentechnik entwickelt.
Die Anwendung der Numerologie in der Astronomie ist wohl die größte
intellektuelle Leistung der Maya-Astronomen. Dadurch war es ihnen möglich, durch Zählen von Zeitintervallen zwischen astronomischen Ereignissen
die Bewegung der Planeten sowie Finsternisse vorherzusagen. Die Priester-
Astronomen der Mayas gaben die schriftlichen Zeugnisse an ihre jeweiligen
Schüler weiter. So wuchs von Generation zu Generation das astronomische
Wissen in dieser Elite.

Leider sind durch die Zerstörungen der spanischen Eroberer und der
Mönche bis heute nur noch ganze vier Bücher der Mayas aus vorspanischer
Zeit erhalten geblieben. Das wohl wertvollste der schriftlichen Zeugnisse
der Maya-Kultur konnte 1740 die Bibliothek der Stadt Dresden erwerben.
Der „Dresdner Kodex" stellt eine Art „astronomisches Jahrbuch" dar.[14]
Vielleicht sollte man aber genauer von einem „astrologischen Jahrbuch"
sprechen, denn seine Bebilderung zeigt auch die entsprechenden Weissagungen, die den Himmelsereignissen zugeordnet wurden. Das Werk ist angefüllt
mit Punkt- und Balkensymbolen – den Maya-Zahlen „eins" und „fünf", die
zu Vielfachen der Zahl 20 aufgereiht sind. Der Begriff „Jahrbuch" ist
nicht ganz zutreffend. Im Gegensatz zu astronomischen Jahrbüchern unseres
Kulturkreises waren die Mayas weniger daran interessiert, Himmelsereignis-
se in einem jährlichen Sonnenkalender zu fixieren, sondern vielmehr an ihrer
Zuordnung zum heiligen Kalender mit 260 Tagen.

Acht Seiten des Dresdner Kodex sind der Vorhersage von Mondfinsternissen gewidmet. Die Mayas gruppierten dazu die Tage in Gruppen zu sechs
Monaten – besser sechs Mondumläufen. Finsternisse folgen ja durchschnitt-
lich alle 173 Tage aufeinander. Dieses sogenannte Finsternis-Halbjahr ist aber
kürzer als der Zeitraum von sechs aufeinanderfolgenden Vollmonden. Daher
findet nicht jedesmal nach genau sechs Monaten wieder eine Mondfinsternis
statt. Das wußten die Mayas, denn zum Ausgleich dafür bündelten sie die
Tage in ihrem Finsterniskalender gelegentlich in kürzere Portionen von fünf
Monaten.

Auch der Saros-Zyklus ist aus dem Kodex zu entnehmen: Nach einer
Periode von 6585 Tagen wiederholen sich gleichartige Finsternisse. Der

Saros war demnach nicht nur im alten Babylon, sondern auch im Land der Mayas bekannt. So waren die Priester-Astronomen der Mayas sehr wohl in der Lage, vor kommenden Mondfinsternissen, die als böse Omen galten, zu warnen. Die erreichte Genauigkeit ist dabei erstaunlich: Berücksichtigen wir die beigefügten Korrekturen, so zeigt der Finsterniskalender der Mayas erst nach 4500 Jahren eine Abweichung von einem Tag!

Die Tabellen des Dresdner Kodex umfassen Zeitspannen, die als ausgeklügelte Vielfache der wichtigen Kalenderzyklen anzusehen sind. Sobald man ans Ende der Tabellen gelangt ist, kann man deshalb von neuem am Beginn der Tabelle weiterlesen, ohne mit der 260-Tageszählung, den Mondphasen oder dem Sonnenjahr außer Takt zu geraten. Dies gilt auch für den Zyklus der Venus-Sichtbarkeit, der auf fünf Seiten des Dresdner Kodex tabelliert ist.

Dem Planeten Venus schenkten die Mayas besondere Aufmerksamkeit. Die Venus ist als „Morgen-" und „Abendstern" auch in unserem Kulturkreis besonders bedeutsam. Gerade in den Tropen schmückt jedoch dieses nach der Sonne und dem Mond hellste Gestirn besonders lange und auffällig den Himmel. Die Mayas sahen in der Venus die Gottheit Quetzalcoatl. Dem Venusgott waren verschiedene Tempel und Paläste geweiht. Die eindrucksvollsten Beispiele für den Venus-Kult finden wir in Uxmal. Das schönste Gebäude dieser Ruinenstadt wurde von den Spaniern „Gouverneurspalast" genannt. Es trägt an der Außenfassade mehrere hundert Venussymbole. Doch damit nicht genug: Die Eingangstreppe ist genau auf den südlichen Aufgangspunkt der Venus ausgerichtet – mit einer Genauigkeit besser als der 30. Teil eines Grades.[15]

Alle acht Jahre erscheint der Planet als Morgenstern in dieser Richtung genau über den Tempeln von Nohpat, die in fast zehn Kilometern Entfernung den Punkt am Horizont markierten. Selbst über so verblüffend große Entfernungen gehorchte die architektonische Raumaufteilung der Mayas den Harmonien, die sie am Himmel entdeckt hatten. Zu diesen Harmonien zählt auch der Zyklus der Venus-Sichtbarkeit von 584 Tagen. Genau 584 Verzierungen in Form des Buchstaben X zeigt die Fassade eines Tempels von Uxmal.

Die Mayas waren allerdings wohl nicht daran interessiert, genau vorherzusagen, wann Venus als Morgen- oder Abendstern wieder sichtbar werden würde. Sie wollten vielmehr gewährleisten, daß ihre heilige Kalenderzählung von 260 Tagen langfristig mit dem Verhalten ihres Venus-Gottes in Einklang blieb. Die synodische Umlaufzeit der Venus schwankt zwischen 587 und 581 Tagen. Die Mayas waren nur am Mittelwert von 584 interessiert, der im Dresdner Kodex niedergelegt ist. Lange Beobachtungsreihen über viele Generationen waren nötig, um zu diesen langfristigen Tabellen des Venuslaufs zu gelangen. Als „Venus-Observatorium" diente den Mayas sehr wahrscheinlich ein Rundturm in Chichén Itzá. Dieser Turm, der wegen seines

schneckenförmigen Aufgangs *Caracol* – Schnecke – genannt wird, entstand
etwa um das Jahr tausend nach Christus. In diese Zeit reichen auch die
Venusbeobachtungsreihen des Dresdner Kodex. In der Ausrichtung des
Caracol sind die Extremwerte der Venusaufgänge markiert.

In unserem Kulturkreis wurde der Lauf der Planeten nicht durch Auf-
gangspunkte sondern durch verschiedene „Stationen" am Himmel markiert:
gleichsam die Rastplätze der ehemaligen Gottheiten. Sie wurden als Tier-
kreis-Sternbilder eingeführt. Obwohl es Hinweise gibt, daß auch die Mayas
eine Art Tierkreis von möglicherweise 13 Sternbildern verwendeten, hatte
er wohl keine so herausragende Stellung. Die Mayas waren nicht so sehr
an räumlichen Bahnen der Planeten interessiert: Zeit, nicht Raum, ist das
Ausdrucksmittel für die Darstellung der harmonischen Bewegungen der
Himmelskörper im Dresdner Kodex.

Die Aufzeichnung von Zeiten erfüllte den Zweck der Vorhersage von
Ereignissen im komplexen Ganzen der Kultur. Die Mayas interessierten sich
nur dafür, *wann* Ereignisse stattfinden, nicht *warum* es zu Finsternissen oder
anderen Himmelserscheinungen kommt. Während in unserem Kulturkreis
sich die Beobachtung der Natur durch isolierte und idealisierte Betrachtung
von Teilbereichen eines zunächst viel zu komplex erscheinenden Ganzen zu
den Naturwissenschaften entwickelte, fiel ihr – und dabei besonders der
Himmelsbeobachtung, der Astronomie – in Mittel- und Südamerika eine
andere Rolle zu, deren Weiterentwicklung von den Conquistadores jäh unter-
bunden wurde: Astronomie war unauflöslich mit religiösen und funktionalen
Kriterien wie Ackerbau, Sozialgefüge und Stadtplanung verbunden.

Auch heute noch leben in der Dschungelregion Guatemalas, die wir mit
unseren Flugzeugen in Minutenschnelle überflogen haben, Nachfahren jener
Kulturvölker, Menschen, deren Lebensrhythmus durch diese ganzheitlichen
Harmonien bestimmt wird. Doch verschiedene Wege führen oft zum gleichen Ziel. Wenn die Astronomen in den modernen Sternwarten Südamerikas
heute zu Milliarden Lichtjahre entfernten Galaxien blicken, so verwenden
sie Nacht für Nacht die Vorstellung der Einheit von Raum und Zeit – von
Raum-Zeit –, wie sie uns erst Einstein in seiner Relativitätstheorie formuliert
hat.

Udo Becker

Venus und Sirius

Die Anfänge der Astronomie an Euphrat, Tigris und Nil

Bei der mesopotamischen, ägyptischen und der frühen griechischen Astronomie ist, wenn unter Astronomie nur jene Vorgänge am Himmel verstanden werden, die einer mathematischen Behandlung zugänglich sind, bereits eine recht einschneidende Begrenzung vollzogen: Mythologie, Kosmogonie, Kosmologie und auch die Astrologie geraten nicht in den Blick. Jeder Fortschritt in der Entwicklung mathematischer Methoden und ihrer Hilfsmittel hatte auch einen Fortschritt in der Astronomie zur Folge, und jede neue astronomische Vorstellung verlangte zu ihrer Sicherung nach einer mathematischen Kontrolle. Das war in Mesopotamien vor 4000 Jahren so und hat sich bis heute nicht geändert.

In der mesopotamischen Astronomie war es überwiegend die „fortschrittliche" oder innovative Mathematik, die den Sprung vom staunenden Betrachten des Himmels zur wissenschaftlichen Behandlung von Sonne- und Mondbewegung in den sogenannten Mond- und Sonnenrechnungen leistete und durch ihren mathematischen „Vorsprung" die Ägypter jener Zeit überflügelte. Der nächste Schritt wurde vollzogen, als im Hellenismus mit den chaldäischen Mond- und Sonnenrechnungen durch neuartige geometrische Methoden das Problem der Planetenbewegungen in den Blick kam. Die erste Etappe zum Verständnis der Bewegungen von Sonne, Mond und Planeten war zurückgelegt. Andererseits war es damals aufgrund des Fehlens der mathematischen Kenntnisse, die heute zur Verfügung stehen, unmöglich, den Planetenhimmel in seiner Tiefendimension auszuloten. Die mesopotamische und ägyptische Antike war dieser Frage noch nicht gewachsen. Dennoch bleibt die astronomische Entwicklung jener Zeit in ihren Einzelheiten aufschlußreich und aufregend.

Die altägyptische Kultur gestaltete sich im großen und ganzen einheitlich, sie war geprägt von einer über 2000 Jahre dauernden Phase der Ruhe und des relativen Friedens, ein Höhepunkt war zweifelsfrei die Sonnentheologie Echnatons im sogenannten Neuen Reich. Anders vollzog sich die Entwicklung in Mesopotamien. Seit die Sumerer um 3000 Jahre v. Chr. am südlichen Euphrat ihre ersten Stadtstaaten gründeten, ereignete sich eine Fülle grundsätzlicher Umwälzungen. Zuerst drangen um 2800 v. Chr. die Akkader ein, die eine semitische Sprache sprachen; sie übernahmen unter anderem die Keilschrift der Sumerer und verwendeten – vereinfacht – das Sumerische als „Gelehrtensprache" (ähnlich dem Latein im Mittelalter bis zur Neuzeit). Um 2200 v. Chr. blühte das Reich der Akkader vom nördlichen Mesopotamien bis vermutlich nach Ägypten. Die Amoriter errichteten um 1800 v. Chr. das altbabylonische Reich, die 1. Dynastie von Babel mit einem Höhepunkt der kulturellen Entwicklung – verbunden mit dem Namen Hammurapi. Diese Phase wurde um 1300 v. Chr. durch die Errichtung des Assyrischen Reiches beendet, das sich seinerseits bis 612 v. Chr. hielt und mit der Zerstörung Ninives zusammenbrach. Es kam anschließend zur Bildung des Neubabylonischen Reiches der Chaldäer. Ab 311 v. Chr. wurde Mesopotamien von den Seleukiden beherrscht: Hier lag zeitlich der Höhepunkt der babylonischen Wissenschaft, die spätbabylonische Astronomie.

Das babylonische Universum bestand aus übereinanderliegenden Schichten gleicher Größe und Gestalt, getrennt durch Zwischenräume, und ein kosmisches Band hielt dieses „Sandwich-System" in seiner Lage. Für die Götter bestand natürlich die Möglichkeit, von einer Schicht zur andern zu gehen. Es gibt keine stichhaltigen Hinweise für die oft vertretenen Behauptungen, das babylonische Universum sei eine Art stufenförmiger Turm mit einer Spitze gewesen, eine Zikkurat, und auch nicht dafür, daß man sich den Himmel als Kuppel dachte.

Der Hauptmangel in den kosmologischen Vorstellungen einschließlich der Astronomie war, daß im Zweistromland nie der Gedanke an eine runde, also Kugel-Gestalt der Erde entwickelt wurde. Darum konnten lediglich Systeme konstruiert werden, die nur in dem kleinen Gebiet des südlichen Mesopotamiens stimmig waren. In den 3000 Jahren mesopotamischer Kosmologie zeigt diese Wissenschaft keine wesentliche Entwicklung; die Gründe liegen hauptsächlich darin, daß die Naturkräfte in anthropomorphen Göttern und Göttinnen personifiziert wurden und dadurch eine immer größere Entfernung von der Natur-Wirklichkeit stattfand, wobei theogonische Fragen wie die Rangfolge der Götter in den Vordergrund traten. Überlagert wurde diese Entwicklung von einer wichtigen Errungenschaft der Sumerer und Babylonier: von den Stadtgründungen. Das Verhängnisvolle und letztlich Entscheidende für die Stagnation in der Entwicklung einer Kosmologie im Zweistromland war, daß ein unverhältnismäßig großes Interesse an der Götterwelt der Städte den Drang nach wissenschaftlicher Himmelserkundung einschlafen ließ.

Eine andere Entwicklung nahm die Kosmologie im Alten Ägypten. Die Ägypter glaubten, auf einer flachen, in der Mitte durch einen Fluß, den Nil, geteilten Insel oder Erdscholle zu leben; über dem Ganzen hing – von vier Pfosten, in manchen Vorstellungen auch von vier Bergen getragen – der Himmel; die Erdscholle war von Wasser umgeben. Ursprünglich nur einem kleinen lokalen Universum zugeordnet, mußte diese Sicht zwar mit zuneh-

menden Kontakten zu Nachbarländern erweitert werden, im Prinzip aber
änderte sich die Auffassung vom Kosmos nicht. Der Kosmos war statisch,
es war ein relativ einfaches Erde-Luft-Wasser-Schema, eine Vielzahl von
Gottheiten schuf in beständiger Aktion auf verschiedene Arten die Welt.
Wir kennen diese Kosmogonien als die Weltentstehungsgeschichten von
Hermopolis, Heliopolis und Memphis, um die drei wichtigsten zu nennen.
Weder im mesopotamischen noch im ägyptischen Raum ist also bis zum
Einfluß des Hellenismus von einer auch nur bescheidenen wissenschaftlichen
Kosmologie zu reden.

Die Menschen des Vorderen Orients und des Alten Ägyptens sind, da
weitgehend ihrer Götterwelt verhaftet, auf der Ebene des Mythos stehen
geblieben, und es ist nicht Sache einer Mythologie, ein „wahreres" Weltbild
anzubieten als eine andere. Fakten aber, die beweiskräftig den Schritt zu
einer Kosmologie ermöglicht hätten, gab es nur wenige, und so war die
babylonische Mondrechnung zwar eine bewundernswürdige und schier un-
glaubliche Leistung, die recht genaue Vorhersagen über die Bewegung des
Mondes erlaubte, aber angesichts eines fehlenden kinematischen Modells
blieb es bei Tabellen und Listen in unvorstellbarer Anzahl. Sie erlaubten es
schließlich Hipparch im zweiten vorchristlichen Jahrhundert, die entscheidenden Durchbrüche in der Astronomie und Kosmologie zu erzielen.

Was war die Ursache dafür, daß erst im Hellenismus – zwar vereinzelt,
aber unüberhörbar – die Möglichkeit eines heliozentrischen Systems diskutiert und die Ablösung des allein „gültigen" geozentrischen Systems gefordert wurde? Wenn wir die Sonne, den Mond, die Planeten und die Sterne
im Osten auf- und im Westen untergehen sehen, so wissen wir, daß dies
durch die Drehung der Erde um ihre Achse von West nach Ost bedingt ist,
aber notwendig für die Deutung der Beobachtung ist dieses Wissen zunächst
nicht. Es ist für die Beobachtung als solche gleichgültig, ob ich weiß, daß
meine Beobachtungsplattform im heliozentrischen System – also die Erde –
sich in 24 Stunden einmal um ihre eigene Achse dreht und in einem Jahr
einmal die Sonne umrundet, oder ob meine Beobachtungsplattform fest im
Raum steht und alles sich darum in großen Umschwüngen bewegt, so wie
es im geozentrischen System der Antike bis weit in die Neuzeit hinein
angenommen wurde.

Von solchen Überlegungen, ob der Kosmos heliozentrisch oder geozen-
trisch strukturiert sei, ist weder in Mesopotamien noch in Ägypten ein
Ansatz vorhanden. Man sah nur die Phänomene des Auf- und Untergehens
der Gestirne am Horizont, man registrierte sie, mit unterschiedlicher Genauigkeit, und das Vertrauen auf die göttliche Ordnung der Dinge, auf die
Wiederkehr der göttlichen Zeichen, wurde durch die lange Tradition immer
mehr gefestigt. Und doch bestand ein Unterschied zwischen Ägypten und
Mesopotamien. Dieser Unterschied beruhte nicht nur darauf, daß aus Mesopotamien sehr viel reichhaltigeres Material in Form von Keilschriftbibliothe-

ken überliefert ist als aus Ägypten, sondern auch das Erkenntnisniveau ist verschieden, das am Ende der jeweiligen Kulturepoche erreicht war. Es existiert kaum ein einziger ägyptischer Beobachtungsbericht – im Gegensatz zu den Bibliotheken mesopotamischer Beobachtungsprotokolle. Und die Phantastereien über den Beginn der exakten Kalenderangaben um 4000 Jahren v. Chr. durch die Beobachtung von Sirius – Sothis im Alten Ägypten – müssen ins Reich der Fabel verwiesen werden.

Das Werden einer exakten mesopotamischen Astronomie ist in zwei große Bereiche aufzuteilen: in die Positionsastronomie, also jene Astronomie, die Angaben über die Örter (Positionen) der Fixsterne und Planeten an der Himmelskugel macht, und in die – modern formuliert – Planetentheorie, also die Untersuchung der Bewegung der Planeten.

Bei der Positionsastronomie wurde die entscheidende Leistung um 2000 v. Chr. von den Akkadern vollbracht, als sie versuchten, sich über die Verhältnisse des Sternenhimmels zum Jahreslauf Rechenschaft abzulegen und das Ergebnis in einer übersichtlichen Zeichnung festhielten: ein Kreis, in zwölf gleichgroße Sektoren eingeteilt, der ·Rand mit den zwölf Monatsnamen bezeichnet, in jedem Sektor die Namen von drei Sternen. Man nannte dieses Schema „Die je drei Sterne". Es wäre möglich, daß die „Zwölfmaldrei" als astrologisches Hilfsmittel gedacht war. Um 1100 v. Chr. tauchte der erste assyrische Beleg für eine weiterentwickelte Zwölfmaldrei auf. Die Kreisform wurde nicht nur durch die Listenform ersetzt, sondern alle früheren Randsterne erhielten jetzt den Zusatz des *Ea,* während die mittleren und inneren Sterne des Kreisschemas dem *Anu* bzw. dem *Enlil* geweiht waren.

Ea, Anu und Enlil waren die drei Götter, die auf drei Ebenen des Universums wohnten und die vor dem Aufstieg Marduks im Pantheon eine Art Trinität bildeten. Gegenüber den ersten Zwölfmaldrei gab es zusätzlich zwei lange, neuartige Abschnitte, deren erster die astrale, landwirtschaftliche und kultische Bedeutung der zwölf Monate kennzeichnete, während der zweite Abschnitt zunächst die gegenseitige Lage der Ea-Sterne zu beschreiben versuchte, dann wurde dasselbe für je zwölf Sterne des Anu und des Enlil übernommen. Mit dieser modernen Zwölfmaldrei-Version ist klar gezeigt, daß es die Assyrer waren und nicht die Babylonier, die im 9. und 8. Jahrhundert v. Chr. den Weg zu entscheidenden, weittragenden astronomischen Erkenntnissen gefunden haben.

Den Höhepunkt dieser Entwicklung bildete schließlich die Serie *Mul Apin,* wohl um 690 v. Chr. entstanden; sie enthält eine Übersicht der Enlil-, Anu- und Ea-Sterne und ihre heliakischen Aufgänge; Meridiandurchgänge mit gleichzeitigen Aufgängen dieser Sterne; die Mondbahn; Sirius und vier Jahrespunkte; die Planeten; den Sonnenstand in den Wegen des Enlil, Anu und Ea; bestimmte Eigenschaften der Mondbewegung und noch vieles andere mehr. Die Serie Mul Apin stellt also eine Kompilation des gesamten astronomischen Wissens der Zeit um 700 v. Chr. dar. Außerdem läßt sich

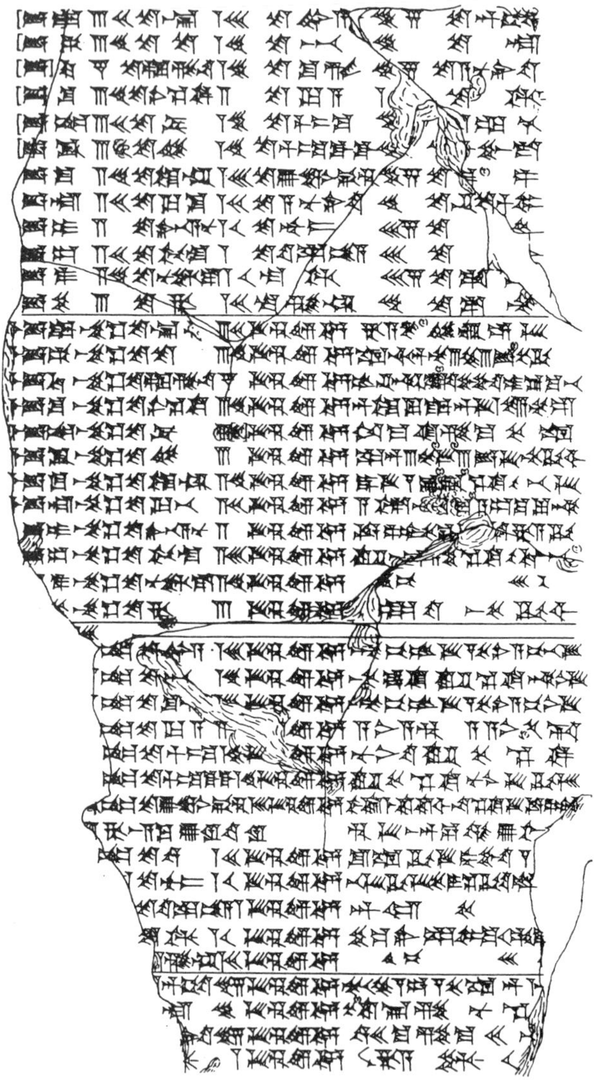

Abb. 8: Keilschrifttext Nr. 1499 (Pinches–Sachs), Vorderseite. Albert Schott benutzte u. a. diesen listenförmigen astronomischen Text, um die „Zwölfmaldrei" als die ursprünglichere Form der „Sternlisten" zu rekonstruieren (siehe Abb. 9).

aus Mul Apin ableiten, daß es eine Himmelseinteilung gab, ähnlich unserem System der Äquatorialkoordinaten: In je zwölf Grad Abstand nördlich und südlich des Himmelsäquators dachte man sich je einen Parallelkreis, zwischen diesen beiden Kreisen stehen die Anu-Sterne, nördlich davon die Enlil-Sterne, südlich die Ea-Sterne. Die wissenschaftliche Basis der Positionsastronomie war gelegt, der entscheidende Durchbruch war geschafft.

Im Zusammenhang mit der ersten Fassung der „Zwölfmaldrei" taucht eine in der Literatur als *Enuma-Anu-Enlil* bekannte Serie auf, eine unglaublich umfangreiche Omina-Sammlung mit Weissagungen der Art: „Erscheint am 14. Tag der Mond mit der Sonne in Opposition, so schleift man die Festung, steigen die Wächter von den Türmen herab, Gehorsam und Huld sind im Lande vorhanden."

Ein völlig anderes Gebiet stellen die für das Kalenderwesen besonders wichtigen Mond- und Sonnenrechnungen dar. Daß die Sonne auf das engste

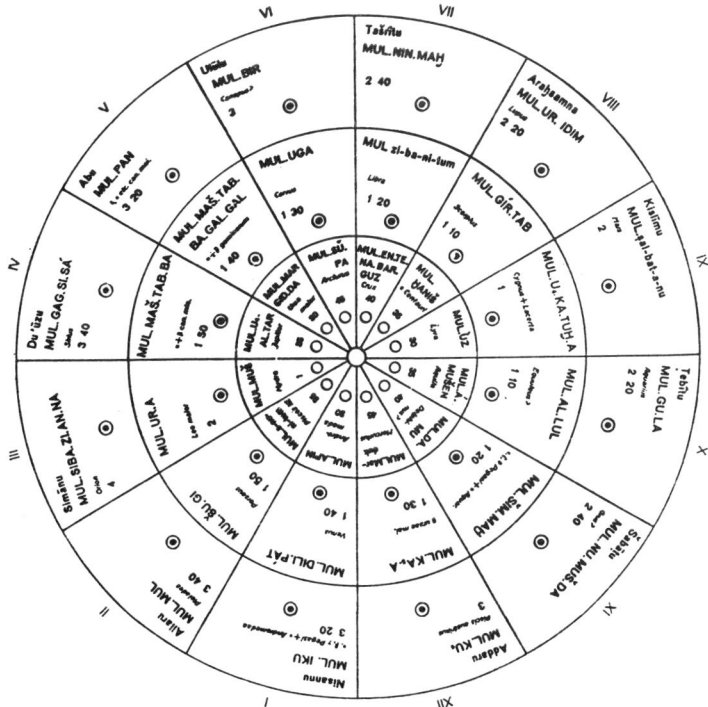

Abb. 9: Die „Zwölfmaldrei". Sie wurde von Albert Schott rekonstruiert und kreisförmig dargestellt.

mit dem Tag- und Nachtwechsel und den Jahreszeiten zusammenhängt, daß
die auffallend wechselnden Lichterscheinungen des Mondes auf den Monat
bzw. die Woche führen, war wohl schon in den Frühzeiten aller Kulturen
bekannt. Es gibt aber keine Ideallösung des Kalenderproblems. Der Grund
ist leicht einsichtig: Ein praktikabler bürgerlicher Kalender muß mit ganzen
Tagen rechnen, doch das sogenannte tropische Jahr, von Sonnenwende zu
Sonnenwende, dauert 365,2422 Tage. Rechnet man mit 365 Tagen für ein
Jahr, so verschiebt sich folglich schon nach vier Jahren die Jahreszeit-
bestimmende Sonnenwende um einen Tag, nach 1480 Jahren um ein Jahr!
Es ist also durch geeignete Schaltregeln der Gleichlauf zwischen Jahreszeiten
und Kalender wiederherzustellen.

Die Ägypter – begünstigt durch eine straffe Zentralverwaltung – waren
in der Lage, durch Dekret einheitlich zu schalten: Das Jahr hatte immer 365
Tage, eingeteilt in zwölf Monate von je drei Dekaden, und fünf Extratage.
In Mesopotamien war eine solche straffe Regelung wegen der mehr oder
weniger selbständigen Stadtstaaten nicht möglich. Es kam ein Umstand mit
schwerwiegenden Folgen hinzu. Die Sumerer hatten einen Mondkalender
mit einem siebentägigen Wochenrhythmus an die späteren Generationen
vererbt. Unser Kalender nimmt keine Rücksicht mehr auf diesen Wochenrhythmus, obwohl er, soweit wir wissen, nie unterbrochen war. Hätten wir
den Kalender von Babylon übernommen und nicht von den Ägyptern,
würde man wohl „Schaltwochen" zu einem Normaljahr von 364 Tagen
entsprechend 52 Wochen erfunden haben. Durch geeignete, keineswegs
komplizierte Schaltregeln mit Schaltwochen ließe sich auch so ein ausreichender Gleichlauf zwischen Jahreszeiten und Kalender erreichen.

Die Leistung der assyrischen Kalendermacher war, daß es ihnen um 450
v. Chr. gelang, Mond- und Sonnenkalender miteinander zu vereinen, das
heißt, die Einheit Jahr und die Einheit Monat miteinander zu verknüpfen.
Es werden in neunzehn Jahren stets sieben Schaltmonate zu den regulären
zwölf Monaten des Jahres hinzugefügt. Dieser neunzehnjährige Zyklus wird
zwar nach dem Griechen Meton genannt, er ist aber babylonisch: Er enthält
$19 \times 12 + 7 = 235$ Monate. Ein Monat hat danach 29,6 Tage. Heute rechnet
man als Durchschnittsdauer für einen „synodischen" Monat, also von Neumond zu Neumond, 29,53 Tage. Es war also ein guter Wert erreicht. Da der
Monat ab Neumond gerechnet wurde, war das erste Sichtbarwerden des
Mondes nach dem unsichtbaren Neumond von größter Bedeutung, und
die Vorausberechnung der ersten Sichtbarkeit, also der sogenannte heliaki-
sche Aufgang des Mondes, war das Hauptproblem der babylonischen
Astronomie.

Neumond bedeutet, daß Mond und Sonne, von der Erde aus gesehen, in
einer Richtung stehen. Der junge Mond wird nach Neumond zuerst ganz
kurz nach Sonnenuntergang sichtbar, im Laufe des Monats nimmt der Abstand in der Länge zwischen Sonne und Mond immer mehr zu, bei Vollmond

stehen sich, von der Erde aus gesehen, Sonne und Mond genau gegenüber. Zu diesem veränderlichen Längenabstand kommt als zweite veränderliche Größe hinzu, daß die Bahnebene des Mondes nicht mit der Bahnebene der Sonne zusammenfällt; der Mond kann sich bis zu fünf Grad nach beiden Seiten von der Sonnenbahnebene entfernen. Schließlich ist als dritte veränderliche Größe zu berücksichtigen, daß die Bahn der Sonne – die Ekliptik – nicht immer die gleiche Neigung gegen den Horizont innerhalb eines Jahres hat. Auch dies beeinflußt ganz erheblich die Möglichkeit, zum frühest möglichen Zeitpunkt den jungen Mond nach Neumond zu sehen.

Das Aufregende an der spätbabylonischen Astronomie ist, daß sie, ohne im Besitz einer dynamischen Theorie der Mond- und Sonnenbewegung zu sein, Tabellen geschaffen hat, die die Berechnung und Vorhersage des heliakischen Mondaufgangs mit einer Genauigkeit ermöglichen, die sogar die Vorhersage von Mondfinsternissen erlaubte. Freilich, Sonnenfinsternisse ließen sich mit diesen Tabellen nur in wenigen Sonderfällen vorhersagen. Dafür reichte einmal die Genauigkeit nicht aus, zum andern macht sich hier entscheidend das Fehlen einer kinematischen Vorstellung bemerkbar; denn es hätte berücksichtigt werden müssen, daß der Mondschatten bei einer Sonnenfinsternis nur eine schmale Bahn – nur wenige hundert Kilometer – über die Erde zieht, während eine Mondfinsternis dagegen für alle Punkte auf der Erde sichtbar ist, für die der Mond über dem Horizont steht.

Im Zusammenhang mit diesen Mondbeobachtungen entwickelten die babylonischen Astronomen zur Vorhersage der Elemente der Mondbewegung eine mathematische Methode, indem sie Zahlenreihen konstanter Differenzen bildeten, die sich aus langen, regelmäßigen Beobachtungsreihen ableiten lassen. Diese Methode ist uns heute als eine Art harmonische Analyse bekannt, sie wird wegen ihrer graphischen Darstellung in der Literatur als „Zickzack-Kurve" bezeichnet. Eine Variante dazu, aber mathematisch gleichwertig, ist die Darstellung einer Treppenkurve. Mit diesem Rüstzeug war endgültig der Durchbruch zur exakten Astronomie gelungen.

Natürlich wagten sich die damaligen Himmelkundler auch an die wegen ihrer teilweisen Rückläufigkeit noch schwierigere mathematische Behandlung von Bewegungs- und Sichtbarkeitsverhältnissen der Planeten Merkur, Venus, Mars, Jupiter und Saturn. Mit ähnlichen Methoden erzielten sie Respekt einflößende Ergebnisse. Dies gilt besonders für den Planeten Venus, weil Venus sowohl als Morgen- als auch als Abendstern eigene Probleme aufwarf. Unsere Bewunderung kann nicht groß genug sein, weil die Babylonier noch nicht einmal die Möglichkeit hatten, sich die verwickelten Verhältnisse der Planeten- und Mondbewegung in kinematischen Modellen vorzustellen: Sie haben lediglich lange sichtbare Phänomene sorgfältig beobachtet, die Beobachtungen in Tabellen gesammelt und das Material dann höchst genial mathematisch weiterverarbeitet. Die Griechen waren später die Nutznießer dieser Arbeiten, weil sie darauf aufbauen konnten.

In Ägypten wurden im Laufe der Geschichte ebenfalls Sternlisten aufgezeichnet und ausgewertet, aber es ist sicherlich falsch, von diesen Sternlisten
zuviel zu verlangen. Sie waren natürlich in Hieroglyphen geschrieben und
sind als Dekanlisten – Dekansterne sind, vereinfacht gesagt, Zeitsterne – auf
Sarkophagdeckeln des Mittleren Reiches und in manchen Königsgräbern
des Neuen Reiches überliefert. Die aus den Dekanlisten abgeleitete Theorie
der Auf- und Untergänge und Kulmination der Dekansterne war grob-
schematisch und recht ungenau. Etwas in Exaktheit und Vielfalt der Mul-
Apin-Serie Vergleichbares haben die Ägypter nicht zustande gebracht.

Abb. 10: Der runde Tierkreis an der Decke des Hathor-Tempels von Dendera, Osiris-
Kapelle. Der Tierkreis wurde 1799 beim Ägyptenfeldzug Napoleons entdeckt, 1821
herausgeschnitten, 1822 von der französischen Regierung gekauft und im Louvre
aufgestellt.

Die alten Ägypter verehrten Sothis, den Fixstern Sirius, als den Bringer des Neuen Jahres und der Nilüberschwemmung. Die regelmäßige jährliche Nilüberschwemmung war das wichtigste Ereignis im landwirtschaftlichen Jahr und wurde einige Wochen vorher durch ein auffälliges Ereignis am Sternhimmel angekündigt: durch die erste Sichtbarkeit von Sirius am Morgenhimmel. Dieses Ereignis nennt man den heliakischen Aufgang von Sirius, im alten Ägypten fand es am 20. Juli oder wenige Tage früher oder später statt. Es ist berechtigt, den Beginn des Neuen Jahres mit dem kosmischen Taktgeber heliakischer Aufgang des Sirius zu verknüpfen. Für die Errichtung eines solchen Siriuskalenders bedurfte es aber keines gelehrten Astronomen, die bloße Beobachtung der ersten Sichtbarkeit des Sirius und der darauf folgenden letzten Sichtbarkeit der Mondsichel am Morgenhimmel genügten, um einen für die Landwirtschaft und die staatliche Verwaltung brauchbaren und im äygptischen Reich durchsetzbaren Kalender einzurichten, der zudem nicht exakt dem Mond angepaßt werden mußte.

Es ist ein weitverbreitetes Mißverständnis, Dokumente der Astronomie oder Mathematik der alten Ägypter mit einem Glorienschein der Wissenschaftlichkeit zu versehen oder noch unbekannte Wissenschaften, Geheimwissenschaften oder verlorene Wissenschaften, die noch nicht in den bisher bekannten Texten gefunden worden sind, in die Diskussion einzubeziehen. Diese Hypothese einer „höheren" Wissenschaft trägt nicht weiter, da alles Wesentliche, was wir überliefert vorfinden, auch ohne eine solche „Weisheit" erklärt werden kann. Schon unter dem Einfluß griechischer Autoren wurde das Niveau ägyptischer Astronomie und Mathematik gewaltig überschätzt.

Man muß in diesem Zusammenhang auf die immer wieder behaupteten fabelhaften Fähigkeiten und Weisheiten hinweisen, die etwa im Bau der Pyramiden oder im berühmten Tierkreis von Dendera – er stammt aus der Endzeit des Alten Ägypten – versteckt seien. Wenn gewisse, aus den Maßen der Pyramiden berechnete Zahlen mit anderen Zahlen, die die moderne Wissenschaft verwendet, übereinstimmen, so beweisen solche Übereinstimmungen nichts: Es gibt soviele Möglichkeiten, die Maße der Pyramiden – oder der Orientierung von Linien im Tierkreis von Dendera – in irgend eine natürlich erscheinende Maßeinheit einzuordnen, es gibt soviele Zahlen und Zahlenverhältnisse in der modernen Wissenschaft, daß eigentlich immer irgendeine Übereinstimmung zu finden ist. Voraussetzung ist nur, daß man von der uns noch verborgenen Weisheit der alten Ägypter überzeugt ist und daß man fleißig danach sucht. So sollte auch das Datum des 19. Juli 4241 v. Chr. als Tag der Einführung des ägyptischen Kalenders nach der Sothis-Periode in seiner vorgeblichen Genauigkeit nicht allzu ernst genommen werden.

Von allen Wissenschaftlern, die sich in den letzten Jahren mit der hier behandelten Materie beschäftigt haben, wird als gesichert angenommen, daß es die mesopotamische astronomische Wissenschaft war, die einen entscheidenden Einfluß auf die griechische Wissenschaft im Hellenismus hatte: Spätbabylonische Astronomie und Rechenkunst bildeten die Grundlage griechischer Wissenschaft. Wie dieses Wissen von Mesopotamien nach Griechenland oder in den Mittelmeer-Raum transferiert wurde, ist noch weitgehend unbekannt.

Bei den Versuchen, die Wege des Wissenstransfers zu finden, achtet man auf gemeinsame Elemente sowohl der babylonischen als auch der hellenistischen Wissenschaft, die hinreichend kompliziert und originell sind, so daß mit großer Wahrscheinlichkeit angenommen werden kann, sie seien nicht unabhängig voneinander in den beiden Kulturbereichen entwickelt worden. Dies gilt beispielsweise für das Sexagesimal-System, das von den Sumerern entwickelt und später von den akkadisch sprechenden Völkern Mesopotamiens weiter verwendet und perfektioniert wurde und das schließlich über die „babylonische" Mond- und Sonnenrechnung in den Hellenismus Eingang fand. Auch wir benutzen es in Rudimenten heute noch bei der 360-Grad-Teilung des Kreises oder den 60 Minuten der Stundeneinteilung. Es läßt sich aber auch zeigen, daß eine „typische" griechische Leistung, der sogenannte Satz des Pythagoras, schon in der ersten Hälfte des zweiten vorchristlichen Jahrtausends von der babylonischen Mathematik beherrscht wurde. Manche andere Beispiele für einen Wissenstransfer könnten noch angeführt werden, aber es lassen sich kaum Namen von Menschen angeben, die an diesem Wissenstransfer in einer „Schlüsselposition" beteiligt waren. Ein Name wird immer wieder genannt: Der Name des Bel-Priesters Berossos aus Babylon, der um 270 v. Chr. auf der griechischen Insel Kos eine Astronomie-Astrologieschule gegründet haben soll und als die mögliche Hauptquelle des astronomischen babylonischen Wissens in Griechenland angesehen wird. Sein Hauptwerk *Babyloniaka* ist zwar nur in Fragmenten überliefert, aber es übte in der Tat einen nachhaltigen Einfluß aus. „Chaldäer" und „Magier" verbreiteten überall die babylonische Astrologie und, damit verbunden, die astronomischen Rechenmethoden. Berossos selbst soll durch seine wundersamen Vorhersagen von Finsternissen und anderen Ereignissen die Athener so beeindruckt haben, daß sie ihm eine Statue mit goldener Zunge setzen ließen.

Walter Saltzer

Vom Chaos zur Ordnung

Die Kosmologie der Vorsokratiker

I. „Als erster ward Chaos" – hieß es in Vers 116 von Hesiods *Theogon,* einem Haupttext des mythischen Weltbildes.[1] *Chaos,* das gähnende, undifferenzierte Leere, hat also einen Anfang und eine bizarre Nachkommenschaft, wie weiter bei Hesiod nachzulesen ist. Und die neue Weltordnung? „Alles ist entweder substantielles Prinzip oder aus diesem geworden ... ohne Anfang ist es, ungeworden und unzerstörbar. Alles Gewordene nimmt notwendig ein Ende in ihm. Und deswegen ist es das erste Prinzip aller anderen Dinge, alles umfassend und alles von innen heraus steuernd ..."[2] So lautet die Paraphrase von Aristoteles' Bericht zu Anaximander von Milet, der sein Prinzip als das *Apeiron* bezeichnete, was am besten mit „das Infinit-Indefinite" zu übersetzen ist. Etwas von der gehobenen Sprache ist hier noch zu spüren, und auch davon, wie ein Begriff der Alltagssprache, nämlich *Arché,* was „Anfang", „Beginn" heißt, in terminologische Bedeutung übergeht, als „erstes Prinzip", „substantielles Fundament" oder „elementare Basis".

Worin liegt also das Neue im Weltverständnis der Vorsokratiker, so daß man zu Recht von einer Kulturschwelle sprechen kann, die in den 160 Jahren von etwa 600 bis 440 v. Chr. errichtet wurde? Und wer waren die Hauptvertreter dieser aufklärerischen Denkrichtung mit ihrem Anspruch einer Totalerklärung der Erscheinungswelt, wie sie geworden ist und in ihrer unendlichen Mannigfaltigkeit abläuft, in der zugleich aber auch die Überzeugung aufkeimt, daß – eben wegen dieser unendlichen, vor allem ins Kleine gehenden Erscheinungsvielfalt – es nie eine absolut wahre Theorie über das Reich der Phänomene geben wird, wohl aber mehr oder minder wahrscheinliche Hypothesen, *dóxai,* wie der griechische Ausdruck heißt. Das, unter anderen Zeugnissen, ist der Sinn von Heraklits berühmtem Ausspruch: „Du steigst nicht zweimal in denselben Fluß".[3] Beim zweiten Mal bist du, sind der Fluß und der gesamte kosmische Raum ein anderer: Keine singuläre Erfahrungssituation – und jedes Experiment ist eine solche – ist streng identisch reproduzierbar.

II. Es sind vor allem drei regulative Normen oder Postulate, die das gesamte Vorhaben der Vorsokratiker tragen und von allen Vorläufer-Reden über die Welt abheben:

1. Das *Unabhängigkeitspostulat.* Es besagt, daß eine von irgendwelchen transzendenten, das Naturgeschehen willkürlich beeinflussenden Mächten und vom erkennenden Subjekt unabhängige Objektwelt aus sich selbst und durch sich selbst existiert. Diese Forderung klingt trivial, sie macht aber den Zugriff erst frei.

2. Das *Verstehbarkeitspostulat,* nach dem diese reale, weil unabhängige Objektwelt in ihrer Vielheit und Veränderung aus sich selbst und durch sich selbst zu ordnen und zu verstehen sein muß, ohne von außen vermittelte Regel der Interpretation oder Offenbarung. Sollten sich in der Erscheinungswelt Ordnung und Organisation zeigen, so liegt dies an der Leistung des erkennenden unabhängigen Subjekts.

3. Vielheit und Veränderung werden verstehbar gemacht und erklärt durch das *Reduktionspostulat,* das heißt, sie werden auf die Einheitlichkeit, Unveränderlichkeit und interne Bewegung eines materialen Substrats zurückgeführt, und zwar unter der Annahme, daß dies mit Notwendigkeit erfolgt. Zumeist ist die interne mechanische Bewegung dem stofflichen Substrat immanent, manchmal kommt sie aber von außen als eigene energetische Größe hinzu, wie im Fall von „Liebe und Haß" (*philía* und *neíkos*) als Kräften von Vereinigung und Trennung im stofflichen Verband, wie es bei Empedokles der Fall ist. Dagegen ist bei Anaxagoras der *Nus,* der separate „Weltgeist", wirksam, der zwar zu allem Werden den Anstoß gibt, sich danach aber aus dem kosmogonischen Geschäft zurückzieht.[4]

Hier gewinnt der Begriff der *Arché,* des elementaren Prinzips, zentrale Bedeutung, denn die Lehrmeinung von Schulen und das persönliche Evidenzbewußtsein der einzelnen Denker äußern sich in der jeweils anderen inhaltlichen Festlegung der *Arché.* So hat etwa Thales von Milet das „Wasser" zu seiner *Arché* gemacht, sein Schüler Anaximander schon das viel abstraktere „Infinit-Indefinite", das *Apeiron,* Heraklit das „Feuer". Für Leukippos und Demokrit waren *Arché* die „Atome" und der „leere Raum", für Empedokles die vier traditionellen Elemente „Feuer, Wasser, Luft und Erde", die nach ihm eine fast universelle Verbreitung fanden, und schließlich für Anaxagoras die *Homoiomerien,* das bereits im Sinne der künftigen Erscheinungseigenschaften makroskopischer Körper *qualitativ* differenzierte Teilchensubstrat.

Allen diesen Philosophien aber ist gemeinsam, daß die *Arché* zum einen koextensiv ist mit der jeweils zugrundegelegten Dimension des Universums, abgegrenzt, sphärisch und singulär, wie bei den Eleaten, oder unendlich mit unendlich vielen Welten, wie bei Anaximander und den Atomisten.

Zum anderen ist allen gemeinsam, daß die *Arché* die Reinheit des Elementaren repräsentiert – gegen das Chaos in zweiter Bedeutung: die verworrene, beliebige Mannigfaltigkeit der Erscheinungen. Das „Wasser" des Thales ist also nicht das sichtbare Wasser unserer Welt. Die „Luft" als *Arché*-Substrat des Anaximenes, des dritten Milesiers[5], ist nicht die Luft, die wir atmen, und das „Feuer" Heraklits nicht das empirische Feuer. Sie sind höchstens erste

sichtbare Erscheinungsformen des jeweils Elementaren, das sich ja zu allen
Einzelkörpern hin, mit ganz entgegengesetzten Aggregatszuständen, ausdif-
ferenzieren muß. Diese Idee des reinen unveränderlichen Elements, aus dem
die erscheinende Vielheit durch einen internen Mechanismus sich ausformen
soll, war ein gewaltiger Schritt in Richtung dessen, was wissenschaftliche
Erkenntnis, zunächst im Bereich des Kleinen, werden sollte.

Die *Arché* ist also ein Materie-Energie-Substrat, und ihr werden folgende
Eigenschaften zugeschrieben. Die wichtigste ist die der *Erhaltung:* Was immer an Erscheinungsgegenständen und -strukturen *wird* und wieder *vergeht,*
vom Werden eines Lebewesens bis zum Vergehen beliebig vieler und beliebig
gestalteter Welten, am Gesamtbestand des Stoffes und der Bewegung ändert
sich nichts. Es gibt nur lokale Umschichtung von beidem – vernichtet wird
nichts. Auch dies ist eine Forderung, die weit in die Zukunft weist; sie
ergänzt die nach der Reinheit des Elementaren.

Ferner besitzt die *Arché* einen internen Mechanismus, der die Gesetzlich-
keiten von Werden, Vergehen, einschließlich aller Erscheinungsabläufe regelt. *Kybernän*, „Steuern" lautet der Ausdruck dafür bei Aristoteles, der ihn
zitiert[6] – der Begriff selbst stammt gewiß noch von Anaximander. Nimmt
man die beiden Prädikate der Koextension mit dem All und ihre transempiri-
sche Reinheit als Element hinzu, so leuchtet ein, daß die meisten der vorsokratischen Kosmologen die *Arché* als „das Göttliche" bezeichneten, nämlich
als *to theion.*

Mögen die einzelnen gesetzten *Arché*-Prinzipien noch so verschieden, ja
gegensätzlich sein – die genannten Eigenschaften gelten für alle. Den internen Mechanismus aber, nach dem sich die *Arché* zu der Erscheinungswelt
entläßt, zu enthüllen und möglichst so durchschaubar zu machen, daß den
Weltaufbau bis zu seinem gegenwärtigen Zustand gleichsam nachvollzogen
wird, das ist das Ziel aller vorsokratischen Kosmologien. Der Streit der
Meinungen mußte sich natürlich daran entzünden, *welches* Substrat nach
welchem Bewegungsmechanismus diese Welt am ehesten durchschaubar erzeugen konnte. Durchschaubarmachen ist also eine Art des Erklärens, und im
Prozeß dieser neuen Welterklärung tauchen weitere allgemeine Bestim-
mungsstücke auf, die den langen, vielleicht endlosen Weg der wissenschaftlichen Eroberung des Kosmos bis heute nachhaltig markieren.

Da ist einmal die Vorstellung vom *Natur-* oder *Weltgesetz,* das keine
Ausnahme duldet und in dem sich eine strenge Rationalität im Weltablauf
zeigt. So verschiedene Begriffe wie der der „Notwendigkeit" bei Anaximander und den Atomisten, oder der Begriff der „objektivierten Vernunft", des
Logos, als sich selbst im Naturgeschehen aktualisierenden rationalen Prinzips,
das Heraklit entwickelt, geben dieser Vorstellung Ausdruck. Unser neuzeitli-
cher Terminus „Naturgesetz" oder „Naturgesetze", der in allen modernen
Weltsprachen verwendet wird, steht in dieser Tradition und ist eine gesicherte
Übersetzung der Bezeichnungen *leges naturae* oder *foedera naturae,* die der

römische Epiker Lucretius[7], ein Zeitgenosse Ciceros, ganz in alt-atomistischem Sinne geprägt hat.

Da wird zum anderen die *Mathematisierbarkeit* gewisser Klassen von Erscheinungen entdeckt, gleichsam als erste präzisierende Anwendung des „Verstehbarkeitspostulats". Dies ist der Erklärungsansatz der pythagoreischen Schule, der auf die Idee einer durchgängigen Proportionentheorie für Größen hinausläuft, die aufeinander beziehbar sind, wie etwa die Längen schwingender Saiten zu den erzeugten Tonintervallen.

Und welche Entfaltungsdynamik lag im Widerstreit zwischen der Annahme einer kontinuierlichen Verteilung des materialen Substrats in einem endlichen Universum bei den Eleaten und der Proklamation des genauen Gegenteils bei Leukippos und Demokrit: atomare Zerstreuung der Materie in einem unendlichen, gleichförmigen und leeren Raum!

Es entstehen neue und bleibende Spezialbegriffe bei der näheren Ausgestaltung dieser meist kontradiktorischen Verstehensansätze: *Kosmos, Universum, System, Symmetrie, proportional, Kontinuum, das Homogene, Atom,* um nur die wichtigsten zu nennen. Alle zeigen noch ihre griechische Herkunft oder sind lateinische Übersetzungen, die sich spätestens bis zum 17. Jahrhundert in der Fachsprache eingebürgert haben.

Was die Überlieferungsfrage dieser alten, heute zum allergrößten Teil verlorenen Texte betrifft, so fängt die Auseinandersetzung mit ihnen und ihre mittelbare Tradition natürlicherweise bei Platon an. Denn Sokrates, Gesprächsführer in Platons frühen und mittleren Dialogen, war ein nur wenig jüngerer Zeitgenosse Demokrits, der seinerseits einer der berühmtesten Repräsentanten *vor*sokratischen Denkens, des *vor*sokratischen Denk*stils*, war. Demokrits Namen und vielseitiges Werk hat Platon vielsagend verschwiegen, dagegen eleatisches und insbesondere pythagoreisches Gedankengut in seiner späteren Schaffensphase reichlich absorbiert. Aristoteles und seine Schule haben sich in systematischer Weise mit den Schriften der Vorsokratiker beschäftigt: *Die Meinungen der Physiker (Physikon Doxai)* hieß eine vielgelesene, leider nicht erhaltene Abhandlung des Aristoteles-Schülers Theophrast. Auszüge aus ihr bei späteren Doxographen, die Schriften des Aristoteles selbst und deren zahlreiche Kommentare bis tief in die Spätantike hinein sind die wichtigsten Quellen für alle modernen Fragmentsammlungen.

III. Mit Thales, dem ersten der ionischen Kosmologen, ist sinnvollerweise zu beginnen. Seine Lebenszeit wird durch ein wahrhaft spektakuläres Ereignis wenigstens in einem Punkt fixiert. Er soll eine Sonnenfinsternis vorausgesagt haben, und zwar mit den prophetisch klingenden Worten: „Daß sie stattfinden werde, bevor noch das von ihm angegebene Jahr zu Ende sei".[8]

Man hat sich auf die Sonnenfinsternis des 25. Mai 585 v. Chr. geeinigt, weil sie tatsächlich in Milet annähernd zentral war. Die Quelle ist alt und zuverlässig. Es ist Herodot, der über diese einmalige Begebenheit etwa 120

Jahre später berichtet. Gewiß, der Zeitraum der Voraussage betrifft ein ganzes Jahr, und so ist wohl nicht davon auszugehen, daß eine relativ genaue Kenntnis der Periodenrelation von siderischem Jahr, synodischem Monat und Umlaufzeit des Mondknotens, des Schnittpunktes von Mond- und Sonnenbahn, die Kenntnis also des sogenannten Saroszyklus von 18 Jahren und 10 Tagen, ihn zu seiner gewagten Voraussage bewog. Immerhin, es war eine Prognose, und der Fachmann weiß, wie riskant die Vorhersage, selbst bei der Länge eines Jahres, im Fall einer Sonnenfinsternis für einen gegebenen Ort sein kann: Die Parallaxe des Mondes geht als eine der Randbedingungen mit ein, und darüber hinaus ist der Mond ein mit vielen Anomalien befrachtetes Gebilde.

Diese Voraussage war ein gewaltiger Schritt zur wissenschaftlichen Eroberung des Kosmos – als Ausdruck von Vertrauen in die Periodizität und Gesetzmäßigkeit selbst solcher überraschenden Erscheinungen, wie es Sonnenfinsternisse nun einmal sind. Für lange Zeit noch waren sie Residuen des Aberglaubens und Drohgebärden finsterer Mächte, um den Menschen das Lebenslicht, irgendwann einmal vielleicht für immer, wegzunehmen. Diese Prognose ist Ausdruck dafür, daß unser, den neuen Denkansatz beschreibendes „Unabhängigkeits- und Verstehbarkeitspostulat" tatsächlich trägt.

Wie aber wird Thales nun wirklich zu seiner kühnen Prophetie gekommen sein? Es existierten wohl seit längerer Zeit, sagen wir seit 100 Jahren, Aufzeichnungen von Finsternissen. Was zu tun blieb, war, nach den konstanten Intervallen zu suchen, in welchen mit großer relativer Häufigkeit Sonnenfinsternisse sich wiederholten. Die sicherste „Theorie" über Finsternisse dürfte also damals tatsächlich in einer empirischen, gut geführten Liste bestanden haben. Thales' Prognose war also mit größter Wahrscheinlichkeit eine Intervall-Extrapolation, erwogen nach einem Kriterium maximaler Häufigkeit, und dabei hatte er das Glück des Tüchtigen auf seiner Seite, das hier lautet: Überzeugtsein von der gesetzlichen und damit auffindbaren Geordnetheit aller Erscheinungen, auch der Sonnenfinsternisse.

Daß sich aber Thales darüber hinaus um Erweiterung seiner astronomischen Kenntnisse, insbesondere um eine genaue Bestimmung des Sonnenjahres bemühte, scheint unzweifelhaft: Eine erwähnte Untersuchung „Über Wenden und Tag- und Nachtgleichen" wird von seinem Schüler Anaximander vorangetrieben, offenbar unter Zusammenfassung der dabei verwendeten Geometrie. Solche Messungen wurden mit Hilfe eines Gnomons, eines auf einer horizontalen Ebene senkrecht stehenden Schattenstabes, ausgeführt, der zugleich die Funktion einer einfachen Sonnenuhr hatte. Übrigens ließe sich die bei Gnomon-Messungen zutagetretende Strahlensatz-Geometrie sehr gut als eine historische Begründung der ebenen euklidischen Geometrie überhaupt verstehen. Die Zeugnisse, daß Thales einige geometrische Sätze aufgestellt habe, die vornehmlich der Vermessungspraxis dienten, passen also gut in dieses Bild.

Und die Erde? Sie soll nach Thales wie ein Holz auf dem Wasser schwim-
men. Der Aristoteles-Kommentator Simplikios meint etwas verschämt, ob
Thales diese Meinung nicht von Ägypten mitgebracht habe; denn auch dort
drücke man sich – mit mythischem Hintersinn freilich – so aus.[9] Zu seiner
Arché, zu seinem elementaren Prinzip, hat Thales, wie erwähnt, das Wasser
gemacht, und Aristoteles weist noch einmal darauf hin, daß er der Archeget
dieser Art von Philosophie gewesen sei.

Nun zu Anaximander. Das einzige einigermaßen zusammenhängende
Fragment von ihm lautet: „Prinzip aller seienden Dinge ist das *Apeiron,* das
Infinite und Indefinite. Woraus aber den Dingen das Werden ist, in das hinein
geschieht auch ihr Vergehen, gemäß der Notwendigkeit; denn sie zahlen
einander gerechten Ausgleich und Buße für ihre Ungerechtigkeit nach der
Ordnung der Zeit".[10]

Außer dem ersten Satz klingen die Worte wie ein Richterspruch. Rechts-
und Gesetzesbegriffe häufen sich. Notwendigkeit und Ordnung der Zeit
bilden den Rahmen. Was wird, geht notwendig zugrunde, und zwar nach
einer gesetzten Zeit: ein rigider Determinismus. Aber, es sind gewordene
Dinge, „die einander Buße zahlen wegen der Ungerechtigkeit". Welche
Buße, für welche Ungerechtigkeit? Nach der Idee der Erhaltung in Verbindung mit der *Arché* entzieht ein Werdendes dem elementaren Substrat lokal
Materie und Energie, wofür notwendig ein äquivalent Vergehendes den
Ausgleich schaffen muß.

Im Sinne eines vollkommen gleichförmigen, vollkommen unbestimmten,
also vollkommen symmetrischen Substrats ist jede lokale Varianz, jeder
Bruch dieser Symmetrie, jedes singuläre Werden eine kosmische Ungerechtigkeit, für die zeitgerecht bezahlt werden muß. Das ist der Sinn dieser
feierlichen Sentenz. Und noch ein Gedanke kommt hinzu. Jenseits der
„Gerechtigkeit", also Symmetrie des Substrats, gibt es keine Gerechtigkeit,
und jenseits der kosmischen Ur-Ungerechtigkeit, weil Brechung dieser Symmetrie im Werden, gibt es keine Ungerechtigkeit. Alle mythischen und
menschlichen Rechts- und Unrechtszustände sind letztlich nur Spielarten
dieser zugrundeliegenden Totalkonfiguration von Symmetrie und deren
Bruch. Starke mythische Begriffe werden also von Anaximander beansprucht
und umgedeutet, und deshalb ist ihr Wortlaut auf den ersten Blick so bizarr.

Trotz des dürftigen Quellenmaterials läßt sich hinreichend deutlich zeigen,
daß er in der Kosmogonie tatsächlich nach dem Regulativ vom Symmetriezu-
stand und dessen Brechung in je steigender Folge verfahren ist. Der Fachaus-
druck heißt stets „Heraustrennung" von Gegensätzen oder gegensätzlichen
Eigenschaften. Simplikios, der das zitierte einzige Fragment aufbewahrt hat,
schreibt vier Zeilen weiter: „Anaximander läßt das Werden nicht aus einer
Änderung des elementaren Substrats selbst entstehen, sondern aus einer
Heraustrennung von Gegensätzen infolge dessen ewiger interner Bewegung."[11] Bei einem anderen Autor ist zu lesen, daß sich unendlich oder

beliebig viele Welten aus dem *Apeiron* heraustrennen. Und beim Aufbau der Einzeldinge wechseln offenbar Phasen relativer Symmetrie und Stabilität und solche erneuten Bruchs dieser Symmetrie mit neuer Werdedynamik einander ab, bis schließlich, nach der Ordnung der Zeit, alles, auch ein ganzer Kosmos, wieder in den See symmetrischen Seins hinabsinkt.

Und unsere Erde? Bewegt sie sich, oder bewegt sie sich nicht? Sie bewegt sich auch bei Anaximander nicht, aber ihre Bewegung explizit verneinen heißt, die Möglichkeit dazu in Gedanken erwogen zu haben.

Wie aber Anaximander die Ruhelage der Erde begründet, ist ein weiterer Beleg für den extensiven Gebrauch vom Regulativ der Symmetrie und deren

Abb. 11: Radialsymmetrische, indifferent-stabile Lage der Erde im Weltzentrum nach Anaximanders Kosmologie. Die Erdtrommel befindet sich im Zentrum der Himmelskugel mit den Sternen. Mond und Sonne umkreisen sie als feuergefüllte Schläuche mit Löchern, die der Erde zugewandt sind. Die Durchmesser von Erdscheibe, Himmelskugel, Mond- und Sonnenrad verhalten sich wie 1:9:18:27.

Brechung. Ein Zeugnis hat Aristoteles überliefert: „Es gibt einige, die behaupten, daß die Erde wegen ihrer *Symmetrie* an ihrem Ort verharre, wie beispielsweise Anaximander, einer der Alten. Denn demjenigen, das in der Mitte ruht und sich symmetrisch zu den äußersten Grenzen verhält, kommt es keinesfalls zu, sich eher nach oben denn nach unten oder seitlich zu bewegen. Denn es ist ja unmöglich, daß es sich zugleich in entgegengesetzte Richtungen bewegt; also wird es notwendigerweise ruhen."[12] Die Erde hat eine kugelsymmetrische Lage zu den Enden unserer Welt und deswegen keinen zureichenden Grund, sich irgendwohin zu bewegen, also verharrt sie in Ruhe. Auf der Seite des erkennenden Subjekts entspricht dem ein Zustand gleich verteilter Ignoranz. Es findet bei dieser gegebenen Situation keinen zureichenden Grund, die Erde sich irgendwie bewegen zu lassen. Das Vortreffliche an dieser Argumentation ist nun, daß man in allgemeiner Form genau weiß, wann die Erde sich bewegen würde: dann nämlich, wenn die Lage der vollkommenen sphärischen Symmetrie gebrochen würde, wenn das erkennende Subjekt Evidenzen erwirbt, die diese gleichverteilte Ignoranz aufheben.

Übrigens ist die Erde selbst bei Anaximander nicht sphärisch, sondern trommelförmig, mit dem Verhältnis von 1 : 3 von Längs- zu Querachse. Aber diese Vorstellung sowie die reichlich skurril anmutende Idee, die Planeten würden von rotierenden Rädern getragen und leuchteten durch Perforationen ihrer Felgen, waren bald durch den Einsatz der Pythagoreer in der Astronomie überholt.

Astronomische Interessen stehen auch nicht im Vordergrund bei den Eleaten, genannt nach der griechischen Gründung Elea in Süditalien, und bei deren großen Gegnern, den Vertretern des Atomismus. Parmenides, geboren um 520 v. Chr. und Gründer der eleatischen Schule[13], hatte streng unterschieden zwischen solchen Aussagen, die sich mit Wahrheitsanspruch behaupten lassen, und solchen, denen nur ein Mehr oder Minder an Wahrscheinlichkeit innewohnt. Gegenstand der allein durch das Denken gewonnenen Wahrheitsaussage kann nur das sein, was als Substanz übrig bleibt, wenn von allen Erscheinungseigenschaften abgesehen wird; letztlich also allein das Substrat, die *Arché,* aber die *Arché* an und für sich, ohne sofort Prinzip für eine Erscheinungswelt zu sein. Parmenides nennt diesen einzigen Denkgegenstand umfassend „Das Seiende", *„to on",* und weist ihm die Wahrheitsprädikate der *Einheit, Ewigkeit, Homogenität, Unteilbarkeit, Unbewegtheit* und einer *sphärischen Symmetrie,* also räumlicher Begrenztheit, zu. Es sei inkorrekt, von räumlicher und zeitlicher Differenzierung am Seienden zu sprechen; solches käme nur der „Welt des Scheins" zu, der Erscheinungswelt. Wie leicht waren die meisten dieser Prädikate auf ein immaterielles, geistiges Sein zu transformieren!

Die Bejahung des Seienden und seiner Prädikate ist aber gekoppelt an eine ebenso strenge Verneinung der Existenz seines Antipoden, des „Nichtseienden". Aus der Argumentation im Text bei Parmenides wird nun klar, daß mit diesem Nichtseienden oder dem „Nichts" der leere, gleichförmige Raum gemeint ist, bei dessen Bejahung sofort die Einheit, Homogenität, Unteilbarkeit und Unbewegtheit des Seienden gesprengt und aufgehoben würde; deswegen hatte Parmenides diese Bejahung verboten.

Nichts anderes aber haben gerade die Atomisten, genauer, Leukippos getan, von dem Theophrast in der erwähnten verlorenen Schrift sagte, daß er zunächst gemeinsam mit Parmenides philosophiert habe, dann aber einen entgegengesetzten Weg gegangen sei.[14] Das heißt, Leukippos hat die Existenz des Nichtseienden, des Nicht-Etwas-Seienden als des Leeren Raumes bejaht und damit das eine zusammenhängende Seiende geteilt sein lassen in unendlich viele Atome, die neuen Unteilbaren, die dann auch von Ewigkeit her in beliebiger sich erhaltender Bewegung waren. In übernommener parmenideischer Redeweise werden nun die Atome als das Seiende und der leere Raum als das Nichtseiende bezeichnet und fungieren als *Arché* für eine Kosmologie, in der Bewegung und Vielheit von Anfang an im kosmischen Geschehen sind.[15] Für Parmenides gibt es Bewegung und Vielheit nur auf der abgehobenen Ebene der Erscheinungen, die die Realität wahrer Aussage nicht betrifft, nicht betreffen *kann,* weil hier die Forderung der isomorphen Abbildung von Aussage, sagen wir ruhig „Theorie", und Verhalten des Gegenstandes streng nicht erfüllbar ist, wie die zenonischen Paradoxien zeigen.

Zenon aber war Meisterschüler des Parmenides, und seine Paradoxien vom fliegenden Pfeil und dem Wettlauf des Achilles mit der Schildkröte sind gegen die wahre Existenz von *Bewegung* und *Vielheit* gerichtet, also gegen Leukippos, weil nur er Bewegung und Vielheit, sprich diskontinuierliche Verteilung des Seienden, als wahr und erscheinungsunabhängig behauptet hat; denn die unendliche Vielheit und Bewegung der Atome von Ewigkeit – ohne Anfang, ohne Ende – wird gefordert, auch wenn man sie nicht direkt sehen kann.

Auf diesem Fundament, über Zenons Zwangsschlüsse und die Kompromißlösungen von Empedokles und Anaxagoras hinweg, die den leeren Raum ablehnen, bauen Leukippos und etwas später Demokrit ihre Kosmologie auf. Es geschieht mit den einzigen zusätzlichen Bestimmungen von Formverschiedenheit der Atome, ihrer Anordnung im Verband und dessen Lage im Raum.

Eine der beliebig vielen Welten wird, wenn sich verschieden geformte Atome in richtiger Anzahl in einem Raumabschnitt zusammengefunden haben und durch zufällige Fluktuation ein Wirbel entsteht, der die Teilchen dynamisch trennt und für ein erstes System und eine erste Strukturierung der großen Teile sorgt; so wird es geschildert in einem Fragment aus Leukippos' Schrift *Die große Weltordnung (Megas Diakosmos).*[16] Der Wirbel, von dem der Komödiendichter Aristophanes sagt, daß er dabei sei, Zeus zu entthronen, ist die neue kosmogonische Größe, Ausdruck und Träger dessen, daß die zeitlose Phase des Zufalls in die der Notwendigkeit des Geschehens im Ablauf einer Welt übergeht.

Fritz Krafft

Die Zahlen des Kosmos

Platon und die pythagoreische Lehre

Die frühen griechischen Denker, die den Weg vom Mythos zum Logos wiesen, waren Naturphilosophen. Ihre Werke trugen anfangs den generellen Titel „Über die Natur", ihre Aussagen waren jeweils eingebettet in eine Lehre vom Ganzen, wobei dieses alles, zumindest alles Außersubjektive umfassende Ganze nicht nur als „All" (griechisch *pãn*), sondern gleichzeitig als *Uni*versum, als zur Einheit zusammengefaßte Ganzheit aufgefaßt wurde. Analog der selbsterlebten, mehrteiligen, „natürlichen" Einheit des einzelnen Menschen galt ihnen diese „All-Einheit" ebenfalls als organisch und beseelt, als ein beseeltes Lebewesen.

Diese Vorstellung war der griechischen (wie später der römischen) Welt so geläufig, daß sie schon vor den ältesten literarischen Schriftzeugnissen verbal zu dem Begriff „Natur" verdichtet werden konnte (griechisch *phýsis,* lateinisch *natura*) als dem gemeinsamen „Herkommen", der gemeinsamen „Wurzel" der aus sich heraus und ohne fremdes Zutun „wachsenden", beseelten und vernünftigen, organischen All-Einheit und -Ganzheit. Das hatte auch eine frühe Ausprägung erfahren in einer entsprechend umgeformten Theogonie: Die All-Natur Universum ist danach keine einmalige Schöpfung eines „übernatürlichen" Wesens, sondern das Produkt eines genealogischen Geschehens, in dem die unsterblichen Götter die verschiedensten Naturgewalten darstellen, so daß jede neue Göttergeburt, besonders aber jede neue Göttergeneration die durch sie gebildete „Natur" zu einer Art Sozialgefüge mit streng geregelter Aufgabenteilung ergänzt.

Hesiod erreichte in seiner *Theogonie* – um 700 v. Chr. – durch einen wohlüberlegten Kunstgriff, daß diese Generationenfolge mit Zeus als einzigem Repräsentanten der jüngsten Generation ein für allemal beendet wurde[1] und daß Zeus aus heftigen Kämpfen gegen die älteren Götter als fast monotheistischer Herrscher des noch gegenwärtig bestehenden Sozialgefüges „Natur" hervorging[2], so daß er diesem auch seine eigenen Ordnungsprinzipien hatte aufprägen können. Ganz anders als bei einer von einem unsterblichen Schöpfergott „erschaffenen" Welt, die dieser jederzeit ergänzen und in deren Geschehen er jederzeit zumindest durch Wunder eingreifen könnte, war damit einerseits der Bestand und das Gefüge des nach und nach „gewachse-

nen" und jetzt „erwachsenen" Universums unveränderlich gegeben und war
andererseits ein willkürliches Eingreifen in diesen Bestand und dieses Gefüge
von anderer Seite ausgeschlossen.[3]

Zwei ungeheuerliche, das abendländische Denken auszeichnende und naturwissenschaftliches Denken überhaupt erst ermöglichende Ideen stammen
aus dem sich hierin ausdrückenden frühgriechischen Denken: zum einen die
Idee, daß die Welt ein in sich geschlossenes Gefüge sei, in dem überall
dieselbe Ordnung herrsche – in dem also, wie es noch ein Herodot
ausdrückte[4], überall dieselben Götter herrschten bzw. überall und immer der
eine Gott herrsche, wie bereits vor der christlichen Umformung antiken
Denkens von Platonikern und Stoikern angenommen worden war; und zum
anderen, da Zeus den Griechen schon stets der Gott des Geistes gewesen
war[5], die Idee, daß die Ordnungsprinzipien dieses Weltgefüges „rationaler"
Art seien, so daß sie auch durch den menschlichen Geist, als dessen Erhöhung
der göttliche erschlossen worden war, erfaßt werden könnten. Diese Ideen
haben nicht nur naturwissenschaftliches Denken überhaupt erst entstehen
lassen und die Anfänge und damit die griechische Art der Naturwissenschaft
geprägt[6]; sie sind auch noch die nicht beweisbaren Grundvoraussetzungen
der gegenwärtigen Naturwissenschaft.

Das griechische Wort für Ordnung lautet *kósmos*[7], im Sinne von „kunstvol-
ler Anordnung", „Schmuck", „Zierde". Parmenides und ältere Pythagoreer
sollen die zuvor nur beschriebene „Ordnung" der All-Einheit noch vor der
Mitte des 5. Jahrhunderts v. Chr. erstmals in diesem einen Begriff zusammengefaßt haben[8] – der sich dann schnell auch als neuer, zusätzlicher Name für
das „All" durchgesetzt hat, wenn und soweit man es unter dem Aspekt
seiner äußeren oder inneren Ordnung betrachtete. Ähnlich wie in der älteren
griechischen Kunst, in der sich „Schmuck" und „Anordnung" bereits zu
geometrischen und geometrisierenden Formen verdichtet hatten, um dem
Fluß der Bewegungen fixierbare Strukturen abgewinnen zu können (man
spricht deshalb vom geometrischen Stil), nahmen Hesiod, Thales und Anaximander auch für die später „Kosmos" genannte Anordnung des Alls an, daß
sie in geometrischen Formen fixiert und damit rational erfaßbar sei.

Für Hesiod bestand die von Zeus beherrschte, geordnete Welt aus zwei
einander zugekehrten Hohlkugelhälften, zwischen die die Erdkreisscheibe so
eingepaßt sei, daß alle drei festen Gebilde am Horizontkreis zusammenträfen.
Der „Kosmos", der hier nicht das „All" ist, schließt sich für Hesiod also zu
einer Kugel, außerhalb der sich wildes „Chaos" befinde. Auch an eine erste
Bestimmung der Ausmaße dieser unzugänglichen Kugel und damit auch der
Erdscheibe wagte er sich heran. Als Maß diente ihm das allen geläufige einer
„Tagesreise". Nur wählte er die Strecke, die mit der schnellsten bekannten
Bewegung, nämlich der eines Meteors, einer Sternschnuppe, an einem Tag
zurückgelegt würde[9]: Neun volle Tage benötige ein von der höchsten Stelle
des Himmels herabfallender Meteor, bis er am zehnten die Erde erreiche;

und ebenso viele benötige er, um von der Erde bis zum tiefsten Punkt des von der unteren Kugelhälfte gebildeten Tartaros zu gelangen.

Bei der Bestimmung kosmischer Weiten geht man heute im Prinzip noch genauso vor, wenn man in Lichtjahren mißt. Nur war von Hesiod natürlich weder die Längeneinheit „Tagesfallstrecke" noch die Gesamtfallstrecke gemessen worden. Erstere stellt einfach die Übertragung eines Erfahrungswertes in eine neue Dimension dar, während für die Anzahl solcher Strecken von Hesiod ein zeitlicher Erfahrungswert, nämlich die Dekade, gewählt wurde. Sie stellt die im Dezimalsystem vorgegebene, nächst größere Einheit nach dem (einzelnen) Tag dar – etwa in dem Sinne, wie wir von einem zukünftigen Zeitpunkt als „in acht Tagen" sprechen, womit der Zeitraum einer Woche gemeint ist. Wie Troja von den Griechen neun Jahre belagert wurde, um im zehnten erobert zu werden, und Odysseus neun Jahre umherirrte, bevor er im zehnten Jahr in die Heimat zurückkehrte, sollte auch bei Hesiod der als Maß fungierende Vorgang neun Tage andauern, bis das Ziel am zehnten erreicht würde.[10] – Wir würden jeweils sagen, daß etwas zehn Jahre, zehn Tage usw. dauerte, und nicht zwischen Dauer und Abschluß eines Vorganges unterscheiden.

Bei Hesiod handelte es sich also wohl noch um eine Übertragung von Erfahrungswerten, die der Veranschaulichung der ungewohnten, riesigen Entfernungen diente, wenn auch unter der mehr unbewußten Annahme, daß derartige Zähleinheiten den Dingen immanent und deshalb allgemeingültig seien. Anaximander sah dann in genau diesen einfachen Zahlen und geometrischen Formen das immanente Ordnungsprinzip des gegenwärtigen Kosmos – wozu er die damit multiplizierten absoluten Maße bei Hesiod zu relativen Verhältnismaßen umdeuten mußte; denn „Ordnung" besteht nicht aus absoluten Größen, sondern in Proportionen. Da er die „ordentlichen" Größenverhältnisse des „Kosmos" darlegen wollte, mußte das Grundmaß natürlich diesem Kosmos entnommen werden: Im Zentrum der Welt befinde sich die Erdscheibe, deren Durchmesser dreimal so lang sei wie ihre Dicke.[11] Die Erde umgebe zuunterst[12] die rotierende kristallene Himmelskugel, deren innerer Durchmesser das Neunfache des Erddurchmessers betrage, während der zehnte von der Dicke des Himmels selbst eingenommen werde.[13] Jenseits des Himmels befänden sich die beiden aus Nebel gebildeten und mit Feuer gefüllten radfelgenartigen Schläuche des Mondes und der Sonne, die ebenfalls um die Erde kreisten, aber zusätzlich in monatlichem bzw. jährlichem Rhythmus um die Rotationsebene schwankten. Eingeschlossenes Feuer entströme den beiden Schläuchen aus je einem Loch auf der Innenseite und bilde auf der Erde das Erscheinungsbild der Mond- bzw. Sonnenscheibe[14], deren scheinbare Bewegung aus den realen Bewegungen der Schläuche resultierten. Diese hätten einen Durchmesser von zweimal neun Erddurchmessern beim Mond und dreimal neun bei der Sonne.[15] Von letzterer heißt es ausdrücklich, sie sei ebenso groß wie die Erde[16]; die Dicke ihres Schlauches

sollte also wiederum einen Erddurchmesser betragen. Die Ausmaße der
kosmischen Gebilde oberhalb der Erde betrügen also gemäß der von Hesiod
her bekannten Sprechweise: einmal neun plus eins, zweimal neun plus eins
und dreimal neun plus eins Erddurchmesser.

Die Verhältnismaße ließen dann auch eine maßstabgerechte Verkleinerung
zu. Anaximander soll denn auch nicht nur einen ersten Himmelsglobus
konstruiert haben (siehe Abb. 11), sondern auch eine erste Erdkarte, deren
Darstellungsweise im 5. Jahrhundert v. Chr. durch Hekataios weitergeführt
wurde.[17] Die Wahl des 3 : 1-Verhältnisses für die Erdscheibe muß dabei wieder
nicht mit einer heiligen Dreizahl zusammenhängen, sondern sie scheint auf
einer durch die Sprachform vorgegebenen Vorstellung zu beruhen und
einfach nur ausdrücken zu sollen, daß der Durchmesser ein „Vielfaches" der
Höhe betrage. Kannte das Altgriechische doch den Dual neben der Einzahl
und der Mehrzahl, so daß „viele" oder „alle" erst von der Anzahl Drei ab
gesagt werden konnte. (Im Deutschen ist es noch ähnlich: Für „zwei" sagt
man korrekt „beide", erst ab Dreien spricht man von „allen".)

Diese Ansätze zu einer Veranschaulichung des Kosmos mittels Zahlen
und geometrischen Formen gehen zwar mehr oder weniger unbewußt schon
davon aus, daß solche Veranschaulichungsmittel als strukturierendes Moment dem gesamten Geschehen immanent sind, so daß sie sich auch auf
etwas übertragen lassen, das sich nicht unmittelbar abzählen oder messen
läßt, sondern nur durch Denken und Vorstellungskraft vergegenwärtigt
werden kann; doch handelt es sich hier noch um einfache, durch den Alltag
und die Sprache vorgegebene Zahlen und Formen ohne innere Beziehungs-
verhältnisse. Beides erhielt dann im 5. Jahrhundert v. Chr. und besonders
seit dessen Mitte durch bewußte Reflexion eine ganz andere, ontologisch
gerechtfertigte Basis. Zum einen entstanden wohl als Reaktion[18] auf die
Bewegung und Vielheit ausschließende Ontologie eines Parmenides die
ersten deduktiv-axiomatisch aufgebauten Systeme der Mathematik mit genauen Definitionen der Begriffe und Relationen – etwa was als einander
gleich zu gelten habe – und mit einfachen, nicht weiter zu hinterfragenden
Aussagen, die als gültig gesetzt wurden. Alle nach logischen und nachvoll-
ziehbaren Regeln daraus abgeleiteten Sätze galten unter der Voraussetzung
der Anerkennung der Axiome als bewiesen. Die einzelnen arithmetischen
oder geometrischen Sätze wurden dadurch zu einem System verknüpft, das
aufgrund seiner inneren Logik jederzeit durch neue Sätze, die sich ihm
einpassen lassen, zu erweitern ist.

Nicht der weise Pythagoras, wohl aber ältere Pythagoreer[19] haben Wesentliches zur Entstehung und Konsolidierung dieser neuen Mathematik beigetragen. Auf sie wurde deshalb wohl auch zum ersten Mal die Bezeichnung
„Mathematiker" angewendet. Der Begriff *máthema* bedeutete ursprünglich
ganz allgemein das „Lehrbare" und „Lernbare"; und man unterschied die
älteren Pythagoreer daraufhin in „Akousmatiker", die sich allein an die nicht

schriftlich fixierten, sondern nur „gehörten" Lehren des Meisters Pythagoras hielten, und „Mathematiker", die dazu geeignete pythagoreische Lehrinhalte weiterdachten und in ein logisch aufgebautes „Lehrgebäude" umformten.[20] Aber dieser Gruppe, die man etwa als die fortschrittlichen Theoretiker gegenüber den konservativen Dogmatikern bezeichnen könnte, gehörten auch jene Pythagoreer an, die sich für die Nachfolger als die größten Mathematiker des 5. Jahrhunderts v. Chr. erwiesen. Sie scheinen ihre Systeme arithmetischer oder geometrischer Sätze zu dem „Lehr-" und „Lernbaren" schlechthin ausgeformt gehabt zu haben, so daß fortan nur noch Gleichartiges den Namen des „Mathematischen" verdiente.

Diese Mathematik unterschied sich nun von jeder anderen vorangegangenen Behandlung von Zahlen, Figuren und Körpern dadurch, daß sie nicht nur die durch die Anschauung vorgegebenen Sachverhalte auf das zahlenmäßig oder figürlich Erfaßbare reduzierte, sondern die so gewonnenen Aussagen in einem weiteren Abstraktionsschritt auch zu generellen und stets gültigen Sätzen verallgemeinerte, die dann ihrerseits zu einem System verknüpft wurden. Dieses stellte einen völlig neuartigen Bereich geistig-abstrakter Sachverhalte dar, über dessen ontologische Einordnung vorerst weitgehend Unklarheit herrschte – insbesondere auch, weil seine innere Logik in einer Art Eigendynamik auf Sätze führte, für die im Anschauungsbereich keine Ansatzpunkte bestanden.

Die Anfänge dieser neuartigen Mathematik fallen zeitlich zusammen mit den Höhepunkten einer speziellen Ausrichtung des griechischen Rationalismus der vorplatonischen Zeit, die „physische Mathematik"[21] zu nennen ist und die in Weiterführung der Ansätze des 6. Jahrhunderts v. Chr. davon ausgeht, daß der Natur in allen Bereichen mathematische Formen und Strukturen immanent sind. So galt die kreisförmige Erdoberfläche als durch die von West nach Ost verlaufende Linie Mittelmeer–Schwarzes Meer–Phasis halbiert, die südliche Hälfte wiederum als durch den von Süden aus dem Randmeer nach Norden in das Mittelmeer fließenden Nil, während Delphi als kultischer Mittelpunkt und Nabel der Welt auch das Zentrum des Erdkreises bilden sollte.

In Weiterführung der Erdkarte Anaximanders wurden von Hekataios die einzelnen Ländermassen durch geradlinige Flüsse, Küstenlinien, andere natürliche Grenzen und Handelsstraßen in einfache geometrische Gebilde unterteilt, die jeweils auch eine Klima-, Landschafts- und Besiedlungseinheit darstellen sollten.[22] Die Überzeugung, daß die „Natur" geometrisch figuriert sei, ließ die anschauliche Mathematik dann auch in die Nachahmung der Natur durch die Kunst eindringen, um diese so „naturgemäß" wie möglich, wenn nicht noch klarer als die „Natur" selbst zu gestalten. Hippodamos von Milet, der berühmteste Städtebauer der Antike, und Polyklet von Argos, der führende Bildhauer und Kunsttheoretiker des 5. Jahrhunderts v. Chr., können stellvertretend hierfür stehen.

Des letzteren Bildwerke wirkten auf die spätere Zeit zwar durch die
Betonung der waagerechten und senkrechten Linien als „quadratisch" und
aufgrund der den einzelnen Gliedern zugrunde gelegten ganzzahligen Län-
genverhältnissen als „unnatürlich", doch sahen die durch Polyklets theoreti-
sches Werk[23] vorgeprägten Zeitgenossen gerade hierin das eigentlich „Natürliche" dieser Kunst. Die Stadtanlagen des Hippodamos[24] zeichnen sich, wie
Ausgrabungen zeigen, alle durch ein rechtwinklig nach den Himmelsrichtungen ausgerichtetes, schachbrettartiges Straßenmuster aus, das jeweils mit uns
unbegreiflicher Willkür dem Gelände mit seinen teilweise recht großen
Höhenunterschieden aufgezwungen wurde, von Hippodamos' Zeitgenossen
aber gerade daraufhin als im Höchstmaß der „Natur" entsprechend aufgefaßt
wurde.

Als Paradebeispiel für diese „physische Mathematik" sei noch die dem
Pythagoreer Hippasos[25] zugeschriebene Entdeckung genannt, daß die Längen der anklingenden Teile der Saite eines Monochords, die zwei harmonisch
zusammenklingende Töne, eine Konsonanz, ergeben, sich wie kleine ganze
Zahlen verhalten: beim Intervall einer Oktave wie 2 : 1, bei einer Quinte wie
3 : 2 und bei einer Quarte wie 4 : 3[26]. Diese „physischen" Harmonien wurden
nicht nur zum Kern der mathematischen Proportionenlehre, die dann ihrerseits eine mathematische Harmonielehre ermöglichte, sondern sie wurden als
der gesamten Natur immanentes Strukturelement auch auf andere natürliche
Bereiche übertragen – soweit ein *analogon* die Übertragbarkeit zu rechtfertigen
schien.

Ein solches *analogon* bildete die Anzahl Acht bei den Tönen einer abgeschlossenen Tonleiter und bei den bewegten Himmelskörpern Sonne, Mond,
Fixsternhimmel und Planeten, die durch ihre rasche Bewegung Töne erzeugen sollten, die denen einer Tonleiter entsprächen. Der Pythagoreer Archytas
von Tarent hatte weiterhin die Lehre vertreten, daß ein heller Ton, weil er
von einer kurzen Saite mit schnellen Schwingungen erzeugt wird, sich auch
schneller durch das Medium Luft fortpflanze, ein dunkler, von einer langen,
langsamer schwingenden Saite erzeugter Ton dagegen langsamer.[27] Man
schloß daraus, daß die Höhe der von den Himmelskörpern erzeugten Töne
von der Schnelligkeit ihrer Bewegung abhinge, aber auch, daß der schnellste
Ton, damit alle Töne im Zentrum Erde beim Menschen gleichzeitig eintref-
fen, von dem am weitesten entfernten Körper, der Fixsternsphäre, erzeugt
würde, der dunkelste von dem langsamsten und nächsten Gestirn, dem
Mond. Man ging also anfangs noch davon aus, daß die Himmelskörper nur
eine Bewegung ausführen und daß die Planeten in ihren Bewegungen hinter
der Bewegung der Fixsternsphäre zurückbleiben – der Saturn in 30 Jahren
um einen Umlauf, Jupiter in 12 Jahren, die Sonne dagegen bereits nach
einem Jahr und der Mond sogar schon nach einem Monat. Das stimmte auch
mit den zeitgenössischen Wirbeltheorien eines Anaxagoras oder Demokrit
überein.

Von diesen Voraussetzungen aus ließe sich eigentlich ein weiterer Sachverhalt, der empirisch nicht zugänglich ist, erschließen, nämlich das relative Verhältnis der Entfernungen der Gestirne, deren scheinbare Bewegungsperioden relativ zueinander beobachtet werden können. Ob die Pythagoreer einen solchen Versuch schon einmal unternommen hatten, ist unbekannt; Platon tat es aber im berühmten Schlußmythos seines *Staates,* in dem der aus der Unterwelt zurückgekehrte „Er" vom inneren Gefüge des Universums berichtete, das er dort geschaut habe und das dem einer Spindel ähnlich sei – nur daß der die Weltachse antreibende Wirtel aus einer einzigen Antriebsrolle bestehe, sondern aus mehreren ineinandergepaßten, verschiedenfarbigen und verschieden breiten Ringen, entsprechend den Abständen der Planeten.[28] (Wobei Platon allerdings von einer anderen Planetentheorie ausging, aufgrund der nur die zur Fixsternsphäre rückläufigen Eigenbewegungen verglichen werden, so daß der Mond die schnellste und der Saturn die langsamste Bewegung ausführt.) „Es drehe sich aber die Spindel im Schoße der Notwendigkeit", schließt die Beschreibung, „und oben auf jedem Ring stehe eine Sirene, die sich mit ihm drehe und ihre Stimme ertönen lasse, jede einen besonderen Ton; alle acht Töne aber klängen in einer einzigen Harmonie zusammen."[29]

Trotz ihrer mythischen Umschreibung zeigt diese Vorstellung von der Korrelation zwischen besonderen *mathematischen* Verhältnissen und den akustisch tatsächlich *wahrnehmbaren* Tönen einer Sphärenharmonie noch die Nähe zu pythagoreischem Denken im Rahmen einer „physischen Mathematik". Später meinte Platon, daß die Sphärenharmonien nur dem geistigen Ohr erfaßbar seien.

Die Gleichzeitigkeit der Vorstellung von einer „physischen" Mathematik und der Entstehung von deduktiv-axiomatischen Systemen mathematischer Sätze ergab also die Möglichkeit, die innere Logik dieser Systeme auch auf die Natur zu übertragen, wenn nur ein einzelner Satz zu einem natürlichen Sachverhalt Analoges aussagte. Die Achtzahl der tonerzeugenden, bewegten Himmelskörper und der Töne einer abgeschlossenen Tonleiter reichte den Pythagoreern des 5. Jahrhunderts v. Chr. daraufhin aus, die Idee der harmonischen Sphärenmusik zu schaffen und durch Erkenntnisse aus der Akustik, der Bewegungslehre und der Astronomie physikalisch zu untermauern. Für die Pythagoreer bestand auch noch kein ontologischer Schnitt zwischen Mathematik und materiellen Dingen. Vielmehr betonte Aristoteles, daß für sie alles Zahl gewesen sei[30] – in dem Sinne, daß die Prinzipien der Zahlen auch die Prinzipien der Dinge seien.

Das hatte nun wieder zur Folge, daß im Rahmen der mathematischen Disziplinen gefundene und begründete ausgezeichnete Sachverhalte sogar auch dann als der Natur immanent gelten konnten, wenn sie gar nicht wahrgenommen werden konnten. Schon für die älteren Pythagoreer diente also die innere Logik der Mathematik zum Schließen von nicht oder noch

nicht wahrgenommenen Lücken im materiellen Bereich. So ging Philolaos
davon aus, daß die den Pythagoreern seit eh' und je heilige Zehn, die
ihnen zur Strukturierung verschiedenster Bereiche diente, auch im Kosmos
anzutreffen sein müsse – selbst wenn die Anzahl der um das Zentralfeuer
bewegten Himmelskörper, nämlich der Erde, der sieben Planeten und des
Fixsternhimmels, dem Anschein nach nur neun betrage. Er erschloß daraufhin erstmals die Existenz eines zehnten bewegten Himmelskörpers, der
natürlich prinzipiell nicht sichtbar sein durfte. Er nannte ihn Gegenerde,
antichthon, und ließ ihn zuunterst um das Zentralfeuer, den „Herd des Kosmos", eine Kreisbahn in derselben Periode durchlaufen wie die Erde, so
daß sich immer das Zentralfeuer zwischen Erde und Gegenerde befände.[31]

Ähnlich war sicherlich der spekulative Hintergrund für Hiketas und Ekphantos, die der Erde ebenfalls eine Bewegung zuerkannten[32] – Kopernikus
sollte sich später auf sie berufen.[33] Nicht überliefert sind dagegen die spekula-
tiven Ausgangspunkte, die einen anderen älteren Pythagoreer, Petron von
Himera[34], um 450 v. Chr. zu der Annahme veranlaßten, daß es 183 Welten
gäbe, die in Form eines Dreiecks angeordnet seien, je 60 längs der drei Seiten
und eine an den Spitzen.

Die ebenfalls spekulativ aus der Notwendigkeit der Vollkommenheit der
Weltkörper erschlossene Kugelform der Erde war denn auch die einzige
Gestalt und Aufbau des Kosmos betreffende Idee der Pythagoreer, die
wissenschaftlichen Überprüfungen, die andere Ausgangspunkte benutzten,
standhielt – sieht man von der Grundidee einer durchgehenden mathematischen Strukturierung der All-Einheit Natur ab; denn diese schloß die Möglichkeit ein, die mathematischen Inhalte jeweils sowohl dem Kenntnisstand
der mathematischen Disziplinen als auch dem Wissensstand der empirischen
Erfahrung anzupassen. Vermittels des Konzepts dieser Idee traten beide
Erfahrungsbereiche in der Folgezeit in eine die mathematische Naturforschung ungemein stimulierende, bis heute andauernde Wechselwirkung –
wozu es allerdings der von Platon vorgenommenen Umformung bedurfte,
die den mathematischen Objekten einen anderen ontologischen Stellenwert
einräumte, als es die „physische Mathematik" getan hatte.

Platon sah sich in der Übernahme des Grundkonzepts auch durchaus in
der Nachfolge der Pythagoreer. Er war während seiner Sizilien-Aufenthalte
in engen Kontakt zu ihnen getreten, und Timaios, die namengebende Haupt-
figur des Dialogs, in dem er sein eigenes Konzept einer mathematischen
Kosmologie ausführte, ist ein Pythagoreer und eine historische Figur gewesen – wenn Inhalt und Konzept der platonischen Theorie natürlich auch
weit über pythagoreische Ansätze hinausgehen.

Aus der berechtigten, gegen Ende des 5. Jahrhunderts v. Chr. einsetzenden
und auch selbst an den Ergebnissen der „physischen Mathematik" geübten
Kritik, die mit den steigenden Ansprüchen der zeitgenössischen, axioma-
tisch-deduktiven Mathematik anwuchs, zog Platon den für ihn noch einzig

möglichen Schluß, daß die wahrnehmbare materielle „Natur" eben nicht mathematischen Formen und Gesetzmäßigkeiten folge, daß sie vielmehr stets von solchen Idealformen abweiche, ja daß dies sogar das Wesen dieser Natur sei, das in ihrer Stofflichkeit begründet liege. Weder ein Künstler noch die materielle „Natur" könnten einen Kreis bilden, der exakt die mathematische Definition erfülle, wonach der Kreis eine ausdehnungslose Linie sei, deren Punkte alle gleichweit von einem gegebenen Punkt entfernt sind. Dieser unveränderliche „mathematische" Kreis könne beiden höchstens als – nie erreichbares – Muster für die Nachahmung im veränderlichen materiellen Bereich dienen.

Platon vollzog daraufhin eine strenge Trennung zwischen der mit den Sinnen wahrnehmbaren, veränderlichen materiellen Welt einerseits und der nur mit dem Geiste erfaßbaren, unveränderlichen ideellen Welt der mathematischen Gebilde und Gesetzmäßigkeiten andererseits. Beide stellten aber jeweils nur den einen Teil ihres ontologischen Bereiches dar: Wie es im sinnlich wahrnehmbaren Bereich auch noch Abbildungen und Schattenbilder der materiellen Gegenstände gebe, ebenso seien die mathematischen Gegenstände im ideellen Bereich bloße Abbildungen der eigentlichen Ideen – so seien etwa die beliebig vielen einzelnen mathematischen Kreise Abbildungen der einen Definition des Kreises.

Solche Ideen gebe es jeweils *eine* von allen Arten natürlicher und künstlicher Gegenstände, Eigenschaften usw., und alle Ideen bildeten zusammen ein hierarchisch-deduktiv auf die höchste Idee des Einen und Guten ausgerichtetes System, dem nicht die mathematischen Gebilde selbst, wohl aber die innere Logik der Mathematik zugrundeläge, die sich auch in deren Abbildungen zeige. Allein über diesen nur mit Geist und Verstand erfaßbaren, unveränderlichen Bereich der Ideen und ihrer Abbildungen sei deshalb auch gleichbleibendes Wissen und Erkennen möglich, nicht dagegen über den der Veränderung und dem Werden unterworfenen materiellen Bereich, dem die älteren Naturphilosophen ihr Augenmerk zugewandt hatten.

In seinem Werk über den *Staat* stellt Platon in einem Liniengleichnis und in dem berühmten Höhlengleichnis dar, wie er sich die Entsprechungen der verschiedenen analogen Seinsbereiche gedacht hat.[35] Die sie abbildende Mathematik ist danach ein Hilfsmittel zur Erkenntnis der Ideen, zur Wahrheitsfindung im Bereich des eigentlichen, unveränderlichen Seins – analog den Schattenbildern, aus denen man auf die durch sie abgebildeten materiellen Dinge schließen könne. Die materiellen Gegenstände seien allerdings ihrerseits nach dem Vorbild jener Ideen gebildet und geschaffen, so daß sie in gewissem Sinne jeweils an ihrer Idee „teilhätten", wie Platon diese Beziehung nennt. Diese „Teilhabe" soll also einerseits gewährleisten, daß die natürlichen Dinge und Artefakte trotz ihrer Stofflichkeit immer wieder gleich und ähnlich sind, so daß das ihnen Gemeinsame durch Abstraktion erkannt werden könne; andererseits soll sie aber auch begründen, daß durch den Schritt der Abstraktion vom sinnlichen Bereich der Übergang vom Wahrnehmen dieses Bereichs zum Erkennen des ihm zugrundeliegenden ideellen erfolgt, wobei die diesen abbildenden mathematischen Gegenstände als Vermittler dienen sollen.

Diese Auffassung von der Rolle der Mathematik und der Möglichkeit, mit ihrer Hilfe das natürliche Geschehen und die natürlichen Gestalten auf dem Umweg über die Ideen zu erfassen, bildet den von der Entwicklung der „physischen" Mathematik her fast notwendigen Endpunkt des Bogens, dessen Anfang von Hesiod und Anaximander gesetzt worden war und dessen Höhepunkt die pythagoreischen Spekulationen des ausgehenden 5. Jahrhunderts v. Chr. gebildet hatten. Eine in diesem Sinne exakte mathematische Naturwissenschaft ist allerdings nach Platon und den antiken Platonikern erst wieder zu Beginn der Neuzeit von einem Galileo Galilei oder Johannes Kepler fortgeführt worden – wenn auch natürlich auf einer ganz anderen empirischen Grundlage, der dann auch im Sinne des Aristoteles größeres Gewicht zuerkannt wurde.

Für Platon spielte die Empirie demgegenüber eine untergeordnete Rolle. Vorgaben anderer, etwa religiöser und ästhetischer Art waren ihm gewichtiger – den Rest lieferte die Mathematik seiner Zeit mit ihrer inneren Logik: Er ging davon aus, daß auch die dem Werden unterworfene dingliche Welt die bestmögliche sei, daß es also nur eine solche geben könne, die deshalb auch auf einer Planung des fähigsten Geistes basieren müsse. Daraus folge die Existenz eines göttlichen Baumeisters, der diese Welt nach dem Muster der ewigen Ideen erschaffen habe.

Allerdings habe diese Schöpfung keinen Anfang in der Zeit, da sich Zeit als Abbild der Ewigkeit erst aus der Bewegung der Gestirne ergebe, die ihrerseits ebenfalls erschaffen seien. Durch diesen Kunstgriff gelang Platon die Verknüpfung der Vorstellung von der Beständigkeit der Welt mit der einer bewußten Planmäßigkeit, womit er gleichzeitig den Übergang von den dynamischen Weltbildern der Vorsokratiker zu dem dann fast zwei Jahrtausende gültigen statischen des Aristoteles und des Christlichen Aristotelismus schuf.

Für die Sinne sei die erschaffene dingliche Welt sichtbar, tastbar und körperhaft. Die Sichtbarkeit resultiere aus dem erhellenden Feuer – etwa der Gestirnskörper – und die Tastbarkeit aus der festen Erde; damit seien zwei Elemente gegeben. Da die Welt aber eine All-Einheit bilde, müßten diese beiden Elemente zu einer Einheit verbunden werden; und dazu sei die Beziehungsverknüpfung der Proportionenlehre, eine *analogía*, mit mittleren Proportionalen als dem verknüpfenden Band, am besten geeignet: Um a^2 und b^2 in ein Proportionalitätsverhältnis bringen zu können, bedarf es der mittleren Proportionale ab; dann verhält sich nämlich $a^2 : ab$ wie $ab : b^2$ (oder auch wie $a : b$). Dabei galt Platon die Vertauschbarkeit der einzelnen Glieder nach den bekannten Regeln als das Einheitstiftende dieser *analogía*.

Nun hatte Hippokrates von Chios das sogenannte Delische Problem der Würfelverdoppelung ($2a^3 = b^3$), das in dieser Form für die frühe griechische Mathematik nicht lösbar war, auf das Problem reduziert, die beiden mittleren Proportionalen von a^3 und b^3 zu finden[36], und der Pythagoreer Archytas von Tarent hatte gerade eine Lösung dieses reduzierten Problems der Würfelverdoppelung aufgezeigt.[37] Sollten also die Größen a^3 und b^3 etwa in das Verhältnis 1:2 (wie bei der Würfelverdoppelung) gebracht werden, so benötigte man die Zwischengrößen a^2b und ab^2; dann verhalten sich $a^3 : a^2b$ wie $a^2b : ab^2$ und $a^2b : ab^2$ wiederum wie $ab^2 : b^3$. Auch hier gelten wieder

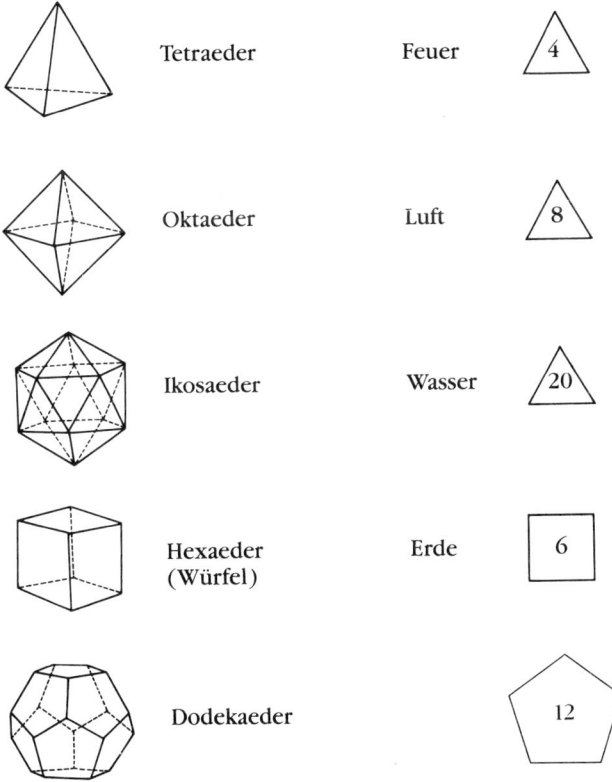

Abb. 12: Die fünf möglichen Gleichflächner (Isoeder). Das Tetraeder besteht aus vier, das Oktaeder aus acht und das Ikosaeder aus zwanzig gleichseitigen Dreiecken. Sechs Quadrate sind die Flächen eines Würfels, und aus zwölf gleichseitigen Fünfecken läßt sich ein Dodekaeder bilden.

entsprechende Vertauschungsregeln. Die innere Logik der neuen Mathematik leistete so für Platon den Beweis für die Vierzahl der Elemente der sinnlichen Welt – ihre Einheit, Körperhaftigkeit, Sicht- und Tastbarkeit vorausgesetzt. Diese Elemente galt es jetzt samt ihren Eigenschaften auf die in ihnen enthaltene Mathematik zu reduzieren.[38]

Für die äußere Gestalt der Elemente bedürfe es dreidimensionaler geometrischer Körper, die wiederum aus Flächen gebildet seien. Die schönsten Flächen seien die gleichseitigen Polygone, gleichseitiges Dreieck, Viereck, Fünfeck, Sechseck usw.; und nun hatte gerade Theaitetos, ein Schüler Platons, nachgewiesen[39], daß von diesen nur die Drei-, Vier- und Fünfecke Körper bilden können und daß es insgesamt nur fünf solcher regulärer Polyeder gibt, nämlich aus gleichseitigen Dreiecken die dreiseitige Pyramide (das Tetraeder) mit vier, die Doppelpyramide (das Oktaeder) mit acht und das Ikosaeder mit zwanzig Dreiecken; aus gleichseitigen Vierecken den Würfel (das Hexaeder) mit sechs Quadraten; und aus gleichseitigen Fünfekken das Dodekaeder mit zwölf Flächen.

Platon wählte vier dieser ausgezeichneten regulären Körper als Formen seiner vier Elemente, sah selbst den Schwachpunkt der Unvollständigkeit der Entsprechung und wies, ohne dies näher auszuführen, das übriggebliebene Dodekaeder der Gestalt des äußeren Himmels zu. Auch sein zweiter Zugang ließ das Dodekaeder unberücksichtigt. Hierbei ging er von den Dreiecken

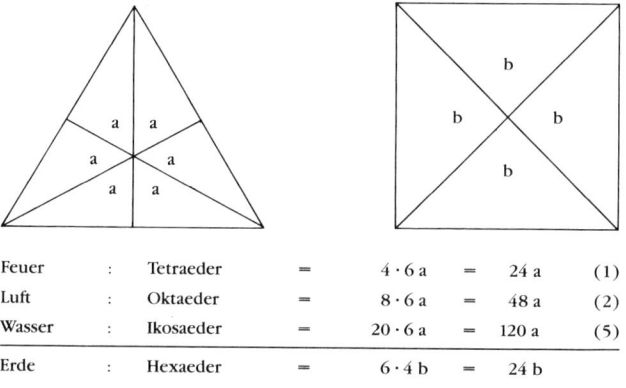

Feuer	:	Tetraeder	=	$4 \cdot 6\,a$	=	$24\,a$	(1)
Luft	:	Oktaeder	=	$8 \cdot 6\,a$	=	$48\,a$	(2)
Wasser	:	Ikosaeder	=	$20 \cdot 6\,a$	=	$120\,a$	(5)
Erde	:	Hexaeder	=	$6 \cdot 4\,b$	=	$24\,b$	

Abb. 13: Platons Zuordnung von Gleichflächnern und Elementen. Dabei zerlegte er gleichseitiges Dreieck und Quadrat in rechtwinklige Dreiecke, weil er dem rechten Winkel und dem Dreieck als der geometrischen Fläche mit der geringstmöglichen Seitenzahl besondere Bedeutung zumaß. Feuer, Luft und Wasser sind demnach im Verhältnis 1 : 2 : 5 den aus Dreiecken bestehenden Gleichflächnern zugeordnet, während die Erde mit ihrer Beziehung zum Würfel eine durch die Zerlegung des Quadrats in Dreiecke nicht ganz aufgehobene Sonderstellung einnimmt.

als den einfachsten, weil mit den wenigsten Seiten versehenen Flächen aus, die allen Flächen und damit auch allen Körpern zugrunde lägen. Diese ließen sich wiederum sämtlich auf die beiden rechtwinkligen Formen zurückführen, die gleichschenkligen und die ungleichschenkligen rechtwinkligen Dreiecke, von denen erstere jeweils gleich seien, letztere in unendlich vielen Variationen aufträten. Erstere entstehen etwa, wenn man ein Quadrat durch die Diagonale halbiert oder durch beide Diagonalen viertelt. Platon wählte diese zweite Zusammensetzung des Quadrates, weil dann nämlich im daraus gebildeten Würfel überall jeweils die gleichen Ecken, Seiten und Winkel zusammenkämen, was dem Körper den bestmöglichen Zusammenhalt gewähre. Aus demselben Grunde ließ er auch das gleichseitige Dreieck nicht aus zwei, sondern aus sechs ungleichschenkligen rechtwinkligen Dreiecken bestehen, wie sie durch Ziehen aller drei Mittelsenkrechten entstünden. Bei diesen Dreiecken bilden nämlich die beiden Katheten quadriert ein Verhältnis von 1:3, was sie vor allen anderen ungleichschenkligen rechtwinkligen Dreiecken auszeichne.

Aus einer unterschiedlichen Anzahl der durch solche Dreiecke gebildeten gleichseitigen Dreiecke bestünden nun die übrigen drei der regulären Polyeder. Im übrigen meinte Platon, sämtliche Eigenschaften der Elemente auf diese mathematischen Formen zurückführen, alle Qualitäten also auf Quantitäten reduzieren zu können.

Als schönstes und bestes Gebilde des göttlichen Baumeisters stelle der materielle Kosmos nun aber nicht nur eine körperliche Einheit dar, vielmehr sei diese notwendig auch beseelt. Der Schöpfer habe die von ihm erschaffene Geistseele vom Zentrum aus über den gesamten Körper ausgegossen. Für die Konstruktion dieser Seele griff Platon wieder auf pythagoreische Vorstellungen zurück, wonach die Seele Harmonie besitze oder gar überhaupt nur aus der Harmonie der Teile des Körpers bestehe[40]: So hätte der Baumeister der Welt eine innige Mischung der verschiedenen Seinsarten hergestellt, diese Mischung in der Form des griechischen Buchstaben Lambda angeordnet und so gegliedert, daß die einigende Eins an der Spitze des Lambdas stünde und die beiden Schenkel nach der Zweier- bzw. Dreierpotenzreihe unterteilt würden, also nach den Zahlen 2, 4, 8 bzw. 3, 9, 27. Die so entstandenen Zwischenräume hätte er dann durch je zwei Mittelglieder ausgefüllt, deren eines das jeweilige arithmetische, deren anderes das jeweilige harmonische Mittel darstellte. So wären Intervalle von Quinten, Quarten und Ganztönen entstanden, von denen in einem weiteren Schritt die 4:3-Intervalle der Quarten mit 9:8-Intervallen von Ganztönen ausgefüllt worden seien, bis Halbtonintervalle von 256:243 entstanden wären. Am Ende stellt daraufhin der Strang der Zweier-Potenzen eine Reihe von harmonischen Verhältnissen dar, die über drei Oktaven sämtliche Töne der Grundtonart, der sogenannten Dorischen Tonart, enthält, die Platon „die einzig wahrhaft griechische" nannte, während der Strang der Dreier-Potenzen auch Intervalle anderer

Tonarten enthält und bei weitergeführter Teilung mehr und mehr Dissonanzen enthalten würde.

Der von der Zweierpotenzreihe ausgehende Strang galt Platon deshalb als nach dem Prinzip des Einen, gleichbleibenden Selbigen aufgebaut, der andere Strang nach dem vervielfältigenden Prinzip des nicht-gleichbleibenden Anderen. Beide gegensätzlichen Prinzipien bestimmten demnach die Harmonik der Weltseele und ihres Denkens, das in daraus gebildeten Kreisen erfolge.

Hierzu habe der Weltenbauer die beiden Stränge voneinander getrennt und in der Form eines X übereinandergelegt, so daß der Schiefe der Ekliptik entsprechende Winkel entstanden. Darauf habe er die beiden Stränge zu Kreisen gebogen und die vier Enden zusammengefügt, so daß zwei schräg zueinander stehende, miteinander verknüpfte konzentrische Kreise gebildet wurden. Von diesen würde der nach dem Prinzip des Einen und Selbigen harmonisch aufgebaute gleichförmig rotieren – ihm wurde deshalb die gleichförmige 24stündige Rotation des Fixsternhimmels zugewiesen. Der nach dem Prinzip des Anderen aufgebaute wäre seinerseits noch zu sieben konzentrischen Kreisen vervielfältigt worden, die alle mit einer anderen Periode und jeweils ungleichförmig rotieren würden. Diese Kreise sollen die Eigenbewegungen der sieben Planeten darstellen, die schräg zum Kreis des Himmelsäquators und in entgegengesetzter Richtung längs der Ekliptik erfolgten, gleichzeitig aber von der gleichförmigen raschen Bewegung des nach dem Prinzip des Einen gebildeten Kreises des Himmelsäquators mitgerissen würden. Jedem dieser sieben Kreise habe der Weltenbauer dann einen vollkommenen, feurigen Kugelkörper eingefügt, um die Bewegungen sichtbar zu machen, damit der Mensch im Zentrum dieses kreisende Denken der Weltseele nachvollziehen könne – was die eigentliche Aufgabe der Astronomie sei.

Von diesem Konzept her konnte und mußte Platon sich gegen den demokritischen Begriff „Planet" verwahren, der soviel wie „Irrstern" bedeutet; denn diese Gestirne würden trotz ihres ungleichförmigen Laufes nicht immer wieder neue, andere Bahnen durchlaufen, sondern stets ein und dieselbe.[41] (Eigenartigerweise hat sich aber neben dieser Idee auch der ihr widersprechende Begriff „Planet" als Terminus technicus erhalten.) Die Aufgabe der Astronomie der Folgezeit bestand dann darin, die innere „Harmonie" der Planetenbewegungen zu zeigen. Johannes Kepler sah sich hierin in der Nachfolge Platons und meinte, dessen Idee nach zwei Jahrtausenden endlich in empirisch überprüfbarer Form verwirklicht zu haben.

Vorerst hatte sich die Astronomie, beginnend noch in der Platonischen Schule mit Eudoxos von Knidos, allerdings auf die kinematische Analyse der anomalistischen, d. h. ungleichförmig durchlaufenen Perioden der Planeten beschränkt und versucht, diese in gleichförmige Komponenten zu zerlegen. Diesen kinematischen Komponenten wurde dann seit Aristoteles jeweils ein eigener Bewegungskörper in Form riesiger Äthersphären zugewiesen. Die Kurve der erscheinenden Planeten-Bewegung galt daraufhin als scheinbar und ergab sich als Resultante der übereinandergelagerten Bewegungen dieser einzelnen Sphärenkörper – selbst noch bei Kopernikus. Schon Aristoteles sollte für die sieben Planeten insgesamt 55 solcher Körper benötigen. Auch hier war es erst Kepler, der mit der platonischen Forderung wieder ernst machte, daß die Planeten nur *eine* Bahn durchlaufen, längs der sie nach inneren, mathematischen Gesetzmäßigkeiten gelenkt würden.

Bevor diese Verwirklichung platonischer Ideen aber möglich war, hatte die Astronomie eine empirisch überprüfbare Kinematik entwickeln und sich dazu, beginnend mit Aristoteles, von physikalischen Überlegungen über die Ursachen der Bewegungen vorerst distanzieren müssen.

Ingrid Craemer-Ruegenberg

Der Himmel und das Göttliche

Die Lehre des Aristoteles

Aristoteles, 384 v. Chr. in Stagira geboren, war einer der begabtesten Schüler Platons. Zwanzig Jahre lang lernte, forschte und unterrichtete er an dessen Akademie in Athen. Daß er nach Ablauf dieser Zeit die Akademie und Athen verließ, dürfte weniger an schulinternen Auseinandersetzungen gelegen haben als an den politischen Umständen. Zu einer Zeit nämlich, da Philipp von Makedonien die Eroberung Athens plante, hatte Aristoteles Verbindungen zu promakedonischen Kreisen, und das machte ihn mißliebig. Es ist bekannt, daß Aristoteles sogar etwa ein Jahr lang die Erziehung und Ausbildung von Philipps Sohn Alexander organisierte. Nach einem längeren

Abb. 14: Platon und Aristoteles, so wird angenommen, auf einem italiotischen Krater. Die beiden Philosophen sehen einem Bildhauer bei der Arbeit zu, der zwischen ihnen an einer Statue arbeitet.

Aufenthalt in seiner Heimatstadt Stagira kehrte Aristoteles im Jahre 335/ 334 noch einmal nach Athen zurück, wo er zwölf Jahre lang seine eigene Lehre ausarbeitete und Studenten unterrichtete. Nach dem Tode Alexanders des Großen mußte Aristoteles Athen allerdings wieder verlassen. Ein Jahr später, im Jahre 322, starb er in Chalkis.

Die Werke des Aristoteles sind nur teilweise überliefert worden. Vor allem die Frühschriften aus der Zeit an der Akademie sind verlorengegangen und können nur aus zumeist späteren Berichten rekonstruiert werden. Das verbleibende Gesamtwerk ist allerdings beeindruckend genug. Aristoteles verfaßte erstmals gründliche Studien zur Logik und Wissenschaftstheorie (sowie zur Rhetorik und Poetik). In seinen metaphysischen Untersuchungen distanzierte er sich zunehmend von der Ideenlehre seines Lehrers Platon. Aristoteles verfaßte mehrere Arbeiten zur Grundlegung der Ethik – ebenfalls in kritischer Einstellung gegenüber platonischen Gedanken. In zahlreichen Werken und mit offenbar intensivem Interesse beschäftigte er sich mit Phänomenen der Natur.

Die Astronomie im engeren Sinne, die Sternkunde, galt damals als Unterdisziplin der Mathematik – ebenso wie die Musik. Hierzu hat Aristoteles kaum eigene Forschungen durchgeführt, er stützte sich vielmehr auf bereits bekannte Beobachtungen und Berechnungen, die er im wesentlichen den Arbeiten des Eudoxos von Knidos und des Kallipos entnahm. Philosophisch eigenständig und von großer Bedeutung für die Folgezeit waren jedoch die Erklärungen, die Aristoteles zur Interpretation der bekannten Daten erdachte.

Wie sahen diese bekannten Daten aus? Relativ zur Erde, die fast alle Naturphilosophen als ruhend ansahen, dreht sich der Himmel um die Erde. Zum Himmel gehören einmal, an der äußersten Grenze des Kosmos, die Fixsterne. Sie vollführen in gleichmäßigen Abständen zueinander und in strenger Regelmäßigkeit stets dieselbe – und wie Aristoteles meinte: vollkommene – Kreisbewegung. Die übrigen Gestirne, die in unregelmäßigen Kreisbahnen zirkulieren und den Abstand zueinander wie zur Erde wechseln, sind die Planeten. Als Planeten gelten: Saturn, Jupiter, Mars, Venus, Merkur, die Sonne und der Mond. Zu jeder stetigen oder wechselnden Kreisbahn, die ein Himmelskörper durchläuft, gehört eine eigene rotierende Sphäre, in welche die Himmelskörper eingebunden sind. Diskussionen gab es über die Anzahl der Planetensphären. Aristoteles selbst vertrat die These, daß es 55 solcher Sphären geben müsse.[1]

Um zu verstehen, wie Aristoteles diese Mathematik des Universums theoretisch deutete, sind einige zentrale Grundsätze der aristotelischen Naturphilosophie zu beachten.

Erstens: Es gibt natürliche und gegennatürliche, das heißt gewaltsame Ortsbewegungen. Bei den anorganischen Naturkörpern – letztlich bei den sogenannten Elementen – entspricht die natürliche Bewegung einem dem

Körper innewohnenden Drang, an einen bestimmten Ort zu gelangen, um dort zur Ruhe zu kommen. So hat beispielsweise das Feuer, der leichteste Körper, das Bestreben, nach oben an den Rand des Himmels zu steigen und dort zu verharren. Alles Leichte sucht entsprechend dem Grad seiner Leichtigkeit seinen Ort im „Oben". Alles Schwere andererseits strebt zum „Unten". Wenn da nicht stetiger Wechsel wäre und wenn die einfachen Körper alle an ihren natürlichen Orten verharren könnten, dann ergäbe sich folgende Schichtung: Unten befindet sich die Erde, darüber das Wasser, über dem Wasser wiederum die Luft, und ganz oben ruht das Feuer. Die Bewegungen der einfachen Körper nach oben und nach unten sind Geradeaus-Bewegungen. Richtungsänderungen oder die Ruhe am „falschen" Ort – zum Beispiel die Ruhe des Ziegels auf dem Dach eines Hauses – sind auf gewaltsame Bewegungen zurückzuführen. Neben den geradlinig-senkrechten Bewegungen der genannten einfachen Körper ist als weitere Grundart von natürlicher Ortsbewegung noch die Rotation, die Drehbewegung also der Himmelskörper, anzusetzen. Im ersten Buch seiner Schrift *Über den Himmel* ordnet Aristoteles der natürlichen Kreisbewegung ein eigenes, ein fünftes Element zu: den Äther.[2] Eine gewaltsame Bewegung findet immer nur dann statt, wenn eine natürliche Bewegung geändert oder verhindert wird. Deswegen sind ursprünglich gewaltsame Bewegungen nirgendwo anzutreffen, und es wäre ein Fehler, Naturphänomene durch den Rückgriff auf gegennatürliche Bewegungen zu erklären.

Zweitens: Die Richtungsbestimmtheiten „Oben" und „Unten" sind absolut. Es gibt nur ein einziges „Unten", und das ist der Ort, zu dem alles Schwere hinstrebt (also der Erdmittelpunkt). Ebenso ist das „Oben" festgelegt. Es ist der Ort des Feuers und – oberhalb des Feuers – der Himmelssphären.[3]

Drittens: So etwas wie Raum im Sinne der klassischen Physik, eine leere dreidimensionale Erstreckung, in welcher Körper vorkommen können oder auch nicht, ist physikalisch undenkbar. Räumlichkeit und Körper sind untrennbar miteinander verbunden. So spricht Aristoteles auch stets vom „Ort" *(tópos),* und er definiert den Ort als „die innere Umgrenzung des" einen anderen Körper „umschließenden Körpers". So wäre zum Beispiel der Ort eines Baumes, von den Wurzeln abgesehen, identisch mit dem Platz, den die ihn umschließende Luft ausmacht.[4]

Unter diesen (und weiteren) Voraussetzungen sowie mit Hilfe von ausführlichen Beweisgängen erarbeitet Aristoteles seine philosophische Theorie vom Kosmos. Dabei ergibt sich folgendes Weltbild: Das Universum ist kugelförmig. Die natürlichen Orte der Körper sind wie Schalen übereinandergefügt. In der Mitte befindet sich das Schwere, die Erde, darüber liegen die Sphären von Wasser, Luft und Feuer. Oberhalb der Kugelschale, die den natürlichen Ort des Feuers darstellt, befinden sich die Sphären der rotierenden Himmelskörper. Deren äußerste ist die Fixsternsphäre, der „erste Himmel".

Abb. 15: Der Ort eines Gegenstandes ist nach Aristoteles durch das bestimmt, was ihn einschließt. Der Ort eines Baumes zum Beispiel ist über der Erde durch die ihn umgebende Luft bestimmt, unter der Erde durch das die Wurzeln umschließende Erdreich. Leere Örter, das heißt das Nichts, gibt es bei Aristoteles nicht.

Dieses Universum ist endlich groß. Wäre es unendlich groß, so argumentiert Aristoteles unter anderem, dann müßte der Kreisbogen der äußersten Kugelschale in eine Gerade übergehen. Das bedeutet, daß jedes Segment der Kreisbahn des ersten Himmels mit der Tangente dieses Kreises zusammenfallen würde. In diesem Falle könnte eine Rotationsbewegung der Fixsterne nicht beobachtet werden, faktisch aber ist ihre Bewegung als Kreisbewegung sichtbar. Eine weitere Schwierigkeit liegt darin, daß unendlich große Teilstrecken einer unendlichen Gesamtstrecke in endlicher Zeit durchlaufen werden müßten – eine absurde Konstruktion.[5]

Des weiteren ist dieses, unser Universum einzig. Außerhalb unseres Kosmos gibt es keine anderen Welten. Da nämlich das Oben und das Unten absolut bestimmt sind, können zusätzliche Weltsysteme mit eigenen Mittelpunkten und Obergrenzen nirgendwo vorkommen. Ohnehin existiert auch kein leerer Raum außerhalb unseres Kosmos.[6]

Die Erde ist – als absolutes „Unten" – Mittelpunkt des Universums. Sie selbst muß unbewegt sein, denn alle schweren Körper fallen in Richtung auf den Erdmittelpunkt zu, und zwar senkrecht. Das Ende der Fallbewegung bedeutet, daß die Körper ihren natürlichen Ort erreicht haben und dort ruhen. Folglich ist die Erde als natürlicher Ort der schweren Körper selbst in Ruhe. Da die schweren Körper aus allen Richtungen stets senkrecht dem

Erdmittelpunkt zustreben, ergibt sich auch, daß nicht nur der Kosmos, sondern ebenfalls die Erde selbst kugelförmig ist. Ihre Kugelgestalt, sagt Aristoteles, kann man zusätzlich daraus erschließen, daß die Erde immer einen runden Schatten auf den Mond wirft. Der Umfang der Erdkugel ist übrigens damals schon bemerkenswert genau errechnet worden.[7]

Der Gesamtbereich des Himmels ist vom Bereich des Irdischen extrem verschieden. Der Bereich des Irdischen ist die sublunare Sphäre, das heißt jene zentrale Kugel, die sich von der Erde bis hin zur Umlaufbahn des Mondes erstreckt. Die vier Grundkörper Erde, Wasser, Luft und Feuer kommen nur innerhalb der sublunaren Sphäre vor. Die Himmelskörper sind von völlig anderer Beschaffenheit.

Das bedarf einer genaueren Erklärung. Die vier einfachen Körper, aus denen alle übrigen Körper innerhalb des irdischen Bereichs in unterschiedlicher Kombination und Komplexität zusammengesetzt sind, sind keine echten Elemente; sie sind nicht Letztbestandteile. Vielmehr liegt diesen einfachen Körpern noch eine bestimmungslose „erste Materie" zugrunde. Die einfachen Körper bilden sich dadurch, daß diese Materie jeweils ein Paar der vier Grundqualitäten aufnimmt: Heiß und Kalt, Feucht und Trocken. Durch den Austausch – zumeist einer jener Qualitäten mit der ihr entgegengesetzten Qualität – können sich die Elementarkörper ineinander umwandeln.

Das Wasser zum Beispiel ist kalt und feucht. Wenn nun – etwa durch die Einwirkung der Sonne – die Kälte gegen Hitze ausgetauscht wird, entsteht Luft (zwischen Dampf und Luft hat Aristoteles offenbar keinen Unterschied gemacht). Wird nun weiterhin der Luft die Feuchtigkeit entzogen, entsteht etwas Heißes und Trockenes, nämlich das Feuer – und so weiter. Die Bewegung des Himmels, vor allem die der Sonne um die Erde herum, bewirkt, daß derartige Umwandlungen der Elemente ineinander ständig stattfinden. Innerhalb der sublunaren Sphäre gibt es also unaufhörlichen Wechsel, Entstehen und Vergehen.[8]

Die Himmelskörper hingegen bestehen weder aus einem der sublunaren Grundkörper, beispielsweise aus Feuer, noch sind sie aus mehreren von ihnen zusammengesetzt. Da keine der vier Grundqualitäten an ihnen anzutreffen sind, sind sie auch nicht für entsprechende Veränderungen anfällig, denn was heiß ist, kann kalt werden, was naß ist, trocken und umgekehrt. Die Himmelskörper sind unentstanden und unvergänglich; an ihnen findet sich keinerlei qualitative Veränderung. Der einzige Wechsel, dem sie unterliegen, ist der Ortswechsel in der Kreisbewegung. Aristoteles nimmt sogar an, daß die Himmelskörper beseelt sind, sozusagen Organismen höherer Ordnung.[9]

Die Bewegungen im Bereich des Himmels sind Ursache dafür, daß in der Mittelkugel unablässig Veränderungen ablaufen. Was aber verursacht die ewigen Umdrehungen der Himmelskörper? Diese Frage ist für Aristoteles von großem Gewicht. Gegen Platons Auffassung, daß der Himmel sich selbst bewege, argumentiert er hier nämlich folgendermaßen: „Jedes in Bewegung Befindliche wird durch ein anderes bewegt."[10] Die Begründung für diesen Gedanken hat Thomas von Aquin im ersten seiner fünf Gottesbeweise sehr elegant zusammengefaßt: Bewegung ist Übergang aus einer ganz bestimmten Möglichkeit zur Verwirklichung dieser Möglichkeit – im Falle der Himmelsbewegung wäre dies die Möglichkeit, an der jeweils nächsten Stelle der Kreisbahn anzukommen. Würde nun etwas sich selbst bewegen, dann müßte es in genau derjenigen Hinsicht, in welcher es im Zustand der Möglichkeit ist, bereits in Verwirklichung sein. Es wäre also zugleich und in derselben Hinsicht Mögliches und Nicht-Mögliches, und das ist ein Widerspruch.[11] Selbstbewegung im strikten Sinne kann es demnach nicht geben. Wo der Anschein von Selbstbewegung vorliegt – etwa bei der Ortsbewegung von Tieren und Menschen –, da muß ein bewegendes Moment, die Seele, vom Bewegten, nämlich dem Organismus, unterschieden werden. Die Seele ihrerseits wird durch positive Ziele oder durch Abschreckendes „motiviert".

Auch der Himmel bewegt sich nicht selbst. Nun wäre immerhin denkbar, daß der „erste Himmel", die Fixsternsphäre, die Bewegungen der niederen Sphären verursacht. Dann muß aber immer noch für den „ersten Himmel" ein Bewegendes gesucht werden. Dieses gesuchte Bewegende darf selbst nicht in Bewegung sein. Wäre es in Bewegung, müßte nach seinem Bewegenden gefragt werden. Die Annahme einer unendlichen Reihe von bewegten Bewegern verbietet sich ohnehin, denn damit würde die Existenz einer aktual unendlichen Menge behauptet, die es – nach Aristoteles – nicht geben kann.[12]

Mindestens der Fixsternhimmel wird also durch ein Unbewegt-Bewegendes bewegt. Dieses bewegt, wie Aristoteles poetisch sagt, „als Geliebtes", das heißt als etwas, das angestrebt wird – und zwar offensichtlich nicht unbewußt, sondern mit „Gefühl". Das unbewegt-Bewegende, das die Himmelskörper anstreben, ist das Göttliche. Unbewegtsein besagt bei ihm: Es ist auch nicht bewegbar, denn es gibt keine unverwirklichte Möglichkeit in ihm; es ist vollkommene Wirklichkeit. Vollkommenes Wirklichsein ist mehr als bloß Da-Sein, es ist Leben, und zwar die absolute Höchstform von Leben, nämlich Denken.[13] Wann nun findet Denken die höchste Erfüllung? Aristoteles sagt: im denkenden Erfassen des höchsten und edelsten Gegenstandes. Demzufolge ist die göttliche Wesenheit Denken ihrer selbst.[14]

In einem vermutlich in seiner Spätzeit abgefaßten Teiltraktat der *Metaphysik* erwägt Aristoteles die Möglichkeit, daß zu jeder der von ihm errechneten 55 Planetensphären ein eigenes Unbewegt-Bewegendes gehöre[15]; dieser Gedanke ist aber nur an dieser einen Stelle zu finden. Wie immer dies vorzustellen ist, auch in diesem Zusammenhang gilt: Das Bewegende der Fixsternsphäre nimmt den höchsten Rang ein und ist das eigentlich Göttliche. Das denkende Erfassen eben dieses Göttlichen bedeutet auch – wie Aristoteles in der *Nikomachischen Ethik* ausführt – das höchste Glück des Menschen.[16]

Bereits dieser kurze Überblick über die aristotelische Deutung der damals
bekannten astronomischen Daten läßt erkennen, daß hier eine auffallende
Unstimmigkeit vorliegt: Die Lehre von den natürlichen Bewegungen und
den natürlichen Orten der Körper ist mit dem Lehrsatz, daß jedes in Bewegung Befindliche durch ein anderes bewegt wird, nicht vereinbar. Die einfachen Körper, die ihren natürlichen Ort „suchen" – durch Steigen oder Fallen –, werden weder mechanisch angetrieben, noch haben sie eine strebende
Seele. Was für die natürlichen Bewegungen der einfachen irdischen Körper
gilt, müßte auch auf die ebenfalls natürliche Rotationsbewegung der Himmelskörper übertragbar sein; deren natürlicher Ort wäre dann die zu durch-
laufende Kreisbahn selbst.

Eine Vermutung liegt nahe: Vielleicht laufen im Denken des Aristoteles
eine rein naturphilosophisch-physikalische und eine theologische Deutung
des Universums nebeneinander her. Die physikalische Deutung – sie findet
sich vornehmlich in *Über den Himmel* und in *Über Entstehen und Vergehen* –
ist phänomennah und konsistent. Die Annahme, daß die Erde der ruhende
Mittelpunkt des Weltalls sei, folgt bündig aus der Theorie der natürlichen
Bewegungen und natürlichen Orte. Diese Theorie wiederum entspricht
durchaus den alltäglichen Beobachtungen, von denen Aristoteles ausgehen
mußte. Im übrigen ist ein geozentrisches Weltbild, wie Aristoteles es vertrat,
nicht von vornherein falsch. Eine Beschreibung der Vorgänge im Universum
muß die relative Bewegung der Erde und der Himmelskörper im Verhältnis
zueinander korrekt erfassen; dabei spielt es grundsätzlich keine Rolle, welches Bezugssystem für eine solche Beschreibung gewählt wird.

Jedoch enthält auch die physikalische Deutung des Kosmos in der aristote-
lischen Philosophie Probleme, die bereits in der Spätantike diskutiert wurden. Das wichtigste dieser Probleme hängt mit Aristoteles' Ablehnung der
Annahme eines „Leeren", das heißt eines körperfreien Raumes, zusammen.
Seine Beweisführung – im vierten Buch der *Physikvorlesung* – basiert zum
Teil auf einer These, die nicht ohne weiteres akzeptiert werden kann. Aristoteles geht dort von der zutreffenden Beobachtung aus, daß ein fallender
Körper schneller ein dünnes Medium – zum Beispiel Luft – durchläuft als
ein dichtes, etwa Öl. Das Leere, behauptet er dann, wäre ein Medium ohne
jede Hinderung des Fallvorgangs, und das Fallen des Körpers müßte daher
mit unendlicher Geschwindigkeit erfolgen.[17] Schon Johannes Philoponos
setzte diesem Argument unter anderem den vernünftigen Gedanken entgegen, daß es eine natürliche Maximalgeschwindigkeit für fallende Körper
geben könne.[18]

Ein weiteres Problem ist mit der aristotelischen Definition von „Ort" –
im Zusammenhang mit der Ablehnung des Leeren – verbunden: Wenn der
Ort immer nur die innere Umgrenzung des jeweils umschließenden Körpers
ist, dann wäre der äußerste umschließende Körper innerhalb des Kosmos
der „erste Himmel", die Fixsternsphäre. Da außerhalb der Fixsternsphäre

weder leerer Raum ist noch irgendein weiterer umschließender Körper, haben die Fixsterne eigentlich keinen Ort, befinden sich aber trotzdem in Ortsbewegung. Aristoteles hat das Problem selbst gesehen, fand aber keine zufriedenstellende Lösung.[19]

Die eher theologisch orientierte Deutung der Vorgänge im Universum bringt ernstere und folgenschwerere Probleme mit sich. Deren erstes wurde bereits genannt: die Unvereinbarkeit der Lehre von den natürlichen Bewegungen und Orten mit dem Grundsatz, daß jedes Bewegte ein anderes als Bewegendes benötigt. Des weiteren nötigt die Vorstellung, daß der „erste Himmel" durch das Göttliche bewegt wird, offenbar dazu, eine entsprechend vollkommene Bewegungsart der Fixsternsphäre anzunehmen. So schrieb Aristoteles dieser Sphäre eine absolut regelmäßige Kreisbewegung zu. Das ist eine Idealisierung, die physikalisch nicht zutrifft, wie sehr viel später Kepler und Newton gezeigt haben.

Theologisch motiviert ist höchstwahrscheinlich auch die scharfe Trennung des Himmels vom sublunaren Bereich. Außer der Tatsache, daß sie materielle Körper sind und zur Ortsbewegung fähig, haben die Himmelskörper keinerlei Eigenschaft mit den irdischen Naturkörpern gemein. Das bedeutet aber: Es ist nicht möglich, die Ergebnisse von physikalischen Untersuchungen innerhalb des sublunaren Bereiches auf Vorgänge im Himmel zu übertragen. So mußte der himmlische Teil des Universums erst einmal völlig „entheiligt" werden, ehe man an allgemeine Naturgesetze, die im gesamten Kosmos gelten, zu denken wagte.

Nun war Aristoteles ein glänzender Beobachter – seine zoologischen Schriften erwecken heute noch Staunen bei den Fachleuten –, er dachte sehr gründlich und genau und argumentierte in der Regel äußerst scharfsinnig. Zudem hat gerade *er* Platon und den Pythagoreern wiederholt vorgeworfen, daß sie rein gedanklichen Prinzipien und „idealistischen" Wertvorstellungen zuliebe eine Pseudowirklichkeit konstruierten, die mit dem, was konkret wahrzunehmen ist, überhaupt nicht übereinstimme. Wie konnte ihm also diese Inkonsistenz und Problemlastigkeit in seiner philosophischen Astronomie unterlaufen?

Die Antwort lautet kurz und einfach: Aristoteles war kein Systemdenker, sondern ein Problemdenker. Damit ist folgendes gemeint: Aristoteles wollte offensichtlich keine großartige und auf alles und jedes passende Universalphilosophie ersinnen; er stieß auf Sachprobleme – entweder durch verblüffende Phänomene, die ihm erklärungsbedürftig schienen, oder auch durch die Kenntnis der Lehren seiner Vorgänger, bei denen er viel Widersinniges fand –, und so machte er sich jeweils nach Kräften daran, das anstehende Problem zu bearbeiten und zu lösen.

Genauso ist es ihm anscheinend mit seiner Deutung der Vorgänge im Kosmos ergangen. Die Einzelprobleme, mit denen er sich befaßte, waren vielfältig. Einige sollen kurz genannt werden:

Warum dreht sich der Himmel, während auf der Erde das Steigen und Fallen der einfachen Naturkörper in gerader Linie verläuft?

Warum bleiben die einfachen Körper nicht an ihren natürlichen Orten?

Wieso gibt es hier eine unaufhörliche Umwandlung, die dann weitere Vorgänge des Entstehens und Vergehens in der Natur zur Folge hat?

Was sind die wahren Elemente – Atome, Zahlen oder die vier Grundkörper, oder ist über Elemente anders zu denken?

Wenn „Bewegung" allgemein als Übergang von einer spezifischen Möglichkeit in deren Verwirklichung definiert werden muß, kann es dann Selbstbewegung geben? Muß da nicht für jeden Bewegungsvorgang ein bewegendes vom jeweils in Bewegung befindlichen Moment unterschieden werden?

Diese Problem- und Fragen-Liste ließe sich noch beliebig verlängern. Sie soll auch nur exemplarisch veranschaulichen, daß Aristoteles sich stets auf die Beantwortung bestimmter, spezieller Fragen konzentrierte und sich wenig darum kümmerte, ob seine Antworten insgesamt ein stimmiges System ergeben könnten.

Leider – und verständlicherweise – haben die Überlieferer der aristotelischen Gedanken, die Schüler, die Kommentatoren und die Aristotelisten der verschiedenen Epochen versucht, die Einzelstudien des Aristoteles zu einem System zusammenzupressen. So konnten auch Nebengedanken, die bisweilen zu Ad-hoc-Erklärungen verwendet worden waren, dogmatischen Charakter annehmen. Die theologische Komponente der Deutung des Kosmos wurde von den philosophierenden Vertretern der großen monotheistischen Religionen – Judentum, Christentum, Islam – freudig aufgenommen und für ihre jeweiligen Denkziele umgedeutet. Das aristotelische „System", an das Aristoteles selbst gar nicht gedacht hatte, wurde auf diese Weise zum Inbegriff obstinat-konservativer Einstellung, deren Überwindung erst den Weg in die „aufgeklärte Moderne" eröffnete.

Paul Kunitzsch

Die Erde im Mittelpunkt

Claudius Ptolemäus, König der Astronomen

Der Name Ptolemäus ist heute noch recht geläufig. In Gottfried Benns Werk *Der Ptolemäer* von 1949 wird bewußt auf den großen Wissenschaftler Bezug genommen. Sein Name steht auch häufig für die Bezeichnung jenes alten geozentrischen Weltbildes, eben des „ptolemäischen Weltbildes", das die Erde in den Mittelpunkt des Alls setzte – im Gegensatz zu dem jüngeren, „kopernikanischen Weltbild", in dem die Sonne den Mittelpunkt des Planetensystems einnimmt, also dem heliozentrischen Weltbild, das auch heute noch gültig ist.

Ein Astronom, der einem anderthalbtausend Jahre lang herrschenden Weltbild seinen Namen lieh, muß in der Tat einen bedeutenden Beitrag zur Entwicklung der Wissenschaft geleistet haben. Wer war dieser Ptolemäus, wann und wo hat er gelebt, welche Werke hat er hinterlassen? Wie bei den meisten Persönlichkeiten des Altertums und des Mittelalters wissen wir über die Person fast gar nichts. Aus seinen Werken, in denen einige Beobachtungsdaten erwähnt werden, läßt sich entnehmen, daß er in der ägyptischen Stadt Alexandria gelebt und gewirkt hat. Als Lebenszeit lassen sich die Jahre etwa von 100 bis 175 n. Chr. ansetzen. Sein griechischer Name Ptolemaios – verwandt mit *pólemos,* dem griechischen Wort für „Krieg", also etwa „der Kriegerische" oder „Kämpferische" – zeigt, daß er zu den Einwohnern Ägyptens von griechischer Herkunft gehörte, und der lateinische Vorname Claudius deutet darauf hin, daß er das römische Bürgerrecht besaß (es war die römische Kaiserzeit mit Hadrian, Antoninus Pius und Mark Aurel). Er war also ein griechischer Gelehrter der hellenistischen Zeit, und alle seine Werke waren in griechischer Sprache geschrieben.

Eine kurze Biographie des Ptolemäus nebst Personenbeschreibung und Sammlung einiger Aussprüche findet sich in den Handschriften und der *Editio princeps,* der aus dem Arabischen übersetzten Fassung seines astronomischen Hauptwerks, jeweils gleich vorn am Anfang. Aber hier handelt es sich nur zum Teil um historisch korrekte Angaben; der Verfasser war ein arabischer Emir aus Ägypten in der Mitte des 11. Jahrhunderts, der verstreutes griechisches Material kompilierte, das zuvor ins Arabische übersetzt worden war. Die Personenbeschreibung darin dürfte auf die griechische physiognomische

Literatur zurückgehen und die Aussprüche auf alte Florilegien – beide
sind im Sinne bestimmter Theorien konstruiert, also nicht als historischer
Quellenbeleg zu werten. Rein der Phantasie entsprungen ist auch das Porträt
des Ptolemäus, das Albrecht Dürer in der rechten oberen Ecke der nördlichen
seiner beiden Sternkarten von 1515 angebracht hat: Hier ist ein Gelehrter
im Habitus von Dürers eigener Zeit zu sehen, mit hohem, zylinderartigem
Hut (siehe Abb. 16). Stärker antik wirkt dagegen der angebliche Ptolemäus
im Ulmer Münster, der unter den Holzschnitzereien am Chorgestühl zu
finden ist. Als ebenfalls zweifelhaft muß die Nachricht eines arabischen
Historikers aus dem frühen 13. Jahrhundert gelten, der einen Augenzeugen
aus der Mitte des 11. Jahrhunderts namhaft macht und diesen behaupten
läßt, in der Kairoer Bibliothek einen von Ptolemäus selbst stammenden

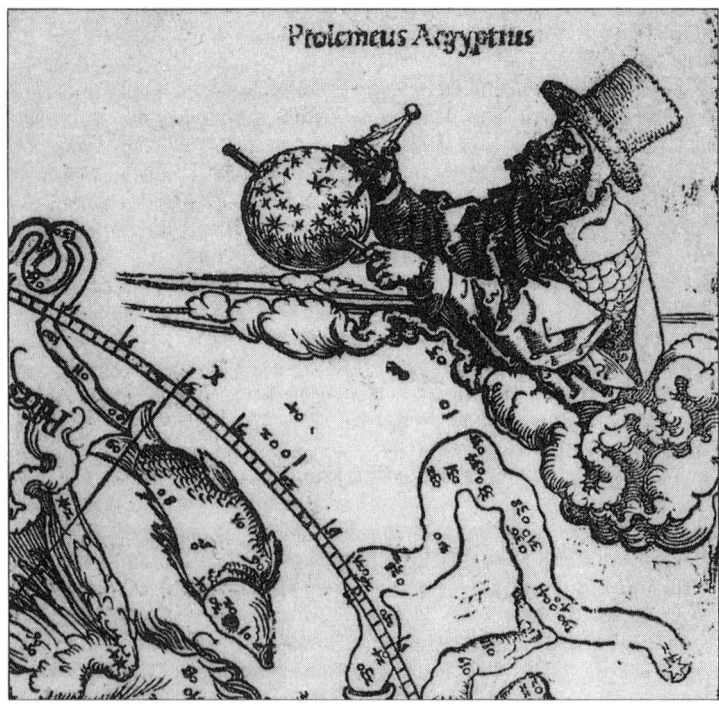

Abb. 16: Der nördliche Sternhimmel, Holzschnitt von Albrecht Dürer (um 1515).
Der Ausschnitt zeigt ein Phantasieporträt des *Ptolemeus Aegyptius*. Die Umrisse der
Sternbilder sowie die Nummern der Sterne innerhalb der Bilder folgen den Angaben
im Sternkatalog des *Almagest* (siehe dazu das nächste Kapitel).

kupfernen Himmelsglobus gesehen zu haben; hier wird es sich eher um ein Instrument aus jüngerer Zeit, im ptolemäischen Stil, gehandelt haben und nicht um ein Stück, das unter – oder gar von – Ptolemäus selbst angefertigt war.

An sicher Verbürgtem verbleiben von Ptolemäus also in erster Linie seine Werke. Natürlich ist es auch in seinem Fall so, daß dem berühmten Namen seit der Spätantike, und vor allem im Mittelalter, viele Schriften fälschlich untergeschoben wurden. Aber mit Hilfe der direkten, griechischen Werküberlieferung und mit entsprechenden Parallelhinweisen in der übrigen Literatur lassen sich die echten Schriften recht gut erkennen. Die Geschichte der Naturwissenschaften, und so auch der Astronomie, ist zu einem beträchtlichen Teil Philologie. Die Hinterlassenschaft der Gelehrten des Altertums und des Mittelalters besteht zum größten Teil aus schriftlichen Werken, aus Texten – neben einem kleinen Bestand an erhaltenen Instrumenten und dergleichen. Also gilt es, diese Texte zu erfassen, zu edieren und danach inhaltlich weiter auszuwerten. Im Falle von Ptolemäus öffnet sich ein besonders weites Feld, das noch lange nicht erschöpfend bearbeitet ist.

Seine Werke hatten bereits in spätantiker Zeit soviel Aufsehen und Interesse erregt, daß dazu allerlei Kommentare und Bearbeitungen erschienen. Der große Name strahlte, wie die griechisch-antike Naturwissenschaft überhaupt, später auch auf die arabisch-islamische Kultur aus, die sich seit dem 7. Jahrhundert im gesamten Mittelmeerraum und im Nahen Osten ausgebreitet hatte; und so wurden im 9. Jahrhundert in Bagdad neben unzähligen anderen Texten auch die wichtigsten Werke des Ptolemäus ins Arabische übertragen. Im europäischen Westen war mit zunehmender zeitlicher Entfernung von der Antike die Kenntnis der griechischen Sprache und griechischer Literatur nahezu völlig ausgestorben. Erst durch die Araber, die seit 711 große Teile der Iberischen Halbinsel besetzt hatten und die ihre Kultur auch dorthin verpflanzten, wurden den Europäern die wissenschaftlichen Werke der griechischen Antike wieder nähergebracht, allerdings in arabischer Sprache. Sie mußten nun erst wieder aus dem Arabischen ins Lateinische übertragen werden – was hauptsächlich im 12. Jahrhundert geschah –, um im westlichen Europa bekannt und wirksam zu werden und jene neue Beschäftigung mit den Naturwissenschaften anzuregen und einzuleiten, die über die Jahrhunderte hinweg schließlich zu unserer modernen Naturwissenschaft führte.

Neben den astronomischen Werken gibt es von Ptolemäus auch eine berühmte *Geographie,* eine *Optik,* eine musikalische Harmonielehre und eine philosophische Schrift. Seine astronomischen Schriften umfassen vor allem das berühmte Hauptwerk, den sogenannten *Almagest;* eine Schrift über die *Phasen der Gestirne;* die *Hypothesen der Planeten;* die *Handlichen Tafeln;* eine Schrift über das *Analemma,* ein mathematisch-astronomisches Problem; das *Planisphaerium* über die Projektion der Kugel auf die Ebene, die theoretische

Grundlage für die Konstruktion des Astrolabs, jenes im Mittelalter meistver-
breiteten Handinstrumentes für einfache Zeitmessungs- und Rechenopera-
tionen. Zu nennen ist schließlich das *Tetrabiblos,* ein Handbuch der
Astrologie.

Für Ptolemäus, wie für alle Gelehrten bis zum Anbruch der Neuzeit, galt
noch nicht die scharfe Trennung von Astronomie als exakter Wissenschaft
auf der einen Seite und Astrologie als Deutekunst des Aberglaubens auf der
anderen Seite. Die Astrologie war so lange vielmehr eine Art „praktischer
Astronomie", in der die von der Astronomie erarbeiteten Gesetze und
Parameter angewandt wurden, um die aktuellen Gestirnstände für jeweils
gewünschte Zeitpunkte zu ermitteln; bis an diesen Punkt war (und ist) auch
die Astrologie exakte Wissenschaft, reine Astronomie. Erst beim nächsten
Schritt, der Ausdeutung der ermittelten Gestirnstände, kommt jenes von
uns als Aberglaube abgelehnte Element ins Spiel. Für Antike und Mittelalter
mit dem aristotelisch-ptolemäischen Weltbild einer Einheit des Kosmos und
der Göttlichkeit der Gestirne bestand sehr viel weniger Anlaß zu Zweifel
oder gar Ablehnung.

In der Geschichte der Astronomie von der Antike bis auf den heutigen
Tag lassen sich zwei Hauptphasen grundsätzlich unterscheiden: die der Astronomie des bloßen Auges und diejenige der Astronomie des „bewaffneten"
Auges – mit Linse, Fernrohr und all den noch neueren Instrumenten, die
immerfort weiter erfunden und konstruiert werden. Der gewöhnliche
Mensch, der mit bloßen Augen den Himmel über sich betrachtet, hat auch
heute noch genau denselben Eindruck wie einst die Alten: daß die Gestirne,
der ganze Himmel sich um die Erde zu drehen scheinen. Es ist also eigentlich
fast zu erwarten, daß bis zur Erfindung des Fernrohrs das Weltbild über
rund zwei Jahrtausende statisch gleichblieb, um dann endlich zu zerbrechen
und jenem neuen dynamischen Weltbild Platz zu machen, das bis heute in
ständiger Veränderung den neuesten Erkenntnissen der Astronomen angepaßt wird.

Dieser Fortschritt in der astronomischen Forschung bedeutet aber auch,
daß die meisten Erkenntnisse der älteren Astronomie, so hart und langwierig
auch immer einst darum gerungen wurde, heute vollkommen wertlos sind.
Was an der alten Astronomie für moderne Astronomen noch nützlich sein
kann, sind alte Beobachtungen – aber auch dabei ist es so, daß die Angaben
fehlerhaft sein können, aus vielerlei Gründen, und daß sie daher nur mit
entsprechender Vorsicht benutzt werden dürfen.

Das ältere Weltbild wird nach dem alexandrinischen Astronomen das
„ptolemäische" genannt, was eigentlich nicht richtig ist, denn er ist nicht
sein Erfinder. Hierin folgt er vielmehr überwiegend den kosmologischen
Lehren des Aristoteles, der aber natürlich seinerseits auf den Lehren von
Vorgängern aufbaute. Ähnlich ist es mit astronomischen Werten und Theorien: Auch hier hat Ptolemäus vieles von Vorgängern übernommen. Wieviel

und was und woher – das ist im einzelnen oft nicht mehr nachzuweisen, da die ältere griechische Fachliteratur durch sein umfassendes Handbuch verdrängt und ersetzt wurde und heute meist nicht mehr greifbar ist.

Dasjenige Werk, in dem das ptolemäische Weltsystem im eigentlichen Sinne beschrieben ist, ist die Schrift *Hypothesen der Planeten*. Es ist später entstanden als der *Almagest* und greift in Einzelheiten gelegentlich darauf zurück. Im griechischen Urtext ist nur ein Teil des ersten Buches erhalten und ediert. Dagegen existiert das gesamte Werk (in zwei Büchern) in einer, vielleicht sogar in zwei verschiedenen arabischen Übersetzungen (ebenfalls ediert). In diesem Werk kommt die Lehre der konzentrischen Sphären voll zur Entfaltung, die das alte Weltbild beherrschte: Über der im Zentrum stehenden Erde, die selbst Kugelgestalt hat, erheben sich übereinander acht Sphären aus Äther. Die erste Sphäre über der Erde gehört dem Mond, die zweite dem Merkur, die dritte der Venus, die vierte der Sonne, die fünfte dem Mars, die sechste dem Jupiter und die siebente dem am weitesten von der Erde abstehenden Planeten Saturn; auf der achten Sphäre schließlich sind alle Fixsterne befestigt.

Die Sphären eins bis sieben sind von unterschiedlicher Dicke, so daß jeder Planet auf seinem Epizykel kreisen kann, ohne in die nach oben bzw. unten benachbarten Sphären hineinzureichen. Gleichzeitig folgen die Sphären lük-kenlos aufeinander. Die unterste Sphäre, die des Mondes, rührt mit ihrem unteren Rand an den oberen Rand der Sphäre des Feuers, die als oberste von vier „sublunaren" irdischen Sphären zunächst über der Erde liegt. Der obere Rand der Mondsphäre wiederum berührt den unteren Rand der Merkur-sphäre – und so weiter bis zur achten Sphäre. Alle diese Sphären drehen sich, die achte von Ost nach West und die sieben Planetensphären – also: einschließlich von Sonne und Mond – entgegengesetzt von West nach Ost; innerhalb der Planetensphären rotieren die Epizykel, auf denen die Planeten selbst sitzen und kreisen. Die Fixsterne befinden sich alle auf der achten Sphäre, das heißt, sie haben alle denselben Abstand von der im Zentrum stehenden Erde; sie sind auf ihrer Sphäre fest angebracht und können niemals ihren Ort selbständig verlassen. Ihre gegenseitige Lage und die von ihnen gebildeten Figuren, die sogenannten Sternbilder, wie auch ihre Größe, Be-schaffenheit und Farbe bleiben auf ewig unveränderlich.

Mit diesem System folgt Ptolemäus älteren Vorgängern. Aber bei ihm erscheint es abschließend und ganz konsequent dargestellt, und so wurde es denn nach ihm benannt. Natürlich waren die Ausmaße dieses ptolemäischen Kosmos mit seinen acht Sphären um ein Vielfaches zu klein gegenüber den wahren Verhältnissen, aber das ließ sich mit den begrenzten Beobachtungs-möglichkeiten jener Zeiten, mit den ungenauen Parametern und umständli-chen Rechenverfahren nicht besser annähern. Und vor allem: Es konnte und durfte nach dem alten Weltverständnis einfach a priori keine Werte geben, die jenseits der Reichweite dieser aristotelisch-ptolemäischen Welt lagen, denn jenseits davon, jenseits der achten Sphäre, gab es nichts mehr: Dort war das Ende des Kosmos.

Über mechanisch-physikalische Probleme, die dieses System von sich unmittelbar berührenden, aber gegeneinander bzw. verschieden schnell rotierenden Sphären aufwirft, wie Reibung usw., scheint man in der Antike nicht besonders nachgedacht zu haben; das mythische Element Äther, woraus die Sphären – wie auch die Himmelskörper selbst – bestanden, machte solche Berührungen möglich, ohne daß Reibung entstand. Erst später, im Mittelalter, tauchen Schriften auf, die dieses Problem theoretisch erörtern.

Das astronomische Hauptwerk des Ptolemäus wird heute zumeist kurz mit dem arabisierten Namen *Almagest* bezeichnet. Dieser Name legt zugleich auch Zeugnis ab für die weite Ausstrahlung der ptolemäischen Astronomie und für die verschlungenen Pfade ihrer Überlieferung aus der Antike über den Orient und das mittelalterliche Europa bis zu uns. Der griechische Titel des Buches war ursprünglich *Mathematiké Sýntaxis* (Mathematische Zusammenstellung), und er drückt genau das aus, was dessen Inhalt ausmacht. In jüngerer Zeit wurde das Werk vereinfacht auch *Megále Sýntaxis* (Große Zusammenstellung) genannt; und zusätzlich scheint es noch die Bezeichnung im Superlativ gegeben zu haben: *Megíste Sýntaxis* (Größte Zusammenstellung). Die Superlativform ist in alten griechischen Quellen freilich bisher nicht nachgewiesen, aber die Araber kennen das Werk seit den ältesten Stadien ihrer Berührung mit griechischer Wissenschaft als *al-Maǧasṭī*, was nichts anderes als eine Wiedergabe des griechischen Superlativs mit dem vorangestellten arabischen Artikel *al-* darstellt. Es könnte sogar sein, daß die Araber ihrerseits die zugrunde liegende Schreibform des Namens nicht selbst gebildet haben, sondern daß sie dafür eine bereits im Mittelpersischen (Pahlavi) geprägte Schreibung übernahmen. Es gibt mehrere Hinweise darauf, daß der *Almagest,* oder wenigstens Teile daraus, in vorislamischer Zeit im Sassanidenreich ins Mittelpersische übertragen wurde. Von hier könnten die arabischen Formen sowohl des Werktitels, *al-Maǧasṭī*, als auch des Verfassernamens, *Baṭlamyūs* (= Ptolemaios), übernommen oder in der Schreibweise beeinflußt sein.

Im westlichen Mittelalter trafen schließlich im 12. Jahrhundert in Spanien die Übersetzer in den einschlägigen arabischen Werken, die sie ins Lateinische übertrugen, häufig auf diesen Titel und gossen ihn in die lateinische Schreibweise *almagesti* um; später wurde das *-i* am Ende fälschlich als lateinische Deklinationsendung aufgefaßt und dazu ein künstlicher Nominativ geschaffen: *almagestum.* Als einige Jahrzehnte später, etwa zwischen 1150 und 1180, Gerhard von Cremona in Toledo den *Almagest* selbst aus dem Arabischen ins Lateinische übertrug, konnte er das bereits eingebürgerte Wort *almagesti* übernehmen und weiterverwenden. Seit dem 12. Jahrhundert wird daher das Werk in der westlichen Astronomie meist kurz mit dem arabisierten Titel bezeichnet.

Der *Almagest* war für anderthalb Jahrtausende *das* Handbuch der Astronomie, in Europa und ebenso auch in der islamischen Welt. Ptolemäus hat darin den Stand der astronomischen Wissenschaft seiner Zeit zusammengefaßt. Auch hier wieder bezieht er die Kenntnisse und Errungenschaften seiner Vorgänger mit ein. Aber es ist sein Verdienst, nun ein geschlossenes System der gesamten Himmelskunde ausgearbeitet zu haben. Er liefert in dem Werk eine erschöpfende Darstellung einmal des Planetensystems, einschließlich von Sonne und Mond, und zum anderen des Fixsternhimmels.

Bei den Planeten entwickelte er komplizierte kinetische Modelle, um deren von der Erde aus sichtbare Bewegungsabläufe darzustellen, und dazu mathematische Berechnungen und tabulierte Parameter, um ihre Positionen für beliebige Zeitpunkte, auch in der Zukunft, zu errechnen. Hierbei stand er unter dem zusätzlichen Zwang, die Vorgaben des philosophisch festgelegten Weltbildes einzuhalten: die Annahme der sieben bzw. acht Sphären sowie die unbedingte Einhaltung gleichmäßiger kreisförmiger Bewegung. Nach philosophischer Lehre waren Kugel und Kreis ideale Formen, nur in ihnen waren die göttlichen, ätherischen Himmelskörper zu denken, und ihre Bewegung konnte sich ausschließlich in reinen Kreisbahnen vollziehen. Die wahre Natur verhält sich, wie wir wissen, anders. Um so mehr ist es zu bewundern, daß es Ptolemäus gelang, mit seinem geozentrischen kinetischen Modell, freilich unter Einführung von gewissen Hilfskreisen, den sogenannten Epizykeln, und weiteren zusätzlichen Elementen, wie exzentrischen Kreisen, dem Ausgleichspunkt usw., eine recht gut passende Erklärung der sichtbaren Phänomene mit der Möglichkeit ihrer weiteren Vorausberechnung zu liefern.

Wie für die beweglichen Himmelskörper, die Planeten, legte er im *Almagest* auch für die feststehenden Gestirne, die Fixsterne, ein in sich geschlossenes System vor. In Form eines Kataloges erfaßte er 1025 mit bloßem Auge sichtbare Sterne, aufgeteilt auf 48 Sternbilder. Aus praktischen Gründen wählte er für die genaue Lokalisierung – zusätzlich zu den Positionsangaben innerhalb der Bildfiguren – ekliptikale Koordinaten, Länge und Breite. Unter Berücksichtigung der Präzession, die er – viel zu klein – auf 1 Grad in 100 Jahren ansetzte, konnte man so auf alle Zeiten die Position der von ihm registrierten Sterne bestimmen: Die ekliptikalen Breiten blieben auf ewig unverändert, die Längen konnten mit Hilfe der Präzessionskonstante auf jeden beliebigen Zeitpunkt umgerechnet werden. Außerdem notierte er zu jedem Stern die visuelle Größe, eingeteilt nach sechs Größenklassen mit weiteren Unterteilungen bei Bedarf.

Mit der *Syntaxis* oder dem *Almagest* war Ptolemäus ein großer, einmaliger Wurf gelungen. Er hatte darin die Prinzipien der Himmelskunde erschöpfend niedergelegt. Und da nach antik-mittelalterlicher Theorie die überirdische, himmlische Welt in ihrer Substanz und ihrem Verhalten göttlich und somit ewig dauernd und unveränderlich war, konnte prinzipiell auf lange Zeit überhaupt kein Bedürfnis nach einem neuen Weltbild, einer neuen Himmelskunde aufkommen. Der *Almagest* blieb also das grundlegende Handbuch der Astronomie bis zum Anbruch der Neuzeit.

Wohl bemerkten Astronomen, vor allem in der arabisch-islamischen Welt, anschließend dann aber auch in der westlichen, daß im Laufe der Jahrhunderte immer größere Differenzen zwischen den wahren Positionen der Himmelskörper und den auf Grund der ptolemäischen Parameter errechneten Örtern entstanden. In der Tat waren Ptolemäus' Modelle und Berechnungen nur zu seiner Zeit einigermaßen mit der Wirklichkeit konform; mit zunehmender Zeit mußten die Abstände zwischen der Theorie und den aktuellen Gestirnständen immer weiter auseinanderklaffen. So fanden sich immer wieder kritische Astronomen, die das ptolemäische System korrigieren wollten. Aber nicht etwa, indem sie es zu beseitigen und durch ganz neue Konzeptionen zu ersetzen suchten, sondern sie waren vielmehr stets bemüht, es zu erhalten und nur in Einzelheiten zu verbessern und enger den wahren Befunden am Himmel anzupassen. Auch Kopernikus – nach dem jetzt unser heliozentrisches Weltbild benannt wird – hatte keinesfalls die Absicht, Ptolemäus und sein Lehrgebäude abzulösen und abzuschaffen. Auch er wollte nur das bestehende System erhalten und stabilisieren und mit neuen Beobachtungen und verbesserten Berechnungen wieder in Harmonie mit der Wirklichkeit bringen.

Der erste Schritt aus dem aristotelisch-ptolemäischen System hinaus war die Beobachtung einer Supernova in der Cassiopeia durch Tycho Brahe im Jahre 1572, bald gefolgt durch eine Kometenbeobachtung im Jahre 1577. Tycho Brahes Berechnungen ergaben zwingend, daß die Nova der – bis dahin als absolut unveränderlich angesehenen – Fixsternsphäre angehörte und daß der Komet auf seiner Bahn mehrere der bisher angenommenen Planetensphären durchwandert, also durchbrochen hatte. Die Fixsternwelt mußte also doch für Veränderungen offen sein, die kristallenen oder ätherischen Sphären der Planeten schienen demnach nicht zu existieren. An diesem Punkt setzte die endgültige Überwindung des antik-mittelalterlichen Weltbildes ein, und die ptolemäische Astronomie des *Almagest* begann, ihre vielhundertjährige Autorität zu verlieren.

Die moderne Ptolemäus-Kritik – zuletzt 1977 besonders scharf artikuliert in einem Buch des Amerikaners Robert R. Newton – wirft Ptolemäus vor, die von ihm herangezogenen Beobachtungsdaten nicht nur allzu frei verwendet, sondern sie bei Bedarf skrupellos gefälscht zu haben. Zu erwähnen ist in diesem Zusammenhang, daß Ptolemäus zur Begründung seiner Theorien und zur Errechnung seiner Parameter nicht nur eine Reihe eigener Beobachtungen aus den Jahren 127 bis 141 n. Chr. heranzieht, sondern auch zahlreiche Beobachtungen griechischer und babylonischer Vorgänger, bis zurück in das Jahr 720 v. Chr. In der Sache sind die von Newton jetzt erneut vorgeführten Fakten seit langem bekannt. In ihrer Bewertung darf man sich aber nicht rigoros auf den Standpunkt des modernen exakten Wissenschaftlers stellen, sondern es sind die historischen Gegebenheiten zu berücksichtigen, in die Ptolemäus hineingeboren war und aus denen er von sich aus nicht ausbrechen konnte. Bei ihm wogen die Einheitlichkeit und Schlüssigkeit des gesamten Weltbildes schwerer als vereinzelte Beobachtungen und „Fakten", und niemand in jenen Zeiten zögerte, die Fakten – wo nötig – den Ideen anzupassen und damit die Harmonie zwischen der Welt des sichtbaren Scheins und den darüber gelagerten höheren Prinzipien zu wahren.

In älterer Zeit, so auch von arabischen Autoren im 9. und 10. Jahrhundert, wurde der Astronom Ptolemäus irrig für ein Mitglied der in Ägypten nach Alexander dem Großen herrschenden Königsfamilie der Ptolemäer gehalten. Dieser Irrtum setzte sich im mittelalterlichen Europa fort, wo besonders die unechten Schriften häufig dem „König Ptolemäus" zugeschrieben wurden. Andere arabische und später auch lateinische Autoren haben diesen Irrtum ausdrücklich kritisiert und richtiggestellt. Aber im Reiche der Wissenschaft hatte Ptolemäus für anderthalbtausend Jahre durchaus die Rolle eines „Königs" innegehabt, und so durfte der Herausgeber der lateinischen Druckausgabe des *Almagest* von 1515 den Verfasser im Titel mit vollem Recht nennen: *Ptolemeus Alexandrinus astronomorum princeps*, Ptolemäus aus Alexandria, König der Astronomen.

Ganz sicher war Ptolemäus ein außerordentlicher Mann, der sein Leben den Wissenschaften und besonders der Sternkunde widmete. Zum Abschluß soll jenes schöne Epigramm stehen, das vielleicht sogar von ihm selbst stammt und das in der Übersetzung von Franz Boll lautet:

Sterblich wohl bin ich, ich weiß es, des Tages Geschöpf. Doch begleit' ich
Wandelnde Sterne im Geist, wie sie umkreisen den Pol,
Rührt nicht mehr an die Erde mein Fuß: Zeus selber zur Seite
Teil' ich das Mahl, des Kraft Götter unsterblich erhält.

David King

Die Sterne weisen nach Mekka

Arabische Astronomie im Dienste des Islam

Die gläubigen Muslime beten fünfmal am Tage in Richtung Mekka. Aber der Titel „Die Sterne weisen nach Mekka" klingt zunächst unwissenschaftlich und unpräzise. Erstens zeigen die Sterne an sich nach keinem Ort. Ihre Auf- und Untergänge bestimmen zwar die Himmelsrichtungen in einer bestimmten Gegend, so daß eventuell ein solcher Auf- oder Untergang als praktische Methode für die Bestimmung der Richtung nach Mekka benutzt werden könnte; aber die Richtung nach Mekka muß schon bekannt sein, um den richtigen Stern auszuwählen. Zweitens haben die muslimischen Astronomen des Mittelalters die Gebetsrichtung nach Mekka für verschiedene Orte mathematisch berechnet. Die Ermittlung der Richtung eines Ortes auf der Erdkugel von einem beliebigen anderen Ort aus ist ein kompliziertes Problem der mathematischen Geographie, das sich geometrisch oder trigonometrisch lösen läßt. Wenn die Richtung nach Mekka ein einziges Mal für einen bestimmten Ort korrekt berechnet ist, hat diese Richtung für alle Zeiten Gültigkeit. Warum sollten dann „die Sterne nach Mekka weisen", wenn die muslimischen Astronomen ihrerseits die Richtung nach Mekka mathematisch genau ermitteln konnten?

Wie kam es zu einer islamischen Astronomie? Die Verkündung des Islams fand Anfang des 7. Jahrhunderts statt. Erst in Mekka, dann in Medina wurde dem Propheten Mohammed der Text einer heiligen Schrift offenbart. Dieser Text, der arabisch *Qur'ān* genannt wurde – auf deutsch *Rezitation* –, gilt unter frommen Muslimen bis zum heutigen Tage als Wort Gottes. Die ersten Muslime waren Bewohner der Städte Mekka und Medina. Innerhalb von zwanzig Jahren nach dem Tode des Propheten im Jahre 632 hatten die Muslime fast die Hälfte der Welt – vom heutigen Zentralasien bis hin zu den Pyrenäen – mit wenig Blutvergießen erobert. Mit diesem militärischen Wunder ist ein zweites, ein wissenschaftliches, zu vergleichen: Im 8. und 9. Jahrhundert fand eine Renaissance der Wissenschaft im Irak und Iran statt. Fast alle vorhandenen griechischen Texte über die Naturwissenschaften und die Philosophie wurden ins Arabische übersetzt, manche davon kommentiert, oft aber auch kritisiert und ergänzt. Zur gleichen Zeit entstanden Kommentare zum Koran, Bücher über das Leben des Propheten und die

Abb. 17: Astronomen der Istanbuler Sternwarte in der zweiten Hälfte des 16. Jahrhunderts. Die Miniatur zeigt die verschiedenen Tätigkeiten der Astronomen; der Leiter der Sternwarte ist oben rechts mit einem Astrolab in der Hand abgebildet.

Frühgeschichte des Islams sowie Bücher über das religiöse Recht und über die arabische Sprache.

Die Astronomiegeschichte des Islam kennt drei Phasen: erstens die Kenntnisse der Araber in vorislamischer Zeit; zweitens den Stand ihrer Kenntnisse in den ersten Jahrhunderten des Islams, die hauptsächlich aus griechischen, aber auch aus iranisch-indischen Quellen erworben wurden; und drittens die Entwicklungen bis zur Einführung der modernen Astronomie aus dem Westen. Es geht also in diesem Kapitel um die Periode von etwa 500 bis gegen 1900, und dabei ist die Astronomie nicht von der islamischen Religion zu trennen.

Die islamische Zivilisation war und ist immer noch eng mit dem schriftlichen Wort verbunden. Allein die Zahl der vorhandenen Handschriften über Astronomie beträgt mehr als 10 000. Davon ist bis jetzt nur etwa die Hälfte katalogisiert. In diesem Schrifttum sind fünf Hauptgruppen zu erkennen:

1. Werke über Volksastronomie;
2. Werke über Kosmologie und Theorien der Bewegung der Himmelskörper;
3. Werke über mathematische Astronomie;
4. Werke über astronomische Instrumente;
5. Werke über Astrologie, teilweise stark mathematisch orientiert.

Die Bewohner der arabischen Halbinsel in vorislamischer Zeit besaßen eine umfassende Anschauung von Sonne und Mond, von den Jahreszeiten und vom wechselnden Aussehen des Sternenhimmels im Laufe des Jahres. Eine volkstümliche Kenntnis der Himmelserscheinungen war später in der ganzen islamischen Welt verbreitet. Die Grundlagen dafür sind in einer Reihe spezieller Abhandlungen und auch in Gesamtdarstellungen dargelegt. Die Anwendung dieser Kenntnisse in religiösem Zusammenhang wird in Schriften über das islamische Recht behandelt. Sonne, Mond und Sterne sowie Winde und Regen werden im Koran erwähnt, und eine rein islamische Kosmologie wird in der Literatur zur Auslegung des Korans sichtbar sowie in besonderen Abhandlungen über Gottes Größe, die sich in seiner Schöpfung offenbart.

In dem Zeitraum vom 8. bis zum 14. oder 15. Jahrhundert entfaltete sich darüber hinaus im Nahen Osten ein völlig anderes astronomisches Wissen. Muslimische Astronomen, mit der Erbschaft ausgefeilter astronomischer Theorien aus der griechischen und teilweise auch aus der iranisch-indischen Welt ausgerüstet, stellten neue Beobachtungen an, berechneten neue Tabellen, erfanden neue Instrumente und erzielten überhaupt Fortschritte auf allen Gebieten ihrer Disziplin. Sie brachten eine umfangreiche Literatur hervor, die alle Gebiete von der Kosmologie bis zu den Rechenmethoden umfaßte. Aber die Wissenschaftler hatten kein breites Publikum. Ihre Schriften waren zumeist rein technische Abhandlungen, die hauptsächlich im Kreise der Gelehrten Verbreitung fanden. Nur wenige Verfasser gaben populäre Zusammenfassungen heraus.

Den frühesten arabischen Werken über die mathematische Astronomie liegen indische und persische Theorien und Parameter zugrunde. Das Hauptwerk des aus dem frühen 9. Jahrhundert stammenden Bagdader Astronomen al-Khwarizmi – besser bekannt durch sein Werk über die Algebra – ist ein Beispiel dieser Tradition. Nach der Übersetzung des *Almagest* von Ptolemäus im 8. und 9. Jahrhundert wurde die Überlegenheit der hellenistischen Tradition deutlich und von den meisten Astronomen späterer Generationen anerkannt.

Das Hauptwerk von al-Battani, der Anfang des 10. Jahrhunderts in Nordsyrien tätig war, ist ein Beispiel fast rein ptolemäischer Tradition. Der historische Zufall, daß die zwei Werke von al-Khwarizmi und al-Battani in Andalusien bekannt und im 13. Jahrhundert von Europäern ins Lateinische übersetzt wurden, führte zur Popularität dieser zwei Autoren in Europa. Bis fast ins 20. Jahrhundert wurden sie für die wichtigsten Astronomen des islamischen Kulturbereiches gehalten. Dank der Forschungen der letzten 150 Jahre an den noch vorhandenen astronomischen Handschriften ist jetzt bekannt, daß es zwischen dem 9. und 16. Jahrhundert andere ausgezeichnete Wissenschaftler gegeben hat, die noch bedeutendere Beiträge zur Astronomie geleistet haben.

Das erste wissenschaftliche Beobachtungsprogramm wurde im frühen 9. Jahrhundert in Bagdad durchgeführt, und zwar unter der Aufsicht des Kalifen al-Ma'mun. Das Ziel war die Neuermittlung folgender Grundparameter: die Schiefe der Ekliptik und die Ortsbreite von Bagdad; die Grundelemente der Sonnenbahn – die Position ihres Apogäums und ihrer Exzentrität; die mittlere Bewegung von Sonne, Mond und den fünf sichtbaren Planeten sowie die Positionen der Fixsterne. All diese Parameter hatten sich seit der Zeit von Ptolemäus geändert. Über die Jahrhunderte hinaus haben die führenden späteren Astronomen ähnliche Beobachtungen mit dem gleichen Ziel durchgeführt: die Grundparameter auf den Wissensstand ihrer Zeit zu bringen, verfeinerte Rechenmethoden, bessere Tabellen und Instrumente einzuführen.

Die Hauptwerke in mathematischer Astronomie sind die sogenannten *Zij*-Werke: Handbücher mit Tabellen und Hinweisen zu deren Anwendung. Der *Almagest* des Ptolemäus und *De revolutionibus* von Kopernikus gehören zu dieser Art von Büchern. Doch sind aus dem islamischen Bereich fast 200 arabische und persische *Zij*-Werke überliefert, manche davon nur dem Titel nach. Die Tabellen und die dazu gehörigen Texte dienen folgenden Themen:
☐ Chronologie und Umrechnung von Daten aus und in die verschiedenen im islamischen Kulturbereich benutzten Kalender (muslimisch, jüdisch, byzantinisch, koptisch, syrisch, persisch und europäisch);
☐ Trigonometrie und dazugehörige Tabellen;
☐ mathematische Geographie und Listen von Längen- und Breitengraden wichtiger Orte;

☐ mittlere und anomalistische Bewegungen der Sonne, des Mondes und der fünf Planeten;

☐ Ermittlung der ekliptischen Länge der Sonne und der Länge und Breite des Mondes und der fünf Planeten;

☐ Berechnung von Sonnen- und Mondfinsternissen;

☐ Berechnung der Sichtbarkeit der Planeten, insbesondere des Mondes;

☐ Positionen der Fixsterne;

☐ Zeitmessung mit Hilfe der Sonne oder der Sterne;

☐ astrologische Berechnungen.

Mittels der Tabellen in den *Zij*-Werken wurden in verschiedenen Hauptstädten Ephemeriden hergestellt, in denen für ein bestimmtes Jahr und für eine bestimmte geographische Länge die täglichen Positionen der Sonne, des Mondes und der fünf Planeten um die Mittagszeit tabelliert waren. Solche Ephemeriden dienten dem täglichen Gebrauch der reinen Astronomie und der Astrologie. Andere Tabellen für bestimmte Ortsbreiten dienten der Zeitrechnung.

Texte über Kosmologie und Theorie der Planetenbewegungen bilden nur eine Minderheit unter den vorhandenen Quellen, doch sind darin sehr interessante Entwicklungen zu entdecken, die auch die Astronomen in Europa beeinflußt haben. Beispielsweise gelang es einigen Astronomen – angefangen von Ibn al-Haytham in Kairo zu Beginn des 11. Jahrhunderts bis hin zu Ibn ash-Shatir in Damaskus Mitte des 14. Jahrhunderts –, die bestehenden Modelle der Sonne, des Mondes und der Planeten zu modifizieren, um gewisse Probleme der ptolemäischen Grundmodelle aus der Welt zu schaffen. Meist aus philosophischen Überlegungen, aber auch auf Grund von Beobachtungen haben sie Modelle entworfen, deren verschiedene Komponenten kreisförmige Bewegungen darstellen. Eine überraschende Entdeckung in den 50er Jahren unseres Jahrhunderts war, daß die mathematischen Modelle des Ibn ash-Shatir fast dieselben waren wie die des Kopernikus, der etwa 150 Jahre später lebte. Ibn ash-Shatir blieb aber noch bei der These, die Erde sei Mittelpunkt des Planetensystems. Erst durch die Einführung der neuen Astronomie aus dem Westen in den islamischen Kulturbereich wurde diese These von den Muslimen aufgegeben.

Das Astrolab, die Sonnenuhr und andere Beobachtungsinstrumente waren den Muslimen aus griechischen Quellen bekannt. In allen Fällen haben sie die Instrumente verfeinert und ihre Herstellung erleichtert. So haben sie zum Beispiel neue und größere Beobachtungsinstrumente entworfen – der noch vorhandene Meridianquadrant in Samarkand, dessen Halbmesser etwa 40 Meter beträgt, stellt die Kulmination dieser Entwicklung dar. Die Muslime entwickelten verschiedenste Arten von Astrolabien und interessierten sich sehr für die mathematische Konstruktion ihrer Eingravierungen. Einige hundert islamische Astrolabien, manche davon schon aus dem 10. Jahrhundert, sind in verschiedenen Museen der Welt aufbewahrt. Außerdem haben muslimische Astronomen den Handquadranten entworfen. Ab dem 9. Jahrhundert haben sie Tabellen von Koordinaten berechnet, um die Kurven auf ebenen Sonnenuhren – seien sie horizontal, vertikal oder sonstiger Art – einzugravieren. Im späten Mittelalter gab es Sonnenuhren in fast jeder bedeutenden Moschee. Manche davon sind noch erhalten. All diese Instrumente – Astrolab, Quadrant oder Sonnenuhr – wurden über Andalusien nach Europa eingeführt.

Die schöpferische Periode der islamischen Astronomie dauerte bis zum 15. oder sogar ins 16. Jahrhundert hinein. Danach nahm zwar die Aktivität der Muslime auf diesem Gebiet der Naturwissenschaft nicht ab, aber Bedeutendes wurde nicht mehr hervorgebracht. Von Marokko bis Indien galt das Tafel-Werk von Ulugh Beg als eine Hauptquelle, obwohl auch örtliche *Zij*-Werke vorhanden waren. Ab dem 18. Jahrhundert haben all diese Werke zumindest in Syrien und der Türkei mit türkischen und arabischen Fassungen der Tafel-Werke der Europäer Cassini und Lalande konkurrieren müssen.

Es gab und gibt drei Anwendungsbereiche der Astronomie im täglichen Leben der muslimischen Gesellschaft. Alle drei beruhen auf Forderungen im Koran selbst. Deshalb bemühen sich die Muslime seit dem 7. Jahrhundert und bis zum heutigen Tag, die damit verbundenen Pflichten vorschriftsmäßig

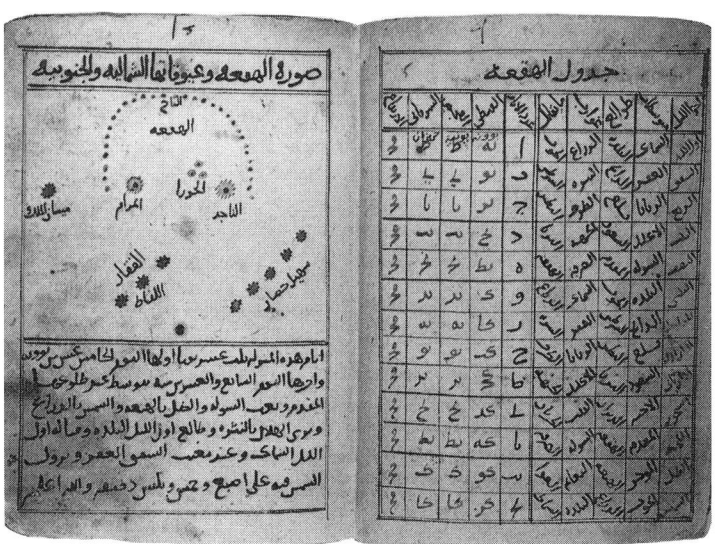

Abb. 18: Darstellung der Sterne einer Mondstation mit zusätzlichen Informationen zur Zeitrechnung und Kalender-Umrechnung. Die Zeit wurde nachts mit den Stationen, tags mit Schattenlängen bestimmt.

auszuführen. Das beginnt mit der Kalenderrechnung. Der islamische Kalender ist ein Mondkalender. Die Anfänge der Mondmonate, insbesondere des Fastenmonats *Ramadan,* sowie die verschiedenen Feste des islamischen Jahres richten sich nach der Sichtbarkeit des Neumondes. Der entsprechende Koranvers lautet: „Wenn man Dich nach den Neumonden fragt, sag: ‚Sie sind (von Gott gesetzt als) feste Zeiten für die Menschen, und für die Pilgerfahrt.'"

Der zweite Anwendungsbereich ist die Bestimmung der Zeiten für die fünf täglichen rituellen Gebete. Diese Zeiten werden nach astronomischen Gegebenheiten bestimmt, hier nun nach der Sonne, genauer gesagt nach der Position der Sonne in Bezug zum örtlichen Horizont. Im Koran heißt es: „Und verrichte das Gebet an den beiden Enden des Tages und zu frühen Zeiten der Nacht". Und: „Verrichte das Gebet, wenn die Sonne sich (gegen den Horizont) neigt, bis die Nacht dunkelt." Demzufolge hängen die Uhrzeiten der Gebete von dem örtlichen Breitengrad ab, und außerdem ändern sie sich von Tag zu Tag.

Der dritte Anwendungsbereich ist die Festsetzung der *Qibla,* das heißt – dem Wörterbuch nach – der Gebetsrichtung nach Mekka. Diese Definition ist nicht ausreichend und sogar ungenau, denn erstens beziehen sich die mit der *Qibla* verbundenen Pflichten auf mehr als nur das Gebet, und zweitens ist das Ziel der *Qibla* nicht die Stadt Mekka, sondern ein einziges Gebäude in ihrer Mitte, nämlich die schwarz bedeckte, rechteckige Kaaba. Im Koran lautet der entsprechende Vers: „Wende Dich mit dem Gesicht in Richtung der heiligen Kultstätte (in Mekka)! Und wo immer Ihr (Gläubigen) seid, da wendet Euch mit dem Gesicht in diese Richtung!"

Diese drei Anwendungsbereiche der islamischen Astronomie fordern heraus zu untersuchen, inwieweit der einzelne Bereich durch die exakten Wissenschaftler und danach durch die muslimischen Rechtsgelehrten behandelt wurde. Die von den muslimischen Wissenschaftlern entwickelten Lösungen sind vom wissenschaftlichen Standpunkt aus sehr beeindruckend, auch wenn sie zumeist zu kompliziert waren, um breite Anwendung in der mittelalterlichen Gesellschaft zu finden. Dagegen zeigten die Rechtsgelehrten im allgemeinen keine Neigung, sich auf die Lehren der Wissenschaftler einzulassen, und sie waren es, die größeren Einfluß auf die Praxis des Volkes hatten.

Bei der Berechnung des islamischen Kalenders ist die Beobachtung der Neumondsichel verhältnismäßig einfach, wenn man weiß, wann und wo man ungefähr danach zu suchen hat, und vorausgesetzt, der westliche Himmel ist nicht bedeckt. Zu berechnen aber, wann die Mondsichel an einem bestimmten Ort und Tag zu sehen ist, stellt ein kompliziertes Problem der mathematischen Astronomie dar, das die Kenntnis der Stellung von Sonne und Mond und ihrer Lage zum jeweiligen Horizont voraussetzt. Daraus folgt, daß die Festsetzung des Kalenders auf zwei völlig verschiedene Arten erfolgen konnte.

Zwölf Mondmonate ergeben ungefähr 354 Tage. Also ist ein Zwölf-Monatszyklus des islamischen Jahres ungefähr elf Tage kürzer als ein Sonnenjahr: Die islamischen Monate wandern somit nach und nach durch die Jahreszeiten. Einen Schaltmonat, der in vorislamischer Zeit zum Ausgleich dafür eingelegt wurde, hat der Koran abgeschafft, und zwar aus dem Grund – wie die Koran-Kommentatoren meinen –, damit die von Gott eingerichteten heiligen Monate nicht in ihrer Anordnung verschoben werden.

Astronomisch gesprochen: Die Sichel des neuen Mondes kann an einem bestimmten Abend zu Beginn eines Mondmonats gesehen werden, wenn der Mond weit genug von der Sonne entfernt ist. Nachdem er – von der Erde aus gesehen – einige Tage lang so dicht bei der Sonne gestanden hat, daß er unsichtbar blieb, entfernt er sich allmählich so weit, daß ein Teil seiner Oberfläche in Form einer Sichel sichtbar wird. Der geringste für die Sichtbarkeit erforderliche Abstand kann durch Beobachtung ermittelt werden; aber die genauen astronomischen Voraussetzungen für die Sichtbarkeit sind äußerst kompliziert, wie jeder moderne Astronom bezeugen kann. Der Stand der Sonne und des Mondes und ihre Lage in bezug zum Horizont müssen ermittelt werden, um herauszufinden, ob die Voraussetzungen für eine Sichtbarkeit gegeben sind. Aber selbst dann kann dem tüchtigsten Astronomen die Genugtuung versagt bleiben, den neuen Mond zu vorherbestimmter Zeit zu sichten, wenn Wolken oder Dunst am Westhorizont die Sicht behindern.

Die ersten muslimischen Astronomen übernahmen ihre Mondsichtbarkeitstheorie aus indischen Quellen. Diese lautet: Beträgt die Differenz zwischen Sonnen- und Monduntergang mindestens 48 Minuten, dann wird die Sichel zu sehen sein. Folglich mußte man den Stand der Sonne und des Mondes anhand von Tafeln berechnen und anschließend den Unterschied ihrer Untergangszeiten für den entsprechenden Horizont feststellen. Betrug dieser mehr als 48 Minuten, so sollte man die Sichel sehen können, wenn weniger, dann nicht. Lag die Differenz nahe an 48 Minuten, so blieb die Voraussage unbestimmt.

Am Anfang des 9. Jahrhunderts berechnete der Astronom al-Khwarizmi eine Tafel der geringsten Abstände zwischen Sonne und Mond, um die Sichtbarkeit der Mondsichel für das ganze Jahr festzulegen. Diese Tafel beruhte auf der genannten indischen Theorie und war speziell für die Breite Bagdads berechnet. In späteren Jahrhunderten entwickelten die muslimischen Astronomen weit kompliziertere Theorien zur Bestimmung der Sichtbarkeit des Mondes. Sie legten auch zur Vereinfachung ihrer Berechnungen äußerst ausgefeilte Tafeln an. Einer der führenden Astronomen schlug Bedingungen vor, die drei verschiedene Werte enthielten: den Winkelabstand zwischen Sonne und Mond; den Unterschied zwischen ihren Untergangszeiten am örtlichen Horizont; die Geschwindigkeit der Mondbewegung. Auch in den für jeweils ein Jahr berechneten Ephemeriden fanden sich Angaben über die Sichtungsmöglichkeit des Neumondes zu Beginn der einzelnen

Monate. Kurz gesagt: Die Leistungen der muslimischen Astronomen auf diesem Gebiet waren höchst eindrucksvoll.

Für die muslimischen Rechtsgelehrten begann ein Monat erst dann, wenn der Neumond sichtbar wurde. Beobachter mit überdurchschnittlich guten Augen wurden an Stellen mit gutem Ausblick auf den Westhorizont entsandt. Sobald sie die neue Mondsichel erblickten, wurde der neue Monat ausgerufen. Andernfalls mußte die Prozedur am nächsten Tag wiederholt werden. War es wolkig, wurde der Kalender durch Annahme einer festen Tageszahl für den ablaufenden Monat geregelt. Natürlich konnte es passieren, daß der Mond in einer Gegend zu sehen war, in einer anderen aber nicht. Leider fehlen in den historischen Quellen nähere Angaben darüber, wie in solchen Fällen verfahren wurde.

Die Kalenderberechnung ist unter den astronomischen Themen das einzige, das in unserer Zeit zu Kontroversen unter den Muslimen geführt hat. Die Sichtung des Neumondes ist schon eine brauchbare Methode, aber nur, wenn die gegenseitigen Positionen von Sonne und Mond mit ausreichender Genauigkeit zu bestimmen sind. In den letzten Jahren ist es vorgekommen, daß der Fastenmonat *Ramadan* in einigen islamischen Ländern einen oder sogar zwei Tage zu früh ausgerufen wurde. So etwas wäre im Mittelalter undenkbar gewesen und kann heute nur durch Konfusion in den Massenmedien oder in der Folge gegensätzlicher politischer Interessen geschehen. Es wurde daran gedacht, zur Regulierung des Kalenders für die ganze muslimische Welt eine Sternwarte in Saudi Arabien einzurichten, die verschiedene, damit zusammenhängende Aufgaben lösen sollte. Das Hauptproblem bei der Kalenderberechnung ließe sich aber auch durch diese Sternwarte nicht aus der Welt schaffen, denn die Sichtung des Neumondes findet nicht zur selben Zeit in der gesamten islamischen Welt statt.

Der zweite Anwendungsbereich der islamischen Astronomie ist die Bestimmung der Zeiten für die täglichen fünf rituellen Gebete. Diese Zeiten werden nach astronomischen Gegebenheiten bestimmt, nämlich nach Schattenlängen bei Tage und nach den Dämmerungserscheinungen am frühen Morgen und am späten Abend. Die Gebetszeiten können durch bloße Beobachtung ermittelt werden. Demgegenüber ist eine genaue Bestimmung des Beginns und Endes jeder Gebetszeit nur durch komplizierte mathematische Berechnung im Rahmen der sphärischen Astronomie möglich. Auch hier arbeiteten die Rechtsgelehrten und die Astronomen mit zwei verschiedenen Methoden.

Im Islam läßt man den Tag mit dem Sonnenuntergang beginnen, weil auch die Monate anfangen, wenn der neue Mond zum ersten Mal kurz nach Sonnenuntergang zu sehen ist. Jedes der fünf täglichen rituellen Gebete ist innerhalb einer bestimmten Zeitspanne auszuführen, und je früher innerhalb dieser Zeit das Gebet ausgeführt wird, desto verdienstvoller ist es im Sinne des Islams. Der Tag beginnt mit einem Gebet zu Sonnenuntergang – arabisch

maghrib. Das zweite Gebet ist das Abendgebet – arabisch *isha* –, das beim
Ende der Abenddämmerung zu halten ist. Das dritte ist das Gebet beim
Morgengrauen – arabisch *fajr.* Das vierte Gebet ist das Mittagsgebet –
arabisch *zuhr:* Es beginnt kurz nach dem astronomischen Mittag, wenn die
Sonne den Zenit überschritten hat. Das fünfte ist das Nachmittagsgebet –
arabisch *asr* –, bei dessen Beginn der Schatten eines vertikalen Stabes um
eine Stablänge länger geworden sein muß als sein Mittagsstand.

Ab dem 9. Jahrhundert haben sich die muslimischen Astronomen mit dem
Problem beschäftigt, die Gebetszeiten bis auf die Minute genau zu errechnen.
Geht man von den astronomischen Definitionen der Gebetszeiten aus, so ist
die Berechnung dieser Zeiten eine Aufgabe der sphärischen Astronomie, die
sich am besten trigonometrisch lösen läßt. Die dazu nötigen Formeln fanden
die Muslime in indischen Texten, aber sie haben sie angewendet wie niemand
vor oder nach ihnen. Sie haben nämlich Tabellen errechnet, in denen die
Zeiten der verschiedenen Gebete für eine bestimmte Ortsbreite für jeden
Tag verzeichnet waren. Diese Tabellen zeigen unter anderem die genauen
Schattenlängen zum Anfang des Mittags- und des Nachmittagsgebets sowie
die Dauer der Morgen- und Abenddämmerung. Die ersten Tabellen dieser
Art stammen aus Bagdad: Sie wurden von dem berühmten Astronomen al-
Khwarizmi errechnet.

Es wurden auch Tabellen zur allgemeinen Zeitrechnung mittels der Sonne
am Tag und der Sterne in der Nacht hergestellt. Man beobachtete die Sonne
oder einen bestimmten Stern und maß ihre bzw. seine Höhe. Dann ging man
mit diesem Wert in die entsprechende Tabelle und las die Zeit einfach ab. In
Kairo, Damaskus, Tunis und anderen Städten gab es solche Tabellen mit bis
zu 200 Seiten, die bisweilen etwa 100000 Werte enthalten konnten und
mittels derer man theoretisch die Zeit bis zu einem Bruchteil von einer
Minute ermitteln konnte. Im 13. Jahrhundert entstand das Amt des Muwaq-
qit, das heißt des Astronomen, der an einer Moschee beschäftigt war, um
die Gebetszeiten zu ermitteln. Mehrere der wichtigsten Astronomen der
späteren Jahrhunderte fanden so ihr Auskommen.

Erst während der letzten fünfzehn Jahre sind solche Tabellen für die
Gebetszeiten in den handschriftlichen Quellen überhaupt erst gefunden worden. Jetzt sind Tabellen dieser Art für Orte von Marokko bis nach China,
vom Jemen bis nach Kreta bekannt. Manchen liegen nur ungenaue Werte
der Ortsbreite zugrunde. Die Gebetszeiten werden auch heute noch tabelliert, jetzt aber auf modernste Weise, nicht selten mit einem Computer. Die
Angaben über die Gebetszeiten in den Tageszeitungen stammen aus heutigen
Tabellen. Wenn in Funk und Fernsehen der Gebetsanfang übertragen wird,
hat ein Redakteur die genaue Zeit aus Tabellen abgelesen, deren Tradition
mehr als tausend Jahre zurückgeht.

Neben dieser mathematischen Tradition gab es eine zweite: Jahrhundertelang meinten die meisten Rechtsgelehrten, man brauche keine Tabellen oder

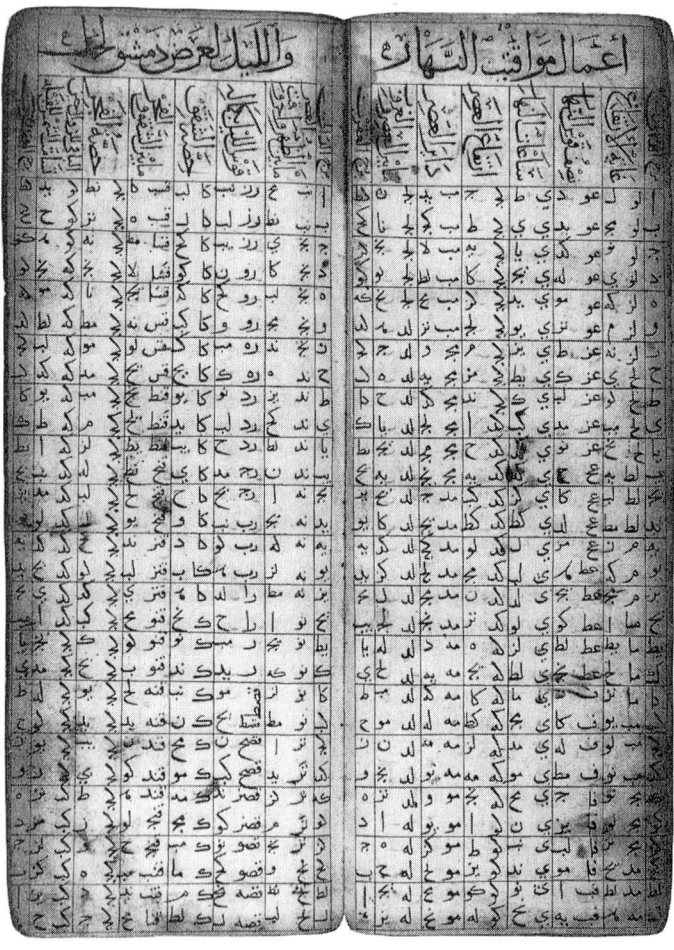

Abb. 19: Zeitrechnungs-Tabelle für Tag und Nacht (Auszug). Die Tabelle ist auf Damaskus mit der Breite von 33 Grad und 30 Minuten bezogen. Für jeden Grad der Sonnenlänge – das entspricht etwa jedem Tag des Jahres – werden zwölf verschiedene Funktionen tabelliert, darunter Meridianhöhe der Sonne, Länge von Tag und Nacht, Länge von Morgen- und Abenddämmerung, Stundenwinkel für den Stand der Sonne in Richtung Mekka und für den Anfang des Nachtmittagsgebets. Die Tabellen mit meist exakt in Graden und Minuten angegebenen Werten waren vom 14. bis zum 19. Jahrhundert in Gebrauch.

Rechnerei. Während der ersten Jahrzehnte des Islams wurde einfach die Zunahme des Schattens eines Menschen grob gemessen oder geschätzt, wurden die Dämmerungsphänomene einfach mit dem bloßen Auge beobachtet. Die Muezzins – die Moscheeangestellten, die vom Minarett her die Frommen zum Gebet rufen – brauchten keine präzise Vorstellung von Astronomie. Sie wurden hauptsächlich wegen ihrer Stimme und ihrer Frömmigkeit in Dienst gestellt. Zur Ausführung ihrer Pflicht reichte es, die Schattenlängen zur Mittagszeit und zum Anfang des Nachmittagsgebets für jeden Sonnenmonat auswendig zu lernen und für jeden Monat zu wissen, welche Sterngruppen bei Morgendämmerung aufgehen. Solche einfachen Verfahren, die in den Büchern über das religiöse Recht erwähnt sind, wurden bis in das späte Mittelalter angewendet; aber nur von denjenigen, die sich für eine wissenschaftliche Bestimmung der Gebetszeiten nicht interessierten.

Im Mittelalter verwendeten die Muslime auch Instrumente, um die Gebetszeiten zu ermitteln. Sie haben zum Beispiel Beobachtungsinstrumente wie das Astrolab und den Quadranten mit speziell eingravierten Kurven ausgestattet. Mit ihnen konnte man gleich wissen, wann ein bestimmtes Gebet anzufangen hatte. Die Sonnenuhr war besonders dazu geeignet, die durch Schattenlängen definierten Anfangszeiten der Mittags- und Nachmittagsgebete darzustellen. Im Mittelalter befand sich an fast allen wichtigen Moscheen eine Sonnenuhr, die diesem Zweck diente. Manche dieser Sonnenuhren sind immer noch vorhanden. Bei fast allen aber fehlt inzwischen der Schattenwerfer, so daß es notwendig ist, sich doch an eine Tageszeitung oder an die Medien zu wenden, um die richtigen Gebetszeiten zu erfahren. Andernfalls wartet man einfach auf den Muezzin oder – wie heute vielerorts üblich – auf eine Tonbandstimme vom Lautsprecher.

In den letzten Jahren sind elektronische Uhren für Jet-set-Muslime auf dem Markt erschienen. Stellt man die geographischen Koordinaten eines Orts ein, so piepst das Ding fünfmal am Tag zu den passenden Zeiten. Zusätzlich knarrt es, bis man es in Richtung Mekka gerichtet hat – dann schnurrt es. Also weiß man genau Bescheid, wann und auch nach welcher Richtung man beten soll.

Die heilige Richtung nach der Kaaba, die *Qibla,* zu bestimmen, ist die dritte Aufgabe der islamischen Astronomie. Im Deutschen wird diese Richtung meistens als Gebetsrichtung bezeichnet. Aber es ist angemessen, in einem allgemeinen Sinne von einer „heiligen Richtung" zu sprechen. Seit dem frühen 7. Jahrhundert wenden die Muslime beim rituellen Gebet das Gesicht in Richtung auf die Kaaba in Mekka. Bei den Moscheen ist die Wand, in der sich das *Mihrab* – das heißt die Gebetsnische – befindet, zur Kaaba gerichtet. Aber es gilt im Islam auch als verdienstvoll, gewisse rituelle Handlungen – zum Beispiel die Rezitation des Korans, den Gebetsruf oder die Schlachtung von Tieren – mit dem Gesicht in Richtung Mekka vorzunehmen. Außerdem sollten die Toten stets mit dem Gesicht nach Mekka bestattet werden, weshalb auch die Gräber immer entsprechend angeordnet sein müssen. Diese „heilige Richtung" wird auf arabisch und in allen anderen Sprachen der islamischen Welt *Qibla* genannt.

Wenn eine vage Vorstellung von der ungefähren Lage von Mekka besteht, wenn zum Beispiel beobachtet wird, in welche Richtung die Mekkapilger ziehen, konnte und kann dies natürlich als passende Orientierung angesehen werden. Eine exakte Bestimmung der *Qibla* für einen gegebenen Ort jedoch erfordert schwierige mathematische Verfahren aus dem Bereich der mathematischen Geographie. Es erfordert die Messung geographischer Koordinaten und die Ermittlung der Lage eines Ortes im Verhältnis zu einem anderen. Demnach ergaben sich auch für die Ermittlung der *Qibla* wieder zwei verschiedene Wege.

Mit der Ermittlung der *Qibla* mittels mathematischer Methoden haben sich die muslimischen Astronomen seit dem 8. Jahrhundert beschäftigt. Es handelte sich dabei erstens um das Feststellen der geographischen Koordinaten – also Länge und Breite – Mekkas und verschiedener anderer Orte im islamischen Kulturbereich. Die Koordinaten haben die Muslime dem Geographiewerk des Ptolemäus entnommen, sie dann nachgeprüft und verbessert. Zweitens ging es um die Entwicklung geometrischer Methoden bzw. trigonometrischer Formeln, um die *Qibla* für einen beliebigen Ort zu errechnen. Die ersten Lösungen dieser Art aus dem 8. Jahrhundert waren einfache Annäherungsmethoden. Aber schon im 9. Jahrhundert wurde eine exakte Lösung für dieses mathematisch ziemlich komplizierte Problem entworfen.

Das Interesse der muslimischen Astronomen für allgemeine Lösungen solcher Probleme führte sie zum Berechnen von Tabellen, in der die *Qibla* für jeden Grad der Ortsbreite und jeden Grad des Längenunterschieds von Mekka auf eine Minute genau errechnet wurde. Im vergangenen Jahr ist ein aus dem 17. Jahrhundert stammendes persisches Gerät in einem Auktionshaus aufgetaucht, auf dem eine Weltkarte mit Mekka als Mittelpunkt dargestellt ist. Die zugrundeliegende kartographische Projektion ermöglicht das sofortige Ablesen der *Qibla*-Richtung auf einer Skala rings um die Karte. So haben wir erst jetzt erfahren, daß ein muslimischer Astronom das *Qibla*-Problem auch graphisch endgültig gelöst hat.

Die Ausrichtung der Moscheen im Mittelalter ist ein deutlicher Beweis dafür, daß nicht immer auf die Astronomen gehört wurde, wenn es um die *Qibla* ging. Während der ersten zwei Jahrhunderte besaßen die Muslime keine wissenschaftliche Methode, um die *Qibla* zu ermitteln. Statt dessen folgten sie Methoden, die auf rein äußerlicher Beobachtung beruhten. Das läßt sich an der Bauweise einiger früher Moscheen ablesen. Manche Autoritäten richteten sich nach dem Propheten Mohammed, von dem überliefert wurde, daß er während seiner Zeit in Medina, nördlich von Mekka, beim Gebet das Gesicht direkt nach Süden wandte. Diese Leute setzten als *Qibla* generell die Richtung nach Süden an. Daher gibt es von Andalusien bis nach Zentralasien Moscheen, die schlicht nach Süden ausgerichtet sind.

Andere Gläubige waren der Ansicht, daß ein einschlägiger Koranvers meinte, man solle so stehen, daß das Gesicht stets direkt der Kaaba zugewandt ist. Die Ecken der Kaaba wurden mit den vier Weltgegenden assoziiert. Den Muslimen war bekannt, daß sie, wenn sie vor einer der Ecken oder Wände standen, bestimmte Richtungen vor sich hatten, die mit den Auf- und Untergängen der Sonne und verschiedener Fixsterne – sogenannter *Qibla*-Sterne – in Verbindung gebracht wurden. Derartige Angaben finden sich bereits bei Autoren des 7. Jahrhunderts. Einige Autoritäten gaben an, daß, wenn man beispielsweise die Nordwest-Wand der Kaaba von Ägypten oder Andalusien aus anvisieren wolle, man in derselben Richtung stehen solle, in der man stünde, wenn man sich direkt vor der Kaaba befände.

Das ist eine einfache praktische Methode, ein heiliges Gebäude aus der Ferne anzuvisieren. Aus diesem Grund bauten die ersten Muslime in Ägypten die älteste dortige Moschee mit der Richtung zum Sonnenaufgang der Winterwende. Sie wollten, daß die Moschee auf die Nordwest-Wand der Kaaba blicke. Ähnlich wurden die ersten Moscheen im Irak in Richtung auf den Sonnenuntergang der Winterwende gebaut, um auf die Nordost-Wand der Kaaba zu schauen. Selbstverständlich bildeten sich abweichende Meinungen, denn verschiedene Gruppen favorisierten verschiedene Richtungen. In der Praxis wurde in jeder Hauptregion des Islams eine ganze Palette verschiedener *Qibla*-Richtungen gebraucht. Nur in seltenen Fällen beruhten diese auf wissenschaftlicher Berechnung.

In den letzten Jahren wurden auch Texte entdeckt, die die Probleme der Orientierung religiöser Architektur in bestimmten Orten wie Cordoba, Kairo und Samarkand behandeln. Da inzwischen bekannt ist, daß neben mathematischer Berechnung für die Errichtung von Moscheen zur *Qibla* hin auch astronomische Auf- und Untergänge benutzt wurden, sind viele ungewöhnliche Orientierungen zu erklären. Die Tatsachen, die erst in letzter Zeit bekannt wurden, daß nämlich die Kaaba astronomisch orientiert ist und daß die Muslime das ganze Mittelalter hindurch zusätzlich zur mathematischen Tradition der Orientierung ihrer Achsen nach den Himmelsrichtungen als Faustregel für die *Qibla* benutzt haben, gestatten heute doch die Behauptung, daß wenigstens die *Qibla*-Sterne den Weg nach Mekka zeigen.

Kurt Flasch

Gott jenseits im All

Die Kosmologie des Mittelalters

Als seien das neuzeitliche Weltbild und die neuzeitliche Naturforschung Kontrastphänomene, werden sie in Gegensatz zur Weltbetrachtung des Mittelalters gesetzt. Galilei hier, die Inquisition dort, das steht vor aller Augen. Dabei drängen sich gewöhnlich zwei Assoziationen auf, wenn die Naturauffassung der Zeit vor Kopernikus beschrieben wird: erstens die lange Zeit eines statischen Weltbildes und zweitens eine strenge theologische Kontrolle der Naturforschung. Doch beide Vorstellungen bedürfen der näheren Überprüfung.

Natürlich ruhte im Mittelalter die Erde in der Mitte. Umschlossen war sie von einem System von Himmelsschalen, die sich um sie drehten. An den Schalen dachte man die Sterne, Sonne und Mond befestigt. Manche hielten die Sterne für Löcher in diesen Schalen, kleine Öffnungen, die den Ausblick freigeben auf den darüber befindlichen Feuerhimmel. Dieser kosmologische Apparat lag in den Händen Gottes: Er hatte ihm mit seinem „Es werde!" den Anstoß der Bewegung gegeben; am Jüngsten Tag wird er das ganze Gebäude erschüttern und seine Auserwählten zu sich in den Himmel der Glückseligen holen, der noch jenseits, das heißt räumlich oberhalb des Feuerhimmels liegt. Dann werden die Sternenschalen stillstehen; die kosmischen Prozesse haben ihren Sinn erfüllt: Die verhältnismäßig kleine Zahl der Auserwählten ist eingesammelt im ewigen Licht. Bis dahin hält Gott dieses überschaubare Weltsystem in der Hand. Wenn es seine Zwecke nahelegen, greift er ein: Er hält die Sonne für eine Stunde an in ihrem Lauf, wenn sein Lieblingsvolk im gelobten Land eine Schlacht gewinnen soll; der Tag dauert dann eben eine Stunde länger. Dies berichtet das *Buch Josua* im 10. Kapitel: „Da redete Josua mit dem Herrn des Tages, da der Herr die Amoriter dahingab vor den Kindern Israel, und sprach vor dem gegenwärtigen Israel: ‚Sonne, stehe still zu Gibeon, und Mond, im Tal Ajalon!' Da stand die Sonne und der Mond still, bis daß sich das Volk an seinen Feinden rächte." Ein Text, der im Mittelalter als heilige Autorität galt, an dem aber auch noch Galilei seinen Scharfsinn erproben mußte.

Eine mächtige, gut organisierte Priesterkaste – stellt man sich weiterhin vor – bewacht dieses Weltbild. Sie ist international organisiert, sie befindet sich im Besitz der Produktions- wie der Verteilungsmittel des Wissens; sie allein verfügt über Bücher und Abschreibstuben, über Schulen und Universitäten. Sie bedroht den mit dem Tod, der sich ihr konsequent entgegenstellt. Wer auch nur zweifelt, wer hartnäckig und öffentlich an dem vorgeschriebenen Weltbild rüttelt, lebt gefährlich. Die Priester beanspruchen das Privileg der Weltauslegung. Diese umfaßt Kosmologie und Theologie, Physik und Metaphysik; daher macht auch das physikalische Weltbild einen Teil ihrer Ideologie aus. Für diese gibt es kein neutrales Wissen, das der freien Forschung überlassen bliebe. Der Klerus hat den universalen Schlüssel zur Welt, zum Diesseits wie zum Jenseits, und er verteidigt ihn mit Feuer und Schwert. Erst der Gewissenskampf Luthers, meint man, bricht dieses Zwangsregiment auf; erst dann, meint man, kommt auch in die Naturforschung neue Bewegung.

In dieser Form existieren die allgemein verbreiteten Vorstellungen über die mittelalterliche Naturbetrachtung, und sie sind gekennzeichnet von diesen beiden Merkmalen: statisches geozentrisches Weltbild und klerikale Kontrolle der Forschung. Aber es ist notwendig, genauer hinzusehen, und die Spezialisten für diese Fragen sehen es anders. Dennoch gehen manche Forscher bei der Korrektur des populären Mittelalterbildes sicher zu weit, wenn sie ein Bild glanzvoller Entdeckerzeiten malen, ein Paradies geistiger Freiheit; sie verstecken dabei schlecht ihre diffuse Kritik an der Neuzeit. Es ist also auch Vorsicht geboten, wenn die beschriebenen Klischees korrigiert werden. So notwendig es ist, über sie hinauszukommen, indem man nach Jahrhunderten und nach Regionen differenziert, so bleibt doch etwas wahr am ersten Eindruck. Als Leonardo vor seinen Leichen saß, um detailversessen anatomische Studien zu machen, als er in der Toscana die Gesteinsablagerungen untersuchte, um zu zeigen, daß die Oberfläche der Erde geologisch geworden ist, also nicht in ihrer heutigen Form aus der Schöpferhand Gottes hervorgegangen sein kann, als Kopernikus sein Weltsystem errechnete – da ging der Menschheit ein neues Licht auf. Da kam eine Bewegung in die Naturforschung, die nicht aufzuhalten war. Dies war allerdings schon einige Jahrzehnte *vor* Luther. Und als Luther kam, hat er von Leonardo nichts gewußt; den Umstürzler Kopernikus hat er verurteilt. Leonardo und Kopernikus ihrerseits konnten nicht von Null anfangen; ihre Forschungen setzten die Arbeiten anderer voraus.

Man muß sich einmal vorstellen, wie primitiv das Leben und Denken um 700, vor allem in Mitteleuropa, waren, um das Mittelalter als Entwicklung zu erfassen. Um 700: riesige Wälder, überwucherte Straßen, längst zerstörte Brücken, Angst, Aberglaube und Hunger, vagabundierende Horden in einer menschenarmen Wildnis, kaum ein Buch, und wenn ein Buch, dann ein frommes, das auch die Mönche oft nicht richtig lesen konnten und auch nicht lesen mochten. Um 1400: Städte mit Fernhandel und Bankwesen, mit Hospitälern und Papiermühlen, mit Uhren und – vergessen wir auch das

nicht – mit den ersten Feuerwaffen. Als Kolumbus in See stach, nahm er
geographische Bücher mit und vor allem einen Kompaß; er besaß Landkarten
und Tabellen mit dem Auf- und Untergang der Sterne.

Es muß also zwischen 700 und 1490 einiges passiert sein. Die „Statik"
kann nicht ganz so „statisch", die Kontrolle nicht ganz so effizient gewesen
sein. Darauf beziehen sich die Korrekturen der Spezialisten. Ihre Forschungen seien hier zugrunde gelegt, ohne daß darüber das Mittelalter angehim-
melt werden soll. Denn dazu besteht heute wieder eine gewisse Neigung: Die
frühmittelalterliche Klostermedizin, für die Alltagsbeschwerden vielleicht
menschenfreundlicher als unsere Medikamentenberge, zieht Sympathien auf
sich. Dagegen hilft nur eins: Man muß sich klarmachen, daß die mittelalterliche Medizin bei fast allen schweren Krankheiten versagte, nicht erst bei der
Pest. Die durchschnittliche Lebenserwartung lag außerordentlich niedrig:
für Männer bei 28, für Frauen bei 23 Jahren. Die Erde ruhte also bis
Kopernikus im Mittelpunkt; die große Zäsur im Naturwissen brachten
erst Galilei und Descartes. Dennoch gab es in der langen Zeit von 500 bis 1500
gewichtige Einschnitte. Die Zeit zwischen dem Untergang der alten Welt
und den Kreuzzügen, also das frühe Mittelalter, entspricht noch am ehesten
dem gängigen Bild: Eine vorwiegend agrarische Zeit, die Bildung lag ausschließlich in der Hand von Mönchen. Allerdings gab es noch keine Inquisition. Der Papst war weit weg, und erst gegen Ende dieser Zeit, also gegen
1100, beanspruchte er eine ideologische Kontrolle. Die Bibel bestätigte
die auf die Alltagserfahrung beschränkte Weltansicht: die Erde unten, das
Firmament als ein Zelt darüber gespannt, ganz oben Gott, als Himmelskaiser
mit seinem Hofstaat.

Heute preist man zuweilen das Christentum, es habe die Naturforschung
begünstigt durch den Glauben an den einen Gott. Zwischen 400 und 1100,
also über ganze sieben Jahrhunderte hin, hat das Christentum diesen angebli-
chen Vorzug nicht entfaltet, wie es auch nicht die Sklaverei abgeschafft hat;
es gab im 12. Jahrhundert in Koblenz eine Zollstation für den florierenden
Sklavenhandel. Dies gehört hierher: Die frühmittelalterliche Gesellschaft
hatte ebenso wie die antike Welt ihre Sklaven, Leibeigenen und Tagelöhner,
die ihr die Arbeit abnahmen; Sklaven und Knechte hatten allein den direkten
Umgang mit der Natur. Wer schrieb, wer über den Weltenbau und die Natur
nachdachte, gehörte zur privilegierten Schicht, die von der Handarbeit
befreit war, auch wenn alte Klosterregeln sie noch als Bußübung empfahlen.
Solche Herren – um Herren handelte es sich, Frauen kamen ohnehin nicht
vor – konnten sich kontemplativ verhalten. Aber während die römischen
Großgrundbesitzer noch griechische Sklaven als Hauslehrer hatten, war im
frühen Mittelalter dieser Kontakt abgebrochen. Wenn man überhaupt las,
dann meist als Bußübung, etwa ein Buch über das Leben der Wüstenväter.

Man übertreibt heute die durchschnittliche Kultur der Benediktiner. Erst
Karl der Große schob ihnen – gegen Widerstände, die bald obsiegten   eine

kulturelle Aufgabe zu. Wer besonders viel las, griff vielleicht nach einem Buch des Kirchenvaters Augustinus. Wenn Augustin auf die *Genesis* zu sprechen kam – das erste Buch der Bibel mit dem Bericht über die Erschaffung der Welt –, dann erklärte er auch elementares kosmologisches Wissen; er beschrieb die stufenförmige Weltordnung: von der formlosen Materie über die Mineralien, die Pflanzen, die Tiere, die Menschen zu den Engeln und zu Gott.

Man stelle sich nun einen Mönch vor, der mehr wissen wollte: Wie sieht die Erde als ganze aus? Was ist eigentlich der Mond, und woher hat er sein Licht? Ein solcher Mönch fand, wenn er nach 800, also nach Karls Bildungsauftrag, in einem größeren Kloster lebte, ältere Bücher vor, die ihm weiterhalfen. Meist waren es lateinische Enzyklopädien, die das Naturwissen der Spätantike zusammenfaßten. Teils waren es noch Texte der heidnischen Antike, also etwa die *Naturgeschichte* des Plinius. Dies war ein riesiges Werk, das eine Unsumme antiker Informationen weiterreichte. Es enthielt eine allgemeine Erdkunde, dann in vier Büchern eine Beschreibung Europas, Afrikas und Asiens; es behandelte den Menschen, die Tiere und die Pflanzen im einzelnen. Es enthielt sieben Bücher über Heilmittel aus dem Pflanzenreich und vier Bücher über Arzneien aus dem Tierreich; es beschrieb in fünf Büchern die Mineralien. Schon in der Spätantike waren aus diesem Riesenbuch kleinere Nachschlagewerke verfertigt worden. Der Bischof Isidor von Sevilla hatte die immer dünner werdende enzyklopädische Tradition für christliche Zwecke, das heißt für die Klerikerausbildung, umgeschrieben. Der wißbegierige Klosterbruder konnte aus Isidor sein Weltbild und seine Naturanschauung nähren; er lernte, in der Natur die Weisheit Gottes zu bewundern, Pflanzen und Tiere zu benennen und so zu betrachten, daß etwas Moralisch-Erbauliches herauskam: Die Naturwesen waren Symbole für Tugenden und Laster; sie verwiesen auf Höheres. So assoziierte man im frühen Mittelalter mit dem Wort „Löwe" Stärke und Tugend: Das verwies auf Christus, den Löwen aus dem Stamme Juda. Man erzählte von Löwen erbauliche Geschichten, ohne die Tiere zu Gesicht zu bekommen. So erzählten sich die Mönche, Löwen kämen mit verschlossenen Augen zur Welt. Drei Tage nach ihrer Geburt brüllt der Löwenvater sie an. Dann öffnen sie die Augen. Warum tut er es gerade nach drei Tagen? Weil Jesus drei Tage im Grabe geruht hat, bis Gott Vater mit gewaltigem Ruf ihn erweckt hat. Damit war für den Mönch erklärt, was zu erklären war.

Allerdings mochte er zuweilen ins Grübeln geraten. Wie sah denn nun die Erde wirklich aus? Die ehrwürdigsten Bücher sprachen sich darüber, wenn man genau las, recht verschieden aus: Nach Isidor war die Erde ein großes Rad. Aber bei Beda, dem großen Ordensbruder, dem noch bessere Bibliotheken zur Verfügung gestanden hatten, sah alles anders aus. Bei ihm war die Erde eine feststehende Kugel, eingeteilt in fünf Zonen, von denen nur zwei bewohnbar waren. Wem sollte man folgen: dem Bischof von Sevilla

oder dem englischen Klostermann, der den Beinamen „der Ehrwürdige"
führte? Durfte man sich überhaupt zu sehr mit dieser Frage befassen? Ge-
nügte es nicht für das ewige Heil, von dieser Erde zu wissen, daß sie der
Ort der menschlichen Sünde, der göttlichen Erlösung und der klösterlichen
Bewährung war? Warnte Augustinus nicht vor der *curiositas,* der Neugierde,
die das Naturwissen um seiner selbst willen suchte?

Das rechte Wissen des Mönchs diente der Schrifterklärung und der Seelen-
führung; dazu brauchte man nicht die Einzelheiten der Kosmologie. Aber
andererseits redeten die Großen der Kirche, Ambrosius und Augustinus,
sehr wohl von Naturwissen, wenn sie die Erschaffung der Welt erklärten.
Der Mönch, der in der Klosterschule unterrichtete, mußte Texte von Cicero
oder Seneca erklären, die Naturvorgänge beschrieben.

Ab und zu kam ein König oder sonst ein Großer dieser Welt ins Kloster,
der Fragen wie diese mitbrachte: Was bedeutet das Auftreten von Kometen?
Vor allem aber forderte die Krankenpflege ein Minimum an Naturerkenntnis.
Und der frömmste Mönch mußte wissen, auf welchen Tag im Jahr Ostern
fiel: Die Berechnung des Ostertermins war ein schwieriges, umstrittenes
Problem, bei dem nur mitreden konnte, wer ein Berechnungsbuch las und
kundig den Sternenhimmel beobachtete. In jeder Abtei mußte also jemand
sein, der regelmäßig nach den Sternen sah.

So ergibt sich schon für das frühe Mittelalter ein bewegtes Bild: Es
gab viele Hindernisse der Naturbetrachtung. Die schlimmsten waren nicht
Denkverbote und die Orientierung am Jenseits, sondern Soldatenhorden,
Hunger, Krankheiten. Rettung versprach man sich von Reliquien. Aber der
Ackerbau, die Architektur, die kirchliche Zeiteinteilung, der Klosterunter-
richt mit antiken Texten, die Erklärung des Schöpfungsberichts – dies alles
ermutigte wiederum die Wißbegierde, die andererseits Augustinus so streng
verdammte.

Es sind also Unterschiede wahrzunehmen, aber nicht nur in zeitlicher,
sondern auch in räumlicher Hinsicht. Bisher war vom lateinischen Westen
die Rede, von Mittel- und Oberitalien, dem Rheintal, Frankreich und Südengland. Im Osten dieses Bezirks dehnte sich ein gewaltiger subkultureller
Raum. In Konstantinopel oder Byzanz dauerte eine hohe spätantike Zivilisation fort, die allerdings wenig Neuerungen auf naturwissenschaftlichem Feld
zeigte. Süditalien gehörte noch teilweise zu Ostrom, wo man Griechisch
sprach und alle wissenschaftlichen Texte der Antike besaß. In Süditalien
überlagerten sich die Kulturen und Religionen; überwiegend gehörte es seit
den ersten großräumigen Eroberungszügen der Araber zum Islam, ebenso
wie der größte Teil des heutigen Spanien.

Die Araber hatten sich, nach einigem Zögern, den kulturellen Reichtum
des Mittelmeerbeckens angeeignet, also das volle Erbe der griechischen und
römischen Antike. Auf einigen Gebieten entwickelten sie es sogar aktiv
weiter, so auf dem der Algebra: Erinnert sei nur an die arabischen Ziffern,

Abb. 20: Sonnenfinsternis und Komet als Unglückszeichen (1563). Unglück verheißt auch der Saturn als Jahresherrscher. Der Tod – mit einem Stundenglas – würfelt mit dem Krieg, ein Sultan verweist auf die Türkengefahr, Papst und Kaiser stehen als Symbol für Glaubensstreitigkeiten bzw. die Ohnmacht der Zentralgewalt.

die ein Rechnen mit großen Summen wesentlich erleichterten, ferner an die Chemie und vor allem an die Optik. Städte wie Cordoba und Sevilla waren Paradiese der Zivilisation und Kultur, verglichen mit den wenigen Städten des lateinischen Westens. Aber hier war seit der zweiten Hälfte des 11. Jahrhunderts ein gesellschaftlicher, wirtschaftlicher und kultureller Umbruch im Gange. Die Ernten wurden durch neue Bewirtschaftungsmethoden besser; die Bevölkerungszahl nahm zu; der Fernhandel wuchs; die Berührung mit der überlegenen arabischen Welt wurde häufiger. Bald drängte ein Bevölkerungsüberschuß in die islamischen Gebiete; die Wiedereroberung Spaniens und Süditaliens begann. Am Ende des 11. Jahrhunderts stellte sich das mächtiger werdende Papsttum sich an die Spitze der Kreuzzugsbewegung, die zahlreiche Berührungen mit der arabischen Zivilisation brachte. Früher haben Historiker oft das Militärische überschätzt. Die Kreuzzüge geben dazu keinen Anlaß.

In Paris, in Chartres, zuerst in Salerno und Montecassino, war aus inneren
Gründen das Interesse an der arabischen Medizin, Geographie, Physik und
Optik erwacht. Kurz nach 1100 machten sich mehrere bedeutende Forscher,
unbefriedigt von dem kärglichen Bücherwissen der westlichen Christenheit,
auf den Weg zu den Arabern, erlernten ihre Sprache; sie ließen sich von
islamischen Gelehrten unterrichten und brachten Bücher mit zurück. Es gibt
Belege für die Widerstände, die sie in sich und in anderen dabei zu überwinden hatten: Sollten die Ungläubigen der Wahrheit näher gekommen sein als
die Väter der Kirche? Von etwa 1120 bis 1270, also 150 Jahre lang, schärfte
nun eine intellektuelle Vorhut den christlichen Glaubensgenossen ein, daß
dem lateinischen Westen in wissenschaftlicher Hinsicht noch fast alles fehle.
Ohne die Schätze der Griechen und Araber könne man keine Wissenschaft
treiben. Sie setzten einen ungeheuren Lerneifer und eine Assimilationsbewe-
gung ohnegleichen in Gang. Sie bewiesen dem Westen seine kulturelle
und wissenschaftliche Unterlegenheit; sie wiesen den Ausweg aus dieser
Situation. Man kennt die Namen Albertus Magnus und Roger Bacon. Aber
sie waren nur die Klassiker dieser Aneignung, nicht ihre ersten Vorkämpfer.

Denn von Kampf muß man wohl sprechen: Die Widerstände waren
außerordentlich. War es nicht ein Affront gegen die christliche Weisheit,
gegen die großen Lehrer der westlichen Christenheit, also Ambrosius, Gre-
gor und Augustinus, wenn man sich so zum Schüler der Griechen, des
Aristoteles und seiner arabischen Erklärer, vor allem des Averroës, machte?
Welch ein Aufruhr lag darin, daß Albert der Große in seinem Werk *Physica*
schroff schrieb: Augustin verstand nichts von der Natur der Dinge (siehe
Literaturhinweise). Diese Bewegung setzte sich aber durch, wenigstens zunächst. Die neuentstehenden Städte, die immer zahlreicher werdenden Fern-
kaufleute, die Advokaten und Handwerker in den Städten stellten an die
intellektuelle Führungsschicht, also an den Klerus, jetzt andere Anforderungen als bisher. Die Juden, die es in jeder größeren Stadt gab und von
denen man wußte, daß ihr Glaube anders war, stellten eine intellektuelle
Herausforderung dar: Was sollte man ihnen entgegnen?

Man muß bedenken, daß die Universität eine originale Erfindung des
Mittelalters ist, eine Erfindung eben dieses Zeitraums gegen 1200. Besonders
Paris war, nach Chartres und Bologna, ein Zentrum des Austauschs, aber
auch der intellektuellen Unruhe. Der Klerus war keine einheitliche Schicht,
sondern in sich nach Rangstufen und Orden reich gegliedert. Der an dem
Stadtpublikum orientierte Bettelorden der Dominikaner riß die intellektuelle
Führung an sich, indem er bewies, daß die Aneignung der griechisch-
arabischen Wissenschaft auch für Christen möglich war: Thomas von Aquin
versuchte im einzelnen, die Vereinbarkeit zu beweisen. Nicht alle arbeiteten
auf Harmonie hin wie er. Andere stellten einfach das neue Wissen neben das
alte. Wieder andere erkannten, daß im Ernst eine Harmonisierung nicht
möglich war. In einigen seiner Schriften hatte auch Albert sich in diesem

Sinne erklärt, und in Paris gab es eine Gruppe junger Forscher, die eifrig gerade diese Anregungen aufnahm. Sie hörte darin das Signal einer vom Glauben sich befreienden, einer emanzipierten Wissenschaft. Gestützt auf Aristoteles und die Araber entwickelten sie erstmals die Idee einer autonomen Wissenschaft.

Man kann die Bedeutung dieser Wissens- und Werte-Revolution kaum übertreiben. Bestand bis dahin die allgemeine Bildung in dem Erlernen der sieben freien Künste, einem an Naturforschung wenig interessierten, mehr formalen Bildungssystem der Spätantike und des frühen Mittelalters, so kamen nun die biologischen und physikalischen Schriften des Aristoteles in Umlauf. Man lernte neue Wissenschaften kennen, für die man bisher noch nicht einmal Namen gehabt hatte, so die naturwissenschaftliche Seelenlehre, die Ökonomie, die Politik. Die Medizin erlernte man nicht mehr aus Kräuterbüchlein, sondern aus den Werken des Avicenna und des Averroës, denen die gesamte griechische Medizin noch bekannt gewesen war. Die symbolische Naturdeutung wurde in Subkulturen verdrängt; dort hat sie jahrhundertelang fortgelebt. Aber wenn um 1300 ein führender Denker wie Dietrich von Freiberg ein Buch über den Regenbogen schrieb, widmete er dem Regenbogen als dem Zeichen der Versöhnung mit Gott keine Zeile mehr: Er analysierte mit Hilfe der arabischen Optik das Geschehen der Lichtbrechung im einzelnen Wassertropfen, Brechung und Reflexion, und erklärte so das bis dahin nur angestaunte Phänomen. Dietrichs Erklärung gilt bis heute als die richtige.

Mit solchen Leistungen ging die westliche Wissenschaft nun auch schon über die arabischen Vorbilder hinaus. Das Stadium des schülerhaften Übernehmens war zu Ende; die westliche Zivilisation schickte sich an, ihre Lehrmeister zu überholen. Was heute Renaissance und Kolonialisierung genannt wird, ist die Folge dieses spätmittelalterlichen Vorgangs. Das augustinische Verbot, neugierig zu sein und die Natur ohne Bezug auf die Schriftdeutung zu erforschen, deutete man jetzt um oder verwarf es offen. Daß Wissenschaften eine Methode haben und daß Methoden streng durchzuhalten sind, dies lernte man von Aristoteles. Das Methodenkonzept war wichtiger noch als die Fülle kosmologischer und biologischer Einzelheiten, die bei ihm zu lernen waren.

Nach einem ersten Stadium des Sammelns, in dem Albert verharrt hatte, wurden methodisch durchdachte Neuentwürfe des Weltbilds und der Physik gewagt. So entwickelten Physiker in Paris seit Beginn des 14. Jahrhunderts eine neue Physik. Man nannte sie „Vorläufer Galileis" freilich nur teilweise mit Recht. Aber immerhin haben sie versucht, Naturerscheinungen durchgehend mathematisch auszudrücken. Qualitative Vorgänge, wie das Wärmerwerden des Wassers oder das Verfärben der Bäume, versuchten sie, quantitativ zu analysieren und als Kurve in einem Koordinatensystem darzustellen. Selbst psychologische Vorgänge wie Freude und Trauer, auch Tugenden und

Laster wollten sie „messen". Andere erörterten an der Sorbonne die Frage, ob es nicht zweckmäßiger wäre, wenn die Erde um die Sonne kreiste statt umgekehrt.

Kirchliche Verbote blieben nicht aus. Auch die Konservativen sammelten sich. Bonaventura, der Obere der Franziskaner, wetterte in Universitätsansprachen gegen die Neuerer. Er sah das Christentum bedroht. Er witterte eine neue Ethik der Selbstbestimmung und der irdischen Welt. Einige Aristoteles-Erklärer an der Universität Paris hatten den Anspruch angemeldet, nur ihr Wissen sei ein wirkliches Wissen von der Natur. Sie lehnten die Vorstellung ab, Gott könne willkürlich den Gang der Gestirne anhalten. Sie verwarfen die dramatischen Erzählungen, nach denen Gott am Jüngsten Tag das Weltgebäude zusammenstürzen läßt. Sie behaupteten, im Christentum gebe es Fabeln wie in anderen Religionen auch. Sie lehrten, Wunder wie die Auferstehung seien unvereinbar mit der Physik und der Biologie. Sie griffen die These des Aristoteles auf, der Mensch könne, wenn überhaupt, dann nur aufgrund eigener Tätigkeit glücklich sein. Armut und geschlechtliche Abstinenz, also die Mönchsmoral, griffen sie als naturwidrig an.

Die religiösen Eiferer tobten; sie schrien nach Verurteilung und nach Strafe. In den 70er Jahren des 13. Jahrhunderts erreichten sie ihr Ziel. Der Bischof von Paris verbot 1277 bei strengsten Strafen, die genannten Thesen zu lehren. Sein Verbot galt bis über das Ende des Mittelalters hinaus. Es hat die Karrieren origineller Denker abgebrochen und eine Reihe interessanter Bücher vernichtet. Aber es konnte das Rad der Geschichte nicht zurückdrehen. Aristoteles und der gesamte Block arabischen Wissens waren nicht mehr aus der westlichen Welt zu entfernen. Die klerikalen Führungsschichten hatten es selbst zu tief aufgesogen. Selbst wenn sie es gewollt hätten, konnten sie nicht mehr das neue Interesse an der Natur beseitigen, denn sie konnten die städtische Zivilisation, die das neue Wissen brauchte, nicht zurückverwandeln in die frühmittelalterlich-agrarische Welt.

Ihre eigenen großen Unternehmungen, vom Kathedralenbau über die Kreuzzüge bis zur Unterhaltung der Universitäten, kosteten viel Geld; dieses Geld beruhte aber auf dem neuen Reichtum der Städte und deren diesseitsfreudiger Mentalität. Die theologische Kontrolle der Naturforscher konnte deswegen nur unvollkommen sein. Die mittelalterliche Welt verfügte auch noch nicht über die Bürokratie, die totalitäre Systeme des 20. Jahrhunderts so fürchterlich macht.

So konnten andere, neuerungswillige Kleriker selbst aus der großen Verurteilung von 1277 Nutzen ziehen. Der Bischof hatte unter vielen anderen auch die These verworfen, Gottes Allmacht könne nicht mehrere Weltsysteme schaffen. Nicht als habe er gemeint, es gebe viele Welten. Aber er duldete keine Einschränkung der göttlichen Allmacht. So hatte er auch die These verurteilt, Gott könne nicht das gesamte Weltsystem in gerader Linie fortbewegen, weil dann ein Vakuum entstünde – an der Stelle, wo jetzt die Welt ist. Ein Vakuum aber ist nach der aristotelischen Physik unmöglich. Wenn in den folgenden Jahrzehnten jemand aus naturwissenschaftlichen oder philosophischen Gründen am aristotelischen Weltbild rütteln wollte, berief er sich auf den Bischof von Paris. Hatte er nicht darauf bestanden, die aristotelische Physik habe wesentliche Mängel? Die aristotelische Philosophie hatte sich gleichwohl in Europa etabliert; sie dominierte von 1250 bis 1650 an allen europäischen Universitäten. Giordano Bruno, Galilei, Descartes und Pascal hatten gewiß ihre Kämpfe mit Theologen, aber vielfach deshalb, weil diese Theologen Aristoteliker waren und eine Vielzahl von Welten, die

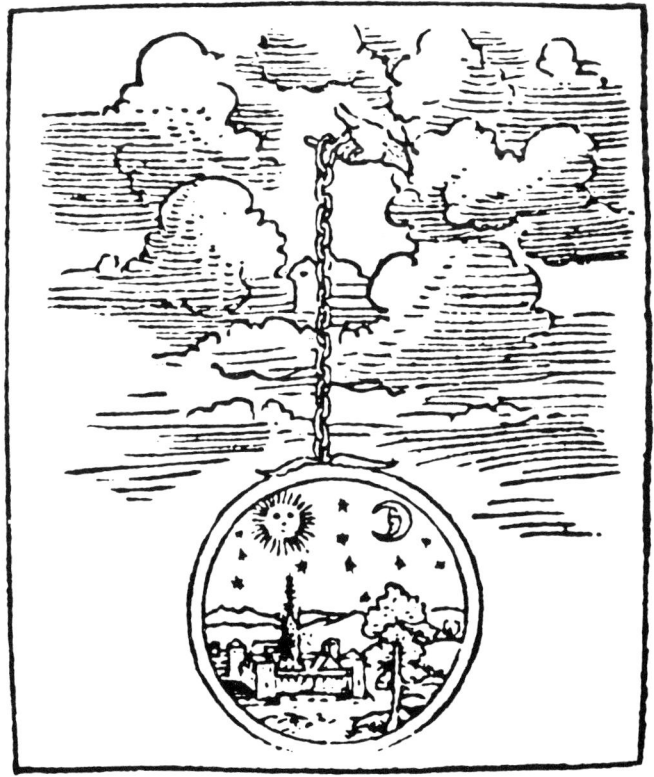

In manu Domini sunt omnes fines terræ.

Abb. 21: Sphärenbild zur Verherrlichung der Allmacht Gottes (1508). Vor der kopernikanischen Wende war man im christlichen Abendland der Auffassung, daß alles, auch das astronomische Geschehen, in der Hand Gottes liege.

Möglichkeit eines Vakuums und die radikale Mathematisierung von Naturvorgängen verwarfen.

Es ist behauptet worden, die Erde habe geruht von 500 bis 1500, der Eindruck eines statischen Weltbildes sei daher nicht falsch. Aber es empfiehlt sich ein Blick zurück: Das Ruhen selbst hatte eine wechselnde Bedeutung. Von 500 bis 1100 ruhte die Erde, denn sie war der Schemel der Füße des Himmelskaisers. Dann wurde dieser Symbolismus abgebaut und in Subkulturen verdrängt. Die Erde ruhte immer noch, ab 1250 aber als der Ruhepol eines komplizierten, methodisch aufgebauten Weltsystems von großen Dimensionen, eines Weltsystems, das die christlichen Gelehrten mit den arabischen und jüdischen Philosophen jetzt gemeinsam hatten und nach gemeinsamen Methoden untersuchten. Bei diesen Untersuchungen zeigten sich auch die Grenzen des neuerworbenen griechisch-arabischen Weltbilds: Es widerstrebte der Mathematisierung. Es ließ kein Vakuum und keinen unendlichen Raum zu. Dieser Kosmos hatte keine Geschichte; in ihm wiederholte sich stets das Gleiche. An ein unendliches Universum, gar an mehrere Weltsysteme war nicht zu denken.

Der neue Standard strengen methodischen Denkens, den man von den Griechen und Arabern gelernt hatte, ermöglichte es, diese Grenzen des Weltsystems genau zu bezeichnen. Es mußten viele Faktoren zusammenkommen, damit man Distanz fand zu diesem geschlossenen, endlichen Universum des Aristoteles. So rüttelte religiöser Eifer, der ein Weltgericht über eine ungerechte Welt herbeisehnte, an den Säulen dieses Weltsystems. Andererseits hatte die frühbürgerliche Welt eine unersättliche Wißbegier für ihre Kauffahrten nötig, die Marco Polo noch vor dem Ende des 13. Jahrhunderts bis an die Ufer des Pazifiks führten. Hinzu kam der Geist sorgfältiger Argumentenprüfung, der aus dem jahrhundertelangen Unterricht mit den logischen Texten des Aristoteles entsprang: So sicher waren die Argumente der Peripatetiker gar nicht, zeigte sich jetzt. Hatte dies nicht auch der Bischof von Paris anno 1277 sagen wollen? Die Skepsis wuchs; dies hielt neue Denkmöglichkeiten offen.

Einer, der sie ergriff, war Nikolaus von Kues, gestorben in Italien 1464. Er hatte früh an dem neuen Eifer für die Texte der Antike teilgenommen. Er wollte über Aristoteles hinaus auf dessen Quellen zurückgreifen. Er entdeckte Platon neu; er verteidigte Pythagoras gegen die Anhänger des Aristoteles: Die Welt wurde mathematisierbar. Nikolaus beschrieb Versuche mit der Waage; er zeigte dabei, wie qualitative Zustände, Krankheitsbilder zum Beispiel, in quantitativen Bestimmungen von Blut und Urin ausdrückbar sind. Cusanus interessierte sich als Mathematiker auch für das unendlich Kleine und das unendlich Große; er brach das aristotelische Vorurteil gegen ein reales Unendliches; er rechnete mit einem grenzenlosen Universum. Bei ihm, der Gegensätze vereinen wollte, geriet auch die Erde in Bewegung: Nichts Irdisches, folgerte er, stellt ein Gegensatzpaar rein dar; alles ist miteinander vermischt; also muß auch die scheinbar ruhende Erde sich bewegen. Der Augenschein, der dagegen spricht, verdient kein Vertrauen; man erlebt auf einem Schiff, wie relativ Bewegungseindrücke sind. Kopernikus kannte diesen Text des Cusanus.

Die Statik des Mittelalters enthielt den Keim ihrer Auflösung. Daher waren bereits vor der Reformation das mittelalterliche harmonische Weltbild und der mühsam erkämpfte Zusammenklang von Naturwissen und Theologie erschüttert.

Heribert M. Nobis

Der Himmel stürzt ein

Nicolaus Copernicus – und die Folgen

Im Jahre 1539, vier Jahre bevor das Werk des Frauenburger Domherrn Nicolaus Copernicus unter dem Titel *De Revolutionibus orbium coelestium libri sex (Sechs Bücher über den Umschwung der himmlischen Kugelschalen)* erschien, sandte der Wittenberger Professor Georg Joachim von Lauchen, genannt Rheticus, seinen ersten Bericht darüber an den Astronomen Johannes Schöner nach Nürnberg. Rheticus hatte während eines Studienaufenthaltes im Ermland, wo Copernicus lebte, das Manuskript gelesen und abgeschrieben. Dieser Bericht wurde ein Jahr später, 1540, in Danzig gedruckt und so auch der wissenschaftlichen Öffentlichkeit zugänglich.[1] Ihm war unter der Überschrift *Encomium Prussiae (Lob auf Preußen)* eine Beschreibung der ermländischen Landschaft und seiner Menschen beigefügt.[2] Das Ermland stand seit 1466 unter der Oberherrschaft des polnischen Königs, seine Bewohner waren jedoch damals in der Mehrzahl deutschstämmig.

Aufgrund dieser politischen Verhältnisse wurde Copernicus am 19. Februar 1473 in der damaligen Hansestadt Thorn als Untertan des polnischen Königs geboren, da diese Stadt sich mit den anderen preußischen Städten und Landständen bereits vorher der polnischen Krone unterstellt hatte. Copernicus' Vorfahren kamen aus Schlesien und Krakau, der damaligen Hauptstadt Polens, und er beherrschte neben dem Gelehrtenlatein Deutsch und wahrscheinlich auch Polnisch.[3] Die Astronomie, auf der seine neue Theorie aufbaute, war diejenige der Wiener und der Krakauer Schule, die durch ausgezeichnete Astronomen wie Blar de Brudzewo vertreten war und die an den jungen Copernicus während seines Grundstudiums der sogenannten *Artes liberales* vermittelt wurde. Es war ein besonders günstiger Umstand für die wissenschaftliche Ausbildung von Copernicus, daß gerade zu dieser Zeit in Krakau, als Copernicus an der Jagiellonischen Universität studierte, eine ungewöhnlich große Anzahl von Astronomen lehrte.[4]

In Italien lebte Copernicus viele Jahre im Denkklima des für seine Lehre so wichtigen Neuplatonismus und Pythagoreismus, womit er bereits in Krakau in Berührung gekommen war.[5] Hier hatte er auch die Ideen der Pariser Schule des 14. Jahrhunderts kennengelernt, vor allem die Lehren Buridans und Oresmes.[6] Die alphonsinischen Tafeln, im 13. Jahrhundert von

Alphons dem Weisen von Kastilien durch jüdische, arabische und christliche Spanier hergestellt, begleiteten Copernicus solange, bis er selbst seine neuen Sterntafeln erarbeitet hatte. Diese Sterntafeln wurden eine Grundlage seines astronomischen Werks.[7]

Zunächst soll jedoch auf die Leistungen aufmerksam gemacht werden, die die öffentliche Tätigkeit von Copernicus kennzeichnen. Er hat wie alle großen Humanisten neben der *Vita contemplativa* das tätige Leben nicht vernachlässigt. Er hatte in Bologna die Rechte studiert, zu denen damals auch noch Ökonomie gehörte, und sich damit die in jener Zeit notwendigen Voraussetzungen zu einer öffentlichen Tätigkeit geschaffen.[8] Die ersten zehn Jahre nach Beendigung seiner Studien ließen ihm freilich noch die Muße zu einer *Vita contemplativa*. Neben seinen geistlichen Pflichten des täglich mehrmaligen kanonischen Stundengebetes konnte er sich seinen astronomischen Studien hingeben und schuf bereits in dieser Zeit – zwischen 1507 und 1514 – einen ersten Entwurf seines neuen Systems, der in Abschriften schon bald unter den Gelehrten kreiste.[9]

Dann aber begann für ihn eine mehrjährige Tätigkeit als Bistumsverwalter, in der er sich um Käufe und Verkäufe, um Ernten, um die Besiedlung von Höfen, Mühlen und Krügen kümmern mußte. Neben dieser siedlungs- und verwaltungspolitischen Tätigkeit wurden ihm zeitweise, während des sogenannten Reiterkriegs, sogar verteidigungspolitische Aufgaben übertragen. Schließlich kümmerte er sich fast ein Jahrzehnt lang um die Stabilisierung der Währung in seiner engeren Heimat Preußen und darüber hinaus in Polen.

Er war auch – wie manch anderer Humanist – als Arzt tätig. Niemandem, so berichtet ein Biograph, habe er je seine ärztliche Hilfe verweigert.[10] Dazu hatte er sich ebenfalls die Voraussetzungen an einer berühmten Universität Italiens geholt: in Padua.[11] Erhalten blieb eine Anweisung zum gesunden Leben, *Regimen Sanitatis* genannt, die er vielleicht für einen seiner Bischöfe schrieb, die er kurierte. Damit stellt er sich gleichzeitig in die Reihe der großen Ärzte des Mittelalters.[12] Sein Erfolg war auch hier beachtlich. Die ältesten Bilder zeigen ihn mit einer Heilpflanze abgebildet, dem Symbol der Ärzte.[13]

Während all dieser Jahre beobachtete er in den Nächten den Himmel, trug seine Beobachtungen sorgfältig in Tafeln ein, stellte Hypothesen auf und neue Beobachtungen an, die diese bestätigen sollten. So hat es Rheticus, sein Schüler, überliefert.[14] Mit der Erforschung des Kosmos ließ Copernicus sich aber Zeit: 35 Jahre, wie er schreibt. Er betrieb sein Werk ohne Hetze und Sensationen im „letzten Winkel der Welt", wie er selbst sagt, und trotzdem erfuhr man von ihm sowohl an der römischen Kurie wie in Wittenberg. Papst Clemens VII. schenkte seinem eigenen Sekretär von Widmannstatt 1533 eine wertvolle griechische Handschrift, die sich heute in München befindet[15], nachdem er einen Vortrag über das neue System gehört hatte.

Kardinal Schönberg sandte eigens von Capua einen Boten ins Ermland, um sich das Manuskript abschreiben zu lassen.[16] Von Wittenberg, wo man der neuen Theorie mißtrauischer gegenüberstand, kam Rheticus nach Frauenburg, damit er sich mit ihr näher bekannt mache. Er brachte später eine Abschrift des Manuskriptes von *De Revolutionibus* auch nach Nürnberg[17], wo

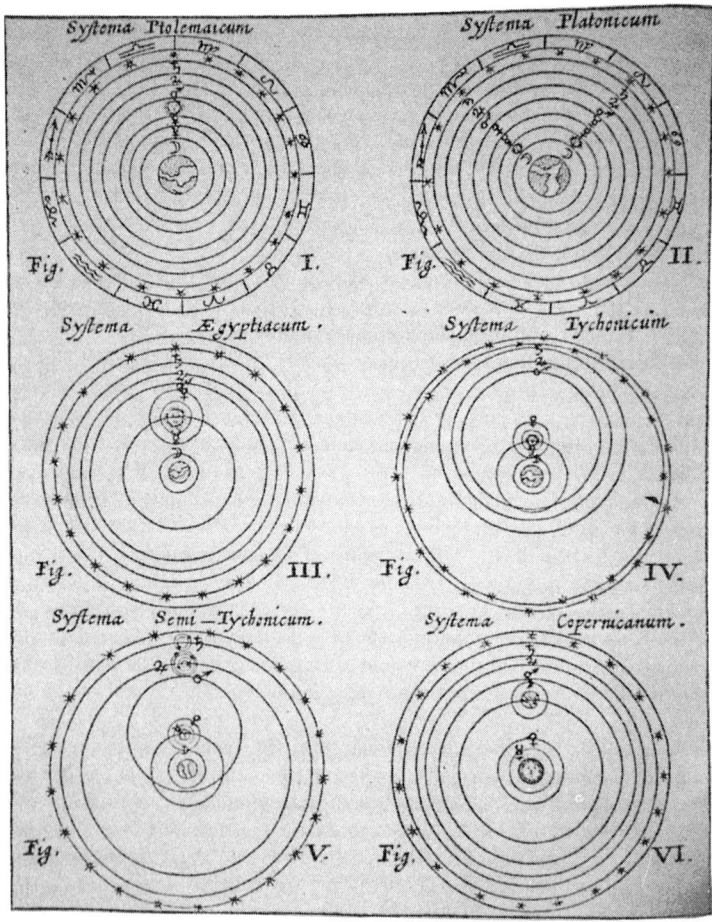

Abb. 22: Weltmodelle (1660). Der Jesuit Athanasius Kircher (1601–1680) stellte das *Systema Copernicanum* lediglich als eines unter verschiedenen dar und siedelte es zeitlich nach dem von Tycho Brahe an, obwohl es früher entstand.

es, überwacht vom evangelischen Pastor Andreas Osiander, gedruckt wurde. Das Werk erschien 1543 bei Johannes Petrejus. Es enthält neben einer beschreibenden Darstellung des heliozentrischen Weltsystems, zum Teil mit naturphilosophischen Auslassungen vor allem zur Zentralstellung der Sonne im Weltall, die geometrisch-astronomische Beweisführung des neuen Systems. Außerdem finden sich Tabellen zur Ermittlung der Sonnen-, Mond- und Planetenbewegungen und eine Liste der damals bekannten Fixsterne, ihrer Längen, Breiten und geschätzten Helligkeiten.[18]

Weil Copernicus die Korrekturfahnen kurz vor seinem Tode nicht mehr lesen konnte[19], ja der Druck nicht einmal mehr bis zuletzt von seinem Schüler Rheticus überwacht wurde, blieben, wie der Herausgeber der dritten Auflage im Jahr 1617 bedauernd äußerte, unzählige Fehler *(innumerabiles errores)* stehen.[20] Auch das äußere Bild des Werkes ist durch teilweise falsche Zuordnung der Spalten in den Tabellen empfindlich gestört, so daß den Gegnern der neuen Lehre auch hierdurch Anlaß zur Kritik geboten wurde.[21] Trotzdem diente Copernicus' Werk an den kirchlichen Hochschulen und Seminaren jahrzehntelang als Lektüre – bis zu seinem bedingten Verbot im Jahr 1616: Das Verbot sollte gelten, bis das Werk verbessert sei *(donec corregatur)*. Nachdem die Exemplare ab 1620 mit Verbesserungen versehen waren, durften sie von jedem wieder gelesen werden.[22] Ein völliges Verbot hat es entgegen der allgemeinen Ansicht nie gegeben, konnte auch schon deshalb nicht ausgesprochen werden, weil es ausdrücklich einem Papst gewidmet worden war und selbstverständlich vorher von den zuständigen Zensurbehörden geprüft werden mußte. Auch war die dem copernicanischen System zugrundeliegende Berechnungsweise von der Kommission für die gregorianische Kalenderreform bereits Ende des 16. Jahrhunderts verwendet worden, selbst wenn sich deren Vorsitzender, der deutsche Jesuit Christoph Klau, genannt Clavius, ausdrücklich von der heliozentrischen Theorie als solcher distanziert hatte.[23]

Die sieben Hauptthesen seines Werkes hatte Copernicus in dem erwähnten *Ersten Bericht* formuliert und mit einer sehr ausführlichen Begründung versehen, jedoch ohne exakte mathematische Beweisführung. Diese sieben Thesen, von Copernicus übrigens als *Petitiones* (Forderungen) bezeichnet, lauten: Die Himmelsbewegungen haben verschiedene Mittelpunkte. Die Erde ist kein Mittelpunkt der Welt. Die Mitte der Welt liegt in der Nähe der Sonne. Der Abstand von Erde und Fixsternhimmel ist für unsere Sinneserkenntnis nicht zugänglich. Während der Fixsternhimmel ruht und sich nur scheinbar bewegt, bewegt sich die Erde und ruht nur scheinbar. Das gleiche gilt für die Bewegung von Sonne und Erde. Die relative Bewegung von Erde und Planeten genügt, um die Erscheinungen am Himmel einfacher als bisher zu erklären.[24] Drei dieser Forderungen für die neue Theorie waren bereits im Spätmittelalter in Gelehrtenkreisen diskutiert worden und Copernicus aus seinem Studium bekannt[25]: die des für unsere Sinne unfaßbaren Abstandes von Erde und Fixsternhimmel, die beiden Thesen zur Zentralstellung der Sonne im Weltall und die Annahme eines ruhenden Fixsternhimmels mit einer bewegten Erde.

Indem Copernicus den Fixsternhimmel ruhen ließ und die Erde, wie er sagte, „in Bewegung setzte"[26], löste er gleichzeitig ein Problem, das ihm als Geistlichem, der im Frauenburger Dom einen eigenen Altar hatte und Gottesdienst verrichtete, besonders am Herzen lag: die Reform des kirchlichen Festkalenders, der sich nach dem Datum des Osterfestes richtete, das damals schon neun Tage später gefeiert wurde, als es im Nizäischen Konzil im Jahre 325 bestimmt worden war.[27] Rheticus erfuhr dieses Motiv für die neue Theorie von einem der engsten Freunde des Copernicus, vom Kulmer Bischof Tiedemann Giese. „Seine Ehrwürdigen Gnaden", so berichtet er im *Encomium Prussiae,* in jenem *Lob auf Preußen,* „haben auch erkannt, es sei für den Ruhm Christi von höchster Bedeutung, daß in der Kirche die richtige Folge der Zeiten und eine sichere Berechnung und Lehre vom Himmel bestehe".[28] Giese habe darum, so heißt es weiter, seinen Freund Copernicus immer wieder gedrängt, diese Frage zu bearbeiten. Copernicus habe ihm zugesagt, er wolle astronomische Tafeln mit neuen Tabellen verfassen. Er habe aber erkannt, daß sie Hypothesen erforderten, die den bisherigen astronomischen Anschauungen zuwiderliefen und sogar mit unseren Sinnen in Widerspruch stünden. In der Tat findet sich der Name von Copernicus in einer Denkschrift von 1516 erwähnt, die der Leiter der päpstlichen Kommission für die Kalenderreform, der Niederländer Paul von Middelenburg, an alle abendländischen Universitäten und Fachgelehrten, darunter auch an Copernicus, mit der Aufforderung sandte, Vorschläge für eine Kalenderreform zu machen, die bereits seit dem Spätmittelalter als immer dringlicher empfunden wurde.[29]

Copernicus selbst erwähnt dieses bedeutsame Motiv für seine Forschungen auch im Widmungsschreiben an Papst Paul III., das dem Werk *De Revolutionibus* vorangestellt ist. Er beruft sich auf das Laterankonzil unter Leo X. und die Aufforderung Pauls von Middelenburg und betont, daß seine Arbeiten den Angelegenheiten der Kirche dienten. Es lassen sich daher Behauptungen wie die von Friedrich Engels, Copernicus habe noch auf dem Sterbebett der Kirche den Fehdehandschuh hingeworfen[30], im Licht der historischen Fakten nicht aufrechterhalten. Wenn Galilei später mit dem kirchlichen Lehramt in Konflikt geriet, so vor allem deshalb, weil er theologische Folgerungen aus der copernicanischen Lehre ziehen wollte, die das Verhältnis von Glauben und Wissen betrafen.[31]

Copernicus selbst hatte einen solchen Konflikt vorausgeahnt und im selben Widmungsschreiben an den Papst bemerkt, daß seine Theorie für Mathematiker gedacht sei und er sich nichts daraus mache, wenn jemand hiergegen eine Stelle der Bibel ausspielen wolle.[32] Damals nahm niemand daran Anstoß, nur Rheticus unternahm (wie später Galilei in seinem Brief an Cristina von Lorena) den Versuch, in seiner Schrift *De motu terrae (Über die Erdbewegung)* zu zeigen, daß die copernicanische Theorie nicht mit den Lehren der Bibel in Widerspruch stehe.[33]

Die Bemerkung von Copernicus, daß sein Werk für Mathematiker geschrieben sei, zeigt, daß er nicht nur aus religiös-kirchlichen Motiven, sondern auch aus wissenschaftlich-astronomischen Gründen, vermischt mit naturphilosophischen Leitvorstellungen, sein neues Weltsystem entwickelte. Copernicus hatte das neue Bild der Ordnung im Kosmos unter dem Gesichtspunkt einer Berechnung eingeführt. Die neue Anordnung sollte eine bessere Berechnung der Jahreszeitenlänge und der Bewegungen der Planeten ermöglichen, insbesondere von Sonne und Mond, die damals zu den Planeten gezählt wurden. Copernicus hatte bereits in seinem *Ersten Entwurf* darüber geklagt[34], daß die Astronomen zwar eine Vielzahl von Himmelskreisen annehmen, um dadurch für die Bewegungen, die an den Sternen sichtbar werden, die Regelmäßigkeit zu retten − „die Phänomene zu retten", lautete seit der Antike ihre Aufgabe. Sie hätten aber dieser Aufgabe nicht entsprochen, und er wolle das Prinzip der Gleichförmigkeit der Himmelsbewegungen zusammen mit ihrer Kreisförmigkeit auf eine ganz neue Art zur Durchführung bringen.

Im Widmungsschreiben an den Papst spricht sich Copernicus noch deutlicher aus. Hier heißt es, daß die Astronomen vor ihm die Bewegungsverhältnisse im Kosmos zwar mit größtenteils zutreffenden Zahlen berechnet, aber vieles hinzu ersonnen hätten, was dem Prinzip über die Gleichmäßigkeit der Bewegungen zu widersprechen scheine. „Auch konnten sie", heißt es wörtlich, „die Hauptsache, nämlich die Gestalt der Welt und die sichere Symmetrie ihrer Teile, weder finden noch aus jenen Zahlen berechnen. Es ginge ihnen so, als wenn jemand von verschiedenen Orten her, Hände, Füße, Kopf und andere Glieder, zwar sehr schön, aber nicht im Verhältnisse zu einem einzigen Körper gezeichnet, nähme und, ohne daß sie sich irgendwie entsprächen, eher ein Monstrum als einen Menschen zusammensetzten". Ein wenig später bemerkt er: „Als ich nun diese Unsicherheit der mathematischen Überlieferungen über die zu berechnenden Kreisbewegungen der Sphären immer wieder überdacht hatte, erfaßte mich ein Widerwille darüber, daß die Gelehrten, welche in bezug auf die geringfügigsten Umstände sorgfältigste Forschungen anstellten, keinen sicheren Grund für die Bewegungen der Weltmaschine gefunden hätten, die doch unseretwegen vom besten Werkmeister eingerichtet wurde, der sich am meisten von allen an feste Regeln hält".[35]

Wenn man diese Worte von Copernicus auf dem Hintergrund der naturphilosophischen Tradition, der er verpflichtet war, betrachtet und mit anderen Stellen, vor allem im ersten Buch seines Werkes in Zusammenhang liest, ergibt sich, daß die neue Ordnung des Kosmos allerdings nur dann auf unsere Sinneserkenntnis wirken konnte, wenn sie von einem anderen Standpunkt her gesehen wurde.[36] Dieser Standpunkt war für Copernicus nach wie

vor die Überzeugung von der Geschaffenheit der Welt. Von dem Standpunkt
der Geschaffenheit aus galt ihm die Welt als eine Bauhütte, eine *fabrica,* ein
Ausdruck, der bekanntlich bis heute für die Restaurierungswerkstätten bei
Kirchen und Domen benutzt wird und der sich sowohl im *Ersten Entwurf*
als auch in *De Revolutionibus* findet. In *De Revolutionibus* spricht Copernicus
ausdrücklich von einem *Opifex optimus* aller Dinge, von Gott als dem besten
aller Werkmeister. Kurz darauf benutzt er, wie auch im Widmungsschreiben
an den Papst, den Begriff *Machina mundi* (Weltmaschine)[37], und für Copernicus hat diese Weltmaschine, die *optima ordinatio* (die beste Ordnung), eine
Symmetrie und harmonische Fügung, einen *Nexus harmoniae.*[38]

Machina mundi ist ein Begriff, der sich bereits in der astronomischen
Literatur, die Copernicus bei seiner Ausbildung gedient hatte, mehrfach
findet.[39] Er bedeutet einen Bewegungszusammenhang, in dem kein Teil
überflüssig ist und der mit einfachsten Mitteln erreicht wird. Die Einheit
der *Machina mundi* wird derart vorgestellt, daß kein Teil verändert werden
kann, ohne daß das Ganze aus den Fugen gerät.

Wenn man nun fragt, worin die copernicanische Wende in wissenschafts-
und geistesgeschichtlicher Hinsicht bestanden hat, so ist deutlich: Die Wende
betraf in erster Linie das Raumproblem, das Zeitproblem, den Materie- und
den Bewegungsbegriff. Zum näheren Verständnis dieser einzelnen Probleme
ist es jedoch notwendig, das Weltbild im allgemeinen zu charakterisieren,
das von der Wende betroffen wurde.[40] Das Weltall, dessen wissenschaftliches
Verständnis sich durch das Werk von Copernicus veränderte, ist nicht nur
eine bestimmte Anordnung der Planeten in bezug auf die Erde und die
Sonne, und es geht auch nicht um die Alternative, ob man diese oder jene
zum Mittelpunkt der Welt machen sollte. Astronomisch gesehen war nämlich
weder die Erde im ptolemäischen noch die Sonne im copernicanischen
System jemals der eigentliche Mittelpunkt der Welt. Es war sogar für Copernicus eines der Hauptärgernisse am ptolemäischen System, daß nach wie vor
ein rein fiktiver Punkt als der eigentliche Mittelpunkt der Welt angenommen
werden mußte, dem keine physikalische, sondern nur eine geometrisch-
astronomische Bedeutung zukam.

Dies war einer der Hauptgründe, die Copernicus schließlich resignieren
ließen: Es gelang ihm nicht, ein altes astronomisches Ärgernis aus der Welt
zu schaffen. Er konnte es auch nicht, weil er eine naturphilosophische
Grundüberzeugung, die seit der Antike bis zu Kepler die Astronomie beherrschte, nicht aufgeben wollte. Er hielt nicht nur an der Gleichförmigkeit
der Bewegungen der Planeten, sondern auch an der Kreisförmigkeit ihrer
Bahnen fest, und dadurch verstellte er sich die einzig mögliche Lösung, den
einzig möglichen Weg, seinem System auch eine physikalische Bedeutung
zu geben.[41]

Das Weltbild, das von der copernicanischen Wende betroffen wurde,
war aber nicht nur durch die Gleichförmigkeit und Kreisförmigkeit der

Planetenbewegung gekennzeichnet. Copernicus hat nicht nur die Geozentrik der Bewegungen in Frage gestellt und die Heliozentrik als das Neue genommen. Wichtiger war die Stufenordnung, welche einen Bereich der Elemente, eine *Sphaera elementaris,* eine *Sphaera aethera,* einen Bereich der ätherischen Körper, und eine *Sphaera coelestis,* einen himmlischen Bereich, unterschied.[42] Die *Sphaera elementaris* war der Bereich unter dem Mond, die *Sphaera aetherica* derjenige über dem Mond bis zum Fixsternhimmel und die *Sphaera coelestis* derjenige über dem Fixsternhimmel. Die *Sphaera elementaris* war die Sphäre, in der die Gegenstände und Dinge, die zu ihr gehörten, aus vier Elementen entweder in gemischter oder in reiner Form bestanden (siehe dazu den Beitrag von Ingrid Craemer-Ruegenberg: *Der Himmel und das Göttliche*).

Wenn der wichtigste Satz der aristotelischen Lehre vom Ort in der scholastischen Formulierung lautete: *Sursum est unde motus* (oben ist, woher die

Abb. 23: Christus als Architectus mundi, als Weltenbaumeister (14. Jahrhundert). Der Zeichner der Miniatur in der „Bible moralisée" dachte sich die himmlischen Sphären noch von einer Exaktheit, als seien sie mit dem Zirkel gezogen.

Bewegung kommt)[43], so war die zunächst von der copernicanischen Wende
betroffene Vorstellung die des Raumes. Der vorcopernicanische Kosmos war
sphärisch aufgebaut und hierarchisch gegliedert mit der Erde im Zentrum.
Anstelle der Erde setzte Copernicus nun die Sonne. Dieser Austausch war
für die Raumgliederung nicht ohne Bedeutung. Da man den Mond nicht
von der Erde lösen konnte, kam die alte Sphärengliederung in Unordnung.
Die Erde wurde zum Planeten, bekam aber unter diesen mit dem Mond eine
Mittelstellung. Im übrigen war Oben und Unten, wie es bei Aristoteles und
den Scholastikern für den Kosmos angenommen wurde, vertauscht worden,
indem die Bewegung nicht mehr vom Fixsternhimmel auf die niederen
Sphären sukzessive übergehen konnte. Denn der Fixsternhimmel bewegte
sich bei Copernicus nicht mehr. Statt dessen betrachtete er die Sonne als
Ursprung der Bewegung, wie bei seinem Schüler Rheticus nachzulesen ist.
Das Oben lag also für Copernicus in der Mitte der Welt.

Der Bewegungsbegriff, wie er seit Aristoteles und insbesondere erneut
durch die Hochscholastik für die Verhältnisse im Kosmos galt, wurde durch
die copernicanische Wende wohl am meisten betroffen. Die Bewegung der
Erde und die Stillegung des Fixsternhimmels hatten ganz erhebliche Konsequenzen. Die Wirkursache aller kosmischen Bewegungen sollte die tägliche
Bewegung des Fixsternhimmels, das heißt die Bewegung der achten Sphäre
sein, da ja alle Bewegung von oben kam. Die Bewegungskausalität sollte
sich von Sphäre zu Sphäre übertragen, bis hinunter zur Sphäre des Mondes.
Der Umkehrung in der Wirkungsrichtung der kosmischen Bewegung, wie
sie sich aus dem Platztausch von Erde und Sonne ergab, kam freilich eine
Vorstellung entgegen, die bereits im Spätmittelalter immer deutlicher nachzuweisen ist. Die Naturphilosophen betrachteten spätestens seit dem
14. Jahrhundert die Welt als Uhrwerk, das eine perfekte Maschine darstellte,
da sein Urheber es weder neu antreibe, noch reparieren mußte.[44] Copernicus
hat mit der Vorstellung einer *Machina mundi* als Uhrwerk ernst gemacht:
Seine Weltmaschine bewegte sich konsequent von ihrer Mitte her. Daher
war auf den ersten Blick der Platztausch, den er mit Erde und Sonne
vornahm, nicht allzu revolutionär.

Erst die Konsequenzen in bezug auf den Zeitbegriff zeigen, daß es sich
um eine wirkliche Wende handelte: Die Bewegung des Fixsternhimmels
konstituierte eine reale Zeit und gab dieser ihre Einheit. Von hier aus
bestimmte sich seit der Antike das Wesen der Zeit, denn Zeit galt sowohl
bei Platon wie bei Aristoteles als das Maß der Bewegung des Fixsternhimmels
nach dem Früher und Später des Erscheinens der Gestirne und ihrer
Konstellationen.[45] Bei Copernicus mußte somit die Erde die Funktion des
Fixsternhimmels als oberster Kugelschale übernehmen, durch deren gleichförmige Bewegung die Zeit entstand und mit Hilfe deren sie gemessen
werden mußte. Daher legte er Wert auf die Entsprechung der Kugelgestalt
der Erde mit derjenigen der Welt. Der Erde kam daher auch – wie früher

dem Fixsternhimmel – die Bewegung „hauptsächlich und unmittelbar zu".[46] Sie ist also unabhängig von dem Übertragungssystem der Bewegung, dessen Ursprung nun in der Sonne als dem Mittelpunkt des Kosmos lag.[47]

Die Bedeutung der copernicanischen Theorie für den Begriff der Materie ergab sich konsequent dadurch, daß die Erde zu einem Stern geworden war. Von nun an hatte es keinen Sinn mehr, von himmlischer und irdischer Materie zu sprechen. Zwar war dieser Unterschied von antiken und auch von spätmittelalterlichen Gelehrten in Frage gestellt worden[48], aber erst durch Galileis Entdeckung der Mondgebirge und der Jupitermonde schien hierfür der sinnfällige Beweis geliefert. Galilei wertete seine Entdeckung der Jupitermonde als Beweis für die copernicanische Theorie, da sie ein Beispiel zu bieten schien, daß die Erde als Zentralkörper keinesfalls eine Ausnahmestellung im Kosmos habe. Es gab vielmehr Planeten, die ihrerseits Mittelpunkt von Bahnen anderer Himmelskörper waren. Wenn aber der Jupiter Monde hatte, dann mußte er auch im Bewußtsein der galileischen Zeit eine sublunare Sphäre haben. Dann gab es auf ihm Entstehen und Vergehen wie auf der Erde. Der Planet Jupiter bestand also nicht aus einer himmlischen, sondern aus einer irdischen Materie.

Wenn man sich die Folgen für die naturphilosophischen Grundprobleme Raum, Zeit, Bewegung und Materie vor Augen führt, so wird verständlich, daß Baco de Verulam, einer der Begründer der Methode der Naturwissenschaften, wenige Jahrzehnte nach dem Erscheinen von *De Revolutionibus* gegen Copernicus den Vorwurf erhob, er habe keine oder zu wenig Rücksicht auf die naturphilosophischen Möglichkeiten seiner Reform genommen.[49] Dieser Vorwurf dürfte, wie Hans Blumenberg bemerkt, auch unausgesprochen bei allen zeitgenössischen Reaktionen auf das neue System unterschwellig eine Rolle gespielt haben. Die Jesuiten des 17. Jahrhunderts faßten es daher als mögliches Rechenmodell auf, neben anderen Weltmodellen.[50]

Copernicus hatte sich gefragt, ob die sichtbaren Bewegungen an den Gestirnen nicht nur Folgen unseres Blickwinkels seien, unter denen wir ihre wirklichen Bewegungen sehen.[51] Seitdem kommt es auf den Blickpunkt an, aus dem heraus wir die Welt wissenschaftlich betrachten, und dies ist das, was Kant später die „copernicanische Revolution" in bezug auf die Denkart in der Wissenschaft bezeichnet hat, was die bleibende geistesgeschichtliche Bedeutung der copernicanischen Wende darstellt.[52] Die Naturwissenschaft vermittelt uns nämlich keine Wahrheit, sondern nur Modelle, die sich als fruchtbar oder unfruchtbar für Voraussagen erweisen. In diesem Sinne sind sie unrichtig oder richtig, und der Fortschritt in der wissenschaftlichen Erkenntnis erweist sich seit der copernicanischen Wende nur mehr als Durchgang zu einem immer richtigeren, das heißt brauchbareren Modell von Mensch und Kosmos.

Rainer Kayser

Die Harmonie der Welt

Johannes Keplers bahnbrechende Entdeckungen

Es ist eine unruhige Zeit, eine Zeit religiöser Konflikte zwischen Lutheranern und Katholiken, in die hinein Johannes Kepler 1571 geboren wird. Und eine Zeit, die reif zu sein scheint für eine große Wende in der Wissenschaft. Noch herrscht in der Wissenschaft nahezu unangefochten die Philosophie des Aristoteles, von den Scholastikern in Europa zu neuer Blüte gebracht. Diese Lehre teilt die Welt in zwei Sphären, die irdische, auch sublunare genannt, und die himmlische oder ätherische. Nur die irdische Sphäre ist der Erforschung durch den menschlichen Geist zugänglich, ihre Phänomene werden durch die aristotelische Physik beschrieben. Nur in der irdischen Sphäre gibt es Wandel und Vergänglichkeit. Die himmlische Sphäre dagegen ist unveränderlich und ewig, ihre Erscheinung ist unmittelbarer Ausdruck des göttlichen Willens. Daher ist die Astronomie jener Zeit eine rein beschreibende Wissenschaft. Und daher müssen die Bahnen der Himmelskörper vollkommen sein: Kreisbahnen, die mit konstanter Geschwindigkeit durchlaufen werden.

Auf diesen Annahmen baute Ptolemäus von Alexandrien sein geozentrisches Weltbild auf. Mond, Planeten und Sterne hängen an kristallenen Sphären, die um die ruhende Erde rotieren. Im Jahre 1543, 28 Jahre vor Keplers Geburt, erschien das Buch *De Revolutionibus orbium coelestium,* in dem Kopernikus die Erde als Mittelpunkt der Welt in Frage stellt und das geozentrische durch das heliozentrische Weltbild ersetzt. Trotz dieses gewaltigen, der natürlichen Anschauung widersprechenden Schritts war Kopernikus doch noch dem aristotelischen Denken verhaftet. Er entwarf sein neues Weltbild, um das aristotelische Dogma von der Kreisbahn als einzig natürlicher Bahn für die Himmelskörper in Übereinstimmung mit den Beobachtungsdaten zu bringen. Es bleibt Johannes Kepler vorbehalten, die eigentliche wissenschaftliche Revolution auszulösen. Kepler verwirft das Dogma der Kreisbahn und hebt die Trennung der Welt in zwei Sphären auf. Er führt die Astronomie von der reinen Beschreibung zur Physik zurück, indem er nach Erklärungen für die Bewegung der Planeten sucht.

Johannes Kepler wird am 16. Mai 1571 in Weil der Stadt, zwischen Schwarzwald, Neckar und Rhein gelegen, geboren. Aus Keplers gewissen-

haften, ja geradezu peniblen Aufzeichnungen ist uns überliefert, daß er ein
schwächliches, kränkliches Kind ist und unter denkbar schlechten familiären
Verhältnissen aufwächst. Johannes Keplers Großvater war zwar Bürgermei-
ster von Weil der Stadt gewesen, dessen Sohn Heinrich, Johannes Keplers
Vater, jedoch war ein unruhiger und haltloser Mensch, ein Abenteurer und
Söldner. Trotz des ruhelosen Umherziehens der Familie Kepler – es geht
von Weil nach Leonberg, von dort nach Ellmendingen, von dort schließlich
wieder zurück nach Leonberg –, trotz des damit verbundenen unregelmäßi-
gen Schulbesuchs gewährleistet das für damalige Verhältnisse ausgezeichnete
Erziehungswesen Württembergs, daß Verstand und Begabung des jungen
Kepler frühzeitig erkannt und gefördert werden.

Mit dreizehn Jahren absolviert er die Lateinschule und tritt in ein theologi-
sches Seminar ein; sein Berufswunsch ist es, Geistlicher zu werden. Von dort
geht er mit siebzehn an die Universität Tübingen, wo er mit zwanzig
schließlich den Magister-Titel erlangt. Seinem Berufswunsch folgend,
schreibt er sich nun an der Theologischen Fakultät der Universität ein. Nach
nahezu vier Jahren Studium, kurz vor seiner Abschlußprüfung, kommt es
zu einem unerwarteten und einschneidenden Ereignis: Aus heiterem Himmel
wird Kepler die Stelle eines Lehrers der Mathematik und Astronomie in
Graz angeboten.

Kepler selbst hat bis dahin niemals daran gedacht, Mathematiker oder
Astronom zu werden. Die Astronomie ist durchaus eines der vielen Interes-
sengebiete, die er pflegt, und besonders das heliozentrische Weltbild des
Kopernikus hat es ihm angetan, die Gründe dafür sind jedoch eher mystischer
oder, wie er es selbst formuliert, metaphysischer Art. In vielen Streitgesprä-
chen an der Tübinger Universität hatte Johannes Kepler für das Kopernikanische Modell Stellung bezogen, sehr zum Mißfallen der orthodoxen Profes-
soren. Darin liegt wahrscheinlich einer der Gründe dafür, daß die Universität
auf eine Anfrage aus Graz hin Kepler für den Lehrerposten empfohlen hatte:
Man wollte den unbequemen Querdenker loswerden. Nach einigem Zögern
nimmt Kepler das Angebot an. Im April des Jahres 1594, 23jährig, tritt er
sein neues Amt an. Ein Jahr später kommt ihm eine sonderbare Idee, die
den Rest seines Lebens beherrschen sollte.

Seit langem hatte sich Kepler die Frage gestellt, warum es gerade sechs
Planeten gibt, und nicht zwanzig oder gar hundert, und welche Regeln die
Entfernungen der Planeten von der Sonne bestimmen. Kepler glaubt, die
Antworten auf diese Fragen in der Geometrie zu finden, in der Konstruktion
vollkommener Figuren oder Körper. Bei seinen Überlegungen stößt er
schließlich auf die pythagoreischen Körper, bei denen alle Begrenzungsflächen identisch und gleichseitig sind. Euklid hatte mitgeteilt, daß es nur fünf
auf diese Weise konstruierte Objekte geben kann: die aus vier gleichseitigen
Dreiecken aufgebaute Pyramide, den Würfel, das Oktaeder, aufgebaut aus
acht gleichseitigen Dreiecken, das Dodekaeder, zusammengesetzt aus zwölf

Fünfecken und schließlich das Ikosaeder, begrenzt durch zwanzig gleichseitige Dreiecke (siehe dazu den Beitrag von Fritz Krafft: *Die Zahlen des Kosmos*). Da diese Körper vollkommen symmetrisch sind, lassen sich ihnen Kugeln umschreiben, so daß jede Spitze des Körpers gerade die Kugeloberfläche berührt. Andererseits kann man in die Körper auch Kugeln hineinsetzen, so daß die Kugeloberfläche die Begrenzungsflächen des Körpers gerade in ihrer Mitte berührt.

Mit unglaublicher Anschauungskraft gelingt es Kepler, die fünf Körper so ineinander zu schachteln, daß die Radien in und um sie gelegter Kugelschalen gerade die Bahnradien der Planeten im Kopernikanischen System ergeben. Kepler ist entzückt und glaubt, das Geheimnis der Welt, das *Mysterium Cosmographicum,* entdeckt zu haben.

Mysterium Cosmographicum ist auch der Titel seines Buches, in dem er 1597 seine neue Deutung des Kosmos publiziert. Im ersten Teil des Werkes begründet er – ganz im alten Stil der aristotelischen Lehre – sein Modell mit ästhetischen, mystischen und religiösen Gründen. Im zweiten Teil des Buches jedoch bricht er mit dieser Art der Wissenschaft. Hier fordert Kepler plötzlich, daß sein Modell mit den astronomischen Beobachtungen übereinstim-

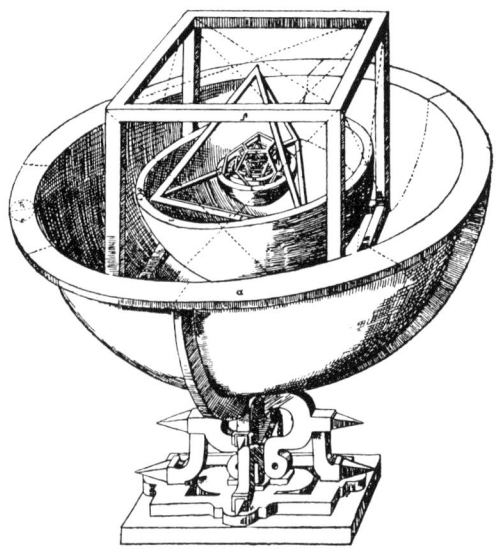

Abb. 24: Keplers Weltgeheimnis. Johannes Kepler gelang es, die fünf möglichen Gleichflächner (siehe Abb. 12) so ineinander zu verschachteln, daß die Radien in und um sie gelegter Kugeln die Bahnradien der Planeten im kopernikanischen System ergeben.

men muß. „Falls diese die Thesen nicht bestätigen", so schreibt er, „waren alle unsere vorangehenden Anstrengungen zweifellos vergeblich."[1] Tatsächlich stößt Kepler auf erhebliche Abweichungen seiner Theorie von den Beobachtungsdaten. Um sein liebgewonnenes Modell nicht aufgeben zu müssen, schreibt er diese Abweichungen jedoch Fehlern in den Daten von Kopernikus zu.

Überzeugt, der Welt das Geheimnis der Planetenbahnen entrissen zu haben, wendet sich Kepler nun den Umlaufzeiten der Planeten zu. Niemand vor Kepler hat nach einem Grund für die Umlaufzeiten gesucht, niemand hat die Frage gestellt, warum sich die Planeten, je weiter sie von der Sonne entfernt sind, desto langsamer auf ihrer Bahn bewegen. Kepler macht einen ungeheuren Vorschlag. Es müsse, so sagt er, eine Kraft von der Sonne ausgehen, die mit der Entfernung abnimmt – ebenso wie die Intensität ihres Lichtes.

Zum ersten Mal wird hier eine physikalische Ursache für die Bewegung der Himmelskörper gesucht, das Dogma der zwei getrennten Sphären wird durchbrochen, die Astronomie wird nach zweitausend Jahren wieder zu einem Bestandteil der Physik. Gleichwohl scheitert Kepler, wie er am Schluß seines Buches auch selbst eingesteht, bei dem Versuch, die Umlaufgeschwindigkeiten der Planeten zu erklären. Die Kraft, die er der Sonne zuschreibt, hat noch keine Ähnlichkeit mit Newtons Gravitation. Zu sehr ist Kepler selbst noch dem aristotelischen Denken verhaftet, nach dem jeder bewegte Körper ständig eines Antriebs bedarf; das Trägheitsgesetz ist noch nicht entdeckt.

Die Veröffentlichung des *Mysterium Cosmographicum* macht Kepler schlagartig in ganz Europa bekannt. Paradoxerweise findet es gerade bei den orthodoxen Wissenschaftlern Anklang, wenngleich Kepler aufgefordert wird, sein neues Modell nun auf das wahre, das geozentrische Weltbild anzuwenden. Die umstürzlerische Kraft der neuen Ideen im zweiten Teil des Werkes, die Einführung der Physik in die Himmelskunde, bleibt nahezu unbemerkt.

Johannes Kepler ist sich bewußt, daß seine Theorien noch nicht mit den Fakten übereinstimmen. Er ist daher weiter auf der Suche nach den Gesetzen der Harmonie der Welten. Eines seiner Hauptprobleme ist dabei die ungleichmäßige Bewegung der Planeten auf ihren Bahnen, die im alten Ptolemäischen System durch die Überlagerung mehrerer Kreisbahnen, der Epizykeln, erklärt wurde. Kepler braucht für seine weitere Forschung dringend neue und bessere Beobachtungsdaten. Der einzige, der solche Daten besitzt, ist Tycho Brahe, der bedeutendste Astronom seiner Zeit und der Begründer der Präzisions-Astronomie. Allein, Tycho weigert sich, seine Beobachtungen zu veröffentlichen. Eifersüchtig hütet er seinen Datenschatz, um damit sein eigenes Weltmodell zu entwerfen. „Meine Meinung zu Tycho ist die", schreibt Kepler: „Er ist über die Maßen reich, weiß aber keinen rechten Gebrauch davon zu machen. Deswegen muß man versuchen, ihm seine Reichtümer zu entwinden.“[2] Und wäre Kepler dieses nicht tatsächlich geglückt, er hätte seine drei Planetengesetze niemals entdecken können.

Der Aufenthalt im katholischen Graz wird für Kepler im ausklingenden 16. Jahrhundert immer unerträglicher. Im Sommer 1598 wird die Schule, an der er lehrt, geschlossen, und die lutherischen Lehrer werden aufgefordert, das Land binnen acht Tagen zu verlassen. Zwar wird Kepler davon ausgenommen, er darf nach einigen Monaten nach Graz zurückkehren, da der einflußreiche Jesuitenorden den Mathematiker und Astronomen sehr schätzt. Kepler ist sich jedoch bewußt, daß es sich dabei nur um einen Aufschub handelt. Die anti-lutherische Stimmung in Graz treibt ihn, sich nach einer neuen Bleibe umzusehen. Seine große Hoffnung ist Tycho Brahe. Dieser hatte ihm im vorigen Jahr geschrieben, daß er auf eine baldige Begegnung mit Kepler hoffe.

Tycho Brahe, auf Grund seines despotischen Verhaltens von der dänischen Insel Hven vertrieben, ist inzwischen zum kaiserlichen Mathematiker Rudolfs II. ernannt worden und hat seinen Wohnsitz in der Nähe von Prag, auf Schloß Benatek, genommen. Da er Schwierigkeiten hat, den Beobachtungsbetrieb an seinem neuen Observatorium wieder aufzunehmen, schreibt er Kepler im Dezember 1599 erneut und lädt ihn ein, nach Schloß Benatek zu kommen und mit ihm zusammenzuarbeiten. Der Brief erreicht Graz jedoch zu spät. Bereits am 1. Januar 1600 ist Kepler aus eigenem Antrieb nach Prag aufgebrochen. Am 4. Februar schließlich treffen Kepler und Brahe auf Schloß Benatek zusammen. Ganze 18 Monate sollte die Zusammenarbeit der beiden Männer dauern, bereits im Oktober 1601 stirbt Tycho.

Diese 18 Monate sind für beide schwierig und unerfreulich. Zwar erhält Kepler die erhoffte neue Arbeit, Tycho überträgt ihm die Analyse der Marsbahn, das damals schwierigste Problem der Himmelskunde, aber zu Keplers Enttäuschung sträubt Tycho sich weiterhin, seine kompletten Beobachtungsdaten zu zeigen. Darüber hinaus gibt es häufig Streit wegen der Regelung der Arbeits- und Wohnverhältnisse sowie wegen des Gehalts. Während eines kurzen Aufenthalts in Graz bemüht Kepler sich daher nochmals, seinen dortigen Posten zu retten. Im Februar 1600 kommt es jedoch zur endgültigen Ausweisung aller Protestanten aus Graz, und diesmal gibt es auch für Kepler keine Ausnahme. So kehrt er doch nach Schloß Benatek zurück.

Zwei Wochen nach Tycho Brahes unerwartetem Tod, am 6. November 1601, ist Kepler am Ziel seiner Träume. Ihm wird die Nachfolge Brahes als kaiserlicher Mathematiker übertragen. Der Schatz des Tycho Brahe geht in den Besitz Johannes Keplers über. Kepler selbst hat es später als „Werk des Schicksals“[3] bezeichnet, daß ihm gerade die Berechnung der Marsbahn übertragen wurde. Die Bahn des Mars weicht stärker als die der anderen Planeten von der Kreisbahn ab, der Mars war daher besser als alle anderen

Planeten geeignet, Kepler die Augen für das Geheimnis der Planetenbewegung zu öffnen.

Um sich der Lösung des Marsbahn-Problems zu nähern, verwarf Kepler zunächst einige Annahmen des Kopernikanischen Systems und der aristoteli-

Abb. 25: Tycho Brahe in seiner Sternwarte Uraniborg mit seinem großen Mauerquadranten (1598). Das von Brahe gesammelte Datenmaterial diente Kepler als wichtige Grundlage für die Entwicklung seiner Planetengesetze.

schen Lehre. Kopernikus hatte den Mittelpunkt der Erdbahn als natürliches
Zentrum des Kosmos angesehen, eine Annahme, die Keplers Denken wider-
spricht. Wenn die Kraft der Planetenbewegung von der Sonne ausgeht, so
überlegt er, muß diese auch das ruhende Zentrum des Planetensystems
bilden. So berechnet er alle Planetenpositionen relativ zur Sonne, und nicht
relativ zum Zentrum der Erdbahn, und erreicht bereits dadurch eine erheblich einfachere Beschreibung der Marsbahn.

Als nächstes verwirft Kepler das Dogma der gleichförmigen Bewegung.
Zwar rechnet Kepler zunächst noch mit Kreisbahnen, aber da die Sonne sich
nicht länger im Zentrum der Kreisbahn eines Planeten befindet, ändert sich
der Abstand des Planeten von der Sonne im Laufe eines Umlaufs. Folglich
muß sich auch die Kraft der Sonne auf den Planeten ändern, er sich also in
Sonnennähe schneller bewegen als in Sonnenferne. Damit befindet er sich
auf der Spur jener Regel, die wir heute als 2. Keplersches Gesetz kennen. Es
lautet: Die Verbindungsgerade zwischen Sonne und Planet überstreicht in
gleichen Zeiten gleiche Flächen. Es handelt sich also um eine Beschreibung
der Planetengeschwindigkeit in Abhängigkeit von der Entfernung des Planeten von der Sonne.

Es gehört zu den Kuriositäten der Wissenschaftsgeschichte, daß Kepler
bei der Herleitung dieses Gesetzes eine Reihe von Fehlern macht, die ihm
auch selbst bewußt sind, die sich aber, wie er selbst schreibt, „wie durch ein
Wunder"[4] von selbst aufheben. Das Wunder ist in der Tat größer als er selbst
vermutet, denn auch Keplers Erklärung, warum sich diese Fehler aufheben,
ist verkehrt. Das Gesetz jedoch ist richtig, es läßt sich erfolgreich auf die
Marsbahn anwenden.

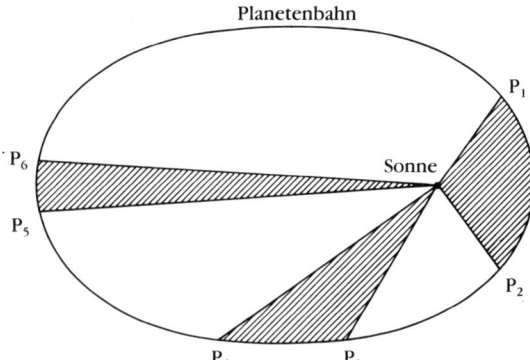

Abb. 26: Das Zweite Keplersche Gesetz. Es besagt, daß die Verbindungslinie zwischen Sonne und Planeten in gleichen Zeiten gleiche Flächen überstreicht, die Planeten sich somit in Sonnennähe schneller als in Sonnenferne bewegen.

Nach diesem Erfolg wendet Kepler sich der Form der Marsbahn zu – und erneut fällt ein Jahrtausende altes Dogma. Da trotz verzweifelter Versuche die Marsbahn nicht mit einer Kreisbahn zu erklären ist, kommt Kepler zu dem Schluß, „daß die Bahn des Planeten kein Kreis ist – sie buchtet sich an beiden Seiten ein und an beiden entgegengesetzten Enden aus".[5] Welche Form hat die Planetenbahn aber dann? Kepler probiert ovale und eiförmige Bahnen aus – ohne Erfolg. Schließlich hält er die Lösung in seinen Händen, ohne es jedoch selbst zu bemerken. Die Wahrheit, so schreibt er, muß irgendwo zwischen der Ei- und der Kreisform liegen, „genau als wäre die Marsbahn eine vollkommene Ellipse".[6] Nach sechs Jahren mühevoller Arbeit findet Kepler endlich auf empirischem Wege eine Formel, die die Marsbahn wiedergibt, und bemerkt nicht, daß diese Formel tatsächlich eine Ellipse beschreibt. Bei dem Versuch, die Marsbahn mit seiner Formel zu rekonstruieren, macht Kepler jedoch einen Fehler und verwirft die Formel daher wieder. Nun probiert er, wie er glaubt, etwas völlig Neues aus: die Ellipsenbahn. Nach einigen Rechnungen bemerkt er endlich seine Blindheit. Sein neuer Versuch und die zuvor gefundene Formel sind vollkommen identisch. Die Bahnen der Planeten sind Ellipsen mit der Sonne in ihrem Brennpunkt, so lautet die gefundene Regel, heute 1. Keplersches Gesetz genannt.

Johannes Kepler veröffentlichte seine Entdeckungen im Jahre 1609 in dem Buch *Astronomia Nova,* zu deutsch: *Neue Astronomie.* Es ist heute nur schwer nachzuvollziehen, welche Herausforderung Keplers Werk für Wissenschaft und Weltanschauung der damaligen Zeit bedeutet. Selbst fortschrittlich denkende Wissenschaftler wie Galileo Galilei erweisen sich als unfähig, die Bedeutung von Keplers Arbeit zu erkennen, und finden sich nicht bereit, seine Ergebnisse zu akzeptieren. Insbesondere Keplers Versuch, die Planetenbewegung vermittels einer physikalischen Kraft zu erklären, stößt auf eisige Ablehnung. Michael Mästlin, Keplers ehemaliger Astronomie-Lehrer an der Universität Tübingen, teilt Kepler nach der Lektüre der *Astronomia Nova* mit, Physik und Astronomie hätten nichts miteinander zu tun. Der bekannte Astronom Fabrizius schreibt Kepler, der Kosmos werde von Gott und Teufel regiert und nicht von einer Kraft. Galilei amüsiert sich verächtlich über Keplers *fanciullezza,* seine Kindereien.

Tatsächlich kommt Kepler jedoch in der Einleitung zur *Neuen Astronomie* dem Newtonschen Verständnis der Schwerkraft überraschend nahe. Er verwirft den aristotelischen Begriff der Schwere als den Körpern innewohnender Trieb zur Vereinigung mit der Erde. Er behauptet richtig, daß die Anziehung proportional zur Masse ist, also „die Erde einen Stein viel stärker anzieht als der Stein die Erde"[7], und er gibt eine korrekte Erklärung der Gezeiten aus der Anziehungskraft des Mondes. Da Kepler jedoch der Begriff der Massenträgheit noch fehlt, erkennt er nicht, daß eine solche Kraft bereits zur Erklärung der Planetenbewegung ausreicht. Er sucht nach einer treibenden Kraft, welche die Bewegung der Planeten ständig aufrecht erhalten soll, und verliert sich in fruchtlosen Spekulationen.

Die theologisch begründeten Einsprüche gegen sein Werk beeindrucken Kepler wenig. „In der Theologie gilt das Gewicht der Autoritäten, in der Philosophie aber das der Vernunftgründe"[8], entgegnet er und warnt weiter: „Die Bibel ist kein Lehrbuch der Optik und Astronomie; widersetzt Euch diesem ihrem Mißbrauch, Ihr Theologen!"[9] Mit diesen Worten wird Kepler zum Begründer der Autonomie der Naturwissenschaften.

Ein Jahr nach dem Erscheinen der *Astronomia Nova* kommt es zu einem weiteren Einschnitt in der Entwicklung der Himmelskunde: Das Linsenfernrohr wird erfunden und von Galilei und anderen gen Himmel gerichtet. Johannes Kepler erfährt frühzeitig von Galileis Beobachtungen und der Entdeckung der Jupitermonde und ist begierig, selbst eines der neuen Instrumente in die Hand zu bekommen. Im August endlich ist es soweit. Der Herzog von Bayern leiht Kepler ein Teleskop aus, das er selbst von Galilei geschenkt erhalten hat. Im Gegensatz zu Galilei begreift Kepler sofort das optische Funktionsprinzip des Fernrohrs. Innerhalb weniger Wochen schreibt er eine umfassende Arbeit über die Strahlenbrechung durch Linsen. *Dioptrice* nennt er sein Werk und erfindet damit gleichzeitig einen neuen Zweig der Physik, die Dioptrik. Mittels der von ihm entdeckten Linsengesetze gelingt es Kepler, ein neues, besseres Linsenfernrohr zu entwickeln. Verwendete man beim sogenannten holländischen Fernrohr eine Sammellinse als Objektiv und eine Zerstreuungslinse als Okular, so wird in dem heute Keplersches oder astronomisches Fernrohr genannten Instrument auch als Okular eine Sammellinse verwendet. Damit lassen sich – bei verbesserter Bildqualität – weit höhere Vergrößerungen erreichen.

Das Veröffentlichungsjahr der *Dioptrice,* 1611, ist für Kepler ein Jahr des Unheils. Keplers Frau Barbara, mit der er seit 1597 verheiratet ist, stirbt, ebenso eines seiner beiden Kinder. In Prag eskaliert der Streit zwischen Kaiser Rudolph und seinem Bruder Matthias zum Bürgerkrieg und führt schließlich zu Rudolphs Abdankung. Obwohl der neue Kaiser Keplers Stellung als kaiserlicher Mathematiker bis zur Fertigstellung der sogenannten Rudolphinischen Tafeln bestätigt, entschließt sich Kepler, dem Angebot einiger Adliger zu folgen und als Landschaftsmathematiker der protestantischen Stände nach Linz zu gehen.

Hier wendet sich Kepler erneut der Suche nach dem Geheimnis des Kosmos, nach der Harmonie der Welten zu. Seit seiner Arbeit am *Mysterium Cosmographicum* hat Kepler nie der Gedanke verlassen, daß es eine allumfassende Harmonie des Kosmos geben müsse. Die von ihm in der *Astronomia Nova* entdeckten Regeln wußte Kepler in ihrer wahren Bedeutung nie zu würdigen, er sah sie stets als Hilfsmittel auf dem Weg zu einer umfassenden Synthese von Geometrie, Musik und Astronomie an. Kepler kehrt zurück zu Metaphysik und Mystizismus, die er doch mit der *Astronomia Nova* überwunden zu haben schien. Er führt die Harmonien der Musiklehre auf die Geometrie der Vielecke zurück. Anschließend versucht er – mehr oder weniger erfolgreich –, die Bewegung der Planeten in eine harmonische Tonleiter einzufügen. Im Jahre 1619 veröffentlicht Kepler die Ergebnisse seiner Überlegungen in dem fünfbändigen Werk *Harmonice Mundi* (*Harmonie der Welten*). Im letzten Band, unter all den mystischen Spekulationen versteckt, findet sich das 3. Keplersche Gesetz, die vielleicht bedeutendste Entdeckung Keplers, die über 60 Jahre später Newton den Weg zur Entdeckung des Gravitationsgesetzes weisen sollte.

Das 3. Keplersche Gesetz lautet: Die Quadrate der Umlaufzeiten zweier Planeten verhalten sich wie die Kuben ihrer mittleren Entfernung von der Sonne, als Formel geschrieben:

$$\frac{T_1^2}{T_2^2} = \frac{R_1^3}{R_2^3}$$

wobei T_1 und T_2 für die Umlaufzeiten der beiden Planeten stehen und R_1 und R_2 für ihre mittlere Entfernung von der Sonne. In diesem Gesetz wird die Beziehung zwischen den Umlaufbahnen verschiedener Planeten beschrieben, eine Beziehung, die in verschlüsselter Form die Entfernungsabhängigkeit der Schwerkraft enthält.

Kepler findet sein 3. Gesetz nach jahrelangem geduldigen Herumprobieren. Letztlich ist es *dieses* Gesetz, nach dem er seit seiner Jugend suchte. Kepler ist der erste, der die Bewegung der Planeten mit einer von der Sonne ausgehenden Kraft zu erklären versucht. So ist es nicht verwunderlich, daß er auch der erste ist, der sich nach dem Zusammenhang zwischen Umlaufzeit und Entfernung von der Sonne fragt. Solange die Astronomie von der Physik getrennt war, *konnte* niemandem diese Frage einfallen.

Mit dem Abschluß der *Harmonice Mundi* glaubt Kepler, sein Lebenswerk erfüllt zu haben. Nun endlich findet er Zeit, sich den Rudolphinischen Tafeln zuzuwenden. Hierbei handelt es sich überwiegend um eine Sammlung von Daten und Regeln zur Bestimmung der Planetenpositionen, berechnet aus den Braheschen Beobachtungsdaten. Die Erstellung dieser Tafeln war bei Keplers Ernennung als Hauptaufgabe des kaiserlichen Mathematikers festgelegt worden, Kepler widerstrebte jedoch der erforderliche Rechenaufwand, und so zögerte er die Arbeit an den Tafeln immer wieder hinaus. Endlich, im Jahre 1627, ist das von Seefahrern, Astronomen und Kalendermachern ungeduldig erwartete Werk vollendet. Ein weiteres Jahr vergeht, bis inmitten der Wirren des Dreißigjährigen Kriegs die *Tabulae Rudolphinae* gedruckt vorliegen. Kepler begibt sich persönlich nach Frankfurt zur Buchmesse, um das Werk vorzustellen und für den Absatz zu sorgen.

Damit endet Keplers Auftrag als kaiserlicher Mathematiker. Trotz allen Ruhms scheint er plötzlich vor dem Nichts zu stehen. Da Linz zwei Jahre zuvor wieder katholisch geworden ist, hat Kepler seine dortige Stellung aufgegeben und war nach Ulm übergesiedelt. Fernand II. bietet Kepler eine neue Stellung an, jedoch um den Preis seines Übertritts zum katholischen Glauben. Kepler lehnt ab. Ebenso lehnt Kepler Angebote aus Italien und England ab. Im folgenden Jahr trifft Kepler in Prag auf Wallenstein und wird nach langen Verhandlungen schließlich dessen Privatmathematiker für das Herzogtum Sagan.

Die Beziehung zwischen Wallenstein und Kepler ist für beide Seiten enttäuschend. Wallenstein zeigt wenig Interesse an Keplers Astronomie, tatsächlich ist er eher an astrologischen Beratungen interessiert. In jener Zeit gilt Astrologie durchaus als ernste Wissenschaft, und auch Kepler ist der Herstellung von Horoskopen keineswegs abgeneigt. Allerdings unterscheidet sich seine Einstellung doch wesentlich von der vieler seiner Kollegen. Die üblichen astrologischen Prophezeiungen bezeichnet Kepler als „schrecklichen Aberglauben" und „lästerliches Affenspiel".[10] Gleichwohl ist auch Kepler überzeugt, „daß der Himmel am Menschen etwas tut ... nur was er im besonderen tut, bleibt verborgen".[11] So schließt er: „Bei all meiner Kenntnis der Astrologie weiß ich nichts sicher genug, um es wagen zu können, dreist etwas Bestimmtes vorherzusagen."[12] Zeit seines Lebens beschränkte Kepler sich daher überwiegend auf die Erstellung von Charakterbildern, die Vorhersage exakter Ereignisse lehnte er ab. Auch seine Antworten auf Wallensteins konkrete Fragen sind stets ausweichend. Er beschränkt sich zumeist darauf, genaue Daten über die Planetenkonstellationen zu liefern, und überläßt es anderen Astrologen, diese als Grundlagen für Prophezeiungen in Wallensteins Auftrag zu verwenden.

Als Wallenstein 1630 vom Kaiser aus dem Dienst entlassen wird, glaubt Kepler, damit sei auch das Ende seiner Anstellung gekommen. Er macht sich auf den Weg nach Regensburg, wo unter Vorsitz des Kaisers gerade der Reichstag abgehalten wird. Kepler hofft, eine neue Stellung zu erhalten. Er trifft am 2. November in Regensburg ein. Wenige Tage später erkrankt er schwer. Am 15. November 1630 stirbt Johannes Kepler, auf dem St.-Peters-Friedhof zu Regensburg findet er seine letzte Ruhestätte. Der Friedhof wird im Verlauf des Dreißigjährigen Kriegs verwüstet, die von Kepler selbst verfaßte Grabinschrift bleibt jedoch erhalten:

Himmel durchmaß mein Geist, nun mess' ich die Tiefe der Erde;
Ward mir vom Himmel der Geist, ruht hier der irdische Leib.[13]

Albrecht Fölsing

Und er bewegt uns noch

Galileo Galilei, Wegbereiter der modernen Wissenschaft

Galileo Galilei ist wie keine andere der großen Gestalten der Wissenschaftsgeschichte zum Mythos geworden – in seinem Werk zum Symbol für die Geburt der Neuzeit aus dem Geiste wissenschaftlicher Vernunft und zugleich in seinem persönlichen Schicksal zum Symbol der dramatischen Konflikte, die in dieser epochalen Umwälzung aufgebrochen waren. Die objektiven Aspekte eines überwältigend optimistischen Neubeginns im Nachdenken über die Natur und die subjektive Tragik des von seiner Kirche geächteten alten Mannes sind wohl schon in seinem eigenen Selbstverständnis untrennbar miteinander verbunden. Drei Jahre vor seinem Tod schrieb er an den Pariser Intellektuellen Elia Diodati: „Und nun, verehrter Herr, ist Galileo, Euer Freund und Diener, unwiderruflich blind geworden: Ihr werdet verstehen, in welchem Elend ich mich befinde, wenn ich bedenke, wie dieser Himmel, diese Welt, dieses Universum, die ich durch meine wunderbaren Beobachtungen und klaren Beweise um hunderte und tausende Male erweitert habe gegenüber dem, was die Gelehrten vergangener Zeiten gesehen und gewußt haben, nun zusammengeschrumpft sind auf einen Raum nicht größer als mein Körper."[1]

Dieser Himmel, diese Welt, dieses Universum – diese Worte Galileis sind der pathetische Nachhall jenes Bewußtseinswandels, der die Menschen in der Renaissance erfaßt hatte und nun, ein Jahrhundert später, im Finale einer neuen Kosmologie, sich noch einmal manifestierte. Galileis Erweiterung des Himmels durch das Fernrohr, die Zerstörung der überlieferten Kosmologie und die Beseitigung der Sonderstellung der Erde im festgefügten Weltgebäude der Tradition: Dies alles erscheint wie eine Wiederholung der früheren Aufbruchsstimmung in kosmischen Dimensionen. Auch heute noch, nach einigen Mondlandungen und einem von Satelliten angefüllten Himmel über uns, wird diese von Galilei auf die Spitze getriebene „Kopernikanische Wende" von vielen Menschen nachempfunden, so daß sie nicht ohne Grund zur Metapher für den Prozeß der Geburt der modernen Wissenschaft geworden ist.

Aber Galilei hat nicht nur mehr gesehen als die Gelehrten vergangener Zeiten, er hat vor allem auch mehr gewußt, oder, präziser gesagt, er hat einen völlig neuen Zugang zur Natur erschlossen. Dadurch erweiterte er nicht nur die Wahrheit über die Natur, sondern er veränderte in radikaler Weise die Natur der Wahrheit. Für ihn war das „Buch der Natur" in der Sprache der Mathematik geschrieben, und auf dieser Grundlage entdeckte er ein neues Universum der Erkenntnis: das der Naturgesetze. Exemplifiziert an einfachen Beispielen wie schwingenden Pendeln oder Kugeln, die eine schiefe Ebene herunterrollen, demonstrierte er nicht nur, daß das „Buch der Natur" tatsächlich mathematisch abgefaßt ist, sondern daß die richtige Lektüre sicheres Wissen zu produzieren vermag. Nur auf Sinneserfahrung und überzeugende Beweise gestützt, entwickelte Galilei die Methodik exakter Forschung im fruchtbaren Dreiklang von Empirie, mathematischer Spekulation oder Hypothesenbildung und experimenteller Überprüfung. Dieses Paradigma wird wohl gültig bleiben, solange Menschen Naturgesetze aufdekken wollen.

Die Erkenntnis der Bewegungsgesetze einfacher mechanischer Systeme darf wohl als Galileis größte Leistung angesehen werden. Sie reicht in ihrer Bedeutung weit über die konkret behandelten Beispiele hinaus, denn in exemplarischer Weise verkörpert sie die Erfindung und theoretische Begründung jenes Verfahrens, mit dem man seither zu immer neuen Entdeckungen voranschreiten konnte: die moderne Naturwissenschaft. Die Entdeckung der Gesetzlichkeit der Natur ist der entscheidende Bruch mit der Tradition und stellt – bei aller bewußtseinserschütternden Breitenwirkung der Kopernikanischen Wende – viel eher als diese den eigentlich rationalen Kern der wissenschaftlichen Revolution dar.

Zudem wurde Galilei nicht nur durch das Fernrohr, sondern vor allem durch seine Mechanik in den Stand gesetzt, die handfesten Einwände des gesunden Menschenverstandes und die subtilen der akademischen Gelehrsamkeit gegen eine sich gleich zweifach drehende Erde auszuhebeln und durchschlagende Argumente für das kopernikanische System beizubringen – wenigstens für sich selbst und alle diejenigen, die ihm in seiner Argumentationsweise folgen konnten.

Galilei hat damit auch den Begriff des „Universums" als der „Einen Welt" erst in sein Recht eingesetzt, einer Welt ohne die überlieferte Trennung in eine irdische und eine himmlische Sphäre. Letztere galt seit Aristoteles als von einer fünften Substanz erfüllt, einer *quinta essentia*. Für die traditionelle Astronomie freilich waren die Planeten nach Plato göttlichen Ursprungs und die Himmelssphären mit göttlichen Eigenschaften ausgezeichnet. Deshalb liefen die Sterne auf als vollkommen geltenden Kreisbahnen um die Erde, und deshalb mußte das gleiche auch für die Planeten gelten, selbst wenn es erhebliche Schwierigkeiten bereitete, die verschlungenen Wege insbesondere der „äußeren" Planeten durch artifizielle Kombinationen von Kreisbewegungen darzustellen oder, in spätantiker Sprache, „die Erscheinungen zu retten".

Astronomie war in dieser Tradition angewandte Mathematik zur Bestimmung der Sternörter auf der Grundlage einer ausgefeilten Geometrie, die freilich nur Kreise zuließ, weil die Lehre von der „fünften Substanz" das so verlangte. Für eine Physik oder eine Mechanik der Planeten in diesem Kosmos der himmlischen Sphären war weder ein Platz noch eine Notwendigkeit. Auch das große Werk des Kopernikus ist im Wesentlichen angewandte Geometrie, freilich von einem anderen und damals völlig neuen Standpunkt aus, dem der Sonne als Mittelpunkt des Planetensystems und damit bei Kopernikus auch der Welt.

Erst Galilei hat behauptet und mit nicht immer ganz richtigen Argumenten dafür plädiert, daß die Bewegung der Himmelskörper als eine mechanische aufgefaßt werden müsse und damit auch erklärt werden könne, ganz so wie Bewegungen auf der Erde. Dies freilich konnte nur im kopernikanischen System gelingen. Dadurch wurde Galilei zum größten Propagandisten des Kopernikus. Alle seine Forschungen ab seinem 45. Lebensjahr, vor allem auch seine mechanischen, sind letztlich von dem Ziel bestimmt nachzuweisen, daß in der Lehre des Kopernikus tatsächlich die Wahrheit über den Aufbau der Welt zum Ausdruck kommt.

In dieser Debatte erwies sich Galilei nicht nur als ein Meister der Forschung, sondern auch als ein Virtuose des sprachlichen Arguments und des literarischen Stils. Neben Tasso und Ariost liebte er besonders Dante, dank dessen *Göttlicher Komödie* die Sprache seiner Heimatstadt Florenz sich zur italienischen Hochsprache entwickelt hatte. Der Florentiner Galileo Galilei lebte nicht nur in dieser literarischen Tradition, sondern er entwickelte sie in seiner wissenschaftlichen Prosa zu einem Stil voller Klarheit und Schönheit, die ihn italienischen Literaturwissenschaftlern als einen „Urquell der neueren Kunstprosa Italiens"[2] erscheinen läßt.

Nicht zuletzt wegen seiner überragenden literarischen Fähigkeiten wurde er zugleich Anlaß und Opfer einer weiteren großen Auseinandersetzung von prinzipieller Bedeutung für die Geburt der Neuzeit, bei der es um das Recht des Wissenschaftlers auf die Freiheit seiner Gedanken und Mitteilungen ging. Wenn er selbst dieses Recht auch verlor, so errang er es doch für die Nachfolgenden.

Dieser Mann wurde am 15. Februar 1564 in Pisa geboren. Die Galilei waren eine Jahrhunderte zurückreichende Familie aus dem florentinischen Patrizieradel, die inzwischen freilich mehr vom Ruhm der Vergangenheit als vom Reichtum lebte. Sein Vater Vincenzio Galilei war ohne Vermögen, aber hochgebildet. Durch seine Kompositionen für Laute und seine musiktheoretischen Schriften ist er nicht nur als Vater des großen Naturforschers, sondern auch aus eigenem Recht in die Geschichte eingegangen. Seine beiden Söhne entwickelten ebenfalls beachtliche musikalische Talente, Galileo zeitlebens als geschmackvoller Amateur und der jüngere Michelangelo als Hofmusiker in München.

Abb. 27: Bildnis von Galileo Galilei in seinem Buch *Il Saggiatore* (1623). Wurden Kopernikus' und Keplers Erkenntnisse noch als mathematische Hypothese toleriert, so setzte Galilei dem klerikalen Weltbild die neu erkannten Vorgänge am Himmel als objektive Wahrheit entgegen.

In Florenz besuchte Galileo eine Klosterschule und bezog anschließend die Universität in Pisa. In der Tradition und auf Wunsch der Familie sollte er die einträgliche Karriere eines Mediziners einschlagen, hatte aber schon zuvor beschlossen, sich der damals eher brotlosen Kunst der Mathematik zu verschreiben. Sein Vater ließ ihn nicht nur gewähren, sondern förderte noch die Kontakte zu den Lehrern der Florentiner Kunstakademie, die Galilei mit der Euklidischen Geometrie und den Schriften des Archimedes bekannt machten. Erste Untersuchungen über die hydrostatische Waage und über den Schwerpunkt von Körpern erregten das Interesse hochgestellter Gönner, so daß Galilei im Alter von 25 Jahren erneut nach Pisa zurückkehrte, dieses Mal als Professor für Mathematik. Am 12. November 1592 hielt er seine Antrittsvorlesung.

Das Gehalt war bescheiden: Mit 60 Scudi im Jahr war es weniger als ein 30stel der 2000 Scudi, die der berühmteste Medizinprofessor einstrich. Diese Gehaltsabstufung entsprach aber durchaus der geringen Wertschätzung von Mathematik und Naturwissenschaft an den traditionsorientierten Universitäten.

Die Jahre in Pisa leben fort in der Legende, Galilei habe dort die Fallgesetze gefunden, indem er Steine vom damals schon berühmten Schiefen Turm geworfen habe. Aller Wahrscheinlichkeit nach hat er jedoch niemals etwas vom Campanile geworfen, und mit Sicherheit hat er dort nicht die Fallgesetze gefunden. Das gelang ihm erst in Padua, wo er 1592 den Lehrstuhl für Mathematik erhielt und sein Gehalt auf das Dreifache des Pisaner Salärs steigern konnte. Da die hochberühmte Universität von Padua zur Republik Venedig gehörte, herrschte hier ein freier Geist jenseits der Einflußmöglichkeiten der Kirche, denn die Inquisition durfte auf venezianischem Staatsgebiet nicht ohne vorherige Einwilligung des Dogen tätig werden. In Padua und in Venedig trafen sich Gelehrte und kluge Amateure in den Palazzi der Patrizier, gründeten wissenschaftliche Vereine und diskutierten die mannigfaltigsten Probleme, von der Seefahrt über die Konstruktion von Uhren bis zur Bahn einer Kanonenkugel.

In diesen wissenschaftlichen Salons fand der junge Professor Galilei dank seiner brillianten Beredsamkeit bald ein dankbares Publikum. Seine schon in Pisa und Florenz erworbenen Erfahrungen in den universitätsfremden Künsten der Ingenieure vermehrte er durch regelmäßige Besuche in den Arsenalen von Venedig, wo die mächtige Kriegs- und Handelsflotte der Seerepublik gebaut wurde.

18 Jahre verbrachte Galilei in Padua, zwar angesehen, aber nicht berühmt. Ständig klagte er über Geldmangel und die Dummheit seiner adeligen Privatschüler. Mit einer Venezianerin namens Marina Gamba teilte er zwar nicht das Haus, aber doch das Bett, und er hatte mit ihr einen Sohn und zwei Töchter. Später adoptierte er die „in Buhlschaft" geborenen Kinder, steckte die Töchter aber, zur Vermeidung kostspieliger Aussteuern, in ein Kloster.

Wenn man den Maßstab von Veröffentlichungen anlegt, so sind die wissenschaftlichen Früchte dieser Jahre sehr bescheiden. Lediglich eine Broschüre über ein Rechengerät, der *Geometrische und militärische Zirkel,* wird gedruckt. An der Universität trägt er die traditionellen Lehren vor. Daß er in der Astronomie schon andere Gedanken als die offiziellen hegt, geht nur aus einem Brief des Jahres 1597 hervor, in dem er sich bei Kepler für die Übersendung von dessen Erstlingswerk, dem *Mysterium Cosmographicum,* bedankt: „Ich verspreche, Euer Buch in Ruhe zu lesen in der Gewißheit, die bewundernswertesten Dinge darin zu finden. Das tue ich um so freudiger, als ich mir die Lehre des Kopernikus vor vielen Jahren zu eigen machte und sein Standpunkt es mir ermöglichte, viele Naturerscheinungen zu erklären, die nach der landläufigen Hypothese gewiß unerklärlich bleiben. Ich schrieb viele Beweisgründe auf, um ihm beizustehen und den gegenteiligen Standpunkt zu verwerfen – die ich indes bis jetzt noch nicht ans Licht der Öffentlichkeit zu bringen wagte, da mich das Schicksal des Kopernikus, unseres Lehrers, schreckte, der, obgleich er bei einigen unsterblichen Ruhm erlangte, den unendlich vielen ein Gegenstand des Spotts und des Hohns ist."[3]

Niemand ist in der Lage, auch nur eine Spur der Beweise zu rekonstruieren, über die der geheime Kopernikaner Galilei hier verfügt haben will. Außerdem ist es im nachhinein nur schwer zu verstehen, warum Galilei so viel mehr Angst als Kepler vor einem öffentlichen Bekenntnis zum kopernikanischen System hatte – schließlich hatte die katholische Kirche von dieser Ketzerei noch gar nichts bemerkt.

Rekonstruieren lassen sich aber, dank erhalten gebliebener Konvolute von Aufzeichnungen, die Experimente mit der Schiefen Ebene. Wie er dabei vorging, ist in seiner Handschrift so eindeutig belegt, daß wir getrost die Schilderung aus seinem Alterswerk, den *Discorsi,* für bare Münze nehmen können. Danach hat sich in Galileis Haus in Padua jahrelang ungefähr folgendes zugetragen: „Auf einem Lineal, oder sagen wir auf einem Holzbrett von zwölf Ellen Länge ... war eine Rinne von etwas mehr als einem Zoll Breite eingegraben ... In dieser Rinne ließ man eine sehr harte, völlig runde und glattpolierte Messingkugel laufen. Nach Aufstellung des Brettes wurde dasselbe auf einer Seite angehoben, bald eine, bald zwei Ellen hoch; dann ließ man die Kugel durch den Kanal fallen und verzeichnete ... die Fallzeit für die ganze Strecke ... Bei wohl hundertfacher Wiederholung fanden wir stets, daß die Strecken sich verhielten wie die Quadrate der Zeiten, und dieses für jede Neigung der Ebene."[4]

Wenn man einen Geburtstag der exakten Naturwissenschaften postulieren will, dann wäre das der 16. Oktober des Jahres 1604. An diesem Tage nämlich hatte Galilei das erstemal mit dem an der Schiefen Ebene gewonnenen Fallgesetz ein Naturgesetz niedergeschrieben, und zwar in einem Brief an seinen Freund Paolo Sarpi, einen Mönch und theologischen Consultor der Republik Venedig.

Die kopernikanische Frage hat auf den ersten Blick nicht viel mit der Schiefen Ebene zu tun, und doch dürfte Galilei neben seiner Fallrinne intensiv an die Planeten und ihre Bewegung gedacht haben. Gewiß hat er die Mechanik als eine eigenständige Wissenschaft aus originärem Interesse vorangetrieben, ebenso gewiß ist aber auch, daß er in der Mechanik die einzige Möglichkeit sah, die traditionellen Einwände gegen das heliozentrische System zu widerlegen oder es gar als die wahre Konstitution der Welt zu beweisen. Den Weg dazu wies ihm das Konzept der Trägheitsbewegung, das er aus seinen Beobachtungen an nur gering geneigten Fallrinnen herausdestilliert haben dürfte. In der Extrapolation zu verschwindender Neigung der Schiefen Ebene hatte er erkannt, daß eine mit konstanter Geschwindigkeit rollende Kugel diese Geschwindigkeit nicht ändern wird, sondern in ihrer Bewegung ohne erkennbare Ursache fortfährt.

Diese Trägheitsbewegung sollte nur in kleinen Abmessungen entlang einer geometrischen Geraden verlaufen, solange sich der Unterschied einer Ebene zu der gekrümmten Oberfläche der Erde nicht bemerkbar macht. Im großen allerdings verstand sie Galilei als kreisförmig, zweifellos auch, aber nicht nur, in Anlehnung an die tradierte Lehre von der „vollkommenen" Kreisbewegung, denn vor allem wollte er zwei Ziele erreichen: Erstens wurde ihm durch diese Annahme plausibel, warum man auf einer rotierenden Erde von der Drehung nichts bemerken kann, und zweitens konnte er die Planetenbewegung – dies allerdings nur im kopernikanischen System – als eine natürliche Trägheitsbewegung auffassen, die den „Ersten Beweger" oder ähnliche Konstruktionen aus der aristotelischen Kosmologie überflüssig machte. Und vielleicht ließ sich gar aus dem Phänomen von Ebbe und Flut ein positiver Beweis für die Erdrotation herleiten.

Allerdings war die Mechanik der Paduaner Jahre noch ein Fragment ohne die axiomatische Geschlossenheit, in der sie drei Jahrzehnte später in den *Discorsi* präsentiert wurde. Mehr als ein Gefühl für die Richtigkeit des kopernikanischen Systems hatte Galilei seinen Überlegungen zur Bewegung wohl kaum entnehmen können, aber sein Physikerinstinkt wird ihn zugleich davon überzeugt haben, daß er auf der richtigen Spur zur Erklärung wirkender Kräfte war.

Da erstand ihm urplötzlich ein neues Werkzeug, das seinen Gesichtskreis um ungeahnte Dimensionen erweiterte. Irgendwann im Jahre 1609 hatte ihn das Gerücht erreicht, daß von einem Holländer oder einem Belgier ein Augenglas erfunden worden sei, mit dessen Hilfe man sichtbare Gegenstände, mochten sie auch weit vom Auge des Betrachters entfernt sein, so deutlich wahrnahm, als sähe man sie aus der Nähe. Der in handwerklichen Dingen überaus geschickte Galilei besorgte sich Linsen und Bleirohre, fand nach einigem Probieren eine brauchbare Konstruktion und empfahl sogleich dem Dogen das Fernrohr für die Zwecke der Seefahrt, insbesondere im Krieg. Die entzückten Venezianer wandelten sogleich die befristete Anstellung ihres tüchtigen Mathematikprofessors in eine lebenslange um und verdoppelten sein Gehalt.

Eine weitaus bedeutsamere Belohnung wurde Galilei zuteil, als er nachts im Garten seines Hauses sein Fernrohr zum Himmel richtete. Als erstem Menschen erschloß sich ihm eine neue Welt, die er wie in einem Rausch eroberte. Nach neun Monaten konnte Galilei die aufregenden Neuigkeiten, die er jede Nacht gesehen hatte, nicht länger für sich behalten. Schnell schrieb er ein Büchlein, dem er den etwas zweischneidigen Titel *Sidereus Nuncius* gab. Das kann einmal als „Botschaft von den Sternen" verstanden werden, andererseits aber auch als „Sternenbote", womit sich der Autor wohl selbst meinen würde, und letztere Interpretation wurde ihm schon bald als frevelhafte Anmaßung angekreidet.

Als ersten Himmelskörper inspizierte und beschrieb Galilei den Mond. Deutlich erkannte er weite Ebenen und Gebirge und entwickelte schnell eine Methode, die Höhe der Berge auf dem Mond durch die Länge ihrer Schatten zu messen. Die dunklen Ebenen, die Galilei mit seinem Fernrohr im Antlitz des Mondes ausmachte, interpretierte er als große Wasserflächen, als lunare Meere. Dieser Irrtum lebt bis heute in der Bezeichnung etwa des *Mare crisium* fort. Galilei beflügelte diese Überinterpretation jedoch zu einer kühnen Angleichung von Erde und Mond. Im *Sidereus Nuncius* schrieb er, „daß der Mond keineswegs eine sanfte und glatte, sondern eine rauhe und unebene Oberfläche besitzt und daß er, ebenso wie das Antlitz der Erde selbst, mit ungeheuren Schwellungen, tiefen Mulden und Krümmungen überall dicht bedeckt ist".[5]

Selten zuvor war der himmlische Status des Mondes, den er gemäß der Doktrin des Aristoteles eingenommen hatte, in Zweifel gezogen worden. Die lunare Sphäre galt als Trennscheide zwischen der vergänglichen Welt

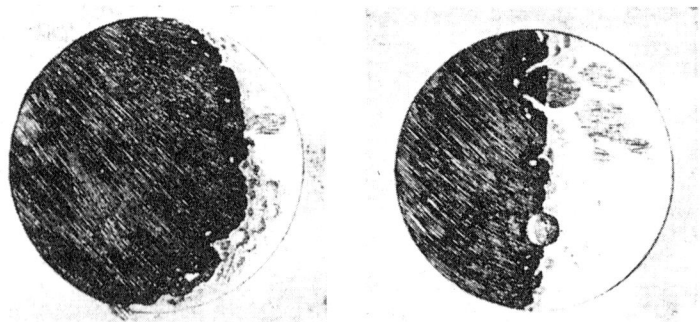

Abb. 28: Galilei-Zeichnungen vom Mond. Sie zeigen den zunehmenden Mond und den Halbmond. Mit seinem Fernrohr sah Galilei Berge, Vertiefungen und Krater.

des Irdischen und dem ewigen göttlichen Kosmos. Wenn nun der Mond der Erde verdächtig ähnlich wurde, so war das zwar noch kein Argument für das kopernikanische System, aber doch ein starkes Argument gegen die überkommene Zweiteilung des Universums. Ganz ähnlich erschienen Galilei auch die Planeten, nämlich „als Kugeln, vollkommen rund und deutlich begrenzt, wie kleine lichtüberflutete Monde anmutend".

Völlig anders dagegen die Fixsterne, die das Fernrohr nicht vergrößerte, aber ihre Anzahl erheblich vermehrte. Unzählige Himmelskörper, die mit dem bloßen Auge nicht sichtbar sind, wurden nun ins Blickfeld geholt und vermittelten einen Eindruck von den unendlichen Weiten des Kosmos, in denen sich das Band der Milchstraße in viele Einzelsterne auflöste.

Die schönste und aufregendste Entdeckung aber, der Galilei auch den größten Teil seines Büchleins widmete, war die von vier Trabanten des Jupiters, die er zu Ehren der Regenten seiner Heimatstadt Florenz die „Mediceischen Sterne" nannte. Ausdauernde, den ganzen Winter und das Frühjahr in Anspruch nehmende Beobachtungen führten Galilei zu der Überzeugung, daß die vier Monde um den Jupiter umlaufen müssen. Dieses Sonnensystem im kleinen war für Galilei das durchschlagendste Argument zugunsten des kopernikanischen Systems.

Der *Sternenbote* machte Galilei mit einem Schlag zum berühmtesten Astronomen nicht nur Italiens, sondern ganz Europas. Des akademischen Unterrichts überdrüssig, konnte der nunmehr 45jährige Galilei unter höchst ehrenvollen Umständen nach Florenz zurückkehren: Er wurde „Mathematicus Primarius" des Großherzogs von Toskana mit üppigem Gehalt, aber praktisch ohne Dienstpflichten.

In Florenz glückten weitere Entdeckungen: die Saturnringe und insbesondere die Phasen der Venus. In seinem Fernrohr erkannte Galilei deutlich, daß dieser Planet sich dem Beobachter ähnlich wie der Mond darbietet, also sogenannte Phasen zeigt: mal voll, mal rund, mal sichelförmig und mitunter auch überhaupt nicht zu sehen. Diese Phasen sind nur dadurch zu erklären, daß die Venus nicht um die Erde läuft, sondern die Sonne umkreist und das Sonnenlicht reflektiert. Fortan sprach und schrieb Galilei wie ein Verliebter von der „gehörnten Venus", da sie ihm als der schönste und überzeugendste Beweis zugunsten des kopernikanischen Systems galt.

So grenzenlos wie das Universum schien auch bald Galileis Ruhm. Überall wurde er über die Maßen bewundert, sogar von den kirchlichen Gelehrten und Würdenträgern in Rom. Eine Reise in die Heilige Stadt im Jahre 1611 wurde zu einem wahren Triumph. Die *Accademia dei Lincei,* eine Gesellschaft der „Luchsäugigen" zur Erforschung der Natur, wählte Galilei sogleich zu ihrem Mitglied und veranstaltete zu seinen Ehren rauschende Feste. Der Papst empfing ihn in Audienz, und das Jesuitenkollegium ehrte ihn durch einen Tag dauernde Feierlichkeiten. Ein Kardinal brachte die Begeisterung auf folgenden Nenner: „Lebten wir noch in der alten Republik Rom, ich glaube wahrhaftig, auf dem Kapitol wäre eine Säule zu Ehren Galileis errichtet worden.«[6]

Aber schon während dieser Triumphe brauten sich Kontroversen zusammen, die Galilei sein ganzes weiteres Leben hindurch beschäftigen sollten. Als er in seinen *Briefen über die Sonnenflecken* erstmals offen für das kopernikanische System eintrat, hatte er die stillschweigende Übereinkunft mit den kirchlichen Autoritäten verletzt, diese Frage nur als mathematische Hypothese zu diskutieren und nicht etwa als wahre Aussage über die Struktur der Welt zu behaupten. Da Galilei sein Plädoyer auch noch in brilliantem Italienisch geschrieben hatte, fühlten sich viele Theologen im Interesse der Rechtgläubigkeit ihrer Schäfchen nachgerade verpflichtet, an die Unvereinbarkeit der kopernikanischen Lehre mit der Heiligen Schrift zu erinnern, wobei sie sich auf ziemlich entlegene, jedenfalls nicht zentrale Aspekte des christlichen Glaubens betreffende Stellen beriefen.

Fortan war Galilei nicht nur Naturforscher, sondern er entpuppte sich als ein mit allen Wassern subtiler Disputationskunst gewaschener Theologe, der seinen Gegnern immer wieder klar zu machen versuchte, daß „die Bibel uns lehrt, wie wir in den Himmel kommen, aber nicht, wie die Himmelskörper sich bewegen". Als treuer Sohn seiner Kirche, der er immer war und der er immer bleiben wollte, waren ihm Argumente für die Vereinbarkeit des christlichen Glaubens mit der neuen Wissenschaft ebenso wichtig wie seine Argumente für diese neue Wissenschaft. Die klügeren unter seinen Opponenten haben jedoch zumindest geahnt, daß Galileis Etablierung einer wissenschaftlichen Wahrheit unabhängig von jeder Offenbarung nicht nur die Heilige Schrift interpretationsbedürftig machen könnte, sondern letztlich dazu führen mußte, daß die Harmonie der beiden Wahrheiten – der Offenbarung in Gottes Wort einerseits und in Gottes Werken andererseits – ihre jeweilige Unabhängigkeit voneinander zur Voraussetzung hat.

Aber die in der Gegenreformation erstarrte katholische Kirche verfügte nicht mehr über die geistige Elastizität, um auf diese Fragen angemessen reagieren zu können. 1616 wurde die kopernikanische Lehre von der Indexkongregation verboten und Galilei wohl ermahnt, dieses System künftig nur noch als mathematische Hypothese zu diskutieren, vielleicht geeignet zur Berechnung von Planetenpositionen, jedoch nicht als Aussage über die wahre Konstitution der Welt.

Galilei gehorchte auf seine Weise, indem er in immer neuen Schriften und öffentlichen Briefen vorsichtig die Grenzen kirchlicher Toleranz abklopfte. 1632 reichte er seinen endlich fertiggestellten großen *Dialog über die beiden Weltsysteme* bei der Zensur ein. Der *Dialog* kann, abgesehen von seinem bahnbrechenden sachlichen Gehalt, als ein raffinierter und geradezu schalkhafter Versuch gelesen werden, die kirchlichen Gebote scheinbar zu befolgen, sich tatsächlich jedoch darüber hinwegzusetzen. Mit dieser überaus gelungenen Camouflage gelang es Galilei, die Bedenken der Zensoren zu überspielen und nach längerem Antichambrieren und unter Einschaltung hochgestellter Freunde und Gönner die Druckerlaubnis zu erhalten, und dies gleich zweimal, in Rom und in Florenz.

Der *Dialog* war ein ungeheurer literarischer Erfolg, aber wenige Monate nach seinem Erscheinen zeigte sich, daß Papst Urban VIII., der als Kardinal Barberini einst Galileis Freund und Gönner war, und auf sein Geheiß nun auch die Heilige Inquisition für den feinen Humor Galileis nicht das adäquate Verständnis aufbringen konnten. Trotz doppelter Druckerlaubnis wurden das Buch verboten und sein Autor nach Rom zitiert, um sich dort einem Verfahren der Heiligen Inquisition zu stellen, ein Befehl, dem sich Galilei nicht entziehen und vor dem ihn seine Gönner nicht mehr schützen konnten.

Nun war es für die zwar allmächtige, aber doch an Verfahrens- und Kirchenrecht gebundene Inquisition nicht gar so einfach, den Autor eines mit kirchlichem Imprimatur versehenen Buches abzustrafen. Deshalb war der Dreh- und Angelpunkt des Prozesses auch nicht das verbotene Buch, sondern die siebzehn Jahre zurückliegende Ermahnung Galileis hinsichtlich der kopernikanischen Lehre aus dem Jahre 1616. Galilei berief sich auf ein Schreiben des damaligen, mittlerweile verstorbenen Großinquisitors Kardinal Bellarmin, nach dem ihm aufgegeben war, die inkriminierte Lehre nur *ex suppositione* zu behandeln, also nur als mathematische Hypothese oder als Rechenhilfswerk. Die Ankläger produzierten aus ihren Akten jedoch eine Protokollnotiz vom 26. Februar 1616, nach der Galilei befohlen worden war, die kopernikanische Auffassung nicht nur nicht als wahr zu behaupten und zu verteidigen, sondern sie auch „nicht zu lehren, in keiner Weise, weder in Wort noch Schrift". Nicht nur der Umstand, daß Galilei sich an einen solchen Befehl nicht erinnern konnte, sondern auch eine minutiöse Inspektion der Akten spricht dafür, daß diese Protokollnotiz nicht etwa 1616, sondern erst unmittelbar vor dem Prozeß niedergeschrieben worden war.

Diese obskure, aller Wahrscheinlichkeit nach gefälschte Protokollnotiz erfüllte insofern ihren Zweck, als es den Anklägern in einem über viele Wochen sich hinziehenden Katz- und Maus-Spiel gelang, Galileis Widerstandswillen zu brechen, zumal noch viele andere, nicht eben von christlicher Nächstenliebe getragene Manöver ins Spiel gebracht worden waren. Und über allem schwebte die Erinnerung an Giordano Bruno, der im Jahre 1600 wegen seiner Häresien auf dem Campo dei fiori verbrannt worden war. Am 22. Juni 1633 endete der Prozeß mit Galileis förmlicher Abschwörung der kopernikanischen Lehre im Dominikanerkonvent Santa Maria sopra Minerva.

Eine viel später entstandene Legende will, daß er unmittelbar nach der niederdrückenden Zeremonie mit dem Fuße aufgestampft und sein *Eppur si muove!* – sein *Und sie bewegt sich doch!* – ausgerufen haben soll. Aber wie manche Legenden ist auch diese nicht ganz ohne Substanz: Gedacht hat das Galilei gewiß, und wenn er es leise gemurmelt haben sollte, werden sich die

Kardinäle bemüht haben, es nicht zu hören, denn sonst wäre der Weg zum Scheiterhaufen wohl unvermeidlich gewesen.

Wenn Galilei auch seine letzten Lebensjahre als kranker, alter Mann unter Aufsicht der Inquisition verbringen mußte und sein Begräbnis kein Aufsehen erregen durfte, war er doch der Riese, auf dessen Schultern alle gestanden haben, die weiter gesehen haben als er. Und trotz seiner tragikumwitterten Lebensgeschichte bleibt er wegen seiner überragenden schriftstellerischen Fähigkeiten, seinem Witz und seiner Eleganz die beste Quelle für all jene Facetten der Erkenntnis, die uns nicht belehren, sondern auch erfreuen.

Matthias Schramm

Die Gesetze der Himmelsmechanik

Newtons Principia – Geometrie der Impulse und Gravitation

Mit seinen *Naturalis philosphiae principia mathematica,* den im Jahre 1687 von der Royal Society in London herausgegebenen *Mathematischen Prinzipien der Naturphilosophie,* hat Isaac Newton eine neue Wissenschaft geschaffen: die Himmelsmechanik. Mit ihr hat die Astronomie die Grundlage erhalten, auf der sie bisher weitergearbeitet hat. Newtons Werk wurde darüber hinaus zum Vorbild und Muster exakter Naturwissenschaft überhaupt.

Welche Problemlage hat Newton vorgefunden? Die Griechen waren bei der Messung von Raum und Zeit ausgegangen von unserer Erde und dem Umlauf des Fixsternhimmels um sie herum. Kopernikus hatte all dies in Frage gestellt. Vor allem hatte er erkannt, daß Sonne und Planeten ein System bilden. Kepler hat das genutzt, um die Gesetze des Planetenlaufs zu ermitteln. Tycho Brahes Präzisionsbeobachtungen lehrten ihn, daß Zirkel und Lineal dazu nicht ausreichen und Konstruktionsmittel ganz anderer Art erforderlich werden. Denn Keplers Gesetze verlangen, daß erstens die Planeten in Ellipsen mit der Sonne in einem Brennpunkt umlaufen; daß zweitens der Verbindungsstrahl von der Sonne zum Planeten in gleichen Zeiten gleiche Flächen überstreicht; und daß drittens die Quadrate der Umlaufzeiten sich verhalten wie die dritten Potenzen der großen Bahnachsen. Auch der Mond schien näherungsweise den beiden ersten Gesetzen mit der Erde als Zentralkörper zu genügen, abgesehen von einer Reihe unerklärlicher Störungen. Galilei hatte mit den vier Jupitertrabanten ein alle drei Gesetze erfüllendes Untersystem gefunden (siehe dazu den Beitrag von Rainer Kayser: *Die Harmonie der Welt*). Galilei hatte neben seinen astronomischen Entdeckungen die Frage des kopernikanischen Systems in eine ganz andere Richtung vorangetrieben. Hatte Kopernikus recht und wurde unsere Erde in einer zweifachen Bewegung durch den Raum gewirbelt, so mußten die selbstverständlichsten mechanischen Abläufe zum Problem werden. Galilei hatte zu diesem Zweck das Programm einer neuen Mechanik entwickelt. Er hat jedoch die Ausführung dieses Programms nicht mehr erlebt. Wohl hat er dazu zwei wichtige Beiträge geleistet: Er sah ein, daß Bewegungen auch ohne einen Antrieb, wie Aristoteles ihn stets gefordert hatte, fortbestehen können. Und er erkannte: Beim freien Fall wächst die Geschwindigkeit proportional zur Zeit, und zwar bei großen und kleinen, leichten und schweren Körpern nach demselben Proportionalitätsfaktor. Die Abweichungen von diesem Gesetz gehen zu Lasten des Luftwiderstands.

Damit ist der Rahmen umrissen, innerhalb dessen Newton seine *Principia* geschaffen hat. Als Erfahrungsgrundlage dienten ihm nicht die Einzelbeobachtungen, sondern die drei Gesetze, die Kepler aus ihnen geschaffen hatte. Es ist eine in hohem Maß bearbeitete, vermittelte Erfahrung. Formal war dieser Rahmen durch das Programm Galileis zu einer neuen, kosmischen Mechanik vorgegeben. Trägheitsbewegung und Fallgesetz haben Newton bei der Ausführung dieses Programms wichtige Dienste geleistet.

Wer war Isaac Newton? Er wurde am Weihnachtstage des Jahres 1642 in der ländlichen Gemeinde Woolsthorpe in Lincolnshire geboren, knapp ein Jahr nach dem Tode Galileis. Da er für die Landwirtschaft wenig Begeisterung und Anstelligkeit zeigte, wurde er auf die Lateinschule und 1660 ins Trinity College nach Cambridge geschickt. Er scheint sich bei seinen Studien nicht hervorgetan zu haben und legte 1665 sein Examen ohne besondere Auszeichnung ab. Im selben Jahr mußte die Universität infolge der letzten großen Pestseuche schließen. Newton zog sich in sein Häuschen in Woolsthorpe zurück, das er nicht ohne Stolz seinen Landsitz nannte. Dort hat er in völliger Zurückgezogenheit mit geradezu unvorstellbarer Anspannung all seiner Kräfte gearbeitet. An erster Stelle stand die Mathematik, die Newton um Verfahren der Differential- und Integralrechnung bereicherte. Er hat sich damit ein Werkzeug geschaffen, wie es kein anderer besaß.

In der Abgeschiedenheit von Woolsthorpe hat Newton mit der ihm eigenen Geschicklichkeit eine Serie von optischen Experimenten angestellt, durch die er nachwies, daß unser weißes Licht sich aus Licht aller Spektralfarben zusammensetzt. Für uns ist Newtons Lehre zur Selbstverständlichkeit geworden. Seinerzeit meinte man, das weiße Licht werde durch ein Prisma „modifiziert", und Newton stieß weithin auf völliges Unverständnis, als er der Royal Society 1672 seine *Neue Theorie von Licht und Farben* unterbreitete. Die Royal Society hatte Robert Hooke damit betraut, experimentelle Fortschritte zu überprüfen und über sie zu berichten. An den Experimenten Newtons fand der Berichterstatter nichts auszusetzen, doch meinte er, seine eigene Theorie erkläre alles genausogut. Newton suchte, völlig zu Recht, zu zeigen, daß Hooke irrte. Hooke wandte auch ein, daß die neue Theorie gewisse Farberscheinungen, die er bei dünnen Schichten entdeckt hatte, nicht zu erklären vermochte. Es kam zu einer Polemik, die mit einem Zerwürfnis endete.

Hooke war einer der hervorragendsten Experimentatoren seiner Zeit, von einer geradezu atemberaubenden Vielseitigkeit, und er quoll über von Ideen, die im einzelnen auszuführen er kaum die Zeit fand. Newtons analytische Beharrlichkeit fehlte ihm völlig. Außerdem war Hooke ein leidenschaftlicher Streithahn. Newton seinerseits hatte eine fast krankhaft zu nennende Furcht vor öffentlicher Kritik und Polemik, in der ihn diese Erfahrung noch bestärkte. Mehr Beifall fand Newton mit einem von ihm entworfenen und gebauten Spiegelteleskop, dem ersten seiner Art. Bis hin zum Guß des Spiegels aus einer eigens dafür entwickelten Metallegierung und bis zum komplizierten Schliff hatte Newton alles eigenhändig ausgeführt. Gewiß ist, daß schon dieser Beitrag Newton, der viel zu kurzsichtig war, um die Früchte seiner Arbeit selbst ernten zu können, dauernden Ruhm in der Geschichte der Astronomie gesichert hätte.

Mathematik und Optik waren also die wichtigsten Gegenstände, die ihn in seiner Klausur in Woolsthorpe beschäftigten. Gehörte auch die Himmelsmechanik zu ihnen? Die Antwort auf diese Frage enthält ein Memorandum aus der Feder Newtons, das er um sein 70. Lebensjahr verfaßt hat. Über das „Jahr der Wunder" berichtet Newton dort: „In demselben Jahr begann ich eine Ausdehnung der Schwerkraft bis zur Mondbahn in Betracht zu ziehen;

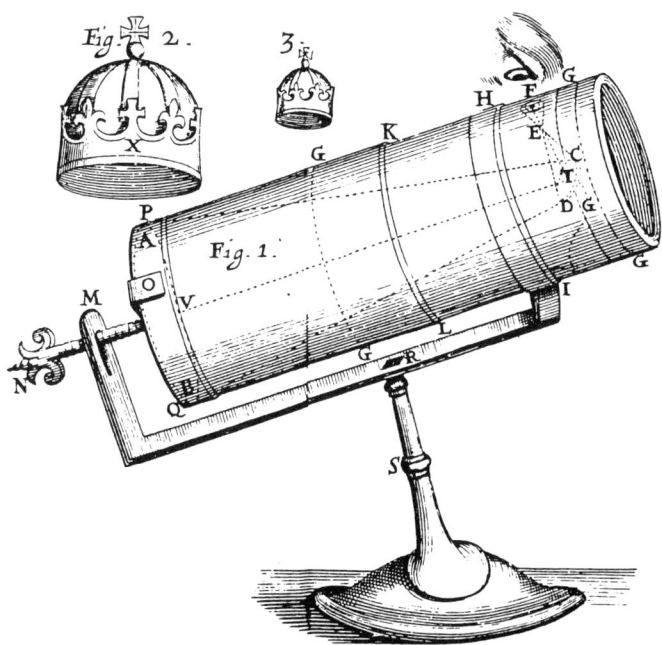

Abb. 29: Isaac Newtons Spiegelteleskop (1672). Newton prüfte sein Gerät an der Krone eines Wetterhahns auf einem 300 Fuß entfernten Gebäude und machte durch ihre beiden Abbildungen klar, was sein Teleskop im Verhältnis zu den üblichen Fernrohren leistete.

und da ich herausgefunden hatte, wie die Kraft zu schätzen sei, mit der eine in einer Sphäre umlaufende Kugel auf die Oberfläche der Sphäre drückt, leitete ich aus der (3.) Regel Keplers ... ab, daß die Kräfte, welche die Planeten in ihren Bahnen halten, umgekehrt sein müssen wie die Quadrate der Abstände von den Zentren, um welche sie umlaufen: und mittels dessen verglich ich die Kraft, die erforderlich ist, um den Mond in seiner Bahn zu halten, mit der Kraft der Schwere auf der Erdoberfläche und fand, daß sie einander mit recht guter Näherung entsprechen. All das geschah in den beiden Pestjahren 1665 und 1666; denn in jenen Tagen stand ich im goldenen Alter meiner Erfindungskraft, und Mathematik und Philosophie beschäftigten mich mehr als zu irgendeiner Zeit."[1]

Der Grundgedanke scheint einfach: Newton hat die Möglichkeit geprüft, daß der Mond wie ein Stein in einer Schleuder um die Erde kreist. Ihre Schwerkraft sollte dabei den Zug der Schleuder übernehmen, die den Stein, solange er in ihr festgehalten wird, daran hindert, geradlinig fortzufliegen. Die Ausführung im einzelnen war etwas verwickelter. Newton war es gelungen, die Zentrifugalbeschleunigung zu ermitteln, die auf einen im Kreis bewegten Körper wirkt. Nahm er nun an, daß die Schwereanziehung der Erde mit dem Quadrat des Abstandes abnehme, so erhielt er genau die Kraft, die erforderlich war, um den Mond im Gleichgewicht zu halten.

Für Newton war die neue Mechanik von Anbeginn ein Unternehmen, das einen systematischen Aufbau im Sinn der klassischen griechischen Geometrie verlangte. Es gab ein Problem, das seinerzeit wie kein anderes die Vertreter der neuen Wissenschaft beschäftigte: Das waren die Gesetze des Zusammenstoßes von Körpern. Newton hat erkannt, daß sich der Bewegungszustand von Körpern durch eine Größe wiedergeben läßt, die wir heute ihren Impuls nennen. Er ist einmal durch die Geschwindigkeit des Körpers gekennzeichnet, wenn wir sie als eine Größe mit Betrag *und* Richtung auffassen, als einen sogenannten Vektor. Der Bewegungszustand der einander stoßenden Körper ist aber noch durch einen anderen Faktor gekennzeichnet. Verbinden wir zwei gleiche Körper zu einem einzigen, so wird sich dieser Faktor verdoppeln. Newton hat für ihn die Bezeichnung „Masse" eingeführt. Es ist klar, daß beim Stoß die Massen eine entscheidende Rolle spielen.

Doch wie ändern sich Impulse? Newton hat erstmals eine Größe eingeführt, die das Ausmaß der Impulsänderung kennzeichnet. Die Tradition hatte als Ursache für eine Zustandsänderung „Kraft" gekannt. Newton gibt diesem Terminus einen neuen Sinn: Unter sonst gleichen Umständen hat eine doppelte Kraft eine doppelte, eine dreifache eine dreifache Impulsänderung zur Folge. Die Kraft ist dabei als Vektor wie die Impulsänderung aufzufassen: Ihre Richtung legt die Richtung der Impulsänderung fest.

Newton hat das kurz in den beiden ersten Axiomen oder Gesetzen der Bewegung zusammengefaßt, die er wie ein Geometer seinen Deduktionen vorangestellt hat[2]. Das erste Gesetz verlangt, „daß jeder Körper in seinem

Zustand der Ruhe oder des Sich-gleichförmig-in-gerader-Richtung-Bewegens verharrt, soweit er nicht von eingeprägten Kräften gezwungen wird, seinen Zustand zu ändern". Wie eine solche Änderung erfolgt, regelt die Forderung des zweiten Gesetzes, „daß die Änderung der Bewegung proportional zur eingeprägten bewegenden Kraft ist und längs derselben Geraden erfolgt, auf der jene Kraft eingeprägt wird".

Wir können Newtons Gedankengang zur Ermittlung der Zentrifugalbeschleunigung wie folgt charakterisieren. Nehmen wir an, eine Billardkugel laufe schräg auf die Bande zu: Wir unterscheiden die Geschwindigkeit der Annäherung an die Bande von der Geschwindigkeit längs der Bande. Wie ändert sich der Impuls, wenn der Ball die Bande trifft? Die Geschwindigkeit der Annäherung senkrecht zur Bande kehrt sich um, die längs der Bande bleibt unverändert. Die Änderung des Impulses entspricht also der doppelten Geschwindigkeit senkrecht zur Bande und ist senkrecht zur Bande zum Tisch hin gerichtet.

Nehmen wir jetzt weiter an, die Bahn der Billardkugel schließe sich nach vierfacher Reflexion und es träten keine Reibungsverluste auf. Was können wir über die einzelnen Impulsänderungen je Zeiteinheit sagen, wenn wir erstens die Dimensionen des Tisches und die Geschwindigkeit im selben Verhältnis vergrößern, also die Umlaufzeit festhalten; zweitens den Tisch ungeändert lassen, doch die Umlaufzeiten erhöhen? Im ersten Fall werden sich die Geschwindigkeiten und damit auch die Impulsänderungen im gleichen Verhältnis wie der Tisch vergrößern. Im zweiten Fall werden sich die Geschwindigkeiten, also auch die Impulsänderungen in einem bestimmten

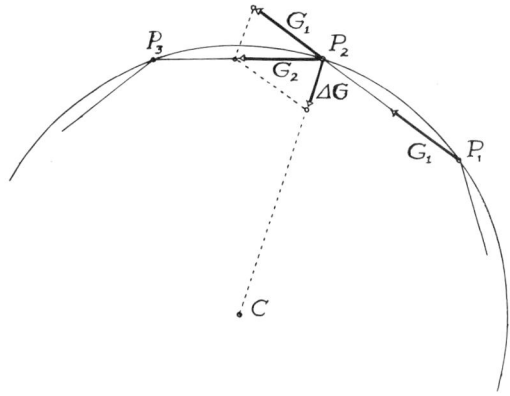

Abb. 30: Elastische Reflexion an der kreisförmigen Bande P_1, P_2, P_3, etc. Der Impuls G_1 geht beim Stoß in $G_2 = G_1 + \Delta G$ über. Die Zusammensetzung erfolgt nach dem Parallelogrammgesetz für Vektoren. G_1, G_2 besitzen gleiche Beträge (Längen), die Impulsdifferenz $\Delta G = G_2 - G_1$ ist zum Zentrum C des Kreises gerichtet.

Zeitraum, im selben Verhältnis verringern, in dem die Umlaufszeiten wachsen. Doch auch die Zahl der Stöße an der Bande wird sich pro Zeiteinheit im gleichen Verhältnis verringern.

All das läßt sich ohne Schwierigkeiten auf einen Tisch mit kreisförmiger Bande übertragen, auf dem der Ball die Bahn eines regelmäßigen Vielecks beschreibt. Erhöhen wir die Anzahl der Ecken, so gelangen wir schließlich mit Newton zum Fall der Bewegung in einem Kreis. Die Zentrifugalbeschleunigung ist proportional dem Radius und umgekehrt proportional dem Quadrat der Umlaufszeit.

Was blieb zu tun? Kepler hatte mit unendlicher Geduld herausgefunden, daß die Planeten wie der Mond in Ellipsen um ihre Zentralkörper umlaufen. Davon war bei allen bisherigen Überlegungen nicht die Rede, sondern es wurden vereinfachend Kreisbahnen angesetzt. Der zweite Grund für Newtons Zögern lag tiefer: Er bestand in dem rätselhaften Verhältnis von Schwereanziehung und Masse zueinander, das diese Anziehung von allen anderen Kräften zu unterscheiden schien.

Den nächsten Schritt auf seinem Weg zu den *Principia* schildert Newton in seinem Memorandum wie folgt: „Schließlich fand ich im Winter zwischen 1676 und 1677 den Satz, daß durch die aufs Zentrum gerichtete Kraft, die umgekehrt ist wie das Quadrat des Abstandes, ein Planet in einer Ellipse um das Kraftzentrum umlaufen müsse, das seinen Sitz im unteren Brennpunkt der Ellipse hat, und daß er mit einem zum Zentrum gezogenen Radiusvektor Flächen beschreibt, die proportional zu den Zeiten sind. Und im Winter zwischen den Jahren 1683 und 1684 wurde dieser Satz im Registerbuch der Royal Society eingetragen."[3]

Anlaß dafür, daß Newtons Interesse von neuem erwachte und sein Ehrgeiz angestachelt wurde, war wieder Robert Hooke, der inzwischen zum Präsidenten der Royal Society aufgerückt war. Es schien wohl nicht nur Hooke angemessen, das Kriegsbeil zu begraben. Also richtete Hooke an den in Cambridge zurückgezogen arbeitenden Newton einen Brief, in dem er ihm anbot, die alten Zwistigkeiten zu vergessen und einen privaten Briefwechsel über wissenschaftliche Fragen aufzunehmen. Newtons Antwort ist ein Dokument eigener Art:

„Werter Herr,

als ich Ihren Brief las, war ich ungemein erfreut und befriedigt durch Ihren großherzigen Freimut und ich meine, Sie haben damit getan, was einem philosophischen Geist ansteht. Nichts gibt es, was ich in philosophischen Fragen mehr zu vermeiden trachte als Polemik, ganz besonders Polemik in gedruckter Form; und deshalb greife ich mit Freuden ihren Vorschlag zu einem privaten Briefwechsel auf. Was vor vielen Zeugen verhandelt wird, verfolgt nicht selten noch andere Interessen als die Wahrheit; aber was zwischen Freunden im engsten Kreis geschieht, verdient für gewöhnlich eher die Bezeichnung eines sachverständigen Rats als einer Polemik ...

Indessen überbewerten Sie meine Fähigkeit, zu diesem Gegenstand einen Forschungs-
beitrag zu leisten. Was Descartes getan hat, war ein guter Schritt. Sie haben viele
Sonderwege hinzugefügt, und das besonders bei der Betrachtung der Farben von dünnen
Schichten. Wenn ich weiter gesehen habe, so, weil ich auf den Schultern von Giganten
stand. Doch ist es für mich keine Frage, Sie verfügen noch über verschiedene recht
beachtliche Experimente außer den von Ihnen bereits veröffentlichten, und einige,
das ist sehr wahrscheinlich, dürften identisch sein mit einigen von denen in meinen
Aufzeichnungen von ehemals …"[4]

Hooke, der Präsident der Royal Society, trug im nächsten Brief[5] die Bitte
vor, Newton möge ihn bei der Ermittlung des Längenunterschiedes zwischen
Cambridge und London unterstützen, und legte seinem Korrespondenten
die Frage vor, wie denn nun eigentlich im kopernikanischen System ein
Körper genau genommen fallen müsse. Durch die Drehung der Erde erhalte
er doch eine bestimmte Geschwindigkeit aufgeprägt, er könne daher kaum
genau senkrecht zum Erdzentrum hinunterfallen. Es müsse eine Abweichung
vom senkrechten Fall auftreten. In welche Richtung? Und ob daraus nicht
ein Indiz für die Erdrotation zu gewinnen sei?

Was den freien Fall eines Körpers betreffe, so müsse wohl, meinte Newton
in seiner Antwort[6], so etwas wie eine Spiralbewegung zum Erdzentrum
herauskommen. Hooke fand in einem Punkt – im Grunde einer Nebensäch-
lichkeit – einen Fehler. Er trat das Ganze vor der Royal Society genüßlich
breit. Der grobe Vertrauensbruch hat Newtons Skepsis gegenüber solchen
Auseinandersetzungen nicht gerade gedämpft, und das Verhältnis zu Hooke
erfuhr eine neue Belastung.

Doch Newtons Ehrgeiz war entflammt, und er ging mit der ihn auszeich-
nenden Beharrlichkeit die Frage erneut und nun in der ihm eigenen Art
grundsätzlich an. Newton setzte an die Stelle unserer Erde ein Kraftzentrum
und suchte nach einem Zusammenhang zwischen Zentralkraft und Bahn-
kurve. Er stellte fest, daß Keplers zweites Gesetz dann ganz allgemein gilt:
Stets überstreicht der Radiusvektor in gleichen Zeiten gleiche Flächen; und
ist umgekehrt der Flächensatz erfüllt, so wirkt eine Zentralkraft. Vorhandensein einer Zentralkraft und Gültigkeit des Flächenansatzes erweisen sich als
völlig gleichbedeutend. Newton hat diesen Zusammenhang mit Recht für
so grundlegend gehalten, daß er ihn später an die Spitze seiner *Principia*
gestellt hat.[7]

Das hat für den Aufbau der neuen Himmelsmechanik, bei der es im
wesentlichen um Zentralkräfte ging, eine wichtige Folge gehabt: Die Zeit
ließ sich in diesem Zusammenhang überall geometrisch als Fläche deuten.
Alle mechanischen Aussagen wurden damit rein geometrischen Sätzen
gleichwertig und ließen sich mit den Methoden der Geometrie behandeln.

Für die Bestimmung des Zusammenhangs zwischen Kraft und Bahn
im einzelnen nahm sich Newton Galileis Analyse der Wurfbewegung zum

Vorbild. Der geworfene Stein verläßt die Hand zunächst in einer geraden
Bahn; dann krümmt sie sich unter dem Einfluß der Schwere immer mehr
nach unten. Galilei hatte von den Abweichungen gegenüber dem geradlinigen Verlauf festgestellt, daß sie mit dem Quadrat der Zeit wachsen. Newton
verallgemeinerte Galileis Ergebnis in der Weise, daß er zeigte, dessen Befund
gelte auch bei anderen kontinuierlich wirkenden Kräften „zu eben dem
Zeitpunkt, da die Bewegung beginnt".[8] Er meinte damit folgendes: Greifen
wir einen Bahnpunkt heraus und legen durch ihn die Tangente. Auf ihr
würde der Körper, wenn er nur seiner Trägheit folgte, mit der erreichten
Geschwindigkeit weiterlaufen. Die Abweichungen der wirklichen Bewegung von dieser Trägheitsbewegung nehmen mit dem Quadrat der verflosse-
nen Zeit zu, und das um so genauer, je weniger wir uns vom gewählten
Anfangspunkt entfernen. Andererseits ist die in Richtung der wirkenden
Kraft erfolgende Abweichung nach Newtons zweitem Bewegungsgesetz
proportional zu ihrem Betrag.

Sind uns für den Grenzfall, „da die Bewegung beginnt", Abweichung
und Zeit gegeben, so brauchen wir nur die Abweichung durch das Quadrat
der Zeit zu teilen, um den Betrag der Kraft zu erhalten. Bei Zentralkräften
können wir die Zeit als Fläche darstellen, und das Problem reduziert sich auf
eine rein geometrische Aufgabe. Newton hatte die im Stil der griechischen
Geometrie entwickelten Mittel zu ihrer Lösung in der Hand. Er fand für
Kegelschnitte mit einem der Brennpunkte als Kraftzentrum das von ihm
vermutete Gesetz wieder, daß die Anziehung mit dem Abstandsquadrat
abnimmt.[9] Umgekehrt konnte er nachweisen, daß aus diesem Gesetz sich für
die Bahnen Kegelschnitte mit einem Brennpunkt im Kraftzentrum ergeben.[10]

Noch im Jahr seiner Rückkehr aus Woolsthorpe war Newton zum Fellow
seines Trinity College gewählt worden. Das war im Grunde eine Durch-
gangsstellung, die vor allem junge Geistliche übernahmen, die auf eine Pfarre
warteten. Gegen Kost und Logis erfüllten sie Lehraufgaben. Daß jemand,
so wie Newton, über Jahrzehnte im College verblieb, war ganz und gar
ungewöhnlich. 1669 hatte man Newton den Lehrstuhl für Mathematik übertragen. Seine Amtspflichten ließen ihm Zeit genug für seine Studien. Und
er hat diese Zeit bis zum letzten genutzt. Eine Hilfskraft, die ihm Jahre
hindurch zur Hand gegangen war, erinnerte sich später: „Durch nichts ließ
er sich von seinen Studien abbringen, selten machte er Besuch und er selbst
empfing nur wenige Besucher, 2 oder 3 Leute ... Ich wüßte nicht, daß er
sich jemals Erholung oder Zeitvertreib gegönnt hätte, er ritt nicht aus, um
an die frische Luft zu kommen, kannte keine Spaziergänge, kein Bowling,
noch irgendeinen anderen Sport. War er doch der Ansicht, alle Stunden, die
er nicht auf seine Studien verwende, seien verloren, und von denen ließ er
sich so wenig abbringen, daß er selten sein Zimmer verließ, ausgenommen
während des Semesters, wenn er in seiner Eigenschaft als Lucasian Professor
in den Vorlesungsräumen las ... Äußerst selten ging er zum gemeinsamen

Mahl in den Speisesaal, nur anläßlich mancher Feiertage, und dann, wenn niemand ihn darauf aufmerksam machte, konnte er recht nachlässig gehen, in Schuhen mit hinuntergetretenen Hacken, hängenden Strümpfen, darüber den Talar und das Haupthaar kaum gekämmt."[11]

Mit dem Problem der Bahnbestimmung im Feld einer Zentralkraft, die mit dem Quadrat des Abstandes vom Zentrum sich vermindert, hatte sich auch der berühmte Astronom Edmond Halley geplagt. Schließlich erfuhr er, daß der in äußerster Zurückgezogenheit in Cambridge wirkende Newton die Lösung gefunden haben sollte. Also suchte Halley im August 1684 Newton in Trinity College auf, um von ihm selbst Näheres zu erfahren. Ein Angehöriger Newtons hat darüber später wie folgt berichtet: „Halley deutete sogleich die Absicht seines Besuchs an, indem er Newton fragte, welches die Kurve wäre, die von einem Planeten unter der Annahme beschrieben werde, daß sich die Schwere wie das Abstandsquadrat vermindere. Newton antwortete sofort: ‚Eine Ellipse.' Von Freude und Verwunderung betroffen, fragte Halley, wie er das wissen könne. ‚Wieso', antwortete er, ‚ich habe es ausgerechnet.' Und als man ihn um die Berechnungen bat, konnte er sie nicht finden, versprach aber, sie ihm zu schicken."[12]

Halley hatte sogleich erkannt, daß er Newton zur Veröffentlichung seiner Ergebnisse bewegen mußte. Mit englischer Zähigkeit hat er dieses Ziel unablässig verfolgt und schließlich erreicht. Das war nicht einfach, denn, wie der mit Newton befreundete Philosoph John Locke es einmal ausgedrückt hat, Newton „was a nice man to deal with"[13] – ein Mann, mit dem behutsam umzugehen war.

Robert Hooke meldete zudem Prioritätsansprüche an. Newton war so verärgert, daß er das Ganze zurückziehen wollte. Er hatte ursprünglich daran gedacht, in einem gemeinverständlichen dritten Teil die Anwendung seiner Ergebnisse auf unser Weltsystem vorzuführen. Er warf seinen Plan um und zwängte auch diese Anwendung in den Panzer geometrischer Form, auf daß kein mathematisch Ungebildeter Eingang in die neue Philosophie der Natur fände.

Als Halley glaubte, endlich alle Schwierigkeiten überwunden zu haben, da war der Royal Society das Geld ausgegangen. Sie hatte sich völlig mit einem Prachtwerk über Fische verausgabt, das dann niemand kaufen wollte. Halley zahlte die Druckkosten aus eigener Tasche, und so konnten die *Principia* 1687 erscheinen.

Neben den äußeren Widrigkeiten gab es innere, aus der Sache selbst entspringende Schwierigkeiten, die sich dem Abschluß des Werks in den Weg stellten. Sie hingen zusammen mit dem Begriff der Masse; und doch ist gerade die Einführung der Masse und die Bestimmung der sie beherrschenden Gesetze das Wichtigste, was Newton in den *Principia* geleistet hat.

Ein Boot stoße ich mit einer Handbewegung vom Ufer; stemme ich mich gegen ein Schiff, so merke ich erst ganz allmählich, daß es sich von der Stelle rührt. Ich erfahre handgreiflich, was Masse bedeutet. Newton hatte schon bei seinen frühen Studien über Stoßprozesse erkannt, daß der Gesamtimpuls der Körper sich beim Zusammenprall nicht ändert. Er hatte daraus ein Verfahren zum präzisen Massenvergleich entwickelt und beispielsweise die Wirkung der Schwerkraft dadurch aufgehoben, daß er die Körper an Fäden aufhing.

Galilei hatte behauptet, daß alle Körper gleich schnell fallen. Spielte die Masse hier keine Rolle? Newton blieb mißtrauisch. Es gelang ihm, Galileis Ergebnisse dadurch mit größter Genauigkeit zu überprüfen, daß er unter dem Einfluß der Schwereanziehung bewegten Körpern eine Bahn so aufzwang, daß der Einfluß der Schwerkraft besonders deutlich zu beobachten war. Eine Analyse der Pendelbewegung hatte ihn gelehrt, daß aus Pendellänge und Zahl der Schwingungen je Zeiteinheit sich die Fallbeschleunigung einfach und präzise errechnen ließ. Das Ergebnis war: Alle Massen fallen gleich schnell; oder, im Sinne des zweiten Bewegungsgesetzes gesprochen: Die Gewichtskraft ist stets streng proportional der Masse.

Laufen Körper um einen Zentralkörper nach Keplers Gesetzen um, so zeigt das eine von ihm ausgehende Kraft an, die mit dem Abstandsquadrat abnimmt. Wir können nach Newton solche Kräfte miteinander vergleichen, beispielsweise bei Sonne und Planeten, bei unserer Erde und ihrem Mond, ebenso beim Jupiter und seinen vier ihn umkreisenden Monden. Sollte die Anziehung jeweils den Massen der Zentralkörper entsprechen? Wir könnten dann einen kosmischen Massenvergleich vornehmen. Die Annahme einer Anziehung proportional zu den Massen ließe sich prüfen, wenn wir die Bahnen der aufeinander wirkenden Massenpunkte konstruieren könnten. Wir brauchten unsere Konstruktion nur mit der Wirklichkeit zu vergleichen. Wir könnten dann gegebenenfalls eine wechselseitige Anziehung aller Massen annehmen. Wie würden insbesondere die Massen von Sonne, Planeten und ihren Monden aufeinander wirken?

Newton ist es gelungen, das Problem für zwei Massenpunkte zu lösen. Doch schon bei dreien ist er auf unüberwindliche Schwierigkeiten gestoßen, und das Dreikörperproblem beschäftigt die Forscher bis heute. War Newtons Unternehmen aussichtslos? Wir erkennen Newtons Größe daran, daß er trotzdem nicht aufgegeben hat. Er nahm einen großen Zentralkörper an, um den ein kleiner Körper mit vernachlässigbarer Masse nach den Kepler-Gesetzen umlaufen sollte. Er untersuchte die Störungen der Kepler-Bewegung durch einen dritten Körper in zwei möglichen Fällen. Erstens: Alle Körper ziehen sich proportional zu ihren Massen wechselseitig an. Zweitens: Sie verhalten sich in dieser Beziehung unterschiedlich. Das Ausmaß der Störungen, das die Astronomen beobachtet hatten, sprach klar zugunsten des ersten Falles.[14]

Damit hatte Newton zunächst einmal eine Bestätigung seines 3. Bewegungsgesetzes gefunden, das verlangt, „daß die Wirkung der Gegenwirkung

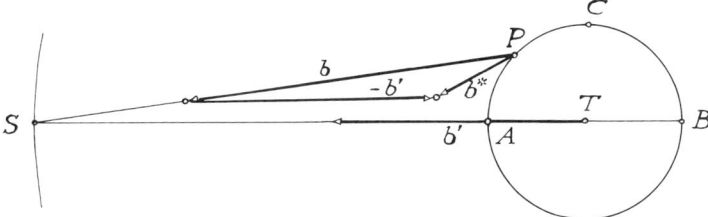

Abb. 31: Das Dreikörperproblem. Es seien T der Zentralkörper, P der Körper mit
vernachlässigbarer Masse, der ungestört in der Keplerbahn A, B, C um T umliefe, S
der störende dritte Körper. Die von S auf P ausgeübte störende Beschleunigung b
reduziert sich auf die relative Beschleunigung $b^* = b - b'$, wenn T genauso wie P
eine störende Beschleunigung b' in Richtung auf S erfährt, und b* wird, wie Newton
zeigt, von geringerem Betrag als b sein.

stets entgegengesetzt und gleich ist; oder daß die Wirkungen zweier Körper
aufeinander gleich sind und in entgegengesetzte Richtungen weisen".[15] Und
endlich folgte als Endergebnis und Krönung des Ganzen, „daß die Schwerkraft auf die Körper insgesamt wirkt und daß sie proportional der Masse
der einzelnen Körper ist".[16]

Für die Astronomie waren die Folgen dieser völlig neuartigen Betrachtungsweise unabsehbar: Der Streit zwischen den Anhängern des Ptolemäus
und Kopernikus wurde durch Newtons Himmelsmechanik entschieden, so
wie Galilei es vorausgesehen hatte. Denn Keplers Flächensatz gilt nur für
die Sonne, nicht für die Erde als Zentrum. Für Newton ist die Frage mit
der kurzen Bemerkung erledigt, „daß die Kräfte, durch welche die Planeten
ständig von geradlinigen Bewegungen weggezogen und in ihren Bahnen
gehalten werden, auf die Sonne gerichtet sind".[17]

Newton kann alle bekannten Störungen des Mondlaufs erklären und noch
mehr: die langsame Kreisbewegung der Erdachse, dann die Erscheinungen
von Ebbe und Flut. Newtons Massenanziehungsgesetz ist tausendfach bestätigt worden. Noch immer wird alles Neue darauf geprüft, ob es im Normalfall
auf seine Ergebnisse führt. Das gilt für Einsteins Theorien, solange Geschwindigkeiten und Massen nicht extrem werden. Und die Quantentheorie
hat die Übereinstimmung mit Newtons Theorie unter makroskopischen
Bedingungen geradezu zum methodischen Prinzip erhoben.

Newton hat später seiner Universität in mutigster Weise politische Dienste
geleistet. Er wurde dafür Mitglied des Parlaments. Das gesamte englische
Münzwesen wurde ihm anvertraut. Er wurde ein Mann von Welt und blieb
ein Fürst der Wissenschaft. Jahre hindurch traf er sich regelmäßig mit dem
großen Philosophen John Locke und mit Richard Bentley, dem bedeutendsten Philologen seiner Zeit, die sich beide für seine Theorien begeisterten. Er

hatte sich geschworen, nichts mehr über optische Fragen zu veröffentlichen, solange sein alter Widersacher Robert Hooke lebte. 1703 starb der, und im folgenden Jahr ließ Newton seine *Optics* erscheinen, mit denen er einen anderen Teil der Physik revolutionieren sollte.

Wie hat Newton sich selbst gesehen? Er hat kurz vor seinem Tod am 20. März 1727 dazu folgendes geschrieben: „Ich weiß nicht, wie ich der Welt erscheinen mag; mir selbst scheine ich nur ein Knabe gewesen zu sein, der am Gestade des Meeres spielt. Er hat sich damit unterhalten, dann und wann einen glatteren Kiesel und eine hübschere Muschel als gewöhnlich zu finden, indessen der große Ozean der Wahrheit insgesamt unentdeckt vor mir lag."[18]

Rhea Lüst

Kosmische Vagabunden

Die Kometen und Planetoiden

In dem Gewirr der Dächer des riesigen Normannenpalastes in Palermo fällt eine kleine Kuppel kaum auf. Sie gehört zu der Sternwarte, in der der Astronom Giuseppe Piazzi in der Silvesternacht von 1800 auf 1801, der ersten Nacht des neuen Jahrhunderts, eine aufregende Entdeckung machte. Im Sternbild Stier fand er ein Sternchen, das er vorher nie bemerkt hatte und das sich in den folgenden Wochen gegenüber seinen Nachbarsternen weiterbewegte. Wegen einer schweren Erkrankung mußte er seine Beobachtungen für längere Zeit unterbrechen und konnte danach den kleinen Lichtpunkt nicht wiederfinden. Dem damals gerade 24jährigen, später in Göttingen wirkenden genialen Mathematiker Carl Friedrich Gauß gelang es aber, die Bahn des interessanten Himmelskörpers so genau zu berechnen, daß man ihn noch in demselben Jahr wieder aufspürte: Der erste einer riesigen Schar von Planetoiden war entdeckt.

Ganz anders verlief die Geschichte der Kometen. Sie sind seit Jahrtausenden beobachtet worden und haben mit ihrem unverhofften Erscheinen und ihrem spektakulären Aussehen die Menschen immer wieder erschreckt. Noch heute bringen es diese harmlosen Weltenbummler fertig, allerhand wilde Spekulationen auszulösen. Dabei sind es nach kosmischen Maßstäben winzige, nämlich nur einige Kilometer große Objekte. Nur in Sonnennähe legen sie sich eine bis zu mehreren 100000 Kilometern große, leuchtende Hülle und einen manchmal über 100 Millionen Kilometer weit reichenden, matt schimmernden Schweif zu. Man hat sie als „ausgedehntes Nichts" bezeichnet, denn es steckt kaum Material in ihrer Hülle und ihrem Schweif, die beide aus hoch verdünnten Gasen und winzigen Staubpartikeln bestehen. Nur wenn ein Komet der Sonne nahe genug kommt, entfaltet er seine Pracht wie ein Pfau sein Rad, denn die Sonnenstrahlung bringt Teile der Oberfläche zum Verdampfen. Die zum Teil viel größeren Planetoiden besitzen dagegen kaum flüchtige Substanzen, die ihnen zu einer leuchtenden Hülle verhelfen könnten. Vielleicht sind manche von ihnen früher einmal Kometen gewesen, die heute gewissermaßen ausgebrannt sind – wir wissen über die Herkunft und Entstehung von Planetoiden und Kometen noch zu wenig, um einen eventuellen Verwandtschaftsgrad genauer zu bestimmen.

Die eigentliche Kometenforschung begann mit Isaac Newton und Edmond Halley in der zweiten Hälfte des 17. Jahrhunderts. Zwar war schon seit längerer Zeit mit neuen Beobachtungen und Erkenntnissen der Weg dazu vorbereitet worden. Aber erst die Newtonschen Gravitationsgesetze schufen die Voraussetzung, die bis dahin rätselhaften Erscheinungen als echte Himmelskörper einzuordnen und ihre Bahnen zu bestimmen.

Bis zu dieser Zeit ist die Geschichte der Kometen fast identisch mit der ihres berühmtesten Vertreters, des Halleyschen Kometen. Etwa ein Drittel aller bis zur Erfindung des Fernrohrs um 1600 dokumentierten hellen Kometenerscheinungen ist diesem Kometen zuzuordnen. Obwohl er sich sonst nicht von seinen zahlreichen größeren und kleineren Brüdern unterscheidet,

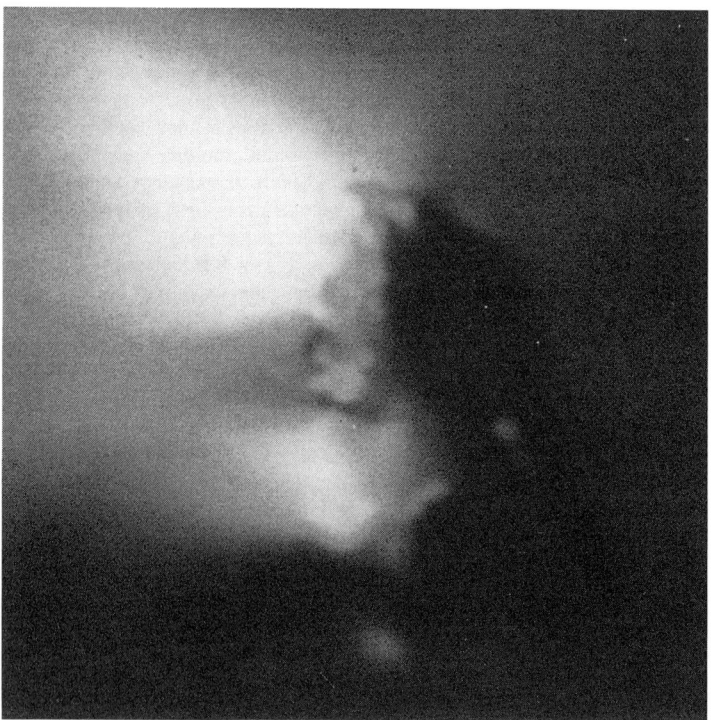

Abb. 32: Der Halleysche Komet, aufgenommen am 14. März 1986 von der Giotto-Raumsonde der Europäischen Raumfahrtagentur (ESA). Zum erstenmal wurde ein Kometenkern sichtbar gemacht, der im Zentrum einer von der Erde aus undurchsichtigen Gas- und Staubhülle zu finden ist. Das Bild des rund 15 Kilometer langen und 10 Kilometer dicken Kerns wurde aus sechs Einzelaufnahmen zusammengesetzt.

ist er doch der einzige *helle* Komet, der in bestimmten Zeitabständen immer wieder in Sonnen- und Erdnähe zurückkehrt und für uns sichtbar wird. Alle anderen auffallenden Kometen sind nur einmal aufgetaucht und dann für immer verschwunden. Zwar kennen wir heute an die 200 periodische, das heißt wiederkehrende Kometen, aber keiner außer „Halley" erreicht die Helligkeit eines mit bloßem Auge sichtbaren Himmelsobjekts. In einem kurzen Rückblick sei deshalb der Halleysche Komet durch die Jahrhunderte begleitet.

Wie ein roter Faden zieht sich die Furcht vor diesen unheimlichen Erscheinungen von den Anfängen bis in die Neuzeit – vermischt mit dem Aberglauben an ihre kosmischen Kräfte. Selbst in unserer technisch immer perfekteren Gegenwart, in der computergesteuerte Raumsonden dem Halleyschen Kometen bis auf wenige 100 Kilometer nahe gekommen sind, ist diese Furcht noch nicht ganz verschwunden. Etwa alle 76 Jahre erscheint er am Himmel, und bis in den Raum jenseits des Planeten Neptun führt ihn seine Bahn. Seit dem Jahre 240 v. Chr. haben Menschen ihn gesehen und ihre Beobachtungen in irgendeiner Form festgehalten. Vor allem in China gab es schon sehr früh eine systematische Himmelsüberwachung, und von dort kommen auch fast alle frühen Aufzeichnungen (siehe dazu den Beitrag von Tilman Spengler: *Die Häuser des Mondes*). Zwar wußte man bis zur Zeit Newtons und Halleys nicht, daß es sich immer um dasselbe Himmelsobjekt handelte. Der Komet ist auch nicht immer gleich hell, und er erscheint zu verschiedenen Jahreszeiten an verschiedenen Stellen des Himmels. So hat man erst vor kurzem durch Rückrechnung seiner Bahn die jeweiligen Erscheinungen diesem Kometen zuordnen können.

Die ersten Erwähnungen in abendländischen Quellen beziehen sich auf die Erscheinung im Jahre 87 v. Chr. Cicero und der ältere Plinius berichten von dem Kometen in ihren Schriften.[1] Erst vor wenigen Jahren wurden durch einen Zufall im Britischen Museum in London auf drei babylonischen Tontäfelchen Angaben über Kometen entdeckt, die zum Teil der bis dahin nicht dokumentierten Erscheinung des Halleyschen Kometen von 164 v. Chr. zugeordnet werden konnten. Auch im antiken Griechenland hatte man Kometen beobachtet und sich über sie Gedanken gemacht. Allerdings wurden sie nicht als echte Himmelskörper bewertet. Im 4. vorchristlichen Jahrhundert vermutete Aristoteles in ihnen Ausdünstungen der Atmosphäre, die sich bei großer Hitze entzünden. Er verwies sie damit in den ihm als unvollkommen geltenden sublunaren Bereich unterhalb der Sphäre des Mondes. Bei dem überragenden Einfluß seiner Philosophie mußten die Kometen gut 1900 Jahre dort ausharren, bis der große dänische Astronom Tycho Brahe sie 1577 durch seine Beobachtungen aus dieser unwürdigen Lage befreite.

Die „atmosphärische Natur" der Kometen macht es auch verständlich, daß sie als Vorzeichen für unheilvolle Ereignisse, Kriege, Seuchen und

Fürstentod gehalten wurden. Bei der Häufigkeit, mit der die Menschheit zu allen Zeiten Katastrophen ausgesetzt war, läßt sich immer wieder eine Zuordnung zu Kometenerscheinungen finden. Im Jahre 66 n. Chr. fiel die Erscheinung des Halleyschen Kometen mit den jüdischen Aufständen in Galiläa zusammen, die vier Jahre später mit der Zerstörung Jerusalems endeten. Zur Zeit Kaiser Ludwigs des Frommen, im Jahre 837, war der Komet besonders hell.

Ein unbekannt gebliebener Chronist am Kaiserhof berichtet von einem Gespräch zwischen ihm und dem Herrscher, in dem die damalige Bedeutung einer Kometenerscheinung sehr typisch dargestellt wird. Der besorgte Kaiser fragte den Chronisten nach dessen Meinung über die auffällige Himmelserscheinung. Als dieser zunächst schwieg, fuhr der Kaiser fort: „Es heißt, daß solch ein Zeichen auf Veränderung des Reichs und Tod des Fürsten deutet." Der Chronist berichtet dann: „Da ich ihm hierauf das Zeugnis des Propheten (Jeremias) anführte, der sagt: ‚Ihr sollt euch nicht fürchten vor den Zeichen des Himmels, wie sich die Heiden fürchten', entgegnete er: … ‚Wir können die Güte dessen nicht genug bewundern und loben, der sich herabläßt, uns an unsere Trägheit, da wir Sünder und ohne Reue sind, durch solche Zeichen zu erinnern … Deshalb wollen wir alle nach bestem Wissen und Vermögen uns der Besserung befleißigen, damit nicht etwa, wenn jener seine Barmherzigkeit anbietet, wir … derselben unwürdig befunden werden'."[2] Anschließend ordnete der Kaiser Gebete an und spendete Almosen an die Armen. Darauf begab er sich zur Jagd, die – als Belohnung Gottes – besonders erfolgreich ausgefallen sein soll. Hier hat der Komet als Übermittler einer göttlichen Ermahnung gedient, deren Beherzigung sich unmittelbar positiv auswirkte.

Auch über der Schlacht von Hastings stand der Komet im Jahre 1066 und verhalf dem Normannen Wilhelm zum Sieg über England. 1456 leuchtete er, als die Türken Belgrad bedrohten. In den Jahrhunderten danach war die Kometenfurcht so groß wie nie zuvor. Auf vielen Einblattdrucken des 16. und 17. Jahrhunderts wurden die Menschen ermahnt, von ihren Sünden zu lassen, denn man hielt Kometen für „Zuchtruten Gottes".

Allmählich ging die Morgenröte einer wissenschaftlicheren Betrachtungsweise auf. In den Jahren 1531/32, als nach dem Halleyschen ein weiterer heller Komet erschien, machte der kaiserliche Astronom Petrus Apianus die weitreichende Beobachtung, daß die Schweife aller Kometen immer von der Sonne weg gerichtet waren. Zum ersten Mal wurde hier ein Einfluß der Sonne auf die Kometen richtig beobachtet. Erst um die Mitte unseres Jahrhunderts fand das Phänomen seine endgültige physikalische Erklärung: Zwei unterschiedliche Kräfte sind es, die auf die atmosphärenartige Kometenhülle wirken. Zum einen drücken die Photonen der Sonnenstrahlung die kleinen Staubpartikel in dem breiten, häufig gefächerten Schweif vom Kometen weg. Zweitens treibt die Wirkung eines von der Sonne ausgehenden Stroms elektrisch geladener Teilchen – man nennt ihn sehr anschaulich „Sonnenwind" – die Kometengase über große Distanzen als schmale Schweife in die antisolare Richtung.

Im Jahre 1577 erschien ein weiterer auffallender Komet, den Tycho Brahe von seiner Sternwarte auf der dänischen Insel Hven aus beobachtete. Ihm gelang durch einen Vergleich seiner Positionsbestimmungen mit denen seines gleichzeitig in Prag beobachtenden Kollegen Hagecius die Feststellung, daß der Komet nicht nahe bei der Erde, sondern in großer Entfernung weit jenseits des Mondes seine Bahn zog. Das war eine wichtige Erkenntnis, denn zum ersten Mal war nachgewiesen, daß Kometen echte Himmelskörper sind. Außerdem inspirierte diese Beobachtung die nach ihm kommenden Astronomen, sich näher mit der Bestimmung von Kometenbahnen zu befassen.

Unter ihnen war Johannes Kepler. Er hatte 1618 in seinem Werk *Harmonice Mundi,* der *Weltharmonik,* seine Arbeiten über die Planetenbewegung mit der Veröffentlichung des letzten seiner drei grundlegenden Gesetze abgeschlossen (siehe dazu den Beitrag von Rainer Kayser: *Die Harmonie der Welt*). Schon neun Jahre zuvor hatte er in der *Astronomia Nova* festgestellt, daß alle Planeten sich auf Ellipsen bewegen, in deren einem Brennpunkt die Sonne steht. Die Kometen, die aus großen Entfernungen zu uns kommen und bald wieder verschwinden, sollten sich dagegen nach seiner Auffassung auf anderen Bahnen bewegen. Für wahrscheinlich hielt er geradlinige Bahnen, ein Irrtum, den erst ein gutes halbes Jahrhundert später Isaac Newton richtigstellte und physikalisch begründete.

Schon seit Tychos Entdeckung hatten mehrere Gelehrte die Ansicht vertreten, daß Kometen auf sehr langgestreckten, aber geschlossenen Bahnen laufen, darunter neben Tycho selbst der Italiener Domenico Cassini, der als späterer Direktor der gerade erbauten Pariser Sternwarte vor allem durch seine Beobachtungen der Saturnringe und die Entdeckung von vier Saturnmonden bekannt wurde. Aber erst mit Newton wurden aus diesen noch sehr diffusen Vermutungen sichere Erkenntnisse. Ihm gebührt allerdings nicht der Ruhm, die erste Kometenbahn ermittelt zu haben. Dies gelang einem Laien, dem im sächsischen Plauen lebenden Pfarrer Samuel Dörffel. Als aufmerksamer Beobachter des besonders hellen Kometen von 1680 hatte er festgestellt, daß sich dessen Bahn am Himmel nicht durch eine Gerade, wohl aber durch eine Parabel darstellen ließ.

Der 1643 in einer kleinen mittelenglischen Ortschaft geborene Isaac Newton war damals bereits einer der berühmtesten Gelehrten seiner Zeit (siehe dazu den Beitrag von Matthias Schramm: *Die Gesetze des Himmels*). Seine wichtigste Arbeit war die Begründung der Theorie der Schwerkraft, die er mit dem Gravitationsgesetz abschloß und 1687 in seinem Werk *Philosophiae naturalis principia mathematica* veröffentlichte. Darin stellte er fest, daß zwei Massen sich gegenseitig anziehen, und zwar um so stärker, je größer sie sind und je kleiner die Entfernung zwischen ihnen ist. Von größter Bedeutung für die Anwendung des neuen Gesetzes auf die Kometen war Edmond Halley, königlicher Astronom der Sternwarte in Greenwich und Freund des vierzehn Jahre älteren Newton. Halley ist es zu verdanken, daß Newton seine anfänglich nur auf die Planetenbewegung angewandten Überlegungen auf andere Himmelskörper, darunter die Kometen, verallgemeinerte. Nachdem Newton zunächst die Bahn des Kometen von 1680 mit einer geometrischen Methode bestimmt hatte, machte Halley sich nun systematisch an die Arbeit. Er wandte die äußerst komplizierten Rechnungen auf 24 Kometen der letzten Jahrhunderte an, für die ihm zuverlässige Beobachtungen vorlagen. Dabei hatte er „eine gewaltige Rechenarbeit" – wie er es selbst bezeichnete – zu erledigen[3], für die er insgesamt zehn Jahre brauchte. Bei den Ergebnissen fiel ihm auf, daß drei der 24 Kometen in allen Bestimmungsstükken ihrer Bahn fast genau übereinstimmten; es waren die Kometen von 1531, 1607 und 1682. In einer seiner Schriften bemerkte er dazu: „... es würde schon an ein Wunder grenzen, wenn es sich um drei verschiedene Kometen handeln würde ... Wenn der Komet also um das Jahr 1758 wieder erscheinen sollte, wird eine ehrliche Nachwelt nicht zögern anzuerkennen, daß ein Engländer dies entdeckt hat."[4]

Eine kühne Voraussage, die sich bestätigen sollte! Am Abend des 25. Dezember 1758, fünfzehn Jahre nach Halleys Tod, fand der in Prölitz bei Dresden lebende Bauer Georg Palitzsch – ein Autodidakt – den Kometen mit seinem Fernrohr im Sternbild Fische. Bald darauf entdeckten ihn auch mehrere andere Astronomen. Die erhoffte Anerkennung wurde Halley nicht versagt: Der Komet trägt seitdem seinen Namen.

In dem auf Halley folgenden Jahrhundert wurden immer neue Kometen entdeckt, darunter auch viele lichtschwache, die in regelmäßigen Zeitabständen wieder am Himmel auftauchten. Gleichzeitig wurden die Bemühungen um einen Ausbau der Himmelsmechanik an verschiedenen Sternwarten und Instituten fortgesetzt und erreichten mit dem umfangreichen Werk des Franzosen Pierre Simon de Laplace zu Beginn des 19. Jahrhunderts einen Höhepunkt. Im Zusammenhang mit der Berechnung der Kometenbahnen ist die Störungsrechnung wichtig. Sie berücksichtigt den Einfluß anderer Objekte auf die Bewegung zweier sich anziehender Himmelskörper. Im Dreikörpersystem Sonne-Planet-Komet kann der Einfluß eines Planeten erheblich werden, weil die Planetenmassen die der Kometen um das Milliarden- bis Billionenfache übertreffen. Kommt ein Komet einem Planeten so nahe, daß dessen Anziehungskraft der der Sonne vergleichbar wird oder sie sogar übertrifft, wird die Kometenbahn häufig völlig verändert. Das war zum Beispiel bei dem 1770 entdeckten Kometen Lexell der Fall, für den man eine Umlaufzeit von 5,6 Jahren ermittelt hatte. Er tauchte aber nie wieder auf. Spätere Rechnungen ergaben, daß er zweimal in Jupiternähe eine radikale Bahnumwandlung erlitten hatte, die ihn auf Nimmerwiedersehen aus unserer Nähe entfernte.

Erst in unserem Jahrhundert stellte es sich bei statistischen Untersuchungen einer großen Zahl von Kometen heraus, daß ursprünglich alle weitab von der Sonne ihre Bahnen gezogen haben, die in Entfernungen bis zu mehreren 10 000 Distanzen Sonne-Erde reichten. Alle kurzperiodischen Kometen mit Umlaufzeiten bis zu etwa 200 Jahren sind durch die Einwirkung der Planeten in ihre heutige Bahn gezwungen worden, so daß die sehr langen Ellipsen schließlich in kleine, kreisähnlichere verwandelt wurden. Die kürzeste Periode hat mit 3,3 Jahren der 1786 entdeckte Komet Encke, der seitdem 54mal wiederkehrte. Ihn kann man allerdings – wie alle kurzperiodischen Kometen – nicht mit bloßem Auge sehen. Sie sind im Laufe der Zeit durch das in Sonnennähe verdampfte Material zu klein und inaktiv geworden.

Bis zum Beginn des 19. Jahrhunderts hatte man sich fast ausschließlich für die Positionen der Kometen am Himmel und ihre Bahnen interessiert. Eine beträchtliche Anzahl von Kometen war bis dahin bekannt, und an vielen Orten wurde eifrig nach weiterer Ausschau gehalten. Einige Astronomen waren bei der Jagd nach diesen Himmelsvagabunden besonders erfolgreich. Einen Rekord erzielte der Franzose Jean Louis Pons, der zwischen 1801 und 1827 nicht weniger als 37 Kometen entdeckte bzw. wieder aufspürte. Unter den Kometenjägern waren auch einige Frauen, besonders Karoline Herschel, die unermüdliche Assistentin ihres berühmten Bruders Friedrich Wilhelm Herschel. Die aus Hannover stammende Musikerin war nach England gegangen und hatte sich dort ganz der Astronomie verschrieben (siehe dazu den Beitrag von Günther D. Roth: *Das neue Bild der Milchstraße*). Karoline verdanken wir die Entdeckung von acht Kometen.

So wurde die Liste der bekannten Kometen immer länger. Unter den Wissenschaftlern, die sich bis ins 19. Jahrhundert bei der Verbesserung der mathematischen Methoden zur Bahnberechnung besonders hervortaten, waren der Mathematiker und Astronom Carl Friedrich Gauß in Göttingen sowie der Bremer Arzt und Amateurastronom Wilhelm Olbers. Aber allmählich machte man sich auch Gedanken über die Natur dieser Himmelskörper, ihre Beschaffenheit, das Verhalten der Schweife. Die Fortschritte in der Physik wirkten sich auf alle Zweige der Astronomie aus und brachten auch für die Kometenforschung neue Aspekte.

Der Hamburger Predigersohn Johann Franz Encke war als Zwanzigjähriger nach Göttingen gekommen und hatte dort bei Gauß eine gründliche Ausbildung in Mathematik und Astronomie erhalten. Als 1818 der später nach ihm benannte Komet wieder aufgetaucht war, berechnete er dessen Bahn mit größter Genauigkeit und verfolgte ihn auch weiterhin bei jeder Wiederkehr. Dabei merkte er, daß sich die Umlaufzeit pro Periode gleichmäßig um etwa zweieinhalb Stunden verkürzte. Er hielt das für eine Abbremsung durch ein Gas oder ein „widerstehendes Medium" zwischen den Planeten, eine Vermutung, die sich später allerdings als falsch erwies.

Die Lösung fand gut dreißig Jahre später Friedrich Wilhelm Bessel, einer der einfallsreichsten Astronomen seiner Zeit. Er war 1798 als Kaufmannseleve nach Bremen gekommen und hatte dort den 26 Jahre älteren Wilhelm Olbers kennengelernt. Dieser begeisterte ihn so für die Wissenschaft des Himmels, daß er seine Lehre aufgab und sich ganz der Astronomie widmete. Bald lernte er auch den sieben Jahre älteren und schon berühmten Gauß kennen und hatte sich rasch so große Kenntnisse erworben, daß er 1810 im Alter von 25 Jahren vom Preußischen König nach Königsberg berufen wurde und dort 36 Jahre lang, bis zu seinem Tode, als Direktor der neu errichteten Universitätssternwarte lehrte, beobachtete und forschte.

In den 30er Jahren des letzten Jahrhunderts wurde Bessel mit den Enckeschen Ergebnissen bekannt. Er vermutete, daß die Kometen bei der Emission von Material, das sich in der leuchtenden Hülle ansammelt, eine Art Rückstoß erleiden wie eine Kanone, aus der eine Kugel abgefeuert wird. Dabei wird die Geschwindigkeit und damit auch die Kometenbahn etwas verändert. Es ist derselbe Effekt, der einem Düsenflugzeug oder einer Rakete zu hoher Geschwindigkeit verhilft. Die Idee fand erst vor kurzem ihre endgültige Bestätigung. Diese „nichtgravitativen Kräfte", wie man sie heute im Unterschied zu der bahnbestimmenden Schwerkraft nennt, wurden inzwischen bei vielen Kometen gemessen. Aus ihrer Größe läßt sich die Drehrichtung sowie die Periode einer Rotation des Kometenkerns bestimmen, denn offenbar führen alle Kometen ebenso wie die Erde und die Planeten eine Drehbewegung aus.

Aus derselben Zeit stammt die erste Abschätzung einer Kometenmasse. Im Jahre 1835 kam ein Komet dem Planeten Merkur sehr nahe. Encke beobachtete eine deutliche Störung der Bahn des Kometen, während die Merkurbahn keine meßbare Änderung erfahren hatte. Er schloß daraus, daß die Kometen eine um ein Vielfaches geringere Masse haben müssen als die Planeten. Ein eventueller Zusammenstoß der Erde mit einem solchen Objekt, wie er früher häufig von Weltuntergangspropheten in schwärzesten Farben geschildert wurde, verlor dadurch einen Teil seiner Bedrohung.

Bessel und Olbers machten sich auch Gedanken über die Entstehung der großen, aber sehr dünnen Kometenhülle und der Schweife. Sie vermuteten richtig, daß das Material hauptsächlich an der aufgeheizten Sonnenseite verdampft und sich unter der Wirkung einer von der Sonne kommenden Repulsivkraft zu den langen Schweifen formt. Bessel versuchte, diese Kräfte zu berechnen, und konnte so die Form der beobachteten Schweife nachzeichnen. Nicht länger wurden Hülle und Schweife als feste Anhängsel des eigentlichen Kometen angesehen. Man erkannte sie als strömende Materie, die sich ständig wie die Rauchfahne eines Schornsteins aus dem ausströmenden Material des Kometen erneuert. Gegen Ende des Jahrhunderts hat der russische Astronom Feodor Bredichin diese Theorie weiter verfolgt und eine Klassifizierung der Schweife nach der Größe der Repulsivkraft vorgenom-

Abb. 33: Der Halleysche Komet, aufgenommen am 9. Januar 1986 vom Calar Alto-Observatorium in Südspanien. Das Bild zeigt die runde Koma mit den angrenzenden Schweifgebieten. Der kleine Kometenkern (siehe Abb. 32) ist in einer rund 100 000 Kilometer dicken Staub- und Gashülle verborgen. Der Gasschweif mit strahlenförmigen Strukturen entsteht durch den Sonnenwind.

men. Es wurde schon erwähnt, daß erst vor einigen Jahrzehnten die richtige physikalische Erklärung für die verschiedenen Repulsivkräfte gefunden wurde.

Nicht zu vergessen ist schließlich die große Bedeutung, welche die Himmelsfotografie, fotometrische Helligkeitsmessungen und die Spektroskopie im späten 19. Jahrhundert gewannen. Durch die Fotografie wurde es möglich, objektive Bilder von dem veränderlichen Erscheinungsbild der Kometen mit allen oft bizarren Formen und Strukturen zu erhalten und zuverlässiger ihre Helligkeitsentwicklung quantitativ zu bestimmen, als das vorher mit visuellen Schätzungen möglich war. Die Spektroskopie war erst in ihren Anfängen, denn es fehlten noch die erst zu Beginn unseres Jahrhunderts ausgearbeiteten Theorien über die Vorgänge im Atom, aber erste Hinweise auf die chemischen Bestandteile der Kometen ergaben sich bereits aus den dunklen Linien in den Spektren.

Erst vor kurzem bestätigte sich besonders durch die außerhalb der Erdatmosphäre gewonnenen Ultraviolettspektren, vor allem aber durch die Messungen der Raumsonden in der Nähe des Halleyschen Kometen, daß die kleinen Kometenkerne aus gefrorenem Wasser bestehen. Nur in geringen

Mengen enthalten sie zusätzliche Substanzen, wie Verbindungen mit Kohlenstoff, Sauerstoff, Stickstoff, Schwefel, sowie winzige Staubpartikel, so daß die Gebilde verschmutzten, porösen und zerbrechlichen Schneebällen gleichen. Mehrmals wurde das Auseinanderbrechen eines Kometen oder sein völliges Verschwinden beobachtet. Hier scheint ein Zusammenhang mit den Meteoriten zu bestehen, die zum Teil Kometenbruchstücke sein dürften. Heute lassen sich mehrere Meteorströme mit bestimmten Kometen in Verbindung bringen, so die im Sternbild Wassermann Anfang Mai auftauchenden Eta-Aquariden und die Orioniden im Oktober mit dem Halleyschen Kometen.

Die Erkundung der Planetoiden setzte erst 1801 ein. Die Entdeckung der Ceres war insofern keine sonderliche Überraschung, als man in der relativ großen Lücke zwischen Mars und Jupiter schon lange einen weiteren Planeten vermutet hatte. Es sollte nicht lange bei diesem einen bleiben. In den nächsten Jahren wurden drei weitere aufgespürt: Wilhelm Olbers fand 1802 Pallas und 1807 Vesta, der Göttinger Astronom Karl Ludwig Harding entdeckte 1804 Juno. Dies waren die ersten vier einer großen Zahl von Kleinkörpern, nach denen bald eine systematische Suche einsetzte. Die nächste Entdeckung erfolgte allerdings erst 1845, aber fünfzehn Jahre danach enthielt die Liste bereits 70 Objekte, und heute sind über 5000 registriert, deren Bahnen man berechnet hat. Alle zusammen enthalten aber noch nicht annähernd die Masse der Erde. Ceres ist mit einem Durchmesser von knapp 1000 Kilometern mit Abstand der größte Planetoid, und nur gut 30 der unregelmäßig geformten Objekte überschreiten in ihrer Längsachse 200 Kilometer. Die meisten dürften einige zehn Kilometer groß sein, und eine noch unbekannte Zahl mag Objekte bis herunter zu Meteoritengröße einschließen.

Im Fernrohr erscheinen sie nur als sternartige Lichtpünktchen und werden deshalb häufig auch etwas unglücklich als „Asteroiden" bezeichnet. Mit bloßem Auge und bei günstiger Stellung in Erdnähe können nur Ceres und Vesta gerade eben wahrgenommen werden. Das ist sicher der Hauptgrund, weshalb man sie erst so spät entdeckte.

Schon bald war es aufgefallen, daß die Planetoiden sich nach ihren Bahnen zu Gruppen anordnen lassen. Die meisten bewegen sich auf ziemlich kreisförmigen Bahnen im Gebiet zwischen Mars und Jupiter. Jedoch bleiben einige schmale Zonen leer. Schuld daran haben bestimmte einfache Zahlenverhältnisse ihrer großen Bahnachsen mit dem Durchmesser der Jupiterbahn, die zu Resonanzen führen und in diesen Lücken Instabilitäten erzeugen. Einige Planetoiden kommen auf längeren Ellipsen zeitweise bis in Gebiete innerhalb der Erdbahn, Ikarus dringt sogar über die Merkurbahn bis in unmittelbare Sonnennähe vor. Die Gruppe der „Trojaner" war bereits im vorigen Jahrhundert bekannt. Sie umrunden die Sonne auf der Jupiterbahn und folgen dem Planeten im Winkelabstand von 60 Grad nach bzw. gehen ihm um 60

Grad voran. Auch diese Sonderstellung in den sogenannten Librationspunkten geht auf die Schwerkraft des Jupiter zurück.

Schon Olbers hatte sich Gedanken über die Entstehung und Herkunft der Planetoiden gemacht. Seine Idee, daß es sich um Bruchstücke eines großen Planeten handelt, stieß auf viele Widersprüche und gilt heute als äußerst unwahrscheinlich. Dagegen ist es möglich, daß in der Frühzeit der Planetenentstehung das Zusammenwachsen kleinerer Teilchen zu einem großen Planeten durch die Schwerkraft des benachbarten Jupiter unterbrochen wurde. Im Laufe der Zeit sind dann die größeren Brocken, die sich schon gebildet hatten, wieder bei Zusammenstößen zerborsten. Auf diese Weise lassen sich vielleicht bestimmte Unterschiede in der Beschaffenheit der Planetoiden erklären. Ein möglicher Zusammenhang mit alten, ausgebrannten Kometen wurde schon erwähnt.

Viele Fragen sind noch offen, sowohl was die Kometen als auch was die Planetoiden betrifft. Die beste Möglichkeit einer „hautnahen" Untersuchung bieten Raumflüge in ihre unmittelbare Nähe oder sogar Landungen, bei denen Material eingesammelt und zurück zur Erde gebracht werden könnte, so wie es beim Mond bereits geschehen ist. Einen Anfang bildeten im Jahr 1986 bereits mehrere Raumflüge zum Halleyschen Kometen, bei denen zum ersten Mal ein Kometenkern wirklich sichtbar gemacht und seine Dimensionen bestimmt werden konnten. Auch konnte damals die chemische Zusammensetzung der Kometenhülle erstmalig in vielen Einzelheiten bestimmt werden. Weitere Unternehmungen dieser Art werden diskutiert und sind in Planung.

Die im Herbst 1989 auf ihre mehrere Jahre dauernde Reise zu Jupiter geschickte Raumsonde Galileo soll unterwegs beim Durchfliegen des Planetoiden-Bereichs einige dieser Kleinplaneten aus der Nähe beobachten. Für die 90er Jahre ist auch ein weiterer Raumflug in die Nähe eines Kometen geplant, bei dem die Sonde diesen ein Stück Wegs begleiten und eventuell Bodenproben von dort zurück zur Erde bringen soll. Was uns die nächsten Jahrzehnte an neuen Erkenntnissen bringen werden, wissen wir heute noch nicht. Manches wird überraschend sein, und vieles wird unsere bisherigen Annahmen bestätigen und vertiefen, so wie wir auf dem aufgebaut haben, was in früheren Jahrhunderten beobachtet und erforscht worden ist.

Felix Schmeidler

Der mathematische Himmel

Die Forschungen der Himmelsmechaniker

Die von Nicolaus Copernicus aufgestellte Lehre, daß die Sonne das Zentrum des Planetensystems und die Erde nur ein Planet wie jeder andere ist, hinterließ einige Fragen, die beim damaligen Stand der Forschung offen bleiben mußten. Eine dieser Fragen war die, warum denn gerade der zentrale Punkt des damaligen Weltalls in der Sonne liegen sollte. Die meisten Zeitgenossen des Copernicus hätten wahrscheinlich diese Frage nicht als besonders wichtig empfunden; denn die Wissenschaft des 16. Jahrhunderts war zu sehr mit der Feststellung des Zustandes der ihr bekannten Welt beschäftigt, als daß Fragen nach den physikalischen Ursachen dieses Zustandes viel Interesse hätten finden können. Isaak Newton konnte beweisen, daß von der Sonne eine proportional zum Quadrat der Entfernung abnehmende Anziehungskraft ausgeht. Die mathematische Berechnung der Bahn eines in der Nähe der Sonne befindlichen Planeten ergibt eine Ellipse, in deren einem Brennpunkt die Sonne steht, was schon Kepler in den ersten seiner Gesetze der Planetenbewegung aus den vorliegenden Beobachtungen abgeleitet hatte. Newton verallgemeinerte dieses Ergebnis und nahm an, daß eine solche Anziehungskraft von jedem Massenpunkt des Weltalls ausgeübt wird.

Bei der mathematischen Durcharbeitung des auf Newton zurückgehenden Gravitationsgesetzes stießen die Astronomen der nachfolgenden Generation auf eine ganz merkwürdige Schwierigkeit, die bis zum heutigen Tag nicht wirklich überwunden ist. Es zeigte sich zwar: Wenn sich im ganzen Weltall nur zwei Massen befinden, ist das Problem der Bewegung der beiden unter dem Einfluß der gegenseitigen Attraktion mathematisch relativ leicht lösbar und führt in der Tat auf die Keplerschen Gesetze; sobald aber auch nur eine dritte Masse hinzukommt, werden die mathematischen Gleichungen des sogenannten Dreikörperproblems so kompliziert, daß eine strenge Lösung damals nicht gefunden werden konnte und auch bis heute nicht gefunden worden ist (siehe den Beitrag von Matthias Schramm: *Die Gesetze der Himmelsmechanik*). Wenn beliebig viele Massen berücksichtigt werden müssen, wird alles noch schwieriger.

Allerdings folgt aus den besonderen Verhältnissen, die in unserem Planetensystem vorliegen, ein Umstand, der es den Mathematikern doch ermöglicht, wenigstens in guter Annäherung zu einer Lösung des Problems der Bewegung mehrerer Himmelskörper unter dem Einfluß ihrer gegenseitigen Anziehungskraft zu gelangen. Die Masse der Sonne ist gegenüber allen anderen im Planetensystem vorkommenden Massen so groß, daß jeder einzelne Körper angenähert diejenige Bahn beschreibt, die er bei alleiniger Existenz der Anziehungskraft der Sonne beschreiben würde. Diese Bahnen sind aber ungestörte Keplersche Ellipsen und können in voller mathematischer Strenge berechnet werden. Die Anziehungskräfte der übrigen Körper des Sonnensystems, zum Beispiel des Planeten Jupiter, rufen nur kleine Störungen der ungestörten elliptischen Bahnen hervor. Diese kleinen Störungen können zwar nicht in voller mathematischer Strenge, aber durch Annäherungsverfahren mit einer für die Praxis der astronomischen Forschung ausreichenden Genauigkeit berechnet werden.

Aus diesen Bemühungen entstand im Lauf des 18. Jahrhunderts das eindrucksvolle Lehrgebäude der Himmelsmechanik, an dessen Ausbau Mathematiker und Astronomen einträchtig zusammenarbeiteten. Die Arbeit an Fragen dieser Art kam dem damaligen Zeitgeist sehr entgegen, der von den Denkvorstellungen des Rationalismus beherrscht war. Die Menschen waren davon überzeugt, daß es in dieser Welt eine rational verstehbare Logik gibt, nach deren Gesetzen alle Vorgänge ablaufen. In den Bewegungen der Planeten am Himmel konnte man ein instruktives Beispiel für solche streng berechenbaren Vorgänge sehen, und es hat in der Tat im 18. Jahrhundert nicht an Stimmen gefehlt, die die Ordnung am Himmel unter diesem Gesichtswinkel gesehen haben.[1] So haben Zeitgeist und astronomische Einzelforschung damals einander in einer Weise gegenseitig beeinflußt und gefördert, wie es selten zuvor in der Geschichte der Astronomie der Fall gewesen war.

Schon Newton und sein Zeitgenosse Halley haben gewisse Erscheinungen in den Bewegungen der Planeten als Folge der Störungen gedeutet, die die einzelnen Körper des Sonnensystems aufeinander ausüben. Sie gelangten aber nicht zu einer genauen numerischen Berechnung dieser Vorgänge, weil die Mathematik der damaligen Zeit noch nicht weit genug entwickelt war, um solche Rechnungen möglich zu machen. Erst nach 1700 ergaben sich Möglichkeiten in dieser Richtung.

Einer der bedeutendsten Mathematiker aller Zeiten war Leonhard Euler, der 1707 in Basel geboren wurde und im Alter von zwanzig Jahren an die Akademie in St. Petersburg berufen wurde; 1744 folgte er dem Ruf Friedrichs des Großen nach Berlin, kehrte aber 1766 nach St. Petersburg zurück. Er verfaßte 1744 ein Lehrbuch über die Berechnung der Bewegungen der Planeten und Kometen, das für mehrere Generationen von Astronomen von grundlegender Wichtigkeit war. Wenige Jahre später schrieb er eine Abhandlung über die gegenseitigen Störungen der Planeten Jupiter und Saturn, in der ihm eine gute Annäherung der Ergebnisse der mathematischen

Abb. 34: Der Schweizer Mathematiker Leonhard Euler (1707–1783). Seine Berechnungen der Bewegungen von Planeten und Kometen, der gegenseitigen Störungen von Jupiter und Saturn sowie seine Theorie der Mondbewegung waren von grundlegender Bedeutung.

Rechnung an die wirklich beobachteten Erscheinungen gelang. 1753 veröffentlichte er eine Theorie der Bewegung des Mondes, die von frühester Zeit an bis zum heutigen Tag eines der schwierigsten Probleme der rechnenden Astronomie gewesen ist. Die Schwierigkeit liegt darin, daß der Mond der Erde so nahe ist und daß aus diesem Grund selbst kleinste Störungen in seiner Bewegung durch Beobachtungen bemerkt werden und daher auch bei der Vorausberechnung berücksichtigt werden müssen. Eulers Theorie der Bewegung des Mondes konnte zwar nicht alle Feinheiten des Problems erfassen, war aber dennoch ein großer Fortschritt gegenüber allen vorhergegangenen Arbeiten über dieses Problem.

Zur Beschäftigung mit der Theorie der Bewegung des Mondes bestand zur damaligen Zeit außer dem wissenschaftlichen Interesse auch ein sehr praktischer Grund. Im Jahr 1713 hatte das englische Unterhaus auf Veranlassung von Newton einen Preis von 20 000 Pfund für die Entdeckung einer brauchbaren Methode zur Bestimmung der geographischen Länge auf See ausgesetzt. Während die Ermittlung der geographischen Breite eines Schiffsorts eine relativ einfache astronomische Aufgabe ist, erfordert die Bestimmung der Länge schwierige Überlegungen. Es muß für diesen Zweck der Zeitunterschied zwischen dem Ort des Schiffes und irgendeinem Meridian, beispielsweise dem von Greenwich, ermittelt werden. Das kann in der Weise ausgeführt werden, daß ein bestimmtes Ereignis am Himmel beobachtet wird, dessen Eintritt in Greenwicher Zeit im voraus bekannt ist.

Man wußte, daß die Beobachtung von sogenannten Monddistanzen im Prinzip ein geeignetes Mittel für die Bestimmung der geographischen Länge auf See war. Es ging bei dieser Methode darum, den Zeitpunkt festzustellen, zu dem der Mond in seiner Bewegung den geringsten Abstand von einem hellen Fixstern hatte. Wenn dieser Zeitpunkt in Greenwicher Zeit bekannt war, konnte durch Vergleich mit der an Bord ermittelten Ortszeit die Längendifferenz gegen Greenwich leicht ermittelt werden. Die Schwierigkeit der Methode bestand darin, daß die Theorie der Bewegung des Mondes zu Beginn des 18. Jahrhunderts nicht mit der Genauigkeit bekannt war, die für eine zuverlässige Messung der Länge erforderlich war. Aus diesem Grund dauerte es länger als ein halbes Jahrhundert, ehe der vom englischen Unterhaus ausgesetzte Preis verteilt werden konnte. Er wurde unter drei Wissenschaftlern geteilt: Der Uhrmacher Harrison erhielt einen Anteil, weil er ein sehr zuverlässiges Chronometer konstruiert hatte; einen weiteren Anteil erhielt der schon erwähnte Mathematiker Euler für seine Mondtheorie; und schließlich wurde der deutsche Astronom Tobias Mayer mit einem Anteil bedacht, weil er unter Benutzung der Eulerschen Mondtheorie Tafeln hergestellt hatte, mit deren Hilfe astronomisch wenig vorgebildete Seeleute das Verfahren in einfacher Weise anwenden konnten.

Um die gleiche Zeit wurde ein anderes Problem der astronomischen Bahnrechnung wichtig. Newtons Zeitgenosse Halley hatte anläßlich der Bestimmung der drei Kometenbahnen von 1531, von 1607 und von 1682 eine so nahe Ähnlichkeit festgestellt, daß er die Vermutung äußerte, es handele sich um denselben Himmelskörper, der alle 75 bis 76 Jahre in die Nähe der Sonne und damit auch der Erde gelangt (siehe dazu den Beitrag von Rhea Lüst: *Kosmische Vagabunden*). Heute wissen wir, daß diese Vermutung richtig war; die letzte Erscheinung des Kometen fand 1985/86 statt, war allerdings wenig eindrucksvoll.[2] Damals ging es darum, die Richtigkeit der von Halley aufgestellten These zu prüfen. Wenn sie zutraf, mußte mit der Wiederkehr des Kometen entweder im Jahr 1758 oder 1759 gerechnet werden. Der französische Astronom Clairaut unternahm es, in Zusammenarbeit mit der mathematisch hochgebildeten Madame Lepaute, der Gattin eines Uhrmachers, die Bahn des Kometen unter Berücksichtigung der mit den Hilfsmitteln der damaligen Mathematik erfaßbaren Störungen für die Zeit seit 1682 zu berechnen; er kam zu dem Ergebnis, daß der Komet im Frühjahr 1759 wieder erscheinen müsse, was dann auch wirklich eintraf. Weitere Fortschritte in der Berechnung der Bahnen der Himmelskörper erzielte Joseph de Lagrange, der 1736 in Turin geboren wurde. Als er 30 Jahre alt war, berief ihn Friedrich der Große nach Berlin. Nach dem Tod des Königs ging Lagrange nach Paris, wo er bis 1813 lebte. Ihm gelang zwar nicht die vollständige Lösung des Dreikörperproblems, um die er sich bemühte; aber er konnte die dafür maßgeblichen mathematischen Gleichungen soweit vereinfachen, daß die an einer endgültigen Lösung noch fehlenden Schritte leichter überblickt werden konnten. Für einige spezielle Fälle gab er eine exakte Lösung an. Der wichtigste dieser Fälle ist der, daß die drei Massen ständig an den Ecken eines gleichseitigen Dreiecks stehen. Damals hielt man das für eine Entdeckung von rein akademischer Bedeutung. Aber zu Beginn des 20. Jahrhunderts wurden einige kleine Planeten entdeckt, die zusammen mit der Sonne und dem Jupiter, dem größten störenden Planeten, in sehr guter Annäherung die Ecken eines gleichseitigen Dreiecks bilden und somit den von Lagrange gelösten Fall des Dreikörperproblems angenähert realisieren. Alle Planeten dieser Gruppe tragen Namen von Helden des trojanischen Krieges (zum Beispiel Achill, Hektor, Agamemnon etc.) und sind in der Fachliteratur als „die Trojaner" bekannt.

Die Untersuchungen von Lagrange haben außerdem eine Methode der Berechnung der Störungen zur endgültigen Formulierung gebracht, die bereits von Euler vorgeschlagen worden war. Es handelt sich um das, was heute in der Wissenschaft als die „Variation der Konstanten" bezeichnet wird. Der Grundgedanke ist der folgende: Wenn keine Störungen existieren würden, müßte jeder Planet auf einer ungestörten elliptischen Bahn um die Sonne laufen. Solche Bahnen werden durch die Zahlenwerte gewisser Größen, zum Beispiel den Durchmesser der Ellipsen, und durch ihre Exzentrizität sowie andere konstante Zahlen gekennzeichnet. Wenn nun zusätzlich Störungen der Bahn berücksichtigt werden müssen, erfolgt die Bewegung nicht mehr in einer Ellipse; da jedoch die Störungen nur gering sind, bewegt sich der Planet immer noch in guter Annäherung in einer elliptischen Bahn, deren Elemente sich jedoch langsam und in geringem Ausmaß verändern. Wenn dann die mathematischen Gleichungen aufgestellt werden, gemäß denen diese langsamen Veränderungen der Bahnelemente vor sich gehen, dann sind diese Gleichungen in voller mathematischer Strenge ebensowenig lösbar wie die ursprünglichen Gleichungen des Dreikörperproblems. Da aber in diesem Fall die Unbekannten der Gleichungen kleine Größen sind, genügt es, eine angenäherte Lösung abzuleiten, durch die die tatsächliche Bewegung sehr gut wiedergegeben wird. Dieses Verfahren, dessen Grundgedanke schon von Newton angegeben wurde, ist nach Vorarbeiten von Euler durch Lagrange in der heute allgemein verwendeten Form ausgearbeitet worden.

Weniger erfolgreich als bei dem Problem der Berechnung der Störungen waren die Mathematiker und Astronomen um die Mitte des 18. Jahrhunderts bei der Aufgabe der Bahnbestimmung. Sie trat regelmäßig dann auf, wenn ein neuer Himmelskörper, zum Beispiel ein Komet, entdeckt worden war. Man wußte zwar, daß die Bahn eine Ellipse oder eine Parabel sein mußte, aber damit allein war die Bahn noch nicht festgelegt. Sie konnte ja ganz unterschiedliche Größe und Lage im Raum besitzen. Die Ermittlung dieser Einzelangaben war nur möglich, wenn diese Daten aus den ersten Beobachtungen abgeleitet wurden. Es stellte sich schnell heraus, daß die Bestimmung der Bahnelemente im Prinzip möglich war, wenn drei Beobachtungen vorlagen. Aber die Rechenaufgabe, aus drei solchen Beobachtungen die Zahlenwerte der Bahnelemente wirklich abzuleiten, erwies sich als unerwartet schwierig. Viele Fachleute haben sich damals mit dieser Frage beschäftigt. Es gelang wohl in den meisten Fällen, einigermaßen brauchbare Ergebnisse zu erhalten, aber die Berechnungen waren mühsam und zeitraubend und ergaben in ungünstigen Fällen völlig unsinnige Resultate. Auch Euler und Lagrange haben sich bemüht, das Problem der Bestimmung einer Bahn aus drei Beobachtungen zu lösen. Es gelang ihnen, einige wichtige Lehrsätze darüber abzuleiten, die später für die endgültige Lösung der Aufgabe von Bedeutung waren, aber zu einer allgemein brauchbaren Klärung konnten sie nicht vordringen.

So waren die Aufgaben der Bahnbestimmung und der Berechnung der Störungen bevorzugte Gegenstände der astronomischen Forschung im 18. Jahrhundert. Neben den ausdrücklich genannten Wissenschaftlern haben sich viele andere in dieser Zeit mit diesem Problemkreis beschäftigt. Der bedeutendste unter ihnen ist Pierre Simon Laplace gewesen, der im Jahr 1749 in Beaumont-Auge in der Normandie geboren wurde. Noch in jungen Jahren wurde er, nachdem er durch außergewöhnlich hohe Begabung aufgefallen war, nach Paris als Examinator beim königlichen Artilleriecorps berufen. Dort wurde einer seiner Prüflinge Napoleon Buonaparte, mit dem ihn dann eine langjährige persönliche Freundschaft verband. Sie führte unter anderem dazu, daß Laplace 1799 zum Innenminister berufen wurde: Aber er trat nach kurzer Zeit von diesem Amt zurück, weil er erkannte, daß er nicht die notwendige Eignung dafür besaß.

Seine zahlreichen wissenschaftlichen Arbeiten betrafen vor allem die Störungsrechnung. Sie brachten in dieses Arbeitsgebiet neue Ideen, durch die die Verfahren der Annäherung an die bis heute unbekannte strenge Lösung des Problems verbessert wurden. Laplace war der erste, der in seinen Rechenmethoden die Tatsache ausnutzte, daß die Bahnen der Planeten zwar Ellipsen sind, sich aber nur wenig von kreisförmiger Gestalt unterscheiden. Er machte auch vorteilhaften Gebrauch davon, daß die Ebenen dieser Bahnen nur geringfügig verschieden liegen. So konnte er mit der Zeit viele Tatsachen über den Verlauf der Störungen ableiten, die bis dahin unbekannt geblieben

Abb. 35: Der französische Mathematiker und Astronom Pierre Simon Laplace (1749–1827). Laplace gelangen umfangreiche Berechnungen der wechselseitigen Störungen im Planetensystem. Von ihm stammt, unabhängig von Kant, die Nebularhypothese über die Entstehung von Sonne und Planeten.

waren. Das wichtigste der von ihm gefundenen Gesetze war eine Aussage über die Stabilität des Planetensystems: Laplace konnte beweisen, daß die Bahnen aller Planeten sich im Mittel über lange Zeiträume nicht verändern, daß sie vielmehr nur um relativ geringe Beträge hin und her schwanken. Daraus folgt, daß es niemals zu einem Zusammenstoß zwischen zwei Planeten kommen kann, weil deren Bahnen heute durch große Zwischenräume getrennt sind und es wegen der Geringfügigkeit der Störungen für alle Zeiten bleiben.

Allerdings mußte Laplace, um dieses Resultat zu beweisen, kleine Vernachlässigungen bei der Lösung der Störungsgleichungen machen. Ob sein Ergebnis richtig bleibt, wenn diese Vernachlässigungen nicht gemacht werden, ist eine bis heute nicht endgültig entschiedene wissenschaftliche Frage. Mindestens aber hat Laplace bewiesen, daß die Stabilität des Planetensystems für sehr, sehr lange Zeiträume gesichert ist.

Seine mathematischen Methoden und Ergebnisse legte Laplace in einem monumentalen fünfbändigen Werk nieder, das den Titel *Traité de mécanique céleste* trug und an dem er etwa dreißig Jahre lang gearbeitet hat. Es wurde die wissenschaftliche Grundlage der Mechanik des Himmels schlechthin und muß bis zum heutigen Tag von allen Wissenschaftlern benutzt werden, die auf diesem Gebiet arbeiten.

Ein zweites fundamentales Werk von Laplace trägt den Titel *Exposition du système du monde (Darstellung des Weltsystems)*: In ihm ist u. a. die berühmte Nebularhypothese über die Entstehung der Sonne und der Planeten enthalten. Ideen dieser Art waren bereits 1755 von Immanuel Kant publiziert worden[3], doch kannte Laplace offensichtlich die Arbeit von Kant nicht. Obgleich seine Theorie in manchen Einzelheiten stark von den Auffassungen Kants abweicht, hat sich wegen der auch vorhandenen Ähnlichkeiten die Bezeichnung Kant-Laplacesche Nebularhypothese eingebürgert. Danach hat die Materie, aus der heute die Körper des Sonnensystems bestehen, vor langer Zeit einen chaotischen Urnebel gebildet. Dessen Materie konzentrierte sich wegen der inneren Gravitation zur Mitte und bildete schließlich die Sonne. Es blieben aber kleine Reste von Materie in den Außengebieten übrig, die zu den Planeten kondensierten. Auch bei diesem Prozeß wurden Reste nicht in den Hauptkörper einverleibt und bildeten schließlich die Monde der Planeten.

Man weiß heute, daß Einzelheiten der theoretischen Vorstellung dieser Hypothese physikalisch unmöglich sind, weil sie später entdeckten Gesetzen der Mechanik widersprechen. Dennoch sind die meisten Astronomen bis in unsere Zeit überzeugt, daß die von Kant und Laplace herrührende Nebularhypothese von der Entstehung unseres Planetensystems im Prinzip richtig ist und daß die ihr anhaftenden Mängel durch entsprechende Modifikationen der Einzelheiten behoben werden können.

Auch bei dem Problem der Bahnbestimmung, um das sich so viele der besten Mathematiker und Astronomen des 18. Jahrhunderts vergeblich bemüht hatten, gelang Laplace ein erster Erfolg. Er entwickelte eine Methode, die die mathematischen Zusammenhänge zwischen den beobachteten Positionen des Himmelskörpers und den unbekannten Bahnelementen in voller analytischer Klarheit erkennen ließ. Aber auch diese Methode litt unter dem Nachteil, daß ihre praktische Anwendung unnötig umständliche Rechenarbeiten erforderte. Erst eine Generation später ist die Aufgabe der Bahnbestimmung endgültig gelöst worden.

Über alle diese Fortschritte hinaus, die Laplace für die Klärung aktueller Fragen der astronomischen Forschung erzielte, war er ein geistiger Exponent der damals vorherrschenden rationalistischen Auffassung der Welt. Aus den von ihm bekannten Aussagen geht hervor, daß er davon überzeugt war, alle

Vorgänge in der Welt seien mit mathematischer Präzision berechenbar und somit vorhersehbar. Wo solche Vorhersagen bisher nicht gelungen sind, so argumentierte er, liege das nur an der Unvollständigkeit entweder unserer Informationen oder unserer bisher tatsächlich entwickelten Möglichkeiten der Berechnung. Typisch für seine Auffassungen über diese Frage ist eine überlieferte Äußerung von ihm: Als Napoleon ihn einmal fragte, warum in seinen Werken niemals das Wort Gott vorkomme, gab Laplace zur Antwort: „Sire, diese Hypothese habe ich nicht notwendig." Deutlicher und prägnanter ist die Weltauffassung der überzeugten Rationalisten wohl nie ausgedrückt worden.

Noch zu Lebzeiten von Laplace wurde die endgültige Lösung des Problems der Bahnbestimmung gefunden. Anlaß war eine Entdeckung, die von dem italienischen Astronomen Guiseppe Piazzi in der Nacht vom 31. Dezember 1800 zum 1. Januar 1801, also in der ersten Nacht des neuen Jahrhunderts, gemacht wurde. Im Verlauf von Beobachtungen, die die Grundlage für einen neuen Fixsternkatalog bildeten, fand Piazzi einen Himmelskörper, der sich bald als ein noch unbekannter Planet erwies, dessen Bahn zwischen der des Mars und des Jupiter verlief. Weil schlechtes Wetter eintrat, konnte Piazzi nur noch wenige Beobachtungen dieses Objektes erhalten, das später den Namen Ceres erhielt. So bestand die Gefahr, daß der Planet nicht wiedergefunden werden und der Wissenschaft verloren gehen würde. In dieser Situation nahm der Mathematiker Carl Friedrich Gauß sich der Aufgabe an: Er entwickelte eine Methode, die Bahnelemente aus den wenigen Beobachtungen von Piazzi abzuleiten und dabei wesentlich kürzer und genauer zu rechnen, als es mit den bis dahin verwendeten Methoden möglich war.

Nach einigen Monaten wurde Ceres wirklich an dem von Gauß vorherberechneten Ort wiedergefunden, während Positionen, die von anderen Astronomen unter Verwendung der früher üblichen und umständlichen Verfahren berechnet worden waren, sich als erheblich fehlerhaft erwiesen. Bis heute wird die von Gauß erdachte Methode der Bestimmung der Bahn eines Planeten mit geringfügigen Modifikationen von der astronomischen Wissenschaft verwendet.[4] Die Aufgabe der Ermittlung der Bahn eines Kometen war bereits wenige Jahre vorher von dem Bremer Arzt und Astronomen Olbers gelöst worden (siehe den Beitrag von Rhea Lüst: *Kosmische Vagabunden*).

Die Probleme, die damit verbunden waren, die Störungen der Bahnen des Mondes und der Planeten zu berechnen, wurden im Lauf des 19. Jahrhunderts von zahlreichen Mathematikern und Astronomen weiter bearbeitet. Dabei haben die meisten Forscher sich der gedanklichen Ansätze von Laplace bedient und versucht, sie weiter auszubauen. Zu einem besonders triumphalen Erfolg führten diese Arbeiten in der Mitte der 1840er Jahre, als es gelang, einen bis dahin unbekannten großen Planeten auf theoretischem Weg zu finden. Die Bahn des Planeten Uranus, der ein halbes Jahrhundert früher entdeckt worden war, zeigte Unregelmäßigkeiten, die durch keine theoretische Rechnung erklärt werden konnten. Auch wenn die Störungen, die durch die beiden größten Planeten des Sonnensystems, durch Jupiter und Saturn, auf den Uranus ausgeübt wurden, mit größter Genauigkeit berechnet wurden, traten zwischen der vorausberechneten Bewegung des Planeten und dem tatsächlich beobachteten Lauf Differenzen von unerklärbaren Beträgen auf.

Von mehreren Astronomen wurde die Vermutung geäußert, daß es jenseits der Bahn des Uranus noch einen weiteren großen Planeten gebe, der für diese Störungen verantwortlich sei. Kurz nach 1840 stellten sich unabhängig voneinander zwei junge Astronomen die Aufgabe, aus den beobachteten Störungen der Bewegungen des Uranus Rückschlüsse auf die Bahn des vermuteten störenden Planeten zu ziehen: Es waren John Couch Adams, damals noch Student in Cambridge in England, und Urbain Le Verrier, Astronom in Paris. Beide nahmen gewissermaßen eine Umkehrung des klassischen Problems der Störungsrechnung vor. Während es sich bisher darum gehandelt hatte, mit Hilfe der bekannten Positionen des störenden Planeten die resultierenden Störungen zu berechnen, ging es jetzt darum, aus den durch die Beobachtungen festgestellten Störungen die Position des noch unbekannten Planeten zu bestimmen.

Adams war mit seinen Berechnungen früher fertig als Le Verrier; er legte seine Ergebnisse dem Direktor der Sternwarte Cambridge und dann dem Astronomen Royal in Greenwich vor. Beide hatten in Einzelpunkten Bedenken, über deren Diskussion wertvolle Zeit verging. Inzwischen hatte Le Verrier in Paris seine Rechnungen vollendet und schrieb im September 1846 einen Brief an den Astronomen Galle, in dem er die Position des von ihm hypothetisch errechneten Planeten mitteilte. Noch am Abend des Tages, an dem er diesen Brief erhalten hatte, überprüfte Galle die betreffende Gegend am Himmel mit dem Refraktor der Berliner Sternwarte und fand wirklich nahe dem von Le Verrier angegebenen Ort einen Stern, der auf den damals verfügbaren Karten fehlte. Weitere Beobachtungen ergaben, daß es sich tatsächlich um den vermuteten Planeten handelte, der dann den Namen Neptun erhielt.

Die Rechenergebnisse, zu denen Adams über die Position und die Bahn des noch unentdeckten Planeten gelangt war, stimmten mit denen von Le Verrier im Rahmen der bei einem so schwierigen Problem unvermeidlichen Unsicherheit gut überein. So ist oft die Frage diskutiert worden, wem von beiden denn der Ruhm der großen Entdeckung gebührt. Unter wissenschaftshistorischen Kriterien ist die Frage eindeutig zu beantworten: Danach gilt als Entdecker einer neuen Erkenntnis immer nur der, der die Sache als erster publiziert hat, und das war in diesem Fall Le Verrier. Das ändert natürlich nichts daran, daß die geistige Leistung von Adams gleich hoch zu bewerten ist. Im übrigen sollte man solche Prioritätsfragen nicht mit derjenigen emotionalen Leidenschaft behandeln, die ihnen oft beigelegt wird. Man sollte vor allem auch daran denken, daß es ein Glück für die Wissenschaft – und damit für die Menschheit – gewesen ist, daß es zwei Persönlichkeiten von so hoher geistiger Qualität gleichzeitig gegeben hat. Beide haben dann auch im späteren Leben weitere wertvolle Beiträge zu den Problemen der Himmelsmechanik geleistet.

In mittelbarem Zusammenhang mit den Forschungen über die Mechanik des Himmels stehen astronomische Beobachtungen, die im Lauf des 19. Jahrhunderts gemacht wurden und deren Ziel die Herstellung von umfangreichen Katalogen von Fixsternen war. Das Bedürfnis nach Katalogen dieser Art ergab sich immer dann, wenn ein neuer Himmelskörper, zum Beispiel ein Komet oder ein neuer Planet, entdeckt worden war. Denn in diesem Fall waren die Astronomen daran interessiert, die Bahn des betreffenden Objekts zu bestimmen, und dafür waren regelmäßige Positionsbestimmungen erforderlich. Messungen dieser Art werden am besten in der Weise durchgeführt, daß der Abstand des neu entdeckten Himmelskörpers von einem benachbarten Fixstern gemessen und so die Ortsdifferenz festgestellt wird: Wenn die Position des zum Vergleich herangezogenen Fixsterns bekannt ist, weiß man auch die Position des neu entdeckten Objekts.

Überlegungen dieser Art waren u. a. der Grund, daß mehrere Astronomen in den ersten Jahrzehnten des 19. Jahrhunderts sich die Aufgabe stellten, Kataloge durch Beobachtungen herzustellen, die die Orte einer größeren Anzahl von Fixsternen angaben. Es wurde die Arbeit von Piazzi in Palermo erwähnt, dem mehr oder weniger zufällig die Entdeckung der Ceres gelang. In größerem Maßstab hat Friedrich Wilhelm Bessel, Direktor der Sternwarte Königsberg, um 1820 Beobachtungen dieser Art ausgeführt: In seinen sogenannten Zonenbeobachtungen hat er in den Gebieten des Himmels, in denen besonders häufig neue Objekte entdeckt werden, ein Positionsnetz von 31 895 Fixsternen geschaffen, dessen sich die Astronomen bei relativen Ortsbestimmungen neuer Himmelskörper bedienen konnten. Später sind diese Arbeiten erweitert worden. Bessels Schüler Friedrich Wilhelm Argelander, der 1837 zum Direktor der Sternwarte Bonn berufen wurde, hat unter Mitarbeit von anderen Astronomen das berühmte Unternehmen der „Bonner Durchmusterung" geschaffen: In ihr waren Fixsternörter auch in denjenigen Gebieten des Himmels niedergelegt, die Bessel nicht hatte beobachten können.

Im weiteren Verlauf des 19. Jahrhunderts wurden Arbeiten dieser Art auch auf den südlichen Sternhimmel ausgedehnt, so daß schließlich in der Gesamtheit aller dieser Durchmusterungen ein Netz von ungefähr einer Million Fixsternpositionen zur Verfügung stand. Spätere Arbeiten, die teilweise erst um die Mitte unseres Jahrhunderts abgeschlossen wurden, haben die Kenntnis der Örter dieser Fixsterne durch genauere Meßmethoden verfeinert und verbessert. Auf diese Weise haben sich dann auch wertvolle Erkenntnisse über die Bewegungen der Fixsterne ergeben, die für die Erforschung der Dynamik des Universums wichtig sind.

Inzwischen sind die theoretischen Untersuchungen über die Bewegungen der Himmelskörper unter dem Einfluß der zwischen ihnen wirksamen Anziehungskräfte weiter gefördert worden. Eine allgemein und für alle Zeiten in voller mathematischer Strenge gültige Lösung ist, wie schon erwähnt, bis heute nicht gefunden worden. Aber es sind doch manche Fortschritte erzielt worden. In mehreren Schritten ist im 19. Jahrhundert die Theorie über die Bewegung der großen Planeten verbessert worden, so daß die Übereinstimmung mit den tatsächlich beobachteten Bewegungen immer besser wurde. Im gleichen Ausmaß ist damit auch die Vertrauenswürdigkeit der Vorausberechnungen gestiegen.

An der Bewegung des Mondes zum Beispiel wurden kleine Unregelmäßigkeiten entdeckt, aus denen sich der Hinweis ergab, daß die Länge des Tages, das heißt die Dauer der Umdrehung der Erde um ihre Achse, langsam zunimmt.[5] Der Betrag dieser Zunahme ist minimal, hat aber in langen Zeiträumen doch bedeutende Konsequenzen, denn irgendwann wird es so weit kommen, daß der Tag einen ganzen Monat lang sein wird. Die genauere Erforschung der Einflüsse, die aus astronomischen Gründen eine Veränderung der Länge des Tages bedingen, ist eines der wichtigsten und bis heute nicht vollständig gelösten Probleme der Himmelsmechanik und der Geophysik.

Ein wichtiges neues Hilfsmittel ist der Himmelsmechanik durch die elektronischen Rechenmaschinen und die Computertechnik entstanden. Viele Rechenarbeiten, die früher viele Monate der Arbeit eines Gelehrten oder einer ganzen Arbeitsgruppe erforderten, können heute in kürzester Zeit erledigt werden. Das Hilfsmittel, dessen Brauchbarkeit allerdings gewisse Grenzen hat, wird in der Forschung in großem Umfang verwendet. Bahnbestimmungen und Bahnkorrekturen von Raumflugkörpern können in kürzester Zeit erledigt werden, was oft für das Gelingen eines Raumfahrtunternehmens von entscheidender Bedeutung ist. Auf diesem Gebiet sind in den letzten Jahrzehnten bedeutende Fortschritte erzielt worden. Weitere sind in naher Zukunft zu erwarten.

Günter D. Roth

Das neue Bild der Milchstraße

Sir William Herschel, der Astronom des Königs

Die Astronomie des 18. Jahrhunderts war noch ganz die Himmelskunde des Sonnensystems. Mit Hilfe des Fernrohrs entdeckten die Astronomen Krater auf dem Mond, einen Ring um den Saturn und die Flecken auf der Sonne. Die Gesetze Keplers ordneten die Bahnen der Planeten, und Newtons Gravitationsgesetz erklärte die bewegende Kraft zweier um sich kreisender Himmelskörper, also eines Planeten um die Sonne. Auch erkannte man jetzt die Bahnen der Kometen und sah sie als zum Sonnensystem gehörige Himmelskörper an. Die Verfeinerung der Bewegungslehre blieb nicht ohne Rückwirkung auf Navigation und Zeitrechnung, zwei Spezialgebiete, die für die Schiffahrt treibenden westeuropäischen Nationen von großer praktischer Bedeutung waren.

Für die Mehrzahl der Astronomen diente die Fixsternsphäre damals zur Bestimmung von Markierungspunkten, von Fixpunkten bei der Festlegung der Bahnen des Mondes und der Planeten. Seit dem Altertum hatten sich immer wieder Gelehrte mit den Fixsternen beschäftigt. Beispiele sind das Sternverzeichnis des Hipparch und die Beschreibung der Milchstraße von Ptolemäus. Ausgestattet mit dem Wissen um die räumliche Organisation des Sonnensystems, spekulierten im 18. Jahrhundert einige wenige Forscher über die Struktur der weiteren Umgebung des Sonnensystems im Weltall, über die Anordnung der Sterne im Raum. So zum Beispiel der Engländer Thomas Wright in einer 1750 erschienenen Schrift über den Bau der Milchstraße. Hier wird erstmals überlegt, ob und wie weit der Standort des Beobachters und eine bestimmte Anordnung der Sterne im Kosmos den Anblick der Sterne am Himmel bestimmen.

Wrights Arbeit hat Immanuel Kant im Jahre 1755 zum Versuch einer Erklärung der Milchstraße angeregt: „Die Gestalt des Himmels der Fixsterne hat also keine andere Ursache, als eben eine dergleichen systematische Verfassung im Großen, als der planetische Weltbau im Kleinen hat, indem alle Sonnen ein System ausmachen, dessen allgemeine Beziehungsfläche die Milchstraße ist."[1]

1755 waren solche Betrachtungen des Königsberger Philosophen genauso Spekulation wie die Thesen von Thomas Wright 1750 über den Bau der

Milchstraße. Zu der Zeit gab es keinen Astronomen, der dafür die notwendigen Beobachtungen hätte liefern können. Und es gab auch keine Sternwarte mit der instrumentellen Ausrüstung für solche Beobachtungen. Man war vollauf mit Meridianbeobachtungen zur Orts- und Zeitbestimmung beschäftigt, mit Berechnungen der Bahnen der Planeten. Jede Veränderung im klar erkannten räumlichen Aufbau des Sonnensystems mußte viel eher eine wissenschaftliche Sensation bedeuten als Gedankenspiele über die Fixsternsphäre.

Die Sensationsmeldung kam im Jahre 1781 aus England. Ein damals weithin unbekannter Beobachter namens William Herschel in Bath zeigte die Entdeckung eines Sterns mit merklichem Durchmesser und Ortsveränderungen am Himmel von einer Beobachtungsnacht zur anderen an. Der Entdecker, in der Meinung, einen Kometen gesehen zu haben, berichtete: „Die Vergrößerung, die ich benützte, als ich den Kometen zuerst sah, war 227. Aus Erfahrung wußte ich, daß die Durchmesser der Sterne durch eine

Abb. 36: Sir William Herschel (1738–1822). Herschel nahm systematische Himmelsdurchmusterungen vor und begann mit der Klassifizierung von Nebeln, Sternen und Sternhaufen. 1781 entdeckte er den Planeten Uranus.

stärkere Vergrößerung nicht im gleichen Verhältnis vergrößert werden, wie dies bei den Planeten der Fall ist; deshalb nahm ich jetzt die Vergrößerungen 469 und 932 und stellte fest, daß der Durchmesser des Kometen der Vergrößerung entsprechend größer wurde, wie dies auch bei der Voraussetzung, daß es kein Stern ist, sein mußte, während die Durchmesser der Sterne, mit denen ich ihn verglich, nicht im gleichen Verhältnis größer wurden."[2]

Das Beobachtungsjournal dieses Mr. Herschel aus Bath, wie er sich selbst in frühen Berichten genannt hat, verrät, daß die Entdeckung des vermeintlichen Kometen das Ergebnis einer routinemäßigen Himmelsdurchmusterung war, wie er sie seit 1775 mit einem selbstgebauten Spiegelfernrohr von 30 Zentimetern Öffnung durchführte. Der Entdecker war also ein fleißiger Amateurastronom, der überdies bereits gute Kontakte nach Greenwich unterhielt, insbesondere zu Nevil Maskelyne, dem Direktor der damals schon berühmten Sternwarte. Maskelyne war es auch, der Herschels Beobachtungen jenes merkwürdigen Sterns den Astronomen auf dem europäischen Kontinent zugänglich machte. Zahlreiche Beobachter beteiligten sich jetzt an den Ortsbestimmungen. Pierre Simon Laplace in Paris und Anders Lexell in Petersburg rechneten gleichzeitig vor, daß Herschels Stern eine geschlossene kreisähnliche Bahn beschreibt und folglich ein neuer Planet jenseits von Saturn ist. Der Eindruck in der Öffentlichkeit war gewaltig. Der Berliner Astronom Johann Elert Bode sprach gar von der „wichtigsten Entdeckung unter allen, die jemals am Himmel gemacht wurden".[3] Für den Amateurastronomen Herschel aber bedeutete diese Entdeckung den Entschluß, fortan ausschließlich Himmelsforschung zu betreiben. Am Tag dieses Entschlusses, am 19. Mai 1782, stand William Herschel im 44. Lebensjahr.

Geboren am 15. November 1738 in Hannover als Sohn eines Militärmusikers, schien die berufliche Laufbahn für Friedrich Wilhelm (nach seiner Einbürgerung in England auch Frederick William oder nur William) Herschel vorgezeichnet. Doch neben der Ausbildung für den Broterwerb nahm sich Vater Isaak Herschel Zeit, noch andere Interessen bei seinen Kindern zu wecken. Karoline Herschel, Friedrich Wilhelm Herschels Schwester und später unermüdliche Assistentin in der Sternwarte, bemerkt in ihren Erinnerungen: „Mein Vater war ein großer Bewunderer der Astronomie und besaß einige Kenntnisse in dieser Wissenschaft. Ich erinnere mich, daß er mich in einer kalten Nacht auf die Straße führte, um mich mit einigen unserer schönsten Sternbilder bekannt zu machen, nachdem wir vorher einen Kometen, der eben sichtbar war, beobachtet hatten. Auch errinnere ich mich, mit welcher Freude er meinem Bruder Wilhelm bei seinen Versuchen zum Zwecke wissenschaftlicher Studien zur Hand ging. Unter diesen Versuchen befand sich auch ein sauber gedrehter vierzölliger Globus, auf welchem mein Bruder den Äquator und die Ekliptik eingegraben hatte."[4]

Mit fünfzehn Jahren trat Herschel in die Musikkapelle der Hannoverschen Garde ein. 1756 war er mit den Soldaten zum ersten Mal in England, das damals mit Hannover in Personalunion vereinigt war. Schon ein Jahr später zog er ganz auf die Insel und machte nach mancherlei Startschwierigkeiten Karriere als Komponist, Musiklehrer und Konzertleiter. Seit 1769 in dem vielbesuchten südenglischen Kurort Bath, verdiente er 1771 dort bereits 400 Pfund jährlich. Und Herschel beschäftigte sich intensiver mit Mathematik und Astronomie. Erste Experimente mit dem Bau von Fernrohren folgten. Gute Instrumente waren rar, und Herschel erkannte ihre Unentbehrlichkeit für die erfolgversprechende Beobachtung.

Der Drang, mit eigenen Augen zu sehen und mit den bestmöglichen Teleskopen zu beobachten, wurde von Jahr zu Jahr heftiger. Herschel notierte im Sommer 1773 in sein Tagebuch: „Ich hatte mir vorgenommen, nichts auf puren Glauben hinzunehmen, sondern mich von allem, was andere vor mir gesehen hatten, mit eigenen Augen zu überzeugen."[5]

Der leidenschaftliche Fernrohrbauer Herschel bereitete dem Astronomen Herschel den Weg. Versuche mit Linsenfernrohren schlugen fehl. Die Instrumente waren unhandlich lang und die Güte der optischen Gläser gering. Die Farbenzerstreuung beim Durchgang der Lichtstrahlen durch die einfache Linse machte sich unangenehm bemerkbar. Zwar ist John Dollond 1758 die Konstruktion des ersten achromatischen Objektivs, bestehend aus zwei Linsen, gelungen. Aber es gab Schwierigkeiten, die Linsen für größere Öffnungen herzustellen. Also wandte sich Herschel dem Spiegelteleskop zu, das farbfreie Bilder liefert und in größeren Dimensionen hergestellt werden kann. Isaac Newton hatte schon im Jahre 1668 den Prototyp des Spiegelfernrohrs vorgestellt. Herschel entschied sich für diesen Typ, verbesserte ihn und begann, Hohlspiegel selbst zu schleifen und zu polieren. Während heute Glaskeramik und hochreflektierende Metallbeschichtungen als Spiegelwerkstoff zur Verfügung stehen, mußten sich die Spiegelschleifer des 18. Jahrhunderts mit reflexionsfähigen Metallegierungen plagen. Sie wurden zuerst mühsam gegossen und anschließend geschliffen und poliert.

Mit Friedrich Wilhelm oder William Herschel lebten in England seine Schwester Karoline und sein Bruder Alexander, die in das Unternehmen Fernrohrbau eingewiesen wurden. Alexander erwies sich als besonders begabt bei der Herstellung der Rohrmontierungen für die Spiegel. Karoline aber versuchte, William bei der unermüdlichen, aufreibenden Arbeit etwas zu unterhalten: „Gewöhnlich mußte ich ihm vorlesen, während er an der Drehbank saß oder Spiegel polierte, z. B. den Don Quixote, Tausendundeine Nacht, die Novellen von Sterne, Fielding usw., und ihm den Tee und das Abendbrot servieren, ohne daß er die Arbeit, mit der er gerade beschäftigt war, unterbrach. Es kam vor, daß er 16 Stunden lang die Schleifwerkzeuge nicht aus der Hand legte, denn er durfte die Arbeit nicht unterbrechen, wollte er nicht das ganze Werk gefährden."[6]

Fertige Fernrohre erprobte Herschel sofort am Himmel. So begann Herschels erste Himmelsdurchmusterung im Jahre 1775. Seine Beobachtungen erfaßten alle Sterne des nördlichen Himmels bis zur vierten Größenklasse. Nicht gerade viel, denn in einer klaren, dunklen Nacht können Sterne bis zur sechsten Größenklasse mit bloßen Augen wahrgenommen werden. Aber Herschel ging es in erster Linie darum, die Qualität seiner Spiegel zu prüfen. Er gewann von Jahr zu Jahr mehr Erfahrung als Beobachter. Er kam jedoch zu der Einsicht, daß noch viel größere Spiegeldurchmesser notwendig seien, um die Vielfalt der Fixsternwelt zu erforschen. Die beiden ersten Spiegelteleskope – eines mit elf Zentimetern Öffnung und zwei Metern Brennweite, waren nur ein Anfang.

Im August 1779 begann Herschel eine zweite Himmelsdurchmusterung bis zu Sternen der achten Größenklasse. Zweierlei hatte er sich vorgenommen: einmal die Überprüfung vorhandener Sternkarten und dann die Messung von Sternparallaxen. Es war der Beginn jahrzehntelanger Beobachtungen zur planmäßigen Erfassung aller Erscheinungen am Fixsternhimmel mit dem Ziel, genauere Informationen über den Aufbau des Weltalls zu bekommen.

Den Anfang bildete die Frage nach den Entfernungen der Fixsterne. Die Antwort auf diese Frage sollten Messungen von Sternparallaxen geben – geringfügigste Verschiebungen von Sternörtern am Himmel aufgrund der Bewegung der Erde um die Sonne. Ein schwieriges Kapitel für die messenden Astronomen. Zu gering war die Genauigkeit der Instrumente, um einen Winkel in der Größe von Bruchteilen einer Bogensekunde exakt zu messen. Auch Herschel gelang es nicht. Bis zur Messung der ersten trigonometrischen Sternparallaxen dauerte es noch über ein halbes Jahrhundert. Trotzdem trugen die Himmelsdurchmusterungen Herschels reiche Frucht.

Im Bemühen, Fixsternparallaxen zu messen, konzentrierte sich Herschel auf Doppelsterne. In wenigen Jahren entdeckte er Hunderte der bis dahin kaum erforschten Himmelskörper. Waren die Astronomen anfangs der Ansicht, bei Doppelsternen handele es sich um zufällig am Himmel nahe beieinanderstehende Sterne, kamen Herschel Zweifel. Bis zum Jahre 1804 untersuchte er über 1000 Doppelsterne und wurde so zum ersten bedeutenden Doppelsternbeobachter in der Geschichte der Astronomie. Bei Herschel gewann die Überzeugung Oberhand, „daß es eigene Sternsysteme gebe, die aus zwei Fixsternen zusammengesetzt sind, von welchen der eine sich in einer regelmäßigen Bahn um den anderen bewege".[7]

Zufälliges Ergebnis einer dieser Himmelsdurchmusterungen war auch jener 1781 entdeckte neue Planet, der nicht nur das Sonnensystem größer gemacht hat. Die Planetenentdeckung beförderte den sternbegeisterten Musiker Herschel fast über Nacht zum Astronomen des englischen Königs. Erscheint das jährliche Gehalt von 200 Pfund als nicht sehr üppig, so ist zu berücksichtigen, daß Herschel zwei Subventionen von jeweils 2000 Pfund für den Bau eines Riesenfernrohrs erhielt und zusätzlich 200 Pfund jährlich für den Unterhalt der Sternwarte. Auch gab es königliche Aufträge für

Teleskopbauten, und das Geschäft mit den Fernrohren kam jetzt richtig in Schwung. Herschel empfand zeitlebens große Dankbarkeit gegenüber seinem fürstlichen Gönner. Er gab dem neuen Planeten den Namen „Georgium sidus" (Georgsstern) nach König Georg III. Herschel benützte diesen Namen auch dann noch, als längst Uranus der anerkannte Name für den Planeten geworden war.

Im Sommer 1782 kündigte Herschel seine Stellung in Bath als Musikdirektor und Organist und zog nach Datchet in der Nähe von Windsor, wo das königliche Schloß stand. Herschel notierte unter dem 2. August 1782 in sein Tagebuch: „Heute kam der Wagen, der meine astronomischen Geräte usw. brachte, wohlbehalten vor meinem neuen Haus an, von dem ich sogleich Besitz ergriff. Nach wenigen Tagen begann ich mein 20-Fuß-Teleskop aufzustellen. Mein Bruder und meine Schwester waren bei mir, jener besuchsweise, diese um meine astronomische Assistentin zu werden, als die sie bereits in Bath tätig gewesen war. Ich beschäftigte mich nun sehr intensiv mit astronomischen Beobachtungen und ließ keine sternklare Stunde ungenutzt vorübergehen, indem ich entweder selbst beobachtete oder jemand damit beauftragte. In den Mußestunden, die mir tagsüber blieben, befaßte ich mich mit dem Bau und der Verbesserung von Teleskopen."[8]

Herschel plante ein neues 20-Fuß-Teleskop. Diese damals gebräuchliche Größenangabe bezieht sich auf die Brennweite – 20 Fuß entsprechen einer Länge von 6,10 Metern. Aus den Aufzeichnungen von Karoline Herschel ist zu erfahren, daß es ein „kleines" 20-Fuß-Teleskop gab, das 1775 fertiggestellt worden war und 12 Zoll Öffnung, etwa 30 Zentimeter, aufwies. Das neue 20füßige sollte eine Öffnung von 18,8 Zoll erhalten, knapp 48 Zentimeter. Ende 1783 war das Instrument fertig. Es hing in einem Holzgerüst, gesteuert von einem sinnreich konstruierten System von Seilzügen. Eine Kuppel gab es für dieses Riesenfernrohr nicht. Das Holzgerüst war auf eiserne Rollen gelagert, die über ein gemauertes Fundament liefen. So war das Instrument beweglich und im Kreis drehbar. Der Beobachter kletterte auf einer Leiter zum Okular, und ein Gehilfe steuerte das Teleskop in die gewünschte Himmelsrichtung.

Auch das größte Teleskop Herschels, das 40füßige, war ähnlich montiert. Der Spiegeldurchmesser dieses Fernrohrs betrug 122 Zentimeter, die Brennweite über 12 Meter. Die Spiegelscheibe allein wog 1000 Kilogramm. Zum Schleifen und Polieren beschäftigte Herschel 24 Arbeitskräfte.

Erste Beobachtungen im Jahre 1788 mit diesem, auch für heutige Verhältnisse gigantischen Instrument verliefen für Herschel unbefriedigend. Die vielen Handarbeiter lieferten nicht die gewünschte optische Genauigkeit. Herschel konstruierte eine Poliermaschine. Die Prüfung Ende August 1789 am Planeten Saturn führte gleich zur Entdeckung des Saturnmondes Enceladus. Trotzdem: Mit dem größten Teleskop hat es immer wieder Probleme gegeben. Neben der Handhabung des Giganten waren es vor allem die

Abb. 37: Eines von Herschels Spiegelteleskopen. Mit 40 Fuß war es das größte, das der begeisterte Fernrohrbauer verwirklicht hat. Der Hauptspiegel war gegen die optische Achse geneigt, so daß die Strahlen unmittelbar in das vorne am Tubusrand montierte Okular gelangten.

englischen Klimaverhältnisse, die das Beobachten erschwert haben. Auf ein technisches Problem hat Herschel selbst aufmerksam gemacht: „Die Schwierigkeiten, den angelaufenen Spiegel neu aufzupolieren und seine genaue Figur zu erhalten bzw. wiederherzustellen, sind so groß, daß ich, falls jemals ein größeres als ein zwanzigfüßiges Teleskop wünschenswert sein sollte, ein solches von 25 Fuß Brennweite mit einem Spiegel von 2 Fuß im Durchmesser empfehlen würde. Ich habe selbst ein solches gebaut und gefunden, daß es sehr leistungsfähig war und ein Bindeglied zwischen einem 20- und einem 40-Fuß-Instrument darstellte."[9]

Dieses Fernrohr hat im Jahr 1801 der König von Spanien gekauft. Herschel selbst hat die meisten Beobachtungen mit seinem 1783 in Dienst gestellten „großen" Teleskop von 20 Fuß gemacht, mit dem 48-Zentimeter-Spiegel. Darunter die wichtige dritte Himmelsdurchmusterung, die er im Jahre 1783 begonnen hat. Sie bildete eine Grundlage für den zweiten Doppel-

sternkatalog, der 1784 erschien, und für die berühmten Nebel- und Sternhau-
fen-Kataloge von 1786 und 1789. Jeder dieser Kataloge enthält 1000 galaktische und extragalaktische Sternsysteme. Allein schon von der Anzahl der
Objekte her gesehen war das eine völlig neue Dimension astronomischen
Schaffens: Die Beobachtungsergebnisse vor Herschel waren im Vergleich
dazu bescheiden. Im Jahre 1612 hatte Simon Marius den Andromeda-Nebel
entdeckt, sechs Jahre später Cysat den Orion-Nebel.

Charles Messier veröffentlichte 1784 den ersten Katalog mit astronomischen Objekten, die keine Sterne waren, um Fehlbeobachtungen bei der
Suche nach neuen Kometen zu vermeiden. Der noch heute benützte Messier-
Katalog erfaßt ganze 103 Objekte. Bis zum Jahre 1802 katalogisierte Herschel
2312 Nebel und 197 Sternhaufen. Herschel beschrieb jedes Objekt ausführ-
lich und nahm auch eine erste Klassifikation vor: „288 glänzende Nebelflecke; 909 schwache Nebelflecke; 984 sehr schwache Nebelflecke; 79 planeta-
rische Nebelflecke; 52 sehr große Nebelflecke; 42 sehr gedrängte und reiche
Sternhaufen; 67 dichte Sternhaufen; 88 grob zerstreute Sternhaufen."[10]

Bei der Wertung seiner Beobachtungen machte Friedrich Wilhelm Herschel über die Struktur der Objekte Aussagen, die erst von Forschern des
19. und 20. Jahrhunderts endgültig bestätigt worden sind. So hielt Herschel
viele der kleinen runden Nebel für weit entfernte Sternhäufungen. Heute
sind diese Nebel als Spiralnebel und extragalaktische Sternsysteme erkannt.
Herschel bezeichnete diffuse Nebel als „phosphorical matter", Objekte, die
heute als leuchtende Gasnebel eingeordnet sind. War Herschel ursprünglich
davon überzeugt, daß alle Nebel in Wirklichkeit Sternansammlungen sind,
wenn dem Fernrohr die Auflösung in Einzelsterne gelingt, unterschied er
in späteren Arbeiten deutlich zwischen stellaren Objekten und nebeliger
Materie, die nicht nur eine Streuung des durchgehenden Sternenlichts auslö-
sen, sondern die auch eine Rolle bei der Sternentstehung spielen kann. Mit
der Annahme einer interstellaren Absorption und der interstellaren Materie
war Herschel seiner Zeit weit voraus.

On the construction of the heavens (Über den Bau des Himmels): So lautete der
Titel einer Veröffentlichung Herschels im Jahre 1785, in der auf Grund
stellarstatistischer Untersuchungen die räumliche Verteilung der Fixsterne
und der Aufbau der Milchstraße dargestellt werden. Es war Herschels bedeutendste Leistung. Auf den Gedanken einer Sternstatistik ist Herschel 1783
bei der Durchmusterung der Milchstraße in der Nähe des Sternbildes Orion
gekommen: „Ich nenne ihn das Eichen des Himmels oder die Sterneiche. Es
besteht darin: Ich nehme mehrmals die Anzahl von Sternen in 10 Gesichtsfel-
dern meines Fernrohrs, eins dicht am andern; und indem ich ihre Summe
addiere und eine Dezimalstelle rechter Hand abschneide, so erhalte ich einen
Durchschnitt vom Gehalt des Himmels in allen Teilen, die auf folgende
Weise geeicht wurden. Zum Beispiel habe ich eine kurze Tabelle beigefügt,
die ich aus den in meinem Tagebuch verzeichneten Eichungen bezogen

habe und woraus folgt, daß die Zahl der Sterne mit der Annäherung zur Milchstraße sehr schnell zunimmt."[11]

Herschel beobachtete mit seinem „großen" 20-Fuß-Teleskop bei 157facher Vergrößerung. Er experimentierte zunächst mit sechs Feldern, gerade so groß wie das Gesichtsfeld seines Fernrohrs. 79 Sterne zählte er im Mittel für jedes Feld. Um es nicht zu kompliziert und vor allem nicht zu zeitraubend zu machen, suchte er sich einen repräsentativen Querschnitt. Er wählte eine senkrecht zur Milchstraße verlaufende 2,5 Grad breite Zone, beginnend bei Deklination +45 Grad bis hin zu −30 Grad. Insgesamt zählte Herschel in dieser Zone 3400 Felder aus.

Die graphische Darstellung ergibt eine flache, ausgefranste Ellipse. Ausgehend von der Mitte, gleichbedeutend mit dem Standort der Sonne, zeichnete Herschel Linien hin in alle Richtungen, wo Sterneichungen ausgeführt worden sind. Den Kubikwurzeln der in den Eichfeldern gezählten Sterne entsprechen die Längen der Linien. Die Verbindung der Endpunkte dieser Lotlinien führt zu einer Grenzkurve des Systems. Es entsteht eine Art Querschnitt durch die Milchstraße. Herschel rechnete die Gesamtzahl der im System vorhandenen Fixsterne hoch und kam zu einer Schätzung von ungefähr 20 Millionen Sternen. Für Herschel stand das Ergebnis fest: „Daß die Milchstraße eine sehr ausgedehnte Schicht von Sternen verschiedener Größe ist, läßt nicht den geringsten Zweifel übrig; und daß unsere Sonne wirklich einer der Himmelskörper ist, die zur Milchstraße gehören, ist ebenso augenscheinlich. Nun habe ich diese schimmernde Zone nach fast allen Richtungen besichtigt und geeicht und finde sie aus Sternen zusammengesetzt, deren Anzahl nach Maßgabe dieser Eichungen beständig ab- oder zunimmt, im Verhältnis, wie sie dem bloßen Auge mehr oder minder glänzend erscheint."[12]

Herschels Beobachtungen zeigen die Milchstraße als große Sternansammlung, als eine Weltinsel, auf der auch die Sonne ihren Platz hat. Im 19. Jahrhundert ist die Vorstellung von der Milchstraße als Weltinsel unter vielen anderen Sternsystemen wieder verblaßt. Selbst Herschel deutete in einer

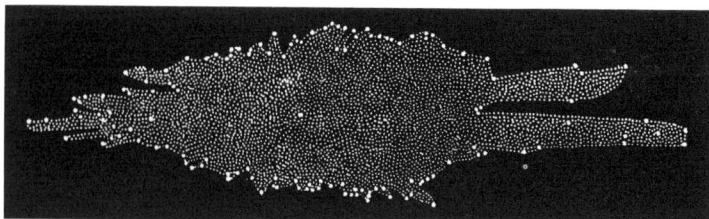

Abb. 38: Herschels Milchstraßen-Modell (Seitenansicht). Rechts im Bild ist die Spaltung der Milchstraße in den Sternbildern Schwan und Adler sichtbar.

seiner letzten Veröffentlichungen im Jahre 1818 seine Beobachtungen so, daß alle Nebel und Sternhaufen Bestandteile der Milchstraße sind – eine Ansicht, die noch im ersten Jahrzehnt des 20. Jahrhunderts von Wissenschaftlern vertreten worden ist. Das gegenüber Herschels Zeit bis 1900 erheblich gewachsene stellar-astronomische Datenmaterial regte Astronomen zu einer neuerlichen Untersuchung über die räumliche Verteilung der Sterne an. Die von Herschel eingeführte Methode der Sternzählungen stand dabei Pate.

Zur Verfeinerung seiner Methode bezog Herschel in seine Sternzählungen die Helligkeiten der Sterne mit ein. Seine Überlegung war, daß mit den scheinbaren Helligkeiten der Sterne Beziehungen zu den Entfernungen hergestellt werden können: „Der Grundsatz, daß die lichtschwächsten Sterne im Durchschnitt am weitesten von uns entfernt sind, scheint mir so zwingend, daß er als Grundlage für eine experimentierende Untersuchung dienen kann."[13]

Zunächst stellte Herschel mit zwei Fernrohren verschiedener Öffnung Versuche an irdischen Gegenständen in bekannten Entfernungen an. Das größere Teleskop bildete den gleichen Gegenstand in doppelter Entfernung so hell ab wie das kleinere in der einfachen Entfernung. Das terrestrische Experiment übertrug Herschel auf den Himmel. Seine Annahme war, daß alle Fixsterne die gleiche Leuchtkraft besitzen und daß die unterschiedlichen scheinbaren Helligkeiten nur verschieden große Abstände von der Erde markieren. Zeigen zwei verschieden große Fernrohre zwei Sterne in gleicher Helligkeit, ist der Stern im größeren Teleskop von der Erde doppelt so weit entfernt wie der Stern im Fernrohr mit der kleineren Öffnung. Auf der Basis einer Einheitsentfernung, der Herschel die Bezeichnung „Siriusweite" gab, bestimmte er die Reichweiten seiner Fernrohre und machte entsprechende Entfernungsschätzungen von Sternen. Die Dimensionen der Milchstraße gab Herschel mit 150 Siriusweiten Stärke und 850 Siriusweiten Durchmesser an.

Die Entdeckung von Sternparallaxen ist Herschel versagt geblieben. Jedoch maß er im Verlauf der Jahre Eigenbewegungen heller Sterne, die ihm den Anhaltspunkt für die Schätzung der Entfernung zum nächsten Fixstern gegeben haben – 40000 Erdbahndurchmesser. Wenn auch dieser Wert viel zu niedrig angesetzt war und die Annahme einer Beziehung zwischen scheinbarer Helligkeit und Entfernung falsch, hat Herschel mit seinen Beobachtungen den Astronomen doch den Weg zur Erforschung der Milchstraße gezeigt. Die Einbeziehung der Sternhelligkeiten in seine Sterneichungen erhebt Herschel zum Begründer der Stellarstatistik.

Sogar die für diese Statistik einflußreiche interstellare Absorption hat Herschel aufgrund seiner Beobachtungen vermutet. Daß hier auf künftige Astronomengenerationen viel Arbeit wartete und der Fortschritt von der Entwicklung der Instrumente abhängt, hat Friedrich Wilhelm Herschel wiederholt betont: „Sollten auch meine vereinzelten Bemühungen zur Vollendung eines Werks, das die vereinigten Anstrengungen aller Astronomen zu erfordern scheint, nicht gelingen, so darf man doch hoffen, daß, wenn man mit aller Macht an der Vervollkommnung der Teleskope arbeiten und sie zur Erforschung des Himmels anwenden wird, mit der Zeit unsere Kenntnis sich erweitern, oder wir vielleicht gar zu einem Abriß gelangen werden von dem inneren Bau des Himmels."[14]

Neben seinen Pionierleistungen auf nahezu allen Gebieten der Stellarastronomie stehen die Ergebnisse des nimmermüden Beobachters Herschel in bezug auf die Objekte des Sonnensystems ein wenig im Schatten – sieht man von der aufsehenerregenden Entdeckung des Planeten Uranus im Jahre 1781 ab. Dabei galt Sir William Herschel unter den zeitgenössischen Astronomen als erfahrener Planetenbeobachter. Noch 1787 entdeckte er die Uranusmonde Titania und Oberon. Zwei Jahre später folgte die Entdeckung der Saturnmonde Enceladus und Mimas, ein Testergebnis mit dem 40-Fuß-Teleskop. Im Jahre 1793/94 bestimmte Herschel erstmals die Rotationszeit des Ringplaneten. Der Wert von 10 Stunden und 16 Minuten weicht nur wenig von demjenigen moderner Messungen ab. Auch Vorgänge in der Sonnenatmosphäre hat Herschel beobachtet, vor allem Sonnenflecken und Sonnenfackeln.

Freilich erwies sich der Versuch einer Sonnentheorie mit der Annahme eines dunklen Sonnenkörpers unter der leuchtenden Hülle als nicht haltbar. In mehreren Veröffentlichungen beschäftigte sich Herschel mit der Eigenbewegung an Hand von Ortsbewegungen einer Reihe von Fixsternen und nannte einen Zielpunkt in der Nähe des Sterns Lamda im Sternbild Herkules. Der Zielpunkt befindet sich in naher Übereinstimmung mit heutigen Berechnungen.

Sir William Herschel starb am 25. August 1822 in Slough. Bereits den Zeitgenossen galt er als der überragende Astronom um die Wende vom 18. zum 19. Jahrhundert. In seinem Buch *Die Doppelsterne* brachte der Direktor der Wiener Sternwarte Joseph Johann von Littrow 1835 Herschels Leistung auf einen kurzen Nenner: „Der große Herschel, dem wir beynahe alle die Kenntnisse des Himmels verdanken, die sich außer dem Bereich unseres Planetensystems erstrecken ..."[15]

Joachim Herrmann

Mit dem Maßstab ins All

Die Auslotung des Weltraums durch Friedrich Wilhelm Bessel

Der Siegeszug des kopernikanischen Weltsystems war im 16. und 17. Jahrhundert zunächst erheblich verzögert. Der schnellen Ausbreitung standen beachtliche theologische Bedenken entgegen. In der Bibel ist eben nicht davon die Rede, daß die Sonne im Zentrum der Welt steht. Aber es gab auch rein astronomische Gründe gegen die Vorstellung, die Erde würde die Sonne umlaufen. Um die seltsamen Bewegungen der Planeten, ihren zeitweisen Stillstand und ihre Rückläufigkeit zu erklären, bot das moderne System indessen beachtliche Erleichterungen: Man mußte sich nur vorstellen, die Erde würde einen Planeten überholen oder würde selbst von einem anderen überholt werden. Im Prinzip waren damit die größten Schwierigkeiten des alten Systems gelöst.

Doch bald stellte sich heraus, daß Kopernikus und seine Anhänger mit dem neuen System keine besseren Vorherberechnungen der Planetenbahnen erzielten als die Astronomen des Altertums und Mittelalters. Wie sie mußte auch Kopernikus bald zu der Vorstellung Zuflucht nehmen, die Planeten würden sich nicht direkt auf Kreisbahnen um die Sonne bewegen, sondern auf aufgesetzten Kreisen, die auf den Hauptkreisen abrollen. Mit diesen Epizykeln hatte die kopernikanische Theorie aber ihren entscheidenden Vorzug vor der alten Theorie verloren: die Einfachheit und Eleganz. Es waren keineswegs die konservativsten Astronomen, die gerade aus diesen Gründen erhebliche Vorbehalte gegen Kopernikus und seine Anhänger geltend machten. Der Däne Tycho Brahe gehörte dazu. Er schlug eine Art Kompromißmodell vor: Die Planeten sollten zwar die Sonne umlaufen, diese aber zusammen mit der Sonne die Erde. Unser Heimatplanet verlor also nicht seine zentrale Stellung.

Aber es gab noch einen ganz anderen Einwand gegen die Bewegung der Erde: Der Lauf unseres Heimatplaneten um die Sonne müßte sich in einer scheinbaren Bewegung der Sterne widerspiegeln. Denn wir beobachten die Sterne ja im Laufe eines Jahres von ganz verschiedenen Stellen unserer Umlaufbahn aus. Diesen Effekt kennen wir unter dem Schlagwort „Daumensprung". Wir beobachten einmal den Daumen unserer ausgestreckten Hand mit dem linken und dann mit dem rechten Auge: Der Daumen scheint vor

dem Hintergrund des Zimmers oder der Landschaft hin- und herzuspringen.
Derselbe Effekt müßte auch bei den Sternen auftreten. Leider zeigte er sich
aber nicht.

Die Anhänger von Kopernikus konnten sich nur dadurch behelfen, daß
sie davon ausgingen, die Sterne seien so ungeheuer weit von uns entfernt,
daß diese jährliche Verschiebung unmeßbar klein sei. Auch bei unserem
Daumensprung stellen wir fest: Je weiter wir den Arm ausstrecken desto
kleiner fällt die Verschiebung aus. Man kann diesen Vorgang sogar zu einer
Entfernungsmessung benutzen und macht zum Beispiel bei der Vermessung
der Erde davon reichlich Gebrauch. Anvisiert wird ein herausragender Punkt
in der Landschaft von zwei anderen Punkten aus, deren Abstand genau
bekannt ist. Man geht also von einer Grundlinie, einer Basis, aus und mißt
von deren beiden Endpunkten aus die Winkel zwischen der Basis und der
Richtung zum Zielpunkt. Aus einfachen trigonometrischen Formeln ergibt
sich dann der Abstand zwischen allen drei Eckpunkten dieses Dreiecks.
Den Winkel, um den der Zielpunkt bei der Beobachtung von den anderen
Punkten aus hin- und herspringt, nennt man auch Parallaxe.

Mit Hilfe der Parallaxe lassen sich auch Entfernungsbestimmungen im
Planetensystem vornehmen, und man kann mit Hilfe der jährlichen Parallaxe
der Sterne eben auch deren Abstand bestimmen. Die Parallaxe der Sterne
wäre also nicht nur ein Beweis für die Richtigkeit des kopernikanischen
Systems, sondern auch ein hervorragendes Mittel, um mit diesem Maßstab
über die Grenzen unseres Sonnensystems hinaus zu gelangen. Kein Wunder,
daß die Astronomen des 17. und 18. Jahrhunderts immer wieder versuchten,
die Parallaxe der Sterne zu entdecken. Die Hoffnung war darauf gerichtet,
mit der Verbesserung der Meßmethoden, vor allem in Verbindung mit
dem Fernrohr, das Ziel kosmischer Entfernungsbestimmungen irgendwann
einmal zu erreichen.

Doch ein Mißerfolg jagte den anderen. Endlich entdeckte der englische
Astronom James Bradley im Jahre 1726 bei dem Stern gamma im Sternbild
Drache scheinbar den erwarteten Effekt. Er hatte eine jahresperiodische
Schwankung von maximal 20 Bogensekunden. Doch zeigten merkwürdiger-
weise andere Sterne genau dieselbe Jahresschwankung. Sollten etwa alle
Sterne gleich weit von uns entfernt sein? Sollten sie gar an einer Kugelschale
befestigt sein, wie es sich die alten Astronomen dachten? Bradley gab 1728
für die Verschiebung eine ganz andere und die richtige Erklärung: Die
Verschiebung hängt mit dem Umstand zusammen, daß das Licht sich nicht
unendlich schnell ausbreitet. So wie wir einen Regenschirm bei schnellem
Lauf durch einen Schauer etwas schräg nach vorne halten, um von den
Regentropfen nicht getroffen zu werden, so halten wir – übertrieben ausge-
drückt – auch unser Fernrohr etwas schräg in Bewegungsrichtung unserer
Erde nach vorne. Diese jährliche Aberration des Lichtes ist ebenfalls ein
Beweis für die Erdbewegung um die Sonne. Die Suche nach der Parallaxe der

Sterne war also künftig allein eine Suche nach den Entfernungen außerhalb unseres Planetensystems.

Diese Leistung sollte ein Mann vollbringen, der vielleicht der größte Meßkünstler auf astronomischem Gebiet im ganzen 19. Jahrhundert war: Friedrich Wilhelm Bessel. Bessel wurde am 22. Juli 1784 in Minden geboren. Über die Jugendzeit Friedrich Wilhelm Bessels ist nichts Außergewöhnliches zu berichten. Im Gymnasium fiel er kaum auf. Latein, damals ein zentrales Hauptfach, war ihm zuwider. Nur in Mathematik hätte er glänzen können – wenn dieses Fach eine größere Rolle gespielt hätte. So verließ er bereits in der 8. Klasse das Gymnasium und begann mit vierzehn Jahren bei dem Handelshaus *Kuhlenkamp & Söhne* in Bremen eine kaufmännische Lehre.

Mit beachtlichem Eifer stürzte sich Friedrich Wilhelm Bessel in die Welt des Handels und der Seefahrt. Vielleicht lag es daran, daß er sich bald mit Geographie beschäftigte. Aus den Briefen an seinen Bruder Carl nach Berlin geht hervor, wie er sich mehr und mehr in geographische Literatur vertiefte

Abb. 39: Friedrich Wilhelm Bessel (1784–1846). Bessel war einer der größten Meßkünstler auf astronomischem Gebiet. Er gilt als Vater der Positionsastronomie.

und Landkarten kaufte. Für Astronomie hatte er allerdings in dieser Zeit noch nicht viel übrig, obwohl er als Kind zusammen mit seinem Bruder den Sternen durchaus zugetan war.

Am 18. März 1801 schrieb er an Carl: „Bist Du auch noch ein so großer Astronom wie ehemals? Meines Teils habe ich die Namen der vielen Fixsterne, die uns doch sonst so ziemlich geläufig waren, fast sämtlich vergessen und würde auch nur sehr wenig Sternbilder mehr zusammenfinden können. Indes habe ich einige kleine Progresse in dem Teile der Sternkunde gemacht, der sich auf die Bewegung unsres Sonnensystems und überhaupt auf mathematische Geographie bezieht. Indes dieses ist nicht der Mühe wert, und da ich mit keinem vernünftigen Menschen von so etwas reden kann, so hilft mir das Lesen in meinem englischen Buche ... auch nicht viel."[1]

Trotzdem kam Bessel der Astronomie immer näher. 1801 begann er einen Kurs für die erste Steuermannsprüfung und machte Versuche mit einem Sextanten. Schon war er mitten in Fragen der Nautik, und das Interesse an der Himmelskunde war erneut erwacht. Sieht man einmal von Fragen der Seefahrt ab, so war aber die Astronomie in Bremen damals eigentlich nur durch einen Mann vertreten: den Arzt und Privatastronomen Wilhelm Olbers. Der hatte erst kurz zuvor eine Methode zur Berechnung der Kometenbahnen gefunden und zwei Kleinplaneten entdeckt: 1802 die Pallas und 1807 die Vesta. Olbers stand mit vielen anderen Astronomen in enger Verbindung, nicht zuletzt mit Johann Hieronymus Schröter, der in Lilienthal bei Bremen über eine beachtliche Sternwarte mit dem größten Spiegelteleskop nach den Instrumenten von Friedrich Wilhelm Herschel in England verfügte.

Damals führte Bessel eine Berechnung der Bahn des berühmten Halleyschen Kometen durch. Dabei stützte er sich auf die Anleitung von Olbers. Bessel beschloß, seine Rechnungen Olbers vorzulegen. Wie aber den berühmten Gelehrten als einfacher Kaufmannsgehilfe dazu bringen? Bessel schilderte später seine erste Begegnung mit Olbers so: „Als ich meine Arbeit ... beendigt und sauber geschrieben zu Papier gebracht habe, faßte ich mir ein Herz, schnitt Olbers, den ich eine Straße langsam hinabgehen sah, durch Betretung einer Nebenstraße und größere Eile den Weg ab und bat ihn um die Erlaubnis, ihm einen geringen astronomischen Versuch, den ich gewagt hätte, vorlegen zu dürfen."[2]

Olbers ließ sich erweichen. Mehr noch: Er erkannte sehr schnell die Begabung des Zwanzigjährigen und unterstützte ihn in jeder Hinsicht. Er bestärkte ihn sogar in seinem Plan, den Kaufmannsberuf aufzugeben und Astronom zu werden. Im März 1806 erhielt Bessel auf Vermittlung von Olbers die bescheidene Stelle eines Inspektors an der Schröterschen Sternwarte in Lilienthal. Damit begann der berufliche Lebensweg eines der größten Astronomen des 19. Jahrhunderts. Olbers bezeichnete es später als sein größtes Verdienst, Bessel für die Astronomie gewonnen zu haben. Die Arbeiten Bessels in Lilienthal erregten bei vielen Astronomen solches Aufsehen, daß Bessel im Jahre 1810 von Wilhelm von Humboldt, damals Leiter der Sektion für den öffentlichen Unterricht im Preußischen Ministerium des Innern, die Stelle eines Direktors der neuen Sternwarte Königsberg angetragen wurde. Und das mit erst 26 Jahren und als reiner Autodidakt. Kein Wunder, daß sich bald die Neider einstellten, vor allem als Bessel dem Lehrkörper der Universität angehören sollte. Doch Humboldt wie auch der Göttinger Mathematiker Carl Friedrich Gauß hielten zu dem jungen Wissenschaftler.

Es dauerte noch einige Jahre, bis der Neubau der Königsberger Sternwarte einigermaßen fertig war. Erst im November 1813 konnte Bessel das Observatorium beziehen. Ein Turm mit einer drehbaren Kuppel wurde sogar erst 1829 fertig. Doch zielstrebig begann Bessel mit seinen Beobachtungen und Messungen sowie mit der Lehrtätigkeit an der Universität. Auf Olbers geht der Vorschlag zurück, einen Sternkatalog zu erstellen, der auf den Beobachtungen von Bradley beruht. Für Bessel stellte sich die Frage, wie man die an und für sich hervorragenden Messungen Bradleys bearbeiten könne. So war es zum Beispiel notwendig, die Wirkung der Strahlenbrechung in der Erdatmosphäre, die sogenannte Refraktion, zu bestimmen. Aber auch mit zahlreichen anderen instrumentellen Einflüssen setzte er sich auseinander.

Dies waren alles Probleme, die zuvor meist nur unvollkommen oder überhaupt nicht berücksichtigt wurden. Da galt es, die Durchbiegung eines Fernrohrs zu kalkulieren, die Fehler in den Skalen von Meßkreisen zu korrigieren, die Genauigkeit von Uhren zu überprüfen und vieles andere. Außerdem beschäftigte sich Bessel mit den genauen Werten der Verlagerung der Erdachse, der Präzession und Nutation, die auf die Anziehung von Sonne und Mond zurückgehen. Auch die schon erwähnte Aberration des Lichtes bestimmte er neu. Bessel ist das Verdienst zuzuschreiben, als erster systematisch diese Probleme angepackt zu haben. Nur so erreichte er höchste Genauigkeit bei den Angaben von Sternpositionen. Deshalb gilt Bessel als der Vater der modernen Positionsastronomie.

Im Jahre 1818 erschien der Bradleysche Katalog unter der Bezeichnung *Fundamenta Astronomiae,* zu deutsch *Grundlagen der Astronomie.* 1821 begann Bessel eine Durchmusterung des Himmels, die schließlich 32000 Sterne umfaßte. Aber auch mit Aufgaben der Erdvermessung befaßte er sich. So bestimmte er die Länge eines Sekundenpendels, also eines Pendels, das exakt in einer Sekunde eine Schwingung ausführt. Er wandte sich der Landesvermessung zu und führte die sogenannte „Ostpreußische Gradmessung" durch. Sie schloß eine Lücke zwischen den Messungen, die in osteuropäischen Ländern, vor allem in Rußland, unternommen wurden, und denen in Mittel- und Westeuropa.

Im Jahre 1829 erhielt Bessel aus der berühmten Werkstatt von Joseph von Fraunhofer ein sogenanntes Heliometer. Das Objektiv dieses Instruments

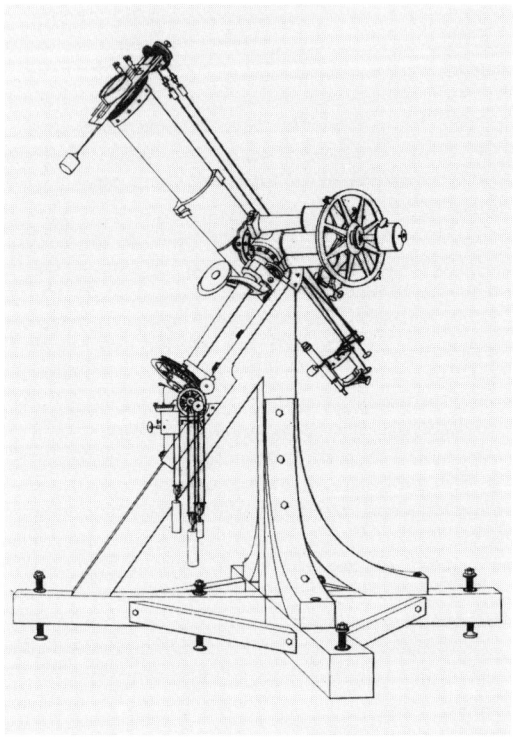

Abb. 40: Friedrich Wilhelm Bessels Heliometer (1829). Das Gerät stammte aus der berühmten Werkstatt Josephs von Fraunhofer und erlaubte die Bestimmung eines Winkels von nur 0,05 Bogensekunden – das entspricht dem 36 000sten Teil der Breite des Vollmonds.

hatte 16 Zentimeter Durchmesser und war in zwei Hälften zerschnitten, die gegeneinander verschoben werden konnten. Verschiebt man die Objektiv-hälften, so erhält man von jedem Stern zwei Bilder, die um so weiter auseinanderstehen, je stärker die Verschiebung ist. Eicht man das Gerät, so kann man diesen Umstand zu außerordentlich genauen Messungen von Winkeldistanzen am Himmel benutzen. Das Königsberger Heliometer er-laubte, noch Winkel von 0,05 Bogensekunden zu bestimmen. Zum Vergleich: Das ist der 36 000. Teil der Breite des Vollmonds!

Schon bald setzte Bessel dieses Instrument zu Messungen an den Saturn-Trabanten ein. Auch bestimmte er den Durchmesser des Planeten Merkur anläßlich eines Vorübergangs vor der Sonne im Jahre 1832. Ein anderes

Einsatzgebiet waren Doppelsterne. 1837 beschloß Bessel, die großartigen Möglichkeiten des Heliometers zur Bestimmung einer Sternparallaxe und damit einer Sternentfernung heranzuziehen. Aber mit welchem Stern sollte er beginnen? Natürlich hätte es nahegelegen, einen besonders hellen Stern auszuwählen. Denn man wird wohl davon ausgehen können, daß uns helle Sterne auch in der Regel nahe stehen und daher große Parallaxen zeigen.

Bessel hatte eine andere Idee: Seit der Entdeckung des englischen Astronomen Edmond Halley im Jahre 1718 wußte man, daß sich die Sterne bewegen. Zu der Zeit von Bessel waren schon für sehr viele Sterne derartige Eigenbewegungen bekannt. Ein Stern, der eine hohe Eigenbewegung zeigt, muß uns aber ebenfalls sehr nahe stehen. Fernere Sterne dürften sich nicht so schnell am Himmel dahinbewegen. Bessel hatte den Verdacht, daß dieses Kriterium viel tauglicher ist als das einer großen Helligkeit. Denn die Sterne könnten in Wirklichkeit eine sehr unterschiedliche tatsächliche Leuchtkraft haben. Es könnte sein, daß ein Stern, der sehr hell am Himmel steht, eine riesige Entfernung hat, aber deswegen so auffällig ist, weil er vielleicht 100 000mal heller ist als die Sonne. Und ein anderer Stern, der recht schwach erscheint, steht uns vielleicht näher. Seine Leuchtkraft könnte nur 1/100 000 so groß sein wie die der Sonne. Heute wissen wir, daß dies tatsächlich so ist.

Nach dem damaligen Wissensstand hatte der Stern 61 im Sternbild Schwan, 61 Cygni, die höchste Eigenbewegung. Und so setzte Bessel diesen an und für sich gar nicht auffälligen Stern auf sein Programm. Er hatte Glück: 61 Cygni steht so weit nördlich, daß er für die geographische Breite von Königsberg praktisch das ganze Jahr hindurch beobachtet werden kann. Bessel berichtete über die Vorversuche zu seinem Unternehmen in einer späteren Veröffentlichung: „Als ich die Genauigkeit kennenlernte, welche den Beobachtungen durch das am Ende von 1829 auf der Königsberger Sternwarte aufgestellte Heliometer nicht allein in den kleinen Entfernungen der Doppelsterne, sondern auch in größeren gegeben werden konnte, erzeugte sie die Hoffnung, daß es gelingen werde, durch dieses Instrument statt der *Überzeugung* von der Kleinheit der jährlichen Parallaxe der Fixsterne in günstigen Fällen ihre *Bestimmung* zu erhalten. Mein verehrter Freund Olbers forderte mich wiederholt zu Versuchen hierüber auf; allein da eine Beobachtungsreihe, wenn sie ein unzweifelhaftes Resultat für die jährliche Parallaxe eines Fixsterns geben sollte, meiner Meinung nach wenigstens ein Jahr lang ununterbrochen und mit Aufopferung mancher anderen Beobachtungen fortgesetzt werden mußte, in den ersten Jahren nach der Aufstellung des Instruments aber andere, dringende Anwendungen desselben vorhanden waren, auch die Ausführung der Ostpreußischen Gradmessung später meine häufige Abwesenheit erforderte, so konnte ich vor dem Herbst 1834 nicht zu dem Anfange dieser Beobachtungen gelangen. Ich wählte den 61. Stern des Schwans zu ihrem Gegenstande, und zwar nicht allein wegen der größeren Aussicht auf eine merkliche Parallaxe, die er wegen seiner großen eigenen

Bewegung darzubieten schien, sondern auch weil er ein Doppelstern ist, den man mit vorzüglicher Genauigkeit beobachten kann."[3]

Tatsächlich liefen aber die Beobachtungen von Bessel an 61 Cygni erst noch etwas später an, nämlich am 16. August 1837, und wurden von ihm zunächst bis zum 2. Oktober 1838 fortgesetzt. Regelmäßig, soweit es die Wetterlage zuließ, maß er mit dem Heliometer die Distanz des Sterns 61 Cygni zu zwei lichtschwachen Sternen in der Umgebung. Insgesamt 2900 Meßwerte kamen zusammen. Und im Dezember 1838 veröffentlichte Bessel sein Ergebnis in der schon damals renommierten Zeitschrift *Astronomische Nachrichten*. Die Parallaxe von 61 Cygni sollte nur 0,3136 Bogensekunden betragen. Daraus leitete sich eine Entfernung von rund 100 Billionen Kilometern ab. Es sei nicht vergessen: Eine Billion hat 12 Nullen!

Der historischen Gerechtigkeit zuliebe: Es muß erwähnt werden, daß fast zur gleichen Zeit, zu der Bessel in Königsberg seine Messungen vornahm, auch der Astronom Friedrich Georg Wilhelm Struve an der Sternwarte Dorpat in Estland ein ähnliches Programm realisierte. Er wählte als Stern allerdings die Wega aus, den Hauptstern der Leier. Struve traute also eher einem sehr hellen Stern zu, daß er uns besonders nahe steht. In der Tat ist die Wega fast der hellste Fixstern am nördlichen Himmel und kann von Dorpat aus ganzjährig über dem Horizont beobachtet werden. Struve stand für seine Messungen kein Heliometer, sondern nur ein Refraktor – also ein Linsenfernrohr – zur Verfügung, das ebenfalls von Joseph von Fraunhofer hergestellt wurde und 9 ½ Zoll (rund 24 Zentimeter) freie Öffnung und über etwa vier Meter Brennweite hatte. Es war vermutlich das beste Linsenfernrohr in der damaligen Zeit.

Struve teilte im Jahre 1837 der Petersburger Akademie der Wissenschaften einen ersten Parallaxenwert mit. Doch der 1840 von ihm publizierte „definitive" Wert war, wie wir heute wissen, ziemlich falsch – mehr als doppelt so groß, wie er hätte sein müssen. Hier zeigte sich eben doch das große Geschick Bessels: In der Auswahl des Sterns, in der souveränen Benutzung des Heliometers und der Auswertung seiner Messungen. Das erste Resultat von Bessel war schon so genau, daß es später nur ganz unwesentlich korrigiert werden mußte. Übrigens setzte Bessel selbst über das Jahr 1838 hinaus seine Messungen fort.

Der von Struve ausgewählte Stern Wega ist rund 250 Billionen Kilometer entfernt. Diese gewaltigen Zahlen führten natürlich schnell dazu, besondere Entfernungseinheiten einzuführen. Die heute in der wissenschaftlichen Literatur gebräuchliche Einheit ist *1 parsec*. Das ist eine Abkürzung für „Parallaxensekunde". Ein Stern, der eine jährliche Parallaxe von 1 Bogensekunde haben würde, hätte einen Abstand von 1 parsec. In der mehr populären Literatur ist das Lichtjahr als Entfernungseinheit beliebt. Ein Lichtjahr ist die Strecke, die das Licht in einem Jahr zurücklegt. Pro Sekunde legt das Licht immerhin 300 000 Kilometer zurück. Von der Sonne zur Erde benötigt ein Lichtstrahl etwas über acht Minuten, zum fernsten Planeten Pluto fast 5 ½ Stunden. In einem Jahr legt das Licht etwa 9 ½ Billionen Kilometer zurück. Ein Lichtjahr entspricht also fast 10 Billionen Kilometern. 1 parsec sind 3,26 Lichtjahre. Bessels Stern 61 Cygni hat eine Entfernung von etwa 11 Lichtjahren. Die Wega in der Leier ist danach schon 27 Lichtjahre entfernt.

Nun wäre es natürlich ein großer Zufall gewesen, wenn Bessel oder auch Struve auf Anhieb den allernächsten Stern gefunden hätten. Tatsächlich ist der nächste Stern Centauri alpha oder Toliman, der Hauptstern im Centaur. Er kann von Europa aus nicht gesehen werden, da er sich weit am Südhimmel befindet. Seine Parallaxe bestimmte der schottische Astronom Thomas Henderson von Südafrika aus und veröffentlichte sie 1839. Später erhielt man einen Abstand von 4,3 Lichtjahren. Erst in unserem Jahrhundert zeigte sich, daß Centauri alpha, der ein Doppelstern ist, einen weiteren Begleiter besitzt, der uns ein klein wenig näher steht. Er wurde daher „Proxima Centauri" getauft – „der Nächste im Centaur". Der Unterschied ist aber nicht allzu groß.

Die Bestimmung trigonometrischer Parallaxen hat auch heute noch ihre Bedeutung. Wie groß die Leistung Bessels vor über eineinhalb Jahrhunderten auf diesem Gebiet war, mag der Umstand verdeutlichen, daß die modernen Astronomen mit dieser Methode auch nicht viel weiter als 100 Lichtjahre kommen. Zu groß sind die Ungenauigkeiten der Messungen. Erst der Satellit Hipparcos, der am 9. August 1989 gestartet wurde, wird – obwohl er nicht die geforderte Umlaufbahn erreichte und nur ein Teilprogramm durchführen kann – vielleicht mit einigem Glück einen gewaltigen Sprung nach vorne bringen und bis fast 1000 Lichtjahre als Skala ermöglichen. Natürlich besitzen die Astronomen für die größeren Entfernungsbereiche ebenfalls Methoden zu Abstandsmessungen. Doch sind die Ergebnisse dann oft nicht mehr so genau wie bei einer „handfesten" trigonometrischen Messung.

Bessels Lebenswerk wäre unvollständig beschrieben, wenn nicht noch wenigstens eine Arbeit erwähnt würde. Bessel untersuchte die Eigenbewegungen der Sterne Sirius und Prokyon in den Sternbildern Großer und Kleiner Hund. Dabei ist Sirius der hellste Stern am ganzen Himmel. Bessel fand eine regelmäßige Störung, deren Periode bei Sirius 50 Jahre betrug. Er zog zu dieser Untersuchung auch Messungen heran, die von anderen Astronomen vor seiner Zeit vorgenommen wurden und wertete sie entsprechend aus. Bessel meinte, diese Abweichungen seien darauf zurückzuführen, daß beide Sterne über störende Begleiter verfügen, die so lichtschwach sind, daß er sie mit seinen Fernrohren nicht sehen könne.

Mit dieser Feststellung eröffnete Bessel ein bemerkenswertes Kapitel der neueren Weltallforschung, das man oft scherzhaft die „Astronomie des Unsichtbaren" nannte. Gemeint ist die Methode, aus Störungen in der Bewegung von bekannten Himmelskörpern rechnerisch – also am Schreibtisch, ohne den Blick durch ein Fernrohr zu werfen – andere Himmelskörper zu entdecken. Das sollte auch in einem anderen Zusammenhang Früchte tragen:

So zeigte der Planet Uranus, der erst im Jahre 1781 von Friedrich Wilhelm Herschel entdeckt wurde, bald merkwürdige Abweichungen von der vorausberechneten Bahn, die die Astronomen beunruhigten und ihnen zunächst schlechterdings unerklärlich waren. Auch mit diesem Problem befaßte sich Bessel seit 1823, wurde aber zunächst auf eine falsche Fährte geführt. Bald aber war Bessel überzeugt, daß diese Unregelmäßigkeiten das Werk eines weiteren, noch nicht gesehenen Planeten seien. Er beauftragte seinen Assistenten Wilhelm Flemming, entsprechende Rechnungen durchzuführen. Doch Flemming starb bald darauf im Alter von 28 Jahren, und Bessel selbst war mit vielen anderen Aufgaben zu sehr überlastet, um auch diese Arbeit noch übernehmen zu können. So wagten sich 1845 und 1846 die beiden jungen Astronomen Adams in England und Le Verrier in Frankreich an die Aufgabe, die rechnerisch bewältigt werden mußte. Und tatsächlich konnte auf Grund der Positionsangabe von Le Verrier am 23. September 1846 der Berliner Astronom Galle fast genau am vorausberechneten Ort einen neuen Planeten finden: Neptun. Dies war der erste Triumph der „Astronomie des Unsichtbaren".

Auf die Entdeckung von Störenfrieden bei den Sternen Sirius und Prokyon, die Bessel vorhersagte, mußte man allerdings etwas länger warten. Zu schwach waren noch die Fernrohre zu Bessels Zeiten. Und es kam ein anderer Umstand hinzu: In den Jahren um 1840 und 1845 stand der vermutete Sirius-Begleiter viel zu nahe an seinem Zentralstern. Die Trennung der beiden Lichtpunkte wäre selbst für etwas größere Instrumente kaum möglich gewesen. Selbst heute gehört der Sirius-Begleiter immer noch zu den astronomischen Objekten, die am schwierigsten zu beobachten sind. Tatsächlich wurde er im Jahre 1862 durch einen reinen Zufall entdeckt. Der widerfuhr dem berühmten amerikanischen Optiker Alvan Clark: Ihm verdankte Amerika die größten Fernrohre des 19. Jahrhunderts, zuletzt die Riesenfernrohre auf dem Mount Hamilton in Kalifornien und bei Chicago mit einem Linsendurchmesser vom 91 und 102 Zentimetern. Sie blieben bis zum heutigen Tage die größten Linsenfernrohre, bevor im 20. Jahrhundert der Siegeszug der Spiegelteleskope begann.

Clark war im Jahre 1862 mit der Prüfung eines neuen Fernrohrobjektivs beschäftigt und richtete es auf den Stern Sirius. Da bemerkte er neben dem hellen Stern ein schwaches Lichtpünktchen und dachte zunächst an einen Fehler in seiner Optik. Doch bald stellte sich heraus, daß dies der lang erwartete Begleiter von Sirius ist. Er hat, wie Bessel vorherberechnete, eine Umlaufzeit von 50 Jahren. Der Begleiter von Prokyon wurde dagegen erst im Jahre 1896 gefunden. Hier vergehen knapp 41 Jahre, bis sich der zweite Stern um seinen Hauptstern bewegt hat.

Beide Sterne erwiesen sich als die ersten Vertreter der sogenannten „weißen Zwergsterne". Es sind sehr kleine Sterne, der Größe nach etwa mit unserer Erde vergleichbar. Andererseits sind sie an der Oberfläche ziemlich heiß, wie es bei weißen oder sogar blauweißen Sternen der Fall ist. Da aber die Störung zum Beispiel des Sirius-Begleiters auf seinen Hauptstern sehr groß ist, muß er über eine beachtliche Masse verfügen. Sie beträgt rund eine Sonnenmasse. Wenn aber der Stern so klein ist, so ist dies nur dadurch erklärlich, daß in ihm die Materie außerordentlich dicht gepackt ist. Die Dichte beträgt rund eine Tonne pro Kubikzentimeter! Die weißen Zwerge sind alte, zusammengebrochene Sterne, deren Energiereserven im wesentlichen erschöpft sind. Sie können in ihrem Innern nicht mehr den nötigen Gasdruck liefern, um die alte Größe beizubehalten. Die Schwerkraft drückt den Stern zusammen. Jetzt ist es nicht mehr der Gasdruck, der den Stern vor einem weiteren Kollaps bewahrt, sondern der Elektronendruck. Auch unsere eigene Sonne wird nach etwa fünf Milliarden Jahren einmal so enden, nachdem sie sich kurz zuvor nochmals aufbäumt, sich zu einem roten Riesenstern aufbläht – und dabei alle inneren Planeten, einschließlich der Erde, verschlingt.

Bessel konnte die Entdeckung dieser seltsamen Sterne und erst recht ihre physikalische Deutung nicht mehr erleben. Aber die „Astronomie des Unsichtbaren", die er erstmals anwandte, hat auch heute noch ihre Bedeutung. So kann man zum Beispiel aus periodischen Schwankungen der Eigenbewegung einiger Sterne auf Störenfriede schließen, die möglicherweise sogar nur Planeten darstellen und bis heute noch nicht direkt gesehen werden können. Diese Fälle sind zwar meist noch nicht ganz sicher verbürgt, da sie an der Grenze der instrumentellen Möglichkeiten auch der Gegenwart liegen. Die Methode ist aber korrekt. So glaubte man zum Beispiel, Planeten in der Nachbarschaft von Barnards Pfeilstern gefunden zu haben: Dieser Stern ist „nur" sechs Lichtjahre von uns entfernt. Oder aber man versucht immer wieder, aus Bahnstörungen bei den äußersten Planeten Hinweise auf einen weiteren Planeten hinter Pluto zu finden.

Friedrich Wilhelm Bessel starb am 8. April 1846 in Königsberg und hinterließ ein reiches Erbe, von dem die nachfolgende Astronomengeneration noch lange zehren konnte. Mit Bessel erhielt jener Zweig der Astronomie, der es mit dem Messen von Gestirnspositionen und deren Auswertung zu tun hat, seine höchste Entfaltung. Es ist die Astrometrie und Positionsastronomie. Man könnte vermuten, daß dieses eher klassische Gebiet der Himmelskunde heute im Zeitalter der Astrophysik sowie der Weltraumforschung mit Raketen und Satelliten keine wesentliche Rolle mehr spielt. Nichts wäre verkehrter als diese Annahme.

Die Astrometrie stellt auch heute eine ganz wesentliche Grundlage für eine solide Erkundung des Universums dar. Viele ganz moderne Fragen, wie etwa die nach dem Bau unseres Milchstraßensystems, unserer kosmischen Heimat, würden kaum exakt beantwortet werden können, wenn nicht sehr präzise Angaben über die Positionen und Entfernungen der Sterne vorliegen würden.

Dieter B. Herrmann

Auf dem Weg zur Astrophysik

Der große Umbruch in der astronomischen Forschung

Es ist der Sommer des Jahres 1860. Auf dem Heidelberger Schloß herrscht ausgelassene Stimmung, denn der Großherzog von Baden hat sich mit zahlreicher Begleitung zu Gast eingefunden. Das Schloß wird nachts mit bengalischen Flammen festlich illuminiert. An diesem Abend beobachten zwei Wissenschaftler vom Dach ihres Laboratoriums aus das Spiel der farbigen Flammen. Eine Anekdote berichtet, daß einer der beiden Gelehrten, der Chemiker Robert W. Bunsen, einen Spektralapparat herausholt und das vom Schloß herüberstrahlende Licht durch die Glasprismen betrachtet habe. Zu seinem Kollegen, dem Physiker Gustav Robert Kirchhoff, soll er gesagt haben: „Wenn wir auf diese Entfernung erkennen können, welche Stoffe in diesem Flammen glühen, warum können wir nicht auch erkennen, aus welchen Stoffen die Himmelskörper bestehen?"[1]

In der Tat gab es zu jener Zeit bereits vielfache Diskussionen unter Fachgelehrten über die mögliche Aussagekraft des durch Prismen zerlegten Lichtes farbiger Flammen. Am Rande wurde dabei auch immer wieder die Astronomie ins Spiel gebracht, die sich bei all ihren Aussagen über die Himmelskörper auf nichts anderes berufen konnte als auf das von den Sternen in die Teleskope der Forscher gelangende Licht. In Berlin fragte um jene Zeit ein Physikstudent – er hieß Karl Friedrich Zöllner – seinen Professor Heinrich Wilhelm Dove, ob man nicht mit Hilfe der prismatischen Zerlegung des Sternenlichts eines Tages die Zusammensetzung der Himmelskörper untersuchen könne. Die anerkannte Autorität erwiderte allerdings nach Zöllners späterem Bericht im preußischen Korporalston: „Was die Sterne sind, wissen wir nicht und werden es nie wissen."[2]

Mit der prismatischen Zerlegung des Lichts hatte sich bereits Isaac Newton intensiv beschäftigt. Doch durchgreifende Fortschritte in der Erkenntnis hatte es lange Zeit nicht gegeben. Erst der Brite Wollaston konnte mit einer methodischen Neuerung aufwarten, als er zu Beginn des 19. Jahrhunderts einen schmalen, vom Sonnenlicht beschienenen Spalt durch ein Prisma betrachtete und dabei nicht ein kontinuierliches Farbenband beobachtete, sondern deutlich voneinander durch dunklere Abschnitte getrennte Teile. In den Jahren 1812 bis 1814 beschäftigte sich der deutsche Physiker und

Instrumentenbauer Joseph von Fraunhofer mit dem Problem der spektralen Zerlegung des Lichts. Ursprünglich ging es ihm um eine Methode, die Brechungseigenschaften der Gläser zwecks Herstellung farbfehlerfreier Objektive, sogenannter Achromate, exakt zu untersuchen. Im Spektrum von Flammen entdeckte Fraunhofer zwischen dem roten und dem gelben Teil des Spektrums eine scharf begrenzte helle gelbe Linie. Als er im Sonnenspektrum nach ähnlichen Meßmarken Ausschau hielt, fand er viele dunkle Linien, die er sorgfältig registrierte und mit großen lateinischen Buchstaben kennzeichnete. Insgesamt konnte er 475 solcher dunklen Linien ausfindig machen, die bis heute seinen Namen tragen.

Damit war ein wichtiger Schritt auf dem Weg zu einer wissenschaftlich begründeten Spektroskopie getan. Von großer Bedeutung war vor allem der Umstand, daß die Lage der gelben Linie im Flammenspektrum exakt mit derjenigen einer dunklen Linie im Spektrum der Sonne übereinstimmte. Diese Koinzidenz erwies sich als ein förmlicher Wegweiser zur Entdeckung der Spektralanalyse. Der durch mehr als 50jährige Untersuchungen in zahlreichen Laboratorien vorbereitete Schritt wurde nun durch Kirchhoff und Bunsen getan. Sie richteten ihr Spektroskop eines Tages auf die Sonne und brachten zugleich eine mit Kochsalz gefärbte Flamme vor die Spaltöffnung. Sie waren der Ansicht, daß die helle Natriumlinie durch eine Art Lichtsummierung die dunkle Linie im Sonnenspektrum etwas aufhellen sollte. Zu ihrer größten Überraschung trat aber genau das Gegenteil ein: Die dunkle Fraunhofer-Linie erschien jetzt noch dunkler. „Dies ist entweder Unsinn oder eine ganz große Sache", soll Kirchhoff dazu geäußert haben.[3] Am nächsten Tag schlug er zur Erklärung dieser Beobachtung vor: Die Natriumdämpfe absorbieren Strahlen derselben Farbe, die sie im glühenden Zustand emittieren. Nachdem er diese Vermutung durch das Vorkommen von insgesamt 70 dunklen Linien belegen konnte, die sich im Laboratoriumsspektrum von Eisendämpfen als helle Linien ebenfalls nachweisen ließen, war klar, daß es einen gesetzmäßigen Zusammenhang zwischen Lichtverschluckung und Lichtaussendung geben mußte.

Mit der Entdeckung der Spektralanalyse, die Kirchhoff und Bunsen noch im Jahre 1860 in ihrer klassischen Arbeit *Chemische Analyse durch Spectralbeobachtungen*[4] publizierten, war zugleich der Boden für eine neue wissenschaftliche Disziplin, die Astrophysik, bereitet. Denn die Astrophysik entstand historisch durch die Anwendung von nicht aus der Astronomie hervorgegangenen Forschungsmethoden auf den klassischen Forschungsgegenstand der Sternkunde, die Objekte des Weltalls. Neben der Spektroskopie waren dies sowohl die Fotometrie, mit der die Quantität des Sternenlichts erfaßt werden kann, als auch die Fotografie, die gerade wenige Jahrzehnte zuvor auf der historischen Bühne erschienen war.

Von der kleinen Gruppe Gelehrter, die deutlich erkannten, welche Möglichkeiten diese Methoden für einen qualitativ neuen Anfang der Erfor-

schung des Weltalls in sich bargen, ist besonders der deutsche Astrophysiker
Karl Friedrich Zöllner zu erwähnen. In seinen *Photometrischen Untersuchungen,*
die er 1865 an der Leipziger Universität als Habilitationsschrift einreichte,
vertrat er die Auffassung, daß sich alle Elemente zur Begründung eines neuen
Zweiges der Astronomie herausgebildet hätten, für den er die Bezeichnung
Astrophysik vorschlug. Friedrich Wilhelm Bessel – der große Repräsentant
der Positionsastronomie und Himmelsmechanik in Deutschland – hatte
noch kurz zuvor apodiktisch formuliert: „Die Astronomie hat keine andere
Aufgabe, als Regeln für die Bewegung jedes Gestirns zu finden, aus welchen
sein Ort ... folgt."[5]

Demgegenüber erklärte nun Zöllner: „War es die Aufgabe (der früheren
Astronomie), unter Voraussetzung der Allgemeinheit *einer* Eigenschaft der
Materie (der Gravitation) alle Ortsveränderungen der Gestirne zu erklären,
so wird es die Aufgabe der Astrophysik sein, unter Voraussetzung der
Allgemeinheit *mehrerer* Eigenschaften der Materie alle übrigen Unterschiede
und Veränderungen der Himmelskörper zu erklären."[6]

Diese Definition hat sich rückblickend als wahrhaft programmatisch erwiesen, erklärt sie doch die neue Disziplin als zuständig für die Erforschung
der physikalischen und chemischen Beschaffenheit der Objekte des Weltalls
und deren entwicklungsmäßig bedingten Veränderungen. Interessant ist der
Hinweis Zöllners auf den Entwicklungsgedanken kosmischer Objekte, der
damals von der Fachwissenschaft in ihrer an die klassische Astronomie
gebundenen Denkweise kaum beachtet wurde. Auch in diesem Punkt behielt
Zöllner recht, denn die Kosmogonie der Planeten und Sterne erwies sich
zunehmend als einer der inhaltlichen Schwerpunkte der Forschung und als
Säule der Astrophysik.

In diesem Zusammenhang muß daran erinnert werden, daß bereits Immanuel Kant im Jahre 1755 in seiner *Allgemeinen Naturgeschichte und Theorie des
Himmels* das großangelegte Bild eines ständigen Werdens und Vergehens im
Kosmos auf naturphilosophischer Grundlage entworfen hatte. Doch gab es
für die beobachtende wie für die theoretische Astronomie damals und in
der Folgezeit wenig Möglichkeiten, sich diesem Problemkreis konkret zu
nähern. Erst die Astrophysik brachte in dieser Hinsicht einen Umschwung,
und zwar vor allem durch die Einführung der Spektroskopie. Zu den frühesten Erkenntnissen, die mittels Spektroskop in der Astrophysik gewonnen
wurden, gehört die Beobachtung, daß die Spektren des Lichts der Fixsterne
keineswegs miteinander identisch sind. Schon Fraunhofer, später auch der
Engländer Sir William Huggins, sprachen von verschiedenen Gruppen der
Spektren. Der italienische Astrophysiker Angelo Secchi teilte denn auch
die Sternspektren 1866 in drei verschiedene Klassen ein, wobei er von
morphologischen Merkmalen ausging. Dabei zeigte sich, daß die Spektralfolge zugleich eine Farbfolge von weißen über gelbe zu den roten Sternen
darstellte.

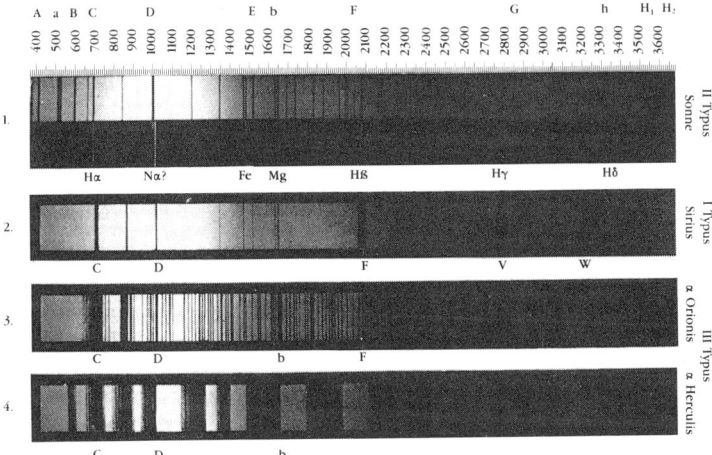

Abb. 41: Die Spektraltypen der Sterne nach dem italienischen Astrophysiker Angelo Secchi (1818–1878). Er teilte die Sternspektren in drei Typen ein, wobei die Spektralfolge zugleich die Farbfolge von weißen über gelbe zu roten Sternen bezeichnete.

Gegen Ende des Jahrhunderts begannen vor allem die amerikanischen Astrophysiker vom Harvard-Observatorium – Edward Ch. Pickering, Williamine P. Fleming, Antonia C. Maury und Annie J. Cannon – mit umfangreichen Arbeiten zur Klassifikation von Fixsternspektren, wobei sie an Secchi anknüpften, jedoch eine weitaus größere Zahl von Klassen einführten. Infolge verbesserter technischer Hilfsmittel entstand so um die Jahrhundertwende das noch heute verwendete Klassifikationsschema für Fixsternspektren, in dem die Klassen mit großen lateinischen Buchstaben in der Folge O – B – A – F – G – K – M bezeichnet werden. Auch diese Klassifikation entspricht einer Farbfolge von Blau nach Rot, und sie ist somit letztlich eine Anordnung der Sterne nach fallenden Temperaturen, weil die heißen Sterne bläulich, die kühleren gelblich und die mit den geringsten Oberflächentemperaturen rot aussehen.

Die Arbeiten der Harvard-Mitarbeiter zur Spektralklassifikation konnten sich nicht zuletzt deshalb international durchsetzen, weil sie in einer gut benutzbaren Form vorgelegt wurden. Schon Miss Fleming hatte ihre Untersuchungen 1890 in einem Spektralkatalog zusammengefaßt, der die Spektren von mehr als 10 000 Objekten umfaßte. Bei weitem umfangreicher fiel jedoch der in den Jahren 1918 bis 1924 publizierte *Henry Draper Catalogue* aus, in dem 225 300 Sternspektren wiedergegeben wurden.

Die für die Astrophysiker wichtigste Frage in jenen Anfangsjahren galt der Aussagekraft von Sternspektren. Welche Erkenntnisse hinsichtlich der physikalischen und chemischen Beschaffenheit kosmischer Objekte ließen sich aus ihnen ableiten? Hier bewegte man sich auf recht unsicherem Boden, denn eine Theorie, die als Leitschnur bei der Interpretation der Spektralbeobachtungen hätte dienen können, fehlte vorerst. So standen empirische Untersuchungen im Vordergrund. Selbst die chemische Analyse der Sternspektren – als Muster wurde meist die Sonne wegen ihrer großen Nähe und Helligkeit und dem entsprechend detaillierten Spektrum benutzt – erwies sich als recht schwierig. Fraunhofer-Linien konnten aufgrund ihrer Lage mit den hellen Linien in irdischen Laborspektren identifiziert werden, viele andere jedoch auch nicht.

Unterschiedliche Temperaturen, die man an den Sternen wahrnahm, regten den Entwicklungsgedanken des Kosmos wieder an, und erste Vorstellungen über einen möglichen Lebensweg der Sterne wurden diskutiert. Was lag dabei näher, als an die Vorstellungen von Kant anzuknüpfen, nach dessen Auffassung sich Sterne durch Verdichtung aus fein zerstreuter Materie bilden sollten? Demnach hätten die heißeren Sterne auch die jüngeren und die rötlicheren die älteren sein müssen. Darauf geht die bis heute bisweilen gebrauchte Terminologie der „frühen", „mittleren" und „späten" Spektraltypen zurück.

Interessante Erkenntnisse brachten die spektroskopischen Untersuchungen auch bei den sogenannten Nebeln, die bereits seit den Tagen Friedrich Wilhelm Herschels im 18. Jahrhundert Gegenstand der Forschung waren. Über ihre Natur allerdings wußte man nichts. Handelte es sich um ferne Sternansammlungen, die aufgrund ihrer enormen Distanzen lediglich als „Nebel" erschienen, oder schwebten draußen im All echte Nebel, feine Gas- und Staubmassen? Als der Engländer Huggins im Jahre 1864 zum erstenmal das Spektroskop auf ein nebliges Objekt richtete und dabei drei helle, deutlich voneinander getrennte Linien ausmachen konnte, stand fest: Es gibt im Weltall wirkliche Nebel.

Auch die Kometenforschung profitierte von der Spektroskopie: Sowohl Emissionslinien im Spektrum des Kometen von 1864 als auch das bekannte kontinuierliche Sonnenspektrum deuteten darauf hin, daß es in den Schweifen der Kometen eine gasförmige Komponente geben mußte, die zum Eigenleuchten angeregt wird, aber auch eine Staubfraktion, die das Sonnenlicht lediglich reflektiert.[7]

Bedeutsame Aufschlüsse über die Erkenntnisse der klassischen Astronomie hinaus lieferte der sogenannte Doppler-Effekt. Er geht auf die Erkenntnis des österreichischen Physikers Christian Doppler aus dem Jahre 1842 zurück, wonach die Frequenz, mit der man eine Schall- oder Lichtquelle wahrnimmt, durch die radiale Bewegung der Quelle gegenüber dem Beobachter berechenbare Veränderungen erfährt. Erst die Spektralanalyse schuf aber die Grundlage dafür, daß man diese Entdeckung im Dienste der Astronomie auch einsetzen konnte: Bewegt sich eine Lichtquelle im Visionsradius des Beobachters, so muß dies zu einer Verschiebung der Linien des Spektrums gegenüber einem irdischen Laboratoriumsspektrum führen — zum roten Ende hin bei zunehmender Entfernung, zum blauen Ende hingegen bei auf den Beobachter zukommender Bewegung. Zu den ersten diesbezüglichen Versuchen hatte Zöllner seinen Schüler Hermann Carl Vogel angeregt, der unter Verwendung des von Zöllner entwickelten Reversionsspektroskopes die Linienverschiebungen zu messen versuchte, die sich im Sonnenspektrum an den Rändern der Sonne ergeben müssen, da sich die Sonne in Rotation befindet.

Die Genauigkeit der Messungen war damals noch nicht ausreichend, um die Rotationsgeschwindigkeit der Sonne daraus abzuleiten. Auch Versuche, die Bewegung der Fixsterne im Visionsradius des Beobachters zu erfassen, scheiterten zunächst an der Winzigkeit des Effekts und der mangelnden Genauigkeit der Nachweismethoden. Dies änderte sich jedoch durch die Verwendung der Fotografie. Ein Jahr nach dem internationalen Kongreß für Astrofotografie in Paris 1887 teilte Vogel die ersten sicher gemessenen Linienverschiebungen in den Spektren mehrerer Sterne mit. Der Genauigkeitszuwachs gegenüber der visuellen Spektroskopie betrug *eine* Größenordnung.

Ein anderer Erfolg desselben Prinzips war die Entdeckung periodisch auftretender Linienverschiebungen im Spektrum des seit dem 17. Jahrhundert wohlbekannten sogenannten Teufelssternes Algol. Dieser Stern im Sternbild Perseus verändert mit der Regelmäßigkeit eines Uhrwerks seine Helligkeit, und entsprechend seiner Lichtwechselperiode gelang es nun Vogel, auch eine Rhythmik der Linienverschiebungen nachzuweisen. Vogel interpretierte das Spektrum von Algol als die Überlagerung zweier verschiedener Spektren, die zwei Sternen angehörten, welche sich um einen gemeinsamen Schwerpunkt bewegen, wobei der eine bald den anderen und der andere bald den einen verdeckt. In der Linienverschiebung mußte sich dies widerspiegeln, obschon man selbst in sehr leistungsstarken Teleskopen nur einen einzigen Stern zu erkennen vermochte. Vogel hatte damit die Klasse der spektroskopischen Doppelsterne entdeckt.

Auch die sogenannten „Neuen Sterne", die Novä, erschienen durch die Spektroskopie unter gänzlich neuem Aspekt. Als es Huggins 1866 gelang, erstmals das Spektrum einer Nova zu beobachten, entdeckte er sowohl ein normales Sternspektrum mit den bekannten dunklen Absorptionslinien, dem ein auf leuchtende Gase hindeutendes Emissionsspektrum überlagert war. Schon hieraus war zu schließen, daß man es beim Nova-Phänomen mit außerordentlichen Gasausbrüchen zu tun hatte. Als mit verbessertem Instrumentarium auch Dopplerverschiebungen von Linien im Emissionsspektrum gefunden wurden, mußte man zwangsläufig und zu Recht annehmen, daß eine expandierende Gashülle die Ursache dieser Verschiebungen sei. Die wenigen Beispiele lassen erkennen, welch qualitativen Umschwung die Einführung der Spektroskopie für die astronomische Forschung mit sich brachte und in welchem Maße man sich nunmehr auch Fragestellungen nähern konnte, die zuvor gänzlich im Bereich der Vermutung und Spekulation verblieben waren.

Die Fotometrie, ein anderes methodisches Instrument der sich herausbildenden Astrophysik, war damals durchaus nicht neu. Vielmehr finden sich Helligkeitsangaben für astronomische Objekte schon seit den Tagen der antiken Astronomie. Auch hatte es im 18. Jahrhundert, vor allem durch das Werk von Johann Heinrich Lambert, bedeutende Fortschritte einer Theorie der Lichtmessung gegeben. Lambert hatte es in seiner *Photometrie* von 1860 nicht an dem Hinweis fehlen lassen, daß es der Lichtmessung noch an einem Meßinstrument mangele, wie es sich die Wärmelehre durch das Thermometer längst geschaffen habe. Dennoch befand sich die Fotometrie insgesamt im Dienste der Astronomie auf einem recht zurückgebliebenen Niveau.

Die Helligkeitsangaben der Gestirne dienten lediglich als eine zusätzliche Identifizierungshilfe. Daß es im Laufe des 19. Jahrhunderts zu einem deutlichen Umschwung kam, ist mehreren Umständen gleichzeitig zuzuschreiben. Zum einen gab es gleichsam ein „innerwissenschaftliches" Interesse: Den Astronomen waren seit längerem verschiedene Sterne mit mehr oder weniger regelmäßigem Helligkeitswechsel aufgefallen. 1844 hatte der deutsche Astronom Friedrich Wilhelm August Argelander dringend eine systematische Beobachtung dieser Sterne angeregt; vor allem in der Hoffnung, daß weitere solcher Objekte dadurch aufgefunden würden. Zum anderen entwickelte sich im 19. Jahrhundert die Licht- und Beleuchtungstechnik. Künstliche Lichtquellen, vor allem zunächst die Gasbeleuchtung und damit in Verbindung ganze Industrien, erlebten einen schnellen Zuwachs. Damit war das Problem der Lichtmessung in Gestalt der technischen Fotometrie akut.

Das gesellschaftlich entstandene Bedürfnis kam der Entwicklung der Astrofotometrie zugute[8], denn es besteht prinzipiell kein Unterschied zwischen einem technischen Fotometer und einem für das Licht kosmischer Objekte. Wie ein Präzedenzfall zugunsten dieser These stellt sich der Werdegang des erwähnten Astrophysikers Karl Friedrich Zöllner dar. Das Thema seiner Promotionsarbeit lautete nämlich *Photometrische Untersuchungen, insbesondere über die Lichtentwicklung galvanisch glühender Platindrähte.* Diese ganz der technischen Fotometrie zugehörige Arbeit, in der es ihm u. a. um die Definition einer Lichteinheit ging, mündete unmittelbar in die astrofotometrischen Arbeiten, deren Höhepunkt ein von Zöllner entwickeltes Fotometer war, mit dessen Hilfe Sternhelligkeiten um rund eine Zehnerpotenz genauer bestimmt werden konnten als zuvor.

Das später bei vielen astrophysikalischen Untersuchungen verwendete Astrofotometer war eine wichtige Voraussetzung für den Fortschritt der Fotometrie. Noch wichtiger war jedoch der Umstand, daß nunmehr der althergebrachten Helligkeitsmessung auch eine ganz neuartige Funktion

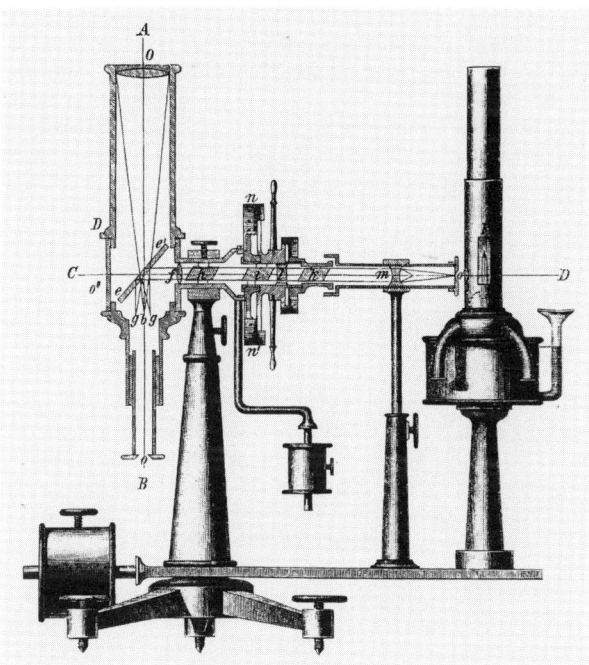

Abb. 42: Prinzipskizze des Fotometers von Karl Friedrich Zöllner (1834–1882). Mit diesem Fotometer konnte die Sternenhelligkeit um eine Zehnerpotenz genauer bestimmt werden als zuvor.

zugeschrieben wurde. Sie sollte nämlich dazu beitragen, Aufschlüsse sowohl über die „physikalische Beschaffenheit der Planeten als auch der Anordnung und Bewegung der Fixsterne" zu erlangen.[9] Mehr noch, auch die Entwicklungsvorgänge bei Sternen sollten durch fotometrische Untersuchungen zugänglich sein. Nach der von Zöllner formulierten Hypothese über die Entstehung und den Werdegang der Sterne in Anknüpfung an Kant sollte ein Stern verschiedene Evolutionsphasen durchlaufen, wobei es im Prozeß der Abkühlung auch zu Schlackenbildung kommen muß. Aus großer Distanz betrachtet, wäre ein solches mit dunkler Schlacke bedecktes rotierendes Objekt fotometrisch leicht an seinen periodischen Helligkeitsänderungen zu erkennen.

Von der Warte des heutigen Erkenntnisstandes aus muten viele dieser Gedanken naiv an. Dennoch machen sie deutlich, daß die Einführung astrophysikalischer Methodik und Denkweise einen außerordentlichen Impuls

für die Entwicklung wissenschaftlicher Fragestellungen bedeutete, der letztlich zu einer durchgreifenden Veränderung des gesamten astronomischen
Weltbildes führte. Ihre volle Wirksamkeit erlangten die astrophysikalischen
Verfahren erst dadurch, daß sie miteinander kombiniert wurden. Spektroskopie und Fotometrie beruhten ja zunächst – trotz des Einsatzes raffiniert
ausgeklügelter apparativer Hilfsmittel – auf der Betrachtung mit dem bloßen
Auge. Die fotografische Platte gestattete nun aber die Entwicklung der
fotografischen Fotometrie und der fotografischen Spektroskopie, die auch
als Spektrografie bezeichnet wird. Zum anderen schufen die Pioniere der
Astrophysik eine noch weitergehende Verbindung dieser methodischen
Hilfsmittel, indem sie dazu übergingen, die fotografisch festgehaltenen Spektren kosmischer Objekte fotometrisch zu untersuchen. Damit war die sogenannte Spektralfotometrie ins Leben gerufen, die außerordentliche Bedeutung für die Forschung erlangte.

Diese Entwicklungslinien der neuen Disziplin Astrophysik sind das Werk
ganz weniger Gelehrter gewesen, die in Deutschland, England, den USA,
Frankreich, Italien und Rußland, teilweise unabhängig voneinander, zu der
Überzeugung gelangt waren, daß sich in der Anwendung der astrophysikalischen Methoden ein neues weites Feld der Forschung eröffne. Fast alle am
Aufbau der neuen Wissenschaftsdisziplin beteiligten Forscher waren zum
Zeitpunkt der Entdeckung der Spektralanalyse vergleichsweise sehr jung
und hatten ihrer wissenschaftlichen Ausbildung nach nichts mit der klassi-
schen Astronomie zu tun. Die meisten von ihnen waren Physiker und
gingen unbelastet von tradierten Denkweisen ans Werk. Dennoch wären ihre
Aktivitäten im etablierten Umfeld der wohlorganisierten Astronomie alter
Prägung rasch verebbt, wenn sie nicht gleichzeitig große Anstrengungen
unternommen hätten, die neue Disziplin auch zu institutionalisieren.

Für die Astrophysik in Deutschland war es von unschätzbarem Wert, daß
es relativ schnell zur Gründung eines speziellen Observatoriums kam, das
sich ausschließlich astrophysikalischen Forschungen widmen sollte. Schon
1874 entstand in Potsdam bei Berlin das *Astrophysikalische Observatorium,*
zu dessen erstem Direktor man gern den Entdecker der Spektralanalyse,
Kirchhoff, berufen hätte. Dieser lehnte im Hinblick auf seine Interessen auf
dem Gebiet der theoretischen Physik ab. So wurde schließlich Hermann Carl
Vogel, ein Freund und Schüler Zöllners, der erste Direktor des Instituts. Er
verstand es, ein breitangelegtes Forschungsprogramm mit einem zunächst
recht bescheidenen Mitarbeiterstamm profilierter Befürworter der Astrophysik zu realisieren, wodurch sich Deutschland im letzten Viertel des 19. Jahrhunderts eine führende Position auf dem Gebiet astrophysikalischer Forschung sicherte. Auch in Frankreich, Italien, England und vor allem in den
USA kam es fast zeitgleich zu ähnlichen Gründungen.

Nur wenige Jahrzehnte nach der aufsehenerregenden Entdeckung von
Kirchhoff und Bunsen bestand kein Zweifel mehr: Eine neue wissenschaftli-

Abb. 43: Das astrophysikalische Observatorium Potsdam um 1900. Nach der Entdek-
kung der Spektralanalyse durch Gustav R. Kirchhoff und Robert W. Bunsen eta-
blierte sich die Astrophysik sehr rasch als Wissenschaft, die zur Gründung neuer
Observatorien führte.

che Disziplin hatte sich etabliert, mit Lehrstühlen an Universitäten in allen
Astronomie-treibenden Staaten, mit einer eigenen Spezialliteratur, astrophysikalischen Monographien und Zeitschriften sowie großen Spezialobservato-
rien. Die Ausarbeitung des methodischen Rüstzeugs hatte die erste Phase
der Entwicklung gebildet, große Datensammlungen folgten. Doch mit dem
Beginn des neuen Jahrhunderts bahnte sich nochmals ein Umschwung an,
der die moderne Astrophysik erst wahrhaft begründete.

Schon Kirchhoff hatte auf den engen Zusammenhang hingewiesen, der
zwischen der Lichtaussendung und der Lichtverschluckung, zwischen Absorption und Emission bestehen müsse. Er hatte sogar schon 1860 zeigen
können, daß das Verhältnis von Absorptions- zu Emissionsvermögen für
alle Körper dasselbe ist und lediglich von der Temperatur der Körper und
der Wellenlänge der Strahlung abhängt. Dem Betrag nach sollte es dem
Emissionsvermögen eines von Kirchhoff definierten sogenannten „Schwarzen Strahlers" entsprechen, der das Absorptionsvermögen 1 besitzt. Damit
hatte Kirchhoff gleichsam ein Programm verkündet. Es galt nämlich, die
temperatur- und wellenlängenabhängige Funktion zu finden, die das Emissionsvermögen eines solchen Schwarzen Strahlers beschreibt. Viele experimentelle Untersuchungen galten in der Folgezeit der Lösung dieses Pro-

blems. Gegen Ende des 19. Jahrhunderts beschäftigte sich auch Max Planck
mit dieser Frage, wobei es ihm darum ging, die verschiedenen Meßergebnisse
in einem mathematischen Ausdruck darzustellen, der dann dem gesuchten
Strahlungsgesetz entsprechen mußte. Am 19. Oktober des Jahres 1900 trug
Planck seine Ergebnisse in einer Sitzung der Physikalischen Gesellschaft
in Berlin vor und interpretierte in seiner im Dezember desselben Jahres
veröffentlichten Arbeit die Resultate auf wahrhaft revolutionäre Weise.
Plancks Arbeit *Zur Theorie des Gesetzes der Energieverteilung im Normalspektrum*
begründete die moderne Quantentheorie. Kurz darauf wendeten Albert
Einstein und Niels Bohr die Quantentheorie auf das Problem der Lichtstrah-
lung bzw. die Konstitution der Atome an und schufen dadurch ein völlig
neuartiges Verständnis für die Probleme der Mikrophysik.

Für die Astrophysik stand damit zum erstenmal eine umfassende physikalische Theorie zur Verfügung, die eine Aussicht eröffnete, all jene empirisch
gefundenen Zusammenhänge bei der Strahlung der Sterne zu verstehen und
zu erklären, denen man bisher fast hilflos gegenübergestanden hatte. Vor
allem zeichnete sich eine Theorie der Fixsternspektren ab und damit eine
Möglichkeit, in Erfahrung zu bringen, welche physikalischen Aussagen
eigentlich im Spektrum der Sterne stecken. Zuvor hatte man allgemein
angenommen, daß die Spektren hauptsächlich Aussagen über die chemische
Zusammensetzung der Sterne liefern würden. Nun zeigte sich, daß andere
Einflußgrößen, vor allem die Temperatur, von wesentlicher Bedeutung für
das Aussehen der Spektren sind. Die theoretische Deutung der Sternspektren
fand ihren Höhepunkt in den Erkenntnissen des indischen Astrophysikers
Meghnad N. Saha, der im Jahre 1920 eine exakte Beziehung zwischen
Temperatur, Druck und Ionisierungsgrad der verschiedenen Atome ableitete.
Damit war die Grundlage für die wissenschaftliche Erforschung der Sternatmosphären gegeben, konnte die Häufigkeit der Elemente aufgeklärt werden
und wurden erstmals zuverlässige Temperaturbestimmungen der Fixstern-
oberflächen möglich.

Heute ist die astrophysikalische Denkweise ein Charakteristikum der Erforschung des Weltalls. Die Methoden sind der umfassenden Erkenntnis
kosmischer Vorgänge verpflichtet.

Axel Wittmann

Feuer des Lebens

Vom Wunsch, die Sonne verstehen zu können

Seit Urzeiten hat der Mensch die Sonne beobachtet – bestimmt doch ihr Auf- und Untergang den Ablauf des Tages, ihre Bahn am Himmel den Ablauf der Jahreszeiten, und ihre Höhe über dem Horizont das Klima: Da die Rotationsachse der Erde um einen Winkel von etwa 23,4 Grad gegen die Senkrechte auf der Bahnebene geneigt ist, ist die tägliche Einstrahlung nicht nur von der geographischen Breite, sondern auch von der Jahreszeit abhängig: Im nördlichen Winter ist die Nordhalbkugel der Erde von der Sonne fortgeneigt, die Sonne bestrahlt daher vorwiegend die Südhalbkugel. Im Norden sind die Tage kurz, die tägliche Bahn der Sonne ist flach, und für Gebiete jenseits des nördlichen Polarkreises wird es bis zu einem halben Jahr hindurch nicht mehr Tag – es herrscht die Polarnacht. Im nördlichen Sommer sind die Verhältnisse dann umgekehrt: Die Nordhalbkugel der Erde ist der Sonne zugewandt, und auf der Südhalbkugel herrscht Winter. Nur in den äquatornahen, tropischen Gebieten der Erde ist der Ablauf der Jahreszeiten kaum spürbar, da hier die Sonne das ganze Jahr über einen sehr steilen, zenitnahen Bogen über den Himmel beschreibt. Es ist also die Neigung der Erdachse – und damit die Mittagshöhe der Sonne –, die für das lokale Klima entscheidend ist, nicht etwa die Tageslänge oder der Abstand zwischen Erde und Sonne.

Die Sonne ist das Zentralgestirn unseres Planetensystems, sie wärmt und beleuchtet die Erde. Ohne diese Licht- und Wärmezufuhr müßte alles Leben innerhalb kürzester Zeit erlöschen – die Erde würde zu einem eisigen, leblosen Planeten. Die Strahlung der Sonne erwärmt die Ozeane und die Kontinente, sie treibt den atmosphärischen Wärmeaustausch und das Wettergeschehen, sie liefert den Pflanzen die Energie zu Wachstum und Photosynthese, sie versorgt uns mit fossiler Energie, und sie bestimmt durch den Wechsel von Tag und Nacht den grundlegenden Rhythmus der Aktivitäts- und Ruhephasen der Mehrzahl aller Lebewesen. Heute sind wir so gut wie sicher, daß die Erde – dank des Zusammentreffens einer Vielzahl begünstigender Faktoren – der einzige Planet des Sonnensystems[1] ist, auf dem Leben, vor allem höheres Leben, hat entstehen, sich entwickeln und bis heute fortbestehen können.

Neben dem Mond ist die Sonne der einzige Himmelskörper, dessen Gestalt und Oberfläche sich auch mit bloßem Auge beobachten läßt — jedenfalls sofern die Helligkeit der Sonnenscheibe dabei genügend abgeschwächt wird. Die Beobachtung der Sonne — wie auch des Mondes — diente zunächst vor allem praktischen Zwecken, wie etwa der Festlegung des Kalenders, der Jahreszeiten, der Festtage und der Tageszeit. Zu diesem Zweck hat schon der Mensch der Vorzeit beeindruckende Landmarken und Steinsetzungen errichtet, die wir als kulturelle Vorläufer unserer heutigen Observatorien bewundern und schützen sollten. Es waren chinesische Hofastronomen, die als erste bei derartigen Routinebeobachtungen dunkle Flecken auf der Sonne bemerkten und uns darüber schriftliche Aufzeichnungen hinterlassen haben: Die erste leidlich gesicherte Beobachtung eines Sonnenflecks stammt von Astronomen des Kaisers Wendi und datiert vom März des Jahres 165 v. Chr. Die erste aus Europa überlieferte Sonnenfleckenbeobachtung findet sich in den Königlichen Jahrbüchern der Karolinger, den *Annales Regni Francorum,* und geht auf den 17. März des Jahres 807 zurück.

An diesem Tag wurde dicht über dem Zentrum der Sonnenscheibe ein kleiner schwarzer Fleck beobachtet, der insgesamt acht Tage lang sichtbar blieb. Nur die selten auftretenden Riesenflecken sind mit bloßem Auge erkennbar, und inzwischen besitzen wir einen Katalog von immerhin etwa 200 derartigen Beobachtungen aus der vorteleskopischen Zeit. In Verbindung mit den unmittelbar anschließenden teleskopischen Beobachtungen stellen diese die längste systematische Beobachtungsreihe eines Naturphänomens dar, die die Menschheit besitzt.

Als Galileo Galilei, Johannes Fabricius und Thomas Harriot im Jahre 1610 erstmals ihre Fernrohre auf die Sonne richteten, bemerkten sie sogleich, daß deren Oberfläche nicht — wie man es seit Aristoteles gelehrt hatte — rein und makellos war, sondern von dunklen Flecken unterschiedlicher Größe bedeckt. Sehr schnell fanden Galilei wie auch Fabricius heraus, daß die Flecken — und damit die Sonne selbst — eine von Osten nach Westen gerichtete Rotationsbewegung ausführten; ja daß manche Flecken sogar den Weg über die rückseitige Hemisphäre der Sonne überlebten und — etwa 14 Tage nach ihrem Verschwinden — am Ostrand erneut auftauchten. Lediglich Christoph Scheiner, der die Flecken ab 1611 beobachtete, hielt zunächst an der Auffassung fest, daß die Flecken Körper seien, die die Sonne umlaufen. Fabricius veröffentlichte seine Beobachtungen im Jahre 1611, Galilei die seinen 1613. Danach war klar, daß die Sonne ein kugelförmiger, um eine feste Achse rotierender Himmelskörper ist, mit einer heißen, von dunklen Flecken durchsetzten Oberfläche. Wie wir heute wissen, schwankt die Zahl der Sonnenflecken in einem etwa elfjährigen Rhythmus zwischen praktisch Null und einem Maximalwert: Ein seltsamer Zufall hat es gewollt, daß die teleskopische Entdeckung der Sonnenflecken zum Zeitpunkt eines Minimums erfolgte, zu dem oft längere Zeit hindurch überhaupt keine Flecken auftreten.

Wohl niemand kann sich des elementaren Eindrucks erwehren, daß uns die Sonne mit wärmender Strahlung überschüttet und daher offenbar selbst recht heiß sein muß – ein Eindruck, kaum schöner je zu allegorisieren als durch die altägyptische Darstellung der vergöttlichten Sonnenscheibe *Aton* mit ihren, in lebensspendende Hände mündenden Strahlen.[2] So nimmt es nicht wunder, daß auch die ersten teleskopischen Beobachtungen der Sonne – bei denen neben den dunklen Flecken auch hell gesprenkelte Gebiete, die sogenannten „Fackeln", entdeckt worden waren – nichts Grundlegendes an der Vorstellung zu ändern vermochten, wonach die Sonne ein äußerlich leuchtender, heißer Körper sei. Allerdings herrschte seit dem Mittelalter die – allein auf religiöse Wunschvorstellungen gegründete – Ansicht vor, die Sonne sei im Inneren ein kühler, erdähnlicher Körper, der lediglich von einer

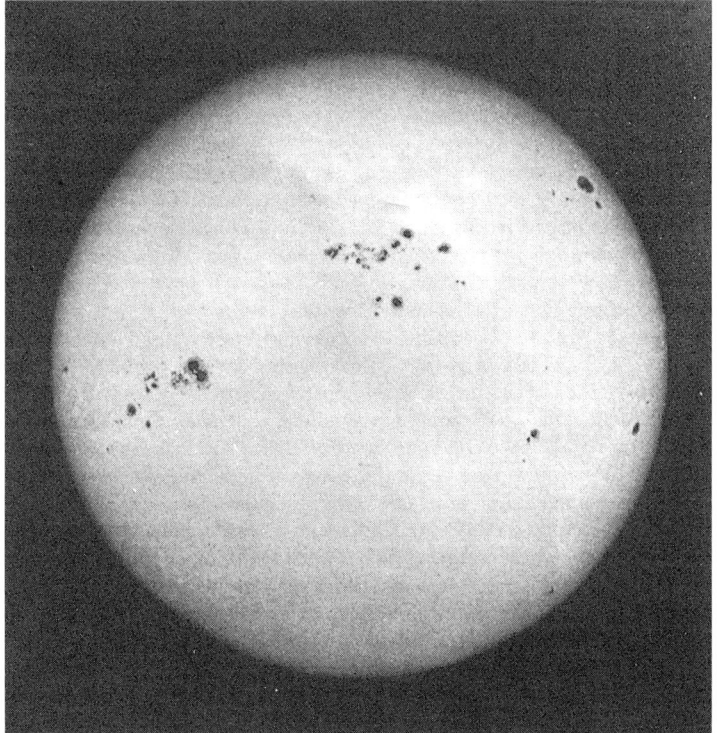

Abb. 44: Historische Fotografie der Sonne. Sie wurde am 22. September 1870 um 14.50 Uhr Weltzeit von Lewis Morris Rutherford an seiner Privatsternwarte in New York aufgenommen. Deutlich sichtbar sind mehrere große Fleckengruppen.

leuchtenden Hülle umgeben sei. Die neuentdeckten Flecken deutete man dementsprechend – und instinktiv auch ganz richtig – als kühle Gebiete. So nahm der französische Astronom Giovanni Domenico Cassini um 1670 an, daß die dunkelsten Stellen der Sonnenflecken, die man heute als *Umbra* bezeichnet, Berggipfel des dunklen Sonnenkörpers seien, die von Zeit zu Zeit aus der in gezeitenartiger Bewegung befindlichen Lichthülle hervorragten.

Diese Vorstellung wurde auch von späteren bedeutenden Astronomen vertreten: So gab etwa Friedrich Wilhelm Herschel um 1800 eine Beschreibung des Aufbaus der Sonne, wonach der dunkle Sonnenkörper von mehreren Schichten leuchtender Wolken umgeben sei. Auf diese Weise versuchte Herschel, die komplizierte Struktur der Sonnenflecken – die *Umbra* ist von einem weniger dunklen, stark filamentierten Außenbereich, der sogenannten *Penumbra* umgeben – zu deuten. Auch versuchte Herschel, den auffälligen Rückgang in der Zahl der beobachteten Sonnenflecken, den Cassini, Flamsteed und andere gegen Ende des 17. Jahrhunderts bemerkt hatten, mit irdischen Mißernten und Getreidepreisen in Zusammenhang zu bringen – ein erster Versuch des Nachweises einer solar-terrestrischen Beziehung, das heißt eines kausalen Einflusses der Aktivität der Sonne auf irdische Vorgänge.[3]

Noch um 1870 schwankten die Angaben für die calorimetrisch ermittelte Temperatur[4] der Sonne zwischen 1400 und 10 Millionen Grad Celsius. Erst das im Jahre 1884 auch theoretisch formulierte Strahlungsgesetz von Stefan-Boltzmann ermöglichte eine genauere Bestimmung der Sonnentemperatur: Nach heutigen Messungen beträgt die Oberflächentemperatur der Sonne – ihre sogenannte Effektivtemperatur – etwa 5500 Grad.[5]

Die Frage, welches die wirkliche Größe und Entfernung der Sonne sei, hatte die Astronomen bewegt, seit Anaxagoras um 430 v. Chr. behauptet hatte, die Sonne sei ein feuriger Felsklumpen von der Größe des Peloponnes. Um 270 v. Chr. hatte Aristarch den Winkeldurchmesser der Sonne durch direkte Messung auf 0,5 Grad und ihre Entfernung aus dem rechtwinkligen Dreieck Erde–Sonne–Mond zum Zeitpunkt der Halbmondphase auf etwa 19 Mondbahnradien bestimmt. Die Entfernung des Mondes wiederum bestimmte Hipparch um 150 v. Chr. aus der Geometrie von Mondfinsternissen mit 59 Erdradien: Damit ergaben sich für den Durchmesser der Sonne etwa 5 Erddurchmesser – wie wir heute wissen: ein viel zu kleiner Wert.

Eine wesentlich bessere Bestimmung der Sonnenentfernung gelang erst Godefroy Wendelin um 1644, der aus seinen Beobachtungen eine Sonnenparallaxe[6] von 14 Bogensekunden ableitete – und damit eine Entfernung von 14730 Erdradien. Später hat man, einem Vorschlag Edmond Halleys von 1715 folgend, die Sonnenentfernung aus der Beobachtung der Vorübergänge von Merkur und Venus vor der Sonnenscheibe sowie aus der Parallaxe von Kleinplaneten sehr viel genauer ermittelt. Heute kennen wir die mittlere Entfernung der Sonne aus Radarmessungen von Raumsonden auf den Kilometer genau: etwa 150 Millionen Kilometer oder 23450 Erdradien. Der Winkeldurchmesser der Sonnenscheibe beträgt 32 Bogenminuten, der lineare Durchmesser der Sonne dementsprechend etwa 1,4 Millionen Kilometer oder 109 Erddurchmesser. Im Laufe des Jahres schwankt der Winkeldurchmesser der Sonne um rund drei Prozent; aus der beobachteten Variation kann die Exzentrizität der Erdbahn[7] – eine wichtige Bestimmungsgröße der Himmelsmechanik – ermittelt werden.

Auf Beobachtungen dieser Art blieb die astronomische Erforschung der Sonne beschränkt, bis die teleskopische Entdeckung der Sonnenflecken eine mehr oder weniger regelmäßige Überwachung der Oberflächenphänomene unseres Taggestirns wie auch eine intensivere Beobachtung der gelegentlichen Sonnenfinsternisse auslöste. So stellte man zum Beispiel fest, daß die von den Flecken beschriebenen Bahnen annähernd Ellipsenbögen sind, deren Form und Lage sich mit der Jahreszeit ändert. Hieraus läßt sich die Lage der Rotationsachse der Sonne im Raum bestimmen: Ihre nördliche Verlängerung zeigt auf einen Punkt etwa halbwegs zwischen den Sternen Wega und Polaris. Die Flecken treten nicht an allen Stellen der Sonnenoberfläche gleich häufig auf, sondern konzentrieren sich auf zwei äquatornahe Bänder von rund 30 Grad Ausdehnung nördlich und südlich des Sonnenäquators, innerhalb derer sie – nach einem von Gustav Spörer formulierten Gesetz – zunächst in höheren, später in immer niedrigeren Breiten entstehen.

Im Dezember 1843 veröffentlichte der Dessauer Apotheker Heinrich Schwabe eine Beobachtungsreihe, für die er seit 1826 regelmäßig die Sonne beobachtet und die auf der Scheibe sichtbaren Flecken gezählt hatte. Deutlich zeigte sich in diesen Daten eine regelmäßige Schwankung mit einer Periode von rund zehn Jahren: So hatte Schwabe zum Beispiel im Jahre 1833 nur 33 Fleckengruppen beobachtet, fünf Jahre später hingegen 282 Gruppen. Diese Entdeckung der Periodizität der Sonnenflecken – die vor allem durch Alexander von Humboldts *Kosmos* in weiten Kreisen bekannt wurde – gab den Anstoß dazu, daß der Züricher Astronom Rudolf Wolf um 1850 eine Maßzahl für die Fleckenaktivität – die sogenannte Fleckenrelativzahl – einführte, die ein ungefähres Maß für die Gesamtfläche der Flecken darstellt. In mühevoller Kleinarbeit trug Wolf sämtliche auffindbaren Fleckenbeobachtungen zusammen und bestimmte daraus rückwirkend die genaue Periode des Fleckenzyklus auf 11,1 Jahre.

Im Jahre 1862 wiesen Edward Sabine und Rudolf Wolf unabhängig voneinander nach, daß zwischen der – ein Jahr zuvor von John Lamont entdeckten – etwa zehnjährigen Periode der erdmagnetischen Variation und der elfjährigen Periodizität der Sonnenflecken ein ursächlicher Zusammenhang besteht: Ganz offensichtlich beeinflußt die Sonne nicht nur das Wetter, sondern auch das Magnetfeld der Erde. Rückblickend mutet es seltsam an, daß 230 Jahre seit der teleskopischen Entdeckung der Sonnenflecken vergehen mußten, ehe deren auffallende Periodizität entdeckt werden konnte. Offenbar bedurfte es hierzu einer jahrzehntelangen, regelmäßigen und planvollen Beobachtung der Sonne, wie sie von einem einzelnen wohl nur bei völliger Hingabe an eine selbstgestellte Aufgabe durchgehalten werden kann.

In den Jahren 1853 bis 1861 beobachtete der englische Privatastronom Richard Carrington systematisch die Positionen von rund 950 verschiedenen Fleckengruppen. Die Auswertung der Daten ergab einen verblüffenden Befund: Die Sonne rotiert in verschiedenen Breiten mit verschiedener Geschwindigkeit – am schnellsten am Äquator und am langsamsten an den Polen. Diese „differentielle Rotation" ist charakteristisch für große, rotierende Gaskugeln mit einem dichteren Kern und spielt eine wesentliche Rolle bei der heutigen Erklärung der Sonnenflecken durch einen im Inneren der Sonne ablaufenden Dynamomechanismus.[8] Das von Carrington eingeführte System der heliographischen Koordinaten wird auch heute noch verwendet; es ermöglicht die Festlegung von Positionen auf der Sonnenoberfläche auch bei völliger Abwesenheit von Flecken.

Beobachtet man die Photosphäre – die sichtbare Oberfläche der Sonne – bei sehr ruhiger Luft und mit einem Fernrohr von mindestens 15 Zentimetern Öffnung, so zeigt sie eine zellenartige, an Altocumulus-Wolken erinnernde Struktur, die als „Granulation" bezeichnet wird: Die Granulation besteht aus sehr kleinen, hellen, polygonartig berandeten Gebieten aufsteigenden Gases auf einem dunklen, netzartig zusammenhängenden Untergrund und kann wegen ihrer komplizierten und schnell veränderlichen Struktur im allgemeinen nur mit Hilfe fotografischer Aufnahmen untersucht werden. Als Pionier der Granulationsfotografie gilt der französische Sonnenphysiker Jules Janssen, dem um 1880 die ersten einigermaßen verwaschungsfreien Aufnahmen der Granulation gelangen. Die erste Sonnenfotografie überhaupt – eine Daguerrotypie – erhielten die französischen Physiker Armand Fizeau und Léon Foucault am 2. April 1845.

Als der englische Physiker William Wollaston im Jahre 1802 durch ein Flintglasprisma auf einen schmalen, sonnenbeschienenen Fensterspalt blickte, bemerkte er in dem von dem Prisma entworfenen Spektrum insgesamt fünf diffuse, dunkle Linien (siehe dazu den Beitrag von Hans-Heinrich Voigt: *Das zerlegte Licht*). Wollaston ging dieser Beobachtung jedoch nicht weiter nach, und erst 1814 erahnte der deutsche Physiker Joseph von Fraunhofer die Bedeutung des Vorhandenseins dunkler Linien im Sonnenspektrum. Fraunhofer fertigte eine Skizze des Sonnenspektrums an, die 350 der insgesamt rund 600 von ihm beobachteten Linien enthält. Eine erste genaue Karte des Sonnenspektrums zeichnete Gustav Kirchhoff im Jahre 1861. Gemeinsam mit Robert Bunsen schuf Kirchhoff um 1860 auch die Grundlagen der Spektralanalyse der Himmelskörper: Er fand heraus, daß zu jeder Spektrallinie ein ganz bestimmtes Element – zum Beispiel Wasserstoff oder Natrium – gehört, das in glühend-gasförmigem Zustand Licht eben dieser

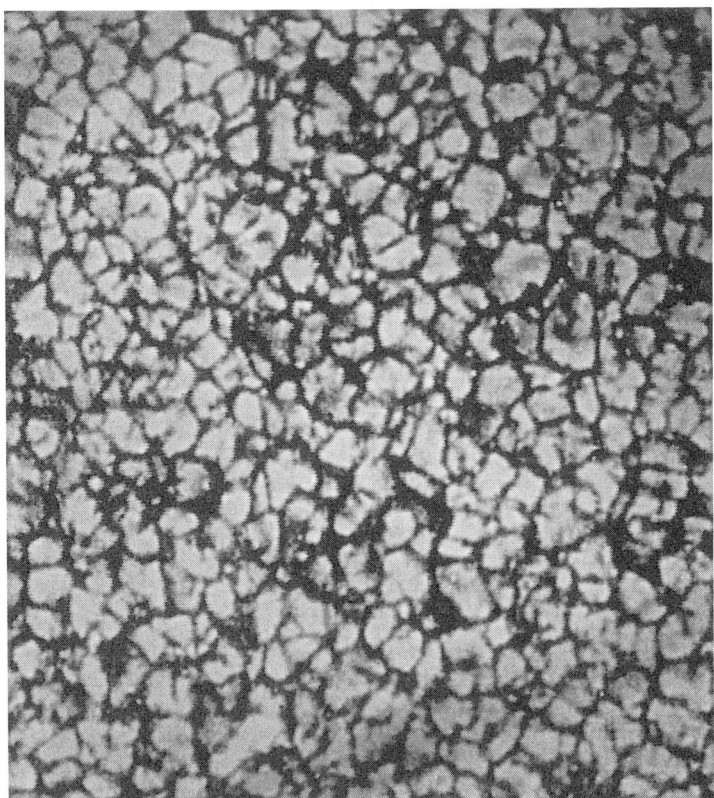

Abb. 45: Hochaufgelöste Fotografie der Sonnengranulation. Die Aufnahme entstand am 9. Juli 1978 am Observatoire du Pic-du-Midi in den Pyrenäen. Die Kantenlänge des Ausschnitts entspricht 30 180 Kilometern auf der Sonne; Strukturen bis hinab zu 175 Kilometern sind aufgelöst. Man erkennt helle Granulen verschiedener Größe auf dunklem Grund.

Wellenlänge aussendet und in kühlerem Zustand Licht der gleichen Wellenlänge aus einem eingestrahlten Kontinuum absorbiert. So konnte Kirchhoff das Vorhandensein von Natrium, Eisen, Kalzium und einigen anderen Elementen auf der Sonne nachweisen, und bis zum Jahre 1870 waren immerhin 13 verschiedene Atomsorten im Sonnenspektrum identifiziert. Das Vorhandensein der Fraunhoferlinien lieferte den endgültigen Beweis, daß die Sonne ein glühend heißer, flüssiger oder fester Körper ist, der von einer kühleren gasförmigen Hülle, der Photosphäre und der Chromosphäre, umgeben ist.

Es gab jedoch auch Linien, die sich hartnäckig einer Identifikation wider-
setzten: So hatten zum Beispiel Janssen und andere während der ostasiati-
schen Sonnenfinsternis vom 18. August 1868 spektroskopische Beobachtungen der über den Sonnenrand aufragenden Gasfackeln, der Protuberanzen,
durchgeführt und dabei eine auffällige gelbe Emissionslinie entdeckt, die
kurze Zeit später auch von Norman Lockyer in England direkt beobachtet
und einem neuen, nach dem griechischen Sonnengott Helios benannten
Element Helium zugeschrieben wurde. Und bei der nordamerikanischen
Finsternis vom 7. August 1869 entdeckten Charles Young und William Hark-
ness in der lichtschwachen äußersten Hülle der Sonne, der Korona, eine
grüne Emissionslinie, die man einem weiteren unbekannten Element, dem
Coronium, zuordnete. Zwar wurde das Helium 1895 auch auf der Erde
entdeckt, das Coronium konnte jedoch trotz aller Versuche nicht nachgewiesen werden. Erst 1942 gelang es dem schwedischen Physiker Bengt Edlén,
die grüne Koronalinie als Spektrallinie von extrem hochionisiertem Eisen zu
identifizieren: Damit war die schon verschiedentlich geäußerte Vermutung
bewiesen, daß die Korona zwar geringe Dichte, jedoch eine extrem hohe
Temperatur (von etwa 2 Millionen Grad) besitzt. Eine große Zahl sehr
schmaler Linien schließlich, die Brewster und Gladstone 1861 erstmals beschrieben hatten, konnte mit Hilfe genialer Experimente von Jules Janssen
als „tellurische" – das heißt von Wasserdampf in der Erdatmosphäre herrührende – Linien identifiziert werden.[9]

Ein weiteres Rätsel gaben die Fraunhoferlinien im Spektrum der Sonnenflecken den Forschern auf: Viele dieser Linien zeigten ein eigentümlich
verbreitertes, zerzaustes Profil; und längere Zeit glaubte man, daß starke
Materieströmungen hierfür verantwortlich seien. Im Jahre 1896 entdeckte
dann jedoch Pieter Zeeman in Leiden, daß magnetische Felder eine Aufspaltung bestimmter Spektrallinien in mehrere eng benachbarte Komponenten
bewirken, und 1908 gelang dem amerikanischen Astrophysiker Georg Ellery
Hale – der bereits 1890 mit der Konstruktion des ersten Spektroheliogra-
phen[10] Berühmtheit erlangt hatte – durch Messung der Aufspaltung und der
Polarisation der Fraunhoferlinien in Sonnenflecken der Nachweis, daß die
Sonnenflecken Sitz sehr starker Magnetfelder sind. Damit war man auch der
Ursache der Abkühlung in den Flecken auf der Spur, da magnetische Felder
die konvektive Bewegung des Plasmas – und damit den Energietransport –
behindern. Hale und Mitarbeiter fanden auch heraus, daß die Richtung der
Magnetfelder in den Sonnenflecken – deren Polarität – ganz bestimmten
Gesetzen gehorcht: So sind zum Beispiel die Polaritäten bestimmter Flecken
auf der Nord- und Südhalbkugel der Sonne einander stets entgegengesetzt.
Bei jedem Fleckenzyklus – alle elf Jahre – wechseln die Hemisphären diese
Polaritäten, so daß ein voller magnetischer Zyklus 22 Jahre dauert.

Heute können wir die Entstehung der Strahlung sowohl des Kontinuums
als auch der Fraunhoferlinien in den verschiedenen Schichten der Sonnenat-

mosphäre im Detail verstehen und berechnen. Das Studium der Sonnenstrahlung und der genauen Profile möglichst vieler Linien gibt uns Aufschluß über Druck, Temperatur, chemische Zusammensetzung sowie Geschwindigkeits- und Magnetfelder in den Außenschichten der Sonne. So verstehen wir beispielsweise, daß die Heliumlinien im sichtbaren Spektrum der Photosphäre fehlen, obwohl Helium nach dem Wasserstoff das zweithäufigste Element auf der Sonne ist. Auch wissen wir, daß die Sonne einen ständigen – manchmal noch durch hochenergetische Ausbrüche oder *Flares* verstärkten* – Strom geladener Teilchen, den sogenannten Sonnenwind, aussendet, der im wesentlichen von der Korona ausgeht und unter anderem auch die Magnetosphäre der Erde beeinflußt.

Schließlich machten zwei amerikanische Forschergruppen in den Jahren 1960/61 nahezu gleichzeitig eine fundamentale Entdeckung, deren Bedeutung wir auch heute noch nicht in allen ihren Konsequenzen übersehen. Bei der Auswertung spektroheliographischer Geschwindigkeitsmessungen fiel Robert Leighton und Mitarbeitern eine seltsame Verstärkung der beobachteten Bewegungen innerhalb der Granulation auf, die sich in ganz bestimmten Abständen auf ihren Dopplergrammen[11] wiederholten. Zur Zurücklegung dieser Abstände hatte die Abtastvorrichtung jeweils etwa fünf Minuten benötigt: Offenbar schwingen einzelne Gebiete der Photosphäre im Fünfminutentakt auf und ab. Dieser aufregende Befund wurde durch eine Zeitserie hochaufgelöster Spektrogramme bestätigt, die John Evans und Raymond Michard im gleichen Jahr erhalten und ausgewertet hatten.

Inzwischen werden die Fünfminuten-Oszillationen der Sonne regelmäßig durch ein weltweites Netz von Beobachtungsstationen überwacht. Die Oszillationen stellen eine komplizierte Überlagerung eines diskreten Spektrums resonanter Schallwellen dar, die durch die Turbulenz in der Konvektionszone[12] der Sonne angeregt werden. Diese dringen – als solare Eigenschwingungen[13] – in zum Teil sehr tiefe Schichten vor, und durch Beobachtung der Schwingungsmuster an der Oberfläche ist es möglich, Aufschluß über die tieferen Schichten der Sonne zu gewinnen.

Daß die Sonne auch als Radiostrahler in Erscheinung tritt, bemerkte zuerst eine Gruppe englischer Radartechniker während des Krieges im Februar 1942: Auf der Suche nach feindlichen Störsendern im Meterwellenbereich fiel dem Physiker James Stanley Hey eine besondere Störquelle auf, die nur tagsüber sendete und offenbar mit dem Lauf der Sonne im Zusammenhang stand. Da man nach Karl Janskys Entdeckung der galaktischen Radiostrahlung mehr als zehn Jahre lang vergeblich versucht hatte, auch bei der Sonne und anderen Fixsternen die vermutete Radiostrahlung nachzuweisen, herrschte zunächst Verwirrung: Dann jedoch erfuhr Hey, daß sich in einer großen Fleckengruppe auf der Sonne ein Flare ereignet hatte: Offenbar senden solare Aktivitätsgebiete in Form von Ausbrüchen oder *Bursts* ganz erheblich intensivere Radiostrahlung aus als die sogenannte „ruhige Sonne".

Noch im Herbst des gleichen Jahres gelang dem Amerikaner George Clark Southworth der Nachweis auch der Strahlung der ruhigen Sonne, und zwar bei Wellenlängen im Zentimeterbereich. Wie sich inzwischen herausgestellt hat, ist die solare Radiostrahlung bei einer Wellenlänge von 10,7 Zentimetern so genau mit der Fleckenrelativzahl korreliert, daß ihre Messung die Bestimmung der Relativzahl auch bei völlig bedecktem Himmel ermöglicht.

Heute können wir – zum Teil mit Hilfe künstlicher Satelliten – die elektromagnetische Strahlung der Sonne in praktisch allen Bereichen des Spektrums beobachten. Unser Fenster zur Sonne hat sich damit gegenüber dem sichtbaren Bereich um mehr als 40 Oktaven erweitert. Baumringe und geologische Bohrkerne stellen ein „Geschichtsbuch" der Sonnenaktivität in der Vergangenheit dar, da das äußere Magnetfeld der Sonne die Produktion bestimmter Isotope, wie zum Beispiel des Kohlenstoff-14 und des Beryllium-10, durch die Kosmische Strahlung[14] beeinflußt. Moderne Sonnenteleskope an hochgelegenen Standorten tragen dazu bei, daß unser Taggestirn nahezu lückenlos überwacht und in seinem Verhalten immer besser verstanden wird.

Die Frage, woher die Sonne eigentlich die enormen Energiemengen nimmt, die sie seit Jahrmilliarden ins Weltall strahlt, hat die Astrophysiker bewegt, seit Hermann von Helmholtz im Jahre 1853 den Gedanken äußerte, die Sonne könne ihre potentielle Energie durch langsames Zusammenziehen freisetzen. In jeder Stunde strahlt die Sonne eine Energiemenge von $3,8 \times 10^{23}$ Kilowattstunden ab, wovon die Erde aufgrund ihrer Kleinheit und Entfernung nur etwa ein halbes Milliardstel abbekommt: Pro Quadratmeter senkrechter Auffangfläche sind dies immerhin noch 1,37 Kilowatt – ein Zahlenwert, den man als „Solarkonstante" bezeichnet und der ungefähr der Leistung eines guten Heizlüfters entspricht.

Seit 1902 wird die Solarkonstante regelmäßig gemessen, neuerdings auch mit Hilfe von Erdsatelliten wie etwa dem „Solar Maximum Mission"-Satelliten.[15] Dabei hat man äußerst geringe Schwankungen entdeckt, die mit dem Auftreten von Flecken und dem Aktivitätszyklus in Zusammenhang stehen. Rund 30 Prozent der einfallenden Strahlung werden von der Erde ins Weltall zurückreflektiert, die übrigen 70 Prozent halten die Erdoberfläche und die Ozeane auf einer mittleren Temperatur von etwa 15 Grad Celsius. Entsprechend dieser Gleichgewichtstemperatur strahlt die Erde die empfangene Energie im Infrarotbereich (bei Wellenlängen um 10 Mikrometer) wieder aus.

Bestünde die Sonne aus brennender Steinkohle, so könnte sie ihre Energieabstrahlung nur einige tausend Jahre lang aufrechterhalten. Auch der Einsturz von Meteoriten – wie von Robert Mayer 1848 vorgeschlagen – kommt als Energiequelle nicht in Frage, da wir die damit verbundene erhebliche Massenzunahme der Sonne sehr schnell bemerken müßten. Der von Helmholtz vorgeschlagene Kontraktionsmechanismus ist da als Erklärung schon wesentlich besser geeignet, da er die Abstrahlung der Sonne für immerhin

15 Millionen Jahre zu decken imstande wäre. Wir wissen jedoch, daß die Sonne bereits 300mal länger als diesen Zeitraum mit unverminderter Leuchtkraft geschienen hat. Wie ist dies möglich?

Die Antwort auf diese Frage lieferten die deutschen Physiker Hans Albrecht Bethe und Carl Friedrich von Weizsäcker um 1938: Es ist die Kernfusion – die Verschmelzung von Wasserstoff zu Helium –, die in der Lage ist, eine derart riesige Energie zu liefern. Die Sonne ist also in ihrem tiefen Inneren ein Fusionsreaktor, sie „verbrennt" dort in jeder Sekunde 640 Millionen Tonnen Wasserstoff zu Helium, wovon jeweils 4 Millionen Tonnen in abgestrahlte Energie umgesetzt werden. Dennoch reicht der Vorrat der Sonne, deren Masse von 2×10^{33} Gramm zu rund 73 Prozent aus Wasserstoff besteht, noch für mindestens fünf Milliarden Jahre aus.

Auf den ersten Blick mag es scheinen, daß das tiefe Innere der Sonne einer Erforschung für immer unzugänglich bleiben müsse. Eine nähere Betrachtung zeigt jedoch, daß die Strahlung, die Gravitationswirkung, die Oszillationen und die Neutrinoteilchen der Kernverschmelzung letzten Endes aus dem tiefen Inneren der Sonne stammen und uns daher einen Einblick in diese Schichten ermöglichen: Auch in seinem Inneren gehorcht ein Stern den Gesetzen der Physik, und es ist möglich, diese Gesetze in Gleichungssystemen zu formulieren und numerisch zu lösen. Wie wir heute wissen, beträgt die Temperatur im Zentrum der Sonne etwa 15 Millionen Grad; die Materiedichte liegt bei fast der zehnfachen Dichte von Gold: Nur unter derart extremen Bedingungen können jeweils vier Atomkerne des Wasserstoffs zu einem Heliumkern verschmelzen, wobei der dabei auftretende geringfügige Massenverlust entsprechend der berühmten Einsteinschen Beziehung $E = m \times c^2$ in Energie umgesetzt wird.

Mit Hilfe von Großcomputern können wir heute ins Innere der Sonne hineinrechnen – ja, wir können sogar das apokalyptische Szenario vorausberechnen, bei dem die Sonne sich in ferner Zukunft zu einem roten Riesenstern entwickelt, in dessen intensiver Strahlung schließlich alles Leben auf der Erde, sofern es dann überhaupt noch existiert, erlöschen wird.

Hans-Heinrich Voigt

Das zerlegte Licht

Methoden und Ziele der Astrophysik

Zerlegung des Sonnenlichts in seine Farben – das kennen wir alle: zum Beispiel den Regenbogen. Hier wirken die Regentropfen wie kleine Prismen und zerlegen das weiße Sonnenlicht in seine Bestandteile, seine Farben, von Rot über Gelb, Grün, Blau zum Violett. Auch Kristalle, geeignet geschliffene Gläser oder Glas-Prismen zeigen denselben Effekt. Bis weit in das 17. Jahrhundert hinein glaubte man, das weiße Licht würde hierbei in farbiges Licht „geändert" oder umgewandelt. Isaac Newton erkannte dann 1666, daß das Sonnenlicht eine Mischung aus verschiedenen Farben ist, die im Prisma voneinander getrennt werden.[1] Von ihm stammt auch die Bezeichnung „Spektrum" für diese Folge von Farben, und die Methode, hiermit umzugehen, ist die „Spektroskopie" (wörtlich: Betrachtung des Spektrums), in unserem Fall die „Astro-Spektroskopie". Newton verwendete auch bereits Linsen hinter dem Prisma, um das Spektrum scharf abzubilden, also ein Spektroskop in nahezu moderner Form. Aber erst gut 100 Jahre später kam die Spektroskopie wirklich in Gang.

1800 fand Friedrich Wilhelm Herschel, daß die größte Wärme der Sonnenstrahlung jenseits des roten Endes des sichtbaren Spektrums liegt: Er hatte das Infrarot entdeckt. Ein Jahr später bemerkte Johann Wilhelm Ritter in Jena, daß Silberchlorid jenseits des violetten Endes des Spektrums am stärksten geschwärzt wird, und er hatte damit das Ultraviolett entdeckt. Wieder ein Jahr später, 1802, gelang Thomas Young die erste Bestimmung der Wellenlänge.

Licht ist eine elektromagnetische Welle, und jeder Farbe im Spektrum entspricht eine ganz bestimmte Wellenlänge. Die Zerlegung des Lichts in ein Spektrum bedeutet also die Zerlegung des Lichts in seine Wellenlängen. Dabei liegen die langen Wellen am roten, die kurzen Wellen am violetten Ende. Jeder Wellenlänge entspricht auch eine ganz bestimmte Energie. Zum langwelligen roten Ende hin nimmt die Energie ab, zu kurzen Wellen hin nimmt sie zu. Kurzwellige Strahlung ist also energiereicher. Young maß, daß das grüne Licht, etwa in der Mitte des Spektrums, eine Wellenlänge von 0,5 Mikrometern hat (ein Mikrometer ist ein tausendstel Millimeter). Auf einen Millimeter kommen also 2000 Wellenberge und Wellentäler.

Das dem Auge sichtbare Spektrum ist nur ein ganz kleiner Ausschnitt des weiten Bandes der elektromagnetischen Wellen. Am langwelligen roten Ende geht es über das schon erwähnte Infrarot weiter in den Hochfrequenzbereich der Radiowellen, wie sie zum Beispiel beim Radar, beim Fernsehen und beim Rundfunk benutzt werden. Dies ist die Domäne der Radioastronomie. Am kurzwelligen Ende geht es über das Ultraviolett weiter zu den Röntgen- und schließlich zu den Gammastrahlen. Alle diese Spektralbereiche sind erst in den letzten fünfzig Jahren nach und nach der astronomischen Beobachtung zugänglich geworden.

Die Geschichte der Spektroskopie begann, als William Wollaston 1802 dunkle Linien im Sonnenspektrum entdeckte, die er für die natürlichen Grenzen zwischen den reinen Farben hielt. 1814 benutzte Joseph von Fraunhofer ein 60-Grad-Prisma, erzeugte damit ein weit aufgefächertes Sonnenspektrum und fand in diesem Spektrum etwa 600 dunkle Linien, die später nach ihm benannten „Fraunhoferlinien". Die kräftigsten bezeichnete er mit großen Buchstaben A, B, C usw., und etliche dieser Bezeichnungen werden noch heute benutzt, zum Beispiel die vom Wasserdampf in der Erdatmosphäre herrührende A-Bande im roten Teil des Spektrums, die beiden D-Linien des Natriums im gelben Spektralbereich oder die Linien H und K des Kalziums im violetten Teil des Spektrums, die beiden stärksten Linien im sichtbaren Sonnenspektrum.

Fraunhofer beobachtete auch mit einem kleinen Zehn-Zentimeter-Teleskop die ersten Sternspektren und die Spektren der Planeten. Er bemerkte, daß die Spektren der Planeten genau dem Sonnenspektrum entsprechen. Heute wissen wir warum: Es handelt sich um reflektiertes Sonnenlicht.

Schon Fraunhofer und nach ihm weitere Physiker bemerkten, daß einige dunkle Linien im Sonnenspektrum an der gleichen Stelle im Spektrum liegen, wie einige helle Linien von verdampften Gasen im Labor. Zum Beispiel strahlt Natriumdampf im Labor gelbes Licht von zwei ganz bestimmten Wellenlängen aus, die genau den dunklen D-Linien im Sonnenspektrum entsprechen. Zunächst wußte man mit dieser Tatsache noch nichts Rechtes anzufangen, jedoch war damit der Weg zur Erklärung der Fraunhoferlinien vorbereitet, die dann im Jahr 1859 Gustav Robert Kirchhoff gelang.

Es handelt sich bei den D-Linien in der Tat um Natrium auf der Sonne, das aber nun dieses gelbe Licht nicht aussendet oder emittiert, sondern das eben dieses Licht verschluckt oder absorbiert. Die Fraunhoferlinien heißen darum auch Absorptionslinien. Kirchhoff und Robert W. Bunsen führten dies weiter, beobachteten die charakteristischen Linien der verschiedensten Elemente und zeigten, daß man aus dem beobachteten Spektrum auf die chemische Zusammensetzung der Lichtquelle schließen kann. Sie begründeten damit die Spektralanalyse, die nun den Anstoß zu vielen spektroskopischen Arbeiten in aller Welt gab. Dies ist rückblickend die Geburtsstunde der Astrophysik, denn das Spektrum ist das wichtigste Hilfsmittel, um etwas über die Physik kosmischer Objekte zu erfahren.

In der klassischen Astronomie waren die Sterne nur „Punkte", für deren Ort am Himmel und deren Bewegung man sich interessierte. Hierauf gründet sich das ganze Gebäude der Himmelsmechanik. Nun wandte sich das Interesse mehr und mehr der Frage zu, was diese Sternpunkte eigentlich sind, also der Frage nach der Physik dieser Körper. Erste Schritte dahin sind die Messung der Helligkeiten und der Farben der Sterne; aber erst die Spektroskopie eröffnet den Weg, den physikalischen und chemischen Aufbau der Sterne zu untersuchen.

Das Wort Astrophysik stammt vermutlich von Karl Friedrich Zöllner[2], der damit in den 6oer Jahren des vorigen Jahrhunderts einen neuen Zweig der Astronomie begründen wollte. Ihren sichtbaren Ausdruck fand dies 1879 mit der Einweihung des *Astrophysikalischen Observatoriums bei Potsdam,* das nun erstmals in Deutschland diesen neuen Begriff in seinem Namen führte.

Die Spektroskopie hängt mit dem Verständnis der dunklen Fraunhoferlinien im Spektrum zusammen. Das einfache Atommodell von Niels Bohr kann den Sachverhalt veranschaulichen. Ein Atom besteht aus einem Atomkern, um den Elektronen kreisen, wie Planeten um die Sonne. Beim Wasserstoff ist es ein Elektron, beim Helium sind es zwei, beim Bor drei – und so weiter durch das ganze Periodensystem der Elemente bis schließlich zum Uran mit 92 Elektronen in der Hülle. Diese Elektronen können aber nur auf ganz bestimmten Bahnen laufen; das ist ein wesentlicher Inhalt der Quantentheorie. Den einzelnen Bahnen entsprechen ganz bestimmte Energiezustände. Wenn nun ein Elektron aus irgendeinem Grund, zum Beispiel durch einen Zusammenstoß oder wegen hoher Temperatur, auf einer höheren, vom Kern weiter entfernten Bahn läuft, so wird es nach einiger Zeit von selbst, spontan, auf eine untere Bahn zurückspringen. Da die untere Bahn energieärmer ist, wird bei diesem Sprung Energie frei und diese freigewordene Energie wird als Licht ausgesandt, und zwar Licht von genau der Wellenlänge, die dem Energieunterschied der beiden Bahnen entspricht, also Licht einer ganz bestimmten Farbe, zum Beispiel das schon erwähnte Gelb beim Natrium. Das Atom emittiert Licht, wir beobachten eine helle Emissionslinie.

Wenn sich nun andererseits Atome in einer Sternatmosphäre befinden und aus dem Innern des Sterns eine heiße Strahlung, ein Spektrum mit allen Farben kommt, dann kann das Atom Licht der passenden Wellenlänge absorbieren und mit dieser gewonnenen Energie ein Elektron aus einer tieferen in eine höhere Bahn heben. Dieses Licht fehlt dann im Spektrum, wir beobachten eine Absorptionslinie, eine dunkle Fraunhoferlinie.

Das Spektrum des Wasserstoffs mit nur einem Elektron ist relativ einfach, und es sei deshalb etwas genauer untersucht.[3] Die Energiedifferenzen zwischen den untersten und allen höheren Bahnen sind so groß, daß die entsprechenden Linien im fernen Ultraviolett liegen. Die Übergänge von der zweiten Bahn in die höheren Bahnen liegen jedoch gerade im sichtbaren Spektrum, und da Wasserstoff bei weitem das häufigste Element im Kosmos ist, spielen diese Linien in der Astrophysik eine große Rolle.

Es ist eine ganze Serie von Linien, die nach dem chemischen Symbol des Wasserstoffs mit H und dann der Reihe nach mit griechischen Buchstaben bezeichnet werden. Dem Übergang von der zweiten in die dritte Bahn entspricht die Linie H-alpha im roten Spektralbereich. Es folgt die blaue Linie H-beta, die zum Übergang von der zweiten in die vierte Bahn gehört. In immer kürzeren Abständen folgen mit den Übergängen von 2 nach 5, nach 6, nach 7 usw. die Linien H-gamma, H-delta, H-epsilon usw. Die Gesetzmäßigkeit dieser Serie erkannte zuerst im Jahr 1855 der Schweizer Mathematiker Johann Jakob Balmer, und nach ihm wird sie darum die Balmerserie genannt. Ganz analog heißt die im Ultravioletten liegende Serie, die von der untersten Bahn ausgeht, die Lyman-Serie, benannt nach Theodore Lyman (1906). Von der dritten Bahn aus nach oben folgt die nach Friedrich Paschen genannte Paschenserie (1908) im Infrarotbereich usw. Wir kennen heute Übergänge zwischen ganz hohen Bahnen, zum Beispiel von der 137sten zur 139sten Bahn. Hierbei wird dann sehr energiearme Radiostrahlung bei 6 Zentimetern Wellenlänge ausgesandt bzw. verschluckt. Am wichtigsten für uns ist die Balmerserie, weil sie im sichtbaren Spektrum der Sterne meist sofort ins Auge fällt.

Sehr viel komplizierter ist es bei schwereren Atomen mit vielen Elektronen. So zeigt das Eisenspektrum allein im sichtbaren Bereich Tausende von Linien. Heute sind aus dem Labor die Spektren aller Atome im sichtbaren Bereich gut bekannt und in großen Tabellenwerken und graphischen Darstellungen zusammengestellt. Im Ultravioletten sieht es damit teilweise noch schlecht aus, obwohl uns die Satelliten heute schon immer bessere Spektren dieses Bereichs liefern. Hier sind die Spektren vieler Atome noch gar nicht vollständig bekannt. Die Physiker sind weit hinter den Wünschen der Astronomen zurück.

Durch Vergleich der beobachteten Fraunhoferlinien mit den bekannten Laborspektren ist es also möglich festzustellen, welche Elemente in der betreffenden Sternatmosphäre vorhanden sind. Zuerst begann man, die Sternspektren zu klassifizieren, in Gruppen einzuteilen.[4] Man setzte dazu ein Prisma vorne vor das Objektiv des Fernrohrs und erhielt auf der Photoplatte statt hunderter Sternpunkte Hunderte von kleinen Spektren, die man mit der Lupe anschauen konnte. Man spricht von „Objektivprismenspektren". Ganz grob konnte man schnell zwischen blau-weißen Sternen (z. B. Sirius), gelben Sternen (z. B. unsere Sonne oder Capella im Fuhrmann) und roten Sternen (z. B. Arktur im Bootes) unterscheiden.

Giovanni Battista Donati war einer der ersten, der 1860 diese drei „Familien", wie er sie nannte, einführte. Ähnlich waren Klassifikationsschemata

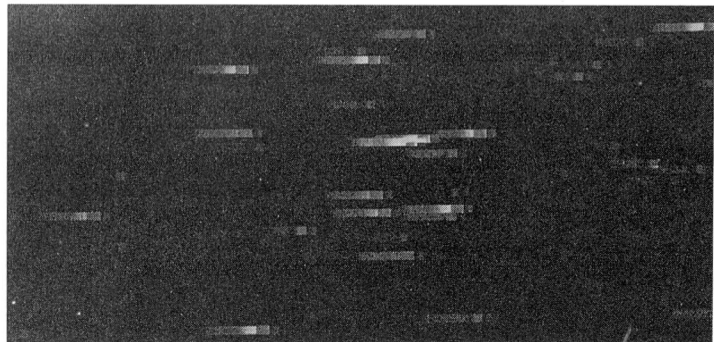

Abb. 46: Objektivprismen-Aufnahme des Sternhimmels. Ein Prisma auf dem Objektiv des Teleskops läßt auf der Fotoplatte statt der Sternpunkte Sternspektren entstehen. Das erlaubt eine rasche Einteilung in blau-weiße, gelbe und rote Sterne.

von Lewis Morris Rutherford und anderen in den folgenden Jahren. Intensiv befaßte sich Angelo Secchi von 1863 bis 1868 mit der Spektralklassifikation und machte mehrere Vorschläge. Zuletzt unterschied er vier Gruppen von I bis IV, die dann von dem Potsdamer Direktor Hermann Vogel nochmals unterteilt wurden. Von all diesen Vorschlägen hat sich letztlich keiner durchgesetzt, sondern der Weg von Edward Charles Pickering 1890 am Harvard Observatory in den USA. Er stellte ein einfaches System auf und wählte statt der Farbe bestimmte Charakteristika, zum Beispiel die Stärke der Balmerlinien des Wasserstoffs. Er bezeichnete die Spektren mit großen Buchstaben, beginnend mit A bei den Sternen mit den stärksten Balmerlinien.

Dieses System wurde vor allem von Miss Annie Jump Cannon um die Jahrhundertwende weiter ausgebaut und verfeinert. Einige der ursprünglichen Typen fielen fort, weil sie sich als exotische Sonderfälle oder auch als Plattenfehler erwiesen hatten, vor allem aber wurden die Typen umgestellt und nicht mehr nach der Stärke der Balmerlinien, sondern nach der Temperatur der Sterne geordnet, und so entstand die Spektralsequenz der heute noch benutzten Harvard-Klassifikation: O – B – A – F – G – K – M, die sich der Anfänger mit dem Merkspruch „Oh, Be A Fine Girl, Kiss Me" einprägt.

Die Sequenz entspricht etwa der Temperaturfolge: O-Sterne 30 000 Grad Celsius, A-Sterne 10 000 Grad Celsius, G-Sterne 5000 Grad Celsius und M-Sterne 3000 Grad Celsius. Die Hauptklassen werden jeweils in 10 Stufen unterteilt, also A0, A1, A2 bis A9, dann F0 usw. Die Sonne ist hiernach ein G2-Stern, Sirius ein A1-Stern, der rote Stern Betelgeuse im Orion hat den Typ M2. Nach diesem Schema wurde in den Jahren 1918 bis 1924 der ganze nach Henry Draper genannte HD-Katalog mit über 220 000 Sternen klassifiziert.[5] In Deutschland entstand in den Jahren 1929 bis 1938 die Potsdamer[6] und von 1935 bis 1953 die Bergedorfer Spektraldurchmusterung.[7] 99 Prozent aller Sterne gehören zu den genannten Typen O bis M. Für die wenigen restlichen Sterne gibt es mehrere Sondertypen, wobei diese Exoten für die Astronomen oft besonders interessant sind.

Eine Erweiterung der Spektralklassifikation ist wichtig: K-Stern bedeutet etwa 4000 Grad Celsius, aber das ist noch zu wenig, um den Stern auch nur einigermaßen physikalisch zu charakterisieren. Das kann nämlich ein kleiner roter Zwergstern sein oder aber auch ein enorm ausgedehnter roter Riese. Da beide die gleiche Temperatur haben, haben sie etwa die gleiche Ausstrahlung pro Quadratmeter Oberfläche. Da aber der Riesenstern eine sehr viel größere strahlende Oberfläche hat, besitzt er insgesamt eine sehr viel größere Leuchtkraft. Ein K-Riese ist insgesamt etwa 100 000mal so hell wie ein K-Zwerg, und wenn beide dem Auge gleich hell erscheinen, so ist der leuchtkräftige Riese etwa 300mal so weit entfernt, weil die scheinbare Helligkeit mit dem Quadrat der Entfernung abnimmt.

William Wilson Morgan und Mitarbeiter[8] am Yerkes-Observatory haben darum einen zweiten Parameter, die römischen Zahlen I bis VI, eingeführt und damit die Harvard-Klassifikation zur heutigen Yerkes-Klassifikation erweitert. Dieser zweite Parameter charakterisiert bei gegebener Temperatur die Leuchtkraft und damit den Durchmesser des Sterns. Die sechs Stufen bedeuten: Überriesen, helle Riesen, normale Riesen, Unterriesen, Zwergsterne und Unterzwerge. Die Sonne hat den Spektraltyp G2 V, ist also ein gelber Zwergstern.

Fragt man nach der relativen Häufigkeit der Riesen und Zwerge, so muß man sehr aufpassen. Das Auge sieht die Riesensterne wegen ihrer hohen Leuchtkraft noch bis in sehr große Entfernung, von den schwachen Zwergsternen sehen wir dagegen nur die in unmittelbarer Umgebung der Sonne. Die Riesensterne werden also aus einem viel größeren Raumbereich zusammengeholt und darum in ihrer Häufigkeit stark überbewertet. Berücksichtigt man dies und betrachtet man statt dessen alle Sterne bis zu einer bestimmten Entfernung, so zeigt sich, daß über 90 Prozent aller Sterne zur Gruppe V der Zwergsterne gehören.

Diese Einteilung der Sterne nach Spektraltypen ist wichtig für statistische Zwecke, etwa zum Aufbau unseres Milchstraßensystems, zur Bestimmung der Häufigkeitsverteilung der verschiedenen Typen und ähnliche Probleme. Für die genaue Analyse einzelner Sterne, also zur Bestimmung der chemischen Zusammensetzung und des physikalischen Aufbaus ihrer Atmosphären, reichen diese meist nur wenige Millimeter langen Spektren nicht aus. Hierzu müssen die Spektren weiter auseinandergezogen werden, was dann nur noch für jeweils einen einzelnen Stern und nicht mehr gleichzeitig für Hunderte von Sternen auf einer Platte möglich ist. Hier verwendet man große Spektralapparate hinter den Fernrohren, in die das Licht eines einzelnen Sternes geleitet wird. Die Spektrographen sind oft so groß, daß sie nicht mehr mit dem Fernrohr mitbewegt, sondern in einem Labor fest aufgestellt werden. Das vom Fernrohr eingesammelte Licht wird dann über mehrere Spiegel in den Spektrographen geleitet.

Je weiter das Spektrum auseinandergezogen wird, je höher die „Dispersion" ist, um so länger ist natürlich auch die Belichtungszeit, so daß man immer einen Kompromiß schließen muß. Bei sehr entfernten Sternsystemen kamen Belichtungszeiten bis zu 40 Stunden vor, das heißt fünf Nächte hintereinander jeweils acht Stunden Belichtungszeit auf eine und dieselbe Platte. Heute gibt es elektronische Speicherplatten, sog. CCD-Kameras, die um Größenordnungen empfindlicher sind als die klassischen Photoplatten. Gegenwärtig wird die Photoplatte, seit rund hundert Jahren der wichtigste Empfänger in der Astrophysik, durch elektronische Kameras abgelöst.

Am meisten Licht kommt von der Sonne, und hier lassen sich daher weit auseinandergezogene Spektren, Spektren sehr hoher Dispersion, aufnehmen. Während man bei einem normalen Labor-Spektrographen schon glücklich ist, wenn man die beiden D-Linien des Natriums als getrennte Linien erkennen kann, liegen diese bei einem modernen Sonnenspektrographen 5 bis 10 Zentimeter auseinander, und zwischen ihnen sieht man noch Dutzende weiterer schwacher Absorptionslinien. Das gesamte sichtbare Sonnenspektrum wäre, wenn man es auf einmal darstellen könnte, viele Meter lang. Natürlich kann man in Wirklichkeit immer nur einen kleinen Ausschnitt aufnehmen. Gute Sonnenspektren lassen rund 10 000 Absorptionslinien erkennen. Nimmt man das Infrarot und das Ultraviolett hinzu, so steigt diese Zahl noch auf ein Vielfaches an.

Zur Analyse eines Sternspektrums[9] gehört aber noch mehr. Wenn man die Linien eines bestimmten Elements, etwa die Balmerlinien des Wasserstoffs oder die D-Linien des Natriums, in einem Spektrum beobachtet, so weiß man lediglich, daß dieses Element in der Sternatmosphäre vorhanden ist, aber noch nichts Quantitatives über seine Häufigkeit. Noch problematischer ist es, wenn Linien eines Elements *nicht* vorhanden sind.

Wenn zum Beispiel keine Wasserstofflinien im Spektrum sichtbar sind, so kann das entweder bedeuten, daß kein Wasserstoff vorhanden ist, es kann

← Wellenlänge

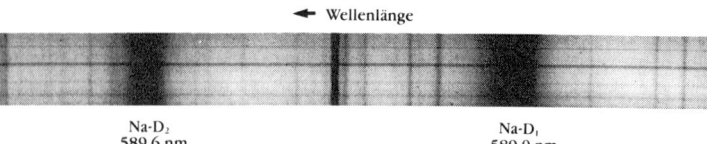

Na·D₂
589,6 nm

Na·D₁
589,0 nm

Abb. 47: Ausschnitt aus dem Sonnenspektrum. Erkennbar sind die beiden D-Linien des Natriums. Moderne Sonnenspektrographen zeigen zwischen ihnen einige Dutzend schwache Absorptionslinien – insgesamt sind im Spektrum des Sonnenlichts rund 10 000 bekannt.

aber auch bedeuten, daß die Atmosphäre so heiß ist, das alle Wasserstoffatome ihre Elektronen in der Hülle verloren haben, der Wasserstoff also ionisiert ist. Wenn aber keine Elektronen mehr in der Hülle vorhanden sind, können auch keine Sprünge zwischen den einzelnen Bahnen stattfinden, und es gibt keine Linien im Spektrum. Schließlich kann es aber auch bedeuten, daß die Atmosphäre so kühl ist, daß alle Elektronen des Wasserstoffs in der untersten Bahn sind, im Grundzustand. Und wenn die zweite Bahn, die Ausgangsbahn für die Balmerlinien, nicht besetzt ist, können auch wieder keine Übergänge stattfinden und keine Linien auftreten.

Die Besetzung der einzelnen Bahnen hängt also stark von der Temperatur ab. Dieser Zusammenhang zwischen der Temperatur und der Besetzungszahl bestimmter Bahnen ist als „Boltzmannformel" bekannt, benannt nach dem österreichischen Physiker Ludwig Boltzmann. Ebenso gibt eine von Meghnad Saha aufgestellte Formel an, wie stark die Atome eines Elements ionisiert sind, also äußere Elektronen verloren haben. Diese Sahagleichung hängt ebenfalls stark von der Temperatur ab, außerdem von der Dichte. Denn wenn ein Atom Elektronen verloren hat, also ionisiert ist, und in seiner Umgebung gar keine freien Elektronen gibt, die es wieder einfangen könnte, dann bleibt es ionisiert, auch wenn die Temperatur sehr niedrig ist. Dies ist im interstellaren Raum, in dem – fast – leeren Raum zwischen den Sternen der Fall, wo die Atome im Mittel alle hundert Jahre einmal zusammenstoßen.

Man kann die chemische Zusammensetzung aus einem Sternspektrum nur bestimmen, wenn man bereits den physikalischen Aufbau kennt, den Temperatur- und Dichteverlauf in der Atmosphäre. Und leider gilt auch das Umgekehrte: Den physikalischen Aufbau kann man erst bestimmen, wenn man – zumindest grob – die chemische Zusammensetzung kennt, denn die einzelnen Atome bestimmen letztlich, in welcher Weise und wie gut oder schlecht die Strahlung durch die Atmosphäre hindurchgeht, und das wiederum bestimmt den Temperaturverlauf. Physik und Chemie bedingen also einander. Um in diesen Circulus vitiosus, in diesen Teufelskreis einzusteigen, war es notwendig, erst einmal theoretisch eine Physik der Sternatmosphären zu entwickeln.

Dieses Forschungsgebiet, das viel Mathematik erfordert, ist sehr komplex. Es sei ein Detail herausgegriffen, um die Art der Probleme deutlich zu machen, nämlich die Frage, in welcher Form die Energie durch die Sternatmosphäre transportiert wird. Eine Möglichkeit, an die man natürlich zuerst dachte, ist die Wärmeleitung. Das kennen wir: Wenn wir einen Löffel in heißen Tee stecken, so wird auch das herausragende Ende des Löffels allmählich heiß. Eine andere Möglichkeit ist die Turbulenz. Ein elektrischer Heizofen mit einem Ventilator verteilt die warme Luft durch Turbulenz im Zimmer. Diese Möglichkeit spielt in vielen Sternatmosphären eine wichtige Rolle.

Es gibt aber noch einen dritten Prozeß, nämlich den Energietransport durch Strahlung. Darauf hat zuerst Karl Schwarzschild 1906 in Göttingen hingewiesen[10]; er hat die Theorie dazu entwickelt und gezeigt, daß dies in den Sternen eine entscheidende Rolle spielt; er hat damit die wichtigsten Grundlagen für die Physik der Sternatmosphären gelegt. Er hat ferner das Kriterium dafür angegeben, wann in einer Sternatmosphäre der Strahlungstransport und wann die Turbulenz überwiegt, das nach ihm benannte „Schwarzschildkriterium". Viele Wissenschaftler haben hierauf aufbauend das Gebiet weiter entwickelt. Führend wurde Albrecht Unsöld in Kiel, und sein umfangreiches, 1938 in erster Auflage erschienenes Werk *Physik der Sternatmosphären*[11] war für Jahrzehnte die „Bibel" auf diesem Gebiet. Er hatte zahlreiche Schüler, die „Kieler Schule", die an vielen anderen Orten die Forschung weiterführte.

Zunächst wurde in stetem Vergleich mit dem beobachteten Spektrum Schritt für Schritt eine Sternatmosphäre zusammengebastelt. Heute, im Zeitalter der großen Computer, geht man anders vor. Man rechnet mit verschiedenen physikalischen Parametern, insbesondere mit verschiedenen Temperaturen, ganze Folgen von Modellatmosphären aus und berechnet mit verschiedenen angenommenen Häufigkeiten der Elemente synthetische Spektren. In dieses System theoretischer Spektren wird dann das beobachtete Spektrum eingepaßt. So läßt sich heute aus einem guten Spektrum der physikalische Aufbau und die chemische Zusammensetzung einer Sternatmosphäre recht sicher bestimmen. Für „normale Sterne" ist dieses Problem weitgehend gelöst. Im Vordergrund des Interesses stehen heute Sterne, die hinsichtlich ihrer chemischen Zusammensetzung ganz bestimmte Anomalien zeigen, zum Beispiel – um nur eine Gruppe herauszugreifen – Sterne, bei denen bestimmte seltene Elemente wie Europium oder sehr schwere Elemente wie Quecksilber, Blei oder Gold um einen Faktor 1000 häufiger zu sein scheinen als in normalen Sternen, wobei manchmal nicht sicher ist, ob es sich um chemische oder um physikalische Anomalien handelt.

Ein Problem bilden immer noch die kühlen Sterne, denn der ganze Aufbau einer Atmosphäre wird unvergleichlich komplizierter, wenn die Atome sich zu Molekülen zusammenfinden. Dabei handelt es sich weniger um astronomische als um physikalische Probleme, denn für diese Moleküle kennen wir die Wirkungsquerschnitte noch nicht genau genug, also ihre Fähigkeit, Strahlung aufzuhalten, und andere atomphysikalische Daten. Auch hier sind die Physiker weit hinter den Wünschen der Astronomen zurück.

Anomale Über- oder auch Unterhäufigkeiten zeigen oft die Elemente Wasserstoff und Helium oder die Gruppe Kohlenstoff, Stickstoff, Sauerstoff. Dies hängt sicher mit den im Innern der Sterne ablaufenden Kernprozessen zusammen. Damit eröffnet uns die Spektralanalyse über den gegenwärtigen physikalischen und chemischen Zustand hinaus auch den Zugang zur Entwicklung der Sterne.

Ohne Spektroskopie lassen sich von einem Stern nur sein Ort am Himmel und seine Bewegung bestimmen, von seiner physikalischen Natur nur Helligkeit und Farbe messen. Tausende von Jahren mußten sich die Astronomen damit begnügen. Erst die Zerlegung des Lichts in die Spektralfarben oder Wellenlängen und die anschließende Spektralanalyse erlauben es, die chemische Zusammensetzung und den kompletten physikalischen Aufbau der Sternatmosphäre zu bestimmen, also Astrophysik zu betreiben.

Das Hauptergebnis dieser Analysen ist, daß wir es überall im Kosmos mit den gleichen chemischen Elementen in etwa gleicher Zusammensetzung zu tun haben. Es gibt also so etwas wie eine „Kosmische Häufigkeitsverteilung der Elemente". Der Kosmos besteht zu etwa 99 Prozent aus Wasserstoff und Helium, alle übrigen Elemente teilen sich, mit abnehmender Häufigkeit, das restliche Prozent. Die Elemente der Eisengruppe ragen dabei noch einmal ein wenig aus ihrer Umgebung heraus. Von dieser allgemeinen kosmischen Verteilung gibt es interessante Abweichungen, die uns über die Entwicklung der Sterne, über Kernprozesse im Innern der Sterne und über physikalische Anomalien in den äußeren Schichten Aufschluß geben.

Was hier für die Sternatmosphäre ausgeführt wurde, gilt natürlich genau so für alle anderen kosmischen Objekte, zum Beispiel für die Materie zwischen den Sternen, die Interstellare Materie, deren chemische Zusammensetzung und deren physikalischer Zustand nun erforscht werden können. Auch die Interstellare Materie besteht vorwiegend aus Wasserstoff, und die Linien des Wasserstoffs im Radiobereich, vor allem eine Linie bei 21 Zentimetern Wellenlänge, erlauben es, den Wasserstoff bis in sehr große Entfernungen zu messen und damit die Spiralstruktur unseres Milchstraßensystems nachzuweisen und festzulegen. Dabei kommt uns der große Vorteil zugute, daß Radiostrahlung, im Gegensatz zum sichtbaren Licht, ungehindert die Staubwolken, die es ebenfalls zwischen den Sternen gibt, durchlaufen kann.

Im Sonnensystem sind es die Atmosphären der Planeten oder die Schweife der Kometen, deren Physik und Chemie mit Hilfe der Spektralanalyse erforscht werden kann. Bei den veränderlichen Sternen oder bei großen Eruptionen und Explosionen, wie etwa bei den Nova- und Supernova-Ausbrüchen, gibt die Analyse der laufend aufgenommenen Spektren Aufschluß über die physikalischen Vorgänge.

Überall eröffnet die Spektroskopie den Weg zum physikalischen Verständnis, und damit wird auch deutlich, wie eng der Kontakt zwischen Physik und Astronomie ist und sein muß, um die Fragen der Astrophysik zu lösen.

Wolfgang J. Duschl

Leuchtende Sterne

Astrophysik im 20. Jahrhundert

Über Jahrtausende konzentrierte sich das Streben des Menschen, Vorgänge am Himmel zu verstehen, vornehmlich auf die Fragestellung, was die Bewegungen der verschiedenen Himmelskörper verursacht. Erst im vorigen Jahrhundert wandte sich die Forschung im großen Maßstab einem neuen Themenkreis zu: Wie kommt es überhaupt zu den Lichterscheinungen am nächtlichen Himmel, was verursacht das Leuchten der rund 3000 hellen Sterne, die wir an einem klaren Abend mit dem bloßen Augen erkennen können, und all der vielen Milliarden von Milliarden anderer ähnlicher Objekte, die nur zu lichtschwach sind, als daß wir sie direkt und ohne Instrumente sehen könnten? Im Teleskop unterscheiden sie sich in nichts von ihren helleren Artgenossen. Und – das ist ganz wesentlich in diesem Zusammenhang – wie steht die Sonne im Vergleich zu all diesen Sternen? Hat man hier nun tatsächlich einen normalen Stern vor sich, der sich gegenüber all den anderen nur dadurch auszeichnet, daß er in unserer unmittelbaren Nähe steht? Wie typisch ist die Sonne als Stern?

All diese Fragen stellten zum Ende des letzten Jahrhunderts den eigentlichen Beginn dessen dar, was wir heute als theoretische Astrophysik bezeichnen. Natürlich umfaßt die Astrophysik heute einen viel weiteren Bereich als nur die Physik der einzelnen Sterne – es seien nur die Stichworte „Planetensystem", „Galaxien" oder „Entwicklung des Universums als Ganzes" genannt. Hier soll es aber darum gehen, wie der Mensch gelernt hat zu verstehen, was ein Stern eigentlich ist, wodurch sich verschiedene Sterne unterscheiden und was allen – fast allen – gemeinsam ist.

Die Geschichte vom Verstehen des Aufbaus und der Entwicklung der Sterne ist wesentlich an die Erkenntnisse der modernen theoretischen Physik angeknüpft. Nur im Wechselspiel zum Beispiel mit Relativitäts- und Quantentheorie, die Anfang dieses Jahrhunderts entwickelt wurden, konnte der Mensch die Sterne verstehen lernen. Gleichzeitig zeigt es sich aber auch, wie sich verschiedene, ursprünglich unabhängige Richtungen der Forschung gegenseitig ergänzen können.

Um das Problem klarzumachen, vor dem die Astrophysiker Ende des 19., Anfang des 20. Jahrhunderts standen, muß man sich nur veranschaulichen, was es eigentlich bedeutet, daß die Sonne scheint. Wir wissen, daß dieser Himmelskörper etwa 150 Millionen Kilometer von uns entfernt ist, und wir wissen, wieviel Energie auf der Erde von der Sonne her ankommt: knapp eineinhalb Kilowatt je Quadratmeter. Und die Sonne strahlt ja nicht nur zur Erde, sondern in alle Raumrichtungen. Wenn man nun noch plausibel machen kann, daß dieser Wert über die gesamte Existenzzeit der Erde – also über einige Milliarden Jahre – nicht wesentlich verschieden war, so steht man, aus der Sicht des Jahres 1900, vor einem gravierenden Problem: Man kennt nicht im entferntesten eine Energiequelle, die all dies zu erzeugen in der Lage wäre. Ja, für kurze Zeit könnte man sich vielleicht etwas ausdenken, was hinreichend Energie erzeugt. Und kurze Zeit kann hier gerne einige Millionen Jahre bedeuten, aber einige Milliarden Jahre: Das stellte ein ernstes Problem dar. Zumindest für das, was man damals wußte bzw. sich vorstellen konnte.

Es begann mit Albert Einsteins Erkenntnis, daß Masse und Energie einander gleichwertig sind.[1] Wenn man also einen Prozeß hätte, bei dem Masse in Energie umgewandelt werden kann, so wären die Astrophysiker der Lösung des Problems ein gutes Stück näher; das Energieäquivalent von Masse ist nämlich so hoch, daß vergleichsweise wenig Masse ausreichen würde, um den Energiebedarf der Sonne zu decken. Das würde verständlich werden lassen, daß die Sonne, oder eben jeder andere Stern, über Milliarden von Jahren strahlen kann.

Nun wußte man damals schon, daß in Sternen das leichteste der chemischen Elemente, der Wasserstoff, in beträchtlichen Mengen vorhanden ist. Gelänge es nun irgendwie, vier Wasserstoffatome zum nächst massereicheren Element, zu Helium umzuwandeln, so würde dabei Energie frei werden. Denn das Heliumatom ist masseärmer als vier Wasserstoffatome zusammengenommen. Und dieser sogenannte Massendefekt könnte dann in Energie umgesetzt worden sein.

Machen wir uns den Vorgang am Beispiel einiger Daten der Sonne klar: Um die Strahlung aufrecht zu erhalten, müßten in jeder Sekunde vier Millionen Tonnen Materie in Energie umgewandelt werden. Das klingt zwar extrem viel, wenn wir unsere menschlichen Maßstäbe zugrunde legen, doch die sind denkbar ungeeignet für die Verhältnisse in kosmischen Dimensionen. Selbst wenn zum Beispiel in der Sonne eben diese vier Millionen Tonnen je Sekunde in Energie umgewandelt würden, als Masse also verloren gingen, und wenn dieser Prozeß ununterbrochen fünf Milliarden Jahre liefe, so wären erst knapp vier Promille der ursprünglichen Sonnenmasse verschwunden.

Wenn es um die Ausbeute der Reaktion von Wasserstoff zu Helium geht, so wird nur ein kleiner Prozentsatz der beteiligten Materie in Energie umgewandelt, nämlich etwas über sieben Promille. Das bedeutet, daß in der Sonne stetig etwa 600 Millionen Tonnen Wasserstoff je Sekunde in Helium umgewandelt werden. Aus jedem Kilogramm Wasserstoff werden nur 993

Gramm Helium; die fehlenden 7 Gramm sind in Energie umgewandelt worden. Aber auch dann reicht der Wasserstoff der Sonne aus, um diesen Prozeß für gut 100 Milliarden Jahre aufrecht zu erhalten.

Das Problem sah nach Einsteins Formel für Masse und Energie so aus, daß man zwar im Prinzip einen Prozeß kannte, der all die geforderten Eigenschaften aufwies, nur hatte man immer noch keine Antwort auf die Frage, ob denn dieser Vorgang der Kernverschmelzung wirklich passiert, welche Bedingungen erfüllt sein müssen usw. Kurz: Der Verdächtige war bekannt, nur mit den Beweisen sah es vorerst schlecht aus.

Da das Problem zunächst nicht zu lösen war, stellte einer der wohl bedeutendsten Astrophysiker unseres Jahrhunderts, der Engländer Sir Arthur Eddington, die Frage anders herum: Angenommen, Sterne werden tatsächlich durch die Verschmelzung von Wasserstoff zu Helium geheizt, was können wir dann über ihre Struktur lernen?[2] Es mochte zwar etwas gewagt erscheinen, all diese Überlegungen auf einem Prozeß basieren zu lassen, der selbst nur eine Vermutung darstellte, die zu diesem Zeitpunkt keineswegs gesichert war. Im nachhinein gab der Erfolg Eddington aber in vollem Umfang recht.

Eddington war nicht der erste, der überhaupt Sternmodelle zu berechnen versuchte; das nahmen schon verschiedene Astronomen in den Jahren und Jahrzehnten zuvor in Angriff. Sie klärten dabei viele der wichtigen physikalischen Vorgänge, und zum Teil erhielten sie sogar Resultate, die den heute akzeptierten Werten nahe kamen. Hier sind als Beispiele der Münchner Robert Emden und der Göttinger Karl Schwarzschild zu nennen. Gerade Schwarzschild leistete auch zu verschiedensten anderen Gebieten der theoretischen Physik und Astrophysik entscheidende Beiträge. Später, Mitte unseres Jahrhunderts, ist es dann sein Sohn, Martin Schwarzschild, der der numerischen Berechnung der Sternentwicklung auf dem Computer die entscheidenden Anstöße lieferte.

Eddington hatte die in der Astronomie weltweit sehr angesehene Stellung des Plumian-Professors im englischen Cambridge inne, und er war wohl der erste, der die wesentlichen physikalischen Grundlagen umfassend in seine Modelle einarbeitete. Von seinem Ansatz ausgehend, gelang es ihm, schon viele der prinzipiellen Eigenschaften der Sterne abzuschätzen. Im Jahre 1926 veröffentlichte er ein Buch mit dem Titel *The Internal Constitution of the Stars (Der innere Aufbau der Sterne)*, in dem er seine Arbeiten zu diesem Thema aus den vorangegangenen sieben Jahren zusammenfassend darstellte.

Was er gefunden hatte, wird auch heute noch als grundsätzlich richtig angesehen: Ein normaler Stern wie die Sonne ist eine Gaskugel, in deren innersten Regionen durch die Verschmelzung von Elementen Energie freigesetzt wird. Diese Energie wird durch die Sternmaterie nach außen transportiert und an der Oberfläche des Sterns abgestrahlt. Die Struktur eines Stern wird im wesentlichen durch zwei Kräfte bestimmt. Die eine ist die Gravitationskraft der Materie, die eben diese Materie auf das Zentrum des Sterns hin zusammenziehen will – sie ist verantwortlich dafür, daß Sterne nicht unendlich groß sind. Gäbe es aber nur diese Kraft, so wären Sterne im Gegenteil sogar unendlich klein, weil alles immer weiter zum Zentrum hin gezogen würde. Dem wirken aber die thermischen Kräfte, also der Druck entgegen. Man kann Materie nicht beliebig weit zusammenpressen; die Bewegung der einzelnen Teilchen im Gas – Atome, Moleküle und Elementarteilchen – sorgt dafür, daß der Druck immer höher wird, je stärker die Gravitation die Materie zu komprimieren versucht. Dieser Druckanstieg ist mit einer Erhöhung der Temperatur verbunden.

Die Gravitationskraft ist also die Ursache dafür, daß im Sterninneren so hohe Temperaturen herrschen. Bei solchen Temperaturen aber spielt dann nicht nur der Anteil des Drucks, der von der Bewegung der Gasteilchen herrührt, eine Rolle. Auch die Strahlung selbst, die masselosen Lichtteilchen oder Photonen, tragen dazu bei. Man hat zwei Komponenten, die der Gravitationskraft entgegenwirken und den Stern mit ihr zusammen stabilisieren: Gasdruck und Strahlungsdruck. Damit kann dann ein Gleichgewicht erreicht werden, bei dem sich ein Druck einstellt, der gerade die Gravitationskraft zu kompensieren vermag. In der Summe hat dies zur Folge, daß wir einen Stern mit einem bestimmten Radius erhalten.

Wie der Druck innerhalb des Sterns verteilt ist, das hängt natürlich von vielen Einzelheiten im Stern ab. Es ist unwahrscheinlich, daß alle Sterne identisch aufgebaut sind. Mögen ihre verschiedenen beobachteten Helligkeiten am Himmel alleine verschiedenen Entfernungen zugeschrieben werden, so müssen ihre unterschiedlichen Farben schon etwas mit differierenden physikalischen Eigenschaften zu tun haben. Eine Analyse der möglichen Kombinationen von Helligkeit und Farbe eines Sterns wird den Astronomen später noch sehr interessante Aufschlüsse geben. Aber das sind vorerst Detailfragen: Wichtig ist, daß überall prinzipiell derselbe Mechanismus zugrundeliegt. Und genau das war Eddingtons große Leistung, daß er in seinen Arbeiten diese prinzipiellen Fragen geklärt hatte. So war es ihm zum Beispiel möglich, die Temperatur im Inneren der Sonne, dort, wo die Kernverschmelzung vor sich gehen sollte, zu bestimmen. Er fand Zentraltemperaturen in der Größenordnung von 40 Millionen Grad. Das ist ein Wert, der gar nicht so weit von dem entfernt ist, den wir heute annehmen, nämlich etwa 20 Millionen Grad.

40 Millionen Grad: Das klingt zwar nach sehr viel, aber man war schließlich auf der Suche nach einem Prozeß, der es ermöglichen sollte, daß Atomkerne verschmelzen. Je heißer ein Gas ist, desto größer ist die Energie der Teilchen, aus denen sich das Gas zusammensetzt; im Falle von reinem Wasserstoff sind das bei dieser Temperatur die beiden Elementarteilchensorten, aus denen Wasserstoff besteht: Elektronen und Protonen. Die Elektronen spielen bei diesen Überlegungen zunächst keine Rolle. Um auf direktem

Weg Helium zu erzeugen, müßten sich nicht nur vier Protonen treffen – allein das ist schon unwahrscheinlich –, sondern sie müßten auch soviel Energie haben, daß sie die Abstoßung elektrisch gleich geladener Teilchen überwinden können und eine Kernreaktion möglich wird. Damit das aber hinreichend oft geschieht, damit Kernprozesse also überhaupt eine Rolle spielen können, ist eine bestimmte Temperatur notwendig, sonst sind zu wenige Teilchen mit genügender Energie vorhanden.

Die Temperatur, die Eddington aus seinen Sternmodellen mit Kernreaktionen herausfand, war zu klein, als daß solche Reaktionen in nennenswertem Umfang ablaufen könnten. Nach dem, was in der Kernphysik seiner Zeit bekannt war, ließ sich nur folgern, daß auch schon zwei zusammenstoßende Protonen nicht fusionieren konnten – von vier Protonen gleich gar nicht zu sprechen. Das Eigenartige war aber andererseits, daß die Sterne, die Eddington theoretisch beschrieb, doch mit dem, was man am Himmel sah, gar nicht so schlecht zusammenpaßten. Eddington hatte also gezeigt, wie Sterne aufgebaut sein müssen, die durch Kernverschmelzung betrieben werden, er hat aber gleichzeitig das Problem, das er ausgeklammert hatte, noch viel akuter gemacht: nämlich, wie diese Kernverschmelzungen funktionieren sollen, ja, warum es unter den gegebenen Bedingungen überhaupt Kernreaktionen geben sollte. Im nachhinein gesehen hatte Eddington bewiesen, daß Kernreaktionen Sterne heizen, doch er konnte die genaue Reaktion nicht nennen.

An dieser Stelle kommt die zweite große Theorie ins Spiel, die zu Beginn unseres Jahrhunderts entwickelt wurde und die einige der klassischen Vorstellungen als falsch oder zumindest als ungenau erwies, nämlich die Quantentheorie, die die Vorgänge auf der Ebene der Atome, Moleküle und Elementarteilchen beschreibt. Mit ihr wurde ein weiterer Teil der Probleme der Astrophysiker gelöst: Der russische Physiker George Gamov nämlich zeigte, daß der klassische Ansatz zur Beschreibung der Wechselwirkung zwischen Teilchen die Energie überschätzte, die man benötigt, um Protonen zu verschmelzen. Gamov fand, daß auch bei Energien, die nach der damals gängigen Vorstellung eigentlich nicht ausreichen sollten, um zwei Teilchen ihre Abstoßung überwinden zu lassen, doch eine gewisse Wahrscheinlichkeit besteht, daß diese Reaktion stattfindet. Die Teilchen „durchtunneln" die Energie-Barriere gleichsam, und deshalb bezeichnet man diesen Vorgang auch als „Gamovs Tunneleffekt".[3]

Gamov machte die Entdeckung 1928, also zwei Jahre nach dem Erscheinen von Eddingtons Buch. Wendet man den Tunneleffekt auf die Situationen an, die nach Eddingtons fester Überzeugung im Inneren der Sterne vorliegen könnten, dort, wo die Kernreaktionen ablaufen sollten, so paßt plötzlich alles zusammen: Eddingtons Temperaturabschätzung für dieses Gebiet zusammen mit Gamovs Tunneleffekt zeigen, daß die Kernverschmelzung tatsächlich die richtigen Bedingungen liefert, um die Energieversorgung der Sterne zu sichern. Ja, mehr noch: Von diesem Ansatz ausgehend konnte man sogar noch detailliertere und exaktere Sternmodelle errechnen. Die Frage nach der Energiequelle der Sterne war damit gelöst – zumindest im Prinzip. Denn was immer noch fehlte, war die genaue Reaktion, die zum Verschmelzen von Wasserstoff zu Helium führt.

Der Däne Ejnar Hertzsprung und der Amerikaner Henry Norris Russell hatten die entscheidenden Ideen - fast zur selben Zeit, als sich Eddington mit der Theorie des Sternaufbaus befaßte[4]; in den ersten Jahrzehnten dieses Jahrhunderts gingen sie das Problem Sternaufbau und Sternentwicklung von der Seite der Beobachtung an. Analysiert man das Spektrum eines Sterns, gewinnt man die Information, wieviel Energie ein Stern bei einer bestimmten Wellenlänge abstrahlt. Diese Methode beschränkt sich nicht auf den Bereich, der mit dem bloßen Auge empfangen werden kann. Radiowellen zum Beispiel sind im Grunde nichts anderes als Licht mit einer anderen, einer längeren Wellenlänge, für die das Auge des Menschen nicht mehr empfindlich ist und die es deshalb nicht wahrnehmen kann. Für viel kürzere Wellenlängen, als sie das Auge registrieren kann, zum Beispiel Röntgenstrahlen, gilt Entsprechendes. Und Sterne strahlen in all diesen Spektralbereichen.

Zu Beginn unseres Jahrhunderts mußte man sich noch im wesentlichen auf den sichtbaren Teil des Spektrums konzentrieren; für die anderen Spektralbereiche gab es noch keine für astronomische Zwecke geeignete Detektoren. Aber der sichtbare Teil des Spektrums reichte aus, das Prinzip zu verstehen. Aus einem Spektrum lassen sich zwei wichtige Informationen entnehmen: wie heiß ein Stern an seiner strahlenden Oberfläche ist und wieviel Energie er insgesamt abstrahlt.

Hertzsprung und Russell untersuchten nun, ob zwischen den verschiedenen Größen irgendwelche Zusammenhänge bestehen. Dabei wurden nicht nur Temperatur und Leuchtkraft berücksichtigt; man fand zum Beispiel, daß bei vielen Sternen die Leuchtkraft und die Masse korreliert sind. Die wichtigste Erkenntnis aber war, daß es eine Beziehung zwischen der Leuchtkraft eines Sterns, also seiner insgesamt abgestrahlten Energie, und seiner Oberflächentemperatur gibt. Trägt man diese beiden Größen in eine Grafik ein, so sind die Punkte für die einzelnen Sterne nicht gleichmäßig über das Papier verteilt, vielmehr gibt es eine Linie in diesem nun nach seinen Entdeckern bezeichneten Hertzsprung-Russell-Diagramm. Deutlich mehr Sterne sind in der sogenannten Hauptreihe konzentriert, die sich von heißen Sternen mit hoher Leuchtkraft zu kühlen mit geringer Leuchtkraft hinzieht. Aber es gibt zum Beispiel auch eine Punktkonzentration bei kühlen Sternen mit hoher Leuchtkraft.

Ein an der Oberfläche kühler Stern strahlt pro Quadratmeter weniger Energie ab als ein heißer Stern; ist nun ein kühler Stern sehr leuchtkräftig, so muß er eine entsprechend größere Oberfläche haben, um diese Energiemenge abstrahlen zu können. Da kühle Sterne rot gefärbt sind, spricht man von

den Roten Riesensternen, den kühlen, leuchtkräftigen Sternen. Die Frage
ist nun, warum einige Kombinationen aus Temperatur und Leuchtkraft
gegenüber anderen bevorzugt sind.

Eddington hatte den Prozeß identifiziert, der Sternen hinreichend lange
hinreichend viel Energie zur Verfügung stellt. Gleichzeitig war damit klar,
daß das zwar auf lange Zeit möglich ist, aber nicht unbegrenzt. Denn

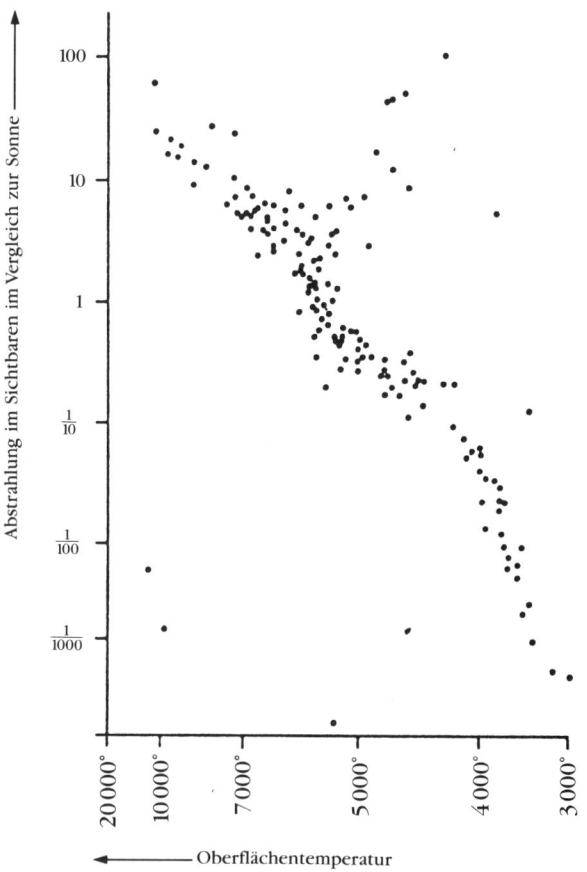

Abb. 48: Das Hertzsprung-Russell-Diagramm. Trägt man Leuchtkraft und Oberflächentemperatur der Sterne gegeneinander auf, so ergeben sich keineswegs alle denk-
baren Kombinationen. Vielmehr zeigt die „Hauptreihe" eine besonders hohe Zahl
von Sternen. Bei ihnen ist die Umwandlung von Wasserstoff in Helium der bestimmende Prozeß im Sterninneren.

wenn der Wasserstoff in Helium umgewandelt ist, dann muß er in der Wasserstoffbilanz fehlen – und da Sterne nur eine endliche Masse haben, muß der Wasserstoff irgendwann aufgebraucht sein. Spätestens dann muß sich etwas ereignen, der Stern hat gar keine andere Wahl, als sich zu verändern, sich zu entwickeln. Wenn sich aber Sterne entwickeln, müssen sie auch irgendwann entstanden sein.

Prinzipiell wäre es möglich, daß alle Sterne gleichzeitig entstanden sind und später nie neue Sterne geformt wurden, aber man lernte bald, daß Sternentstehung kontinuierlich stattfindet. Um aber den Einfluß der verschiedenen Sternalter zu eliminieren, wurden Sterne ausgewählt, die allem Ermessen nach auf jeden Fall gleichzeitig entstanden sind: Sterne in sogenannten Sternhaufen, wie sie vielfach am Himmel zu finden sind. Daß sich diese Sterne zufällig getroffen haben, ist unwahrscheinlich, sie müssen zusammen entstanden sein. Man kann nun für verschiedene dieser Sternhaufen jeweils ein eigenes Hertzsprung-Russell-Diagramm zeichnen – und findet Interessantes: Im Prinzip sehen alle ähnlich aus, aber nur fast. Die Richtung der Entwicklung läßt sich aus dem Diagramm nicht direkt ablesen. Doch die Sternhaufen geben selbst preis, in welcher Richtung die Entwicklung abläuft; man muß nur genau hinsehen: Sterne entstehen aus Gaswolken, die in sich zusammenstürzen, bis sich Gravitation und Druck das Gleichgewicht halten. In jungen Sternhaufen ist also mehr „Restgas" vorhanden als in älteren.

Ende der 20er Jahre war also die Energiequelle der Sterne bekannt, nämlich die Kernverschmelzung. Man hatte auch ganz deutliche Indizien dafür, daß sich Sterne erst auf der Hauptreihe des Hertzsprung-Russell-Diagramms befinden und sich von dort zu Riesensternen entwickeln. Außerdem war bekannt, daß sich heiße Sterne früher von der Hauptreihe entfernen als kühlere; gleichzeitig hatte man – mittels Korrelation zwischen Masse und Leuchtkraft – gefunden, daß diese heißen Hauptreihensterne auch die massereicheren sind. Heute ist bekannt, daß die Hauptreihe bis zu fast einhundert Sonnenmassen reicht. Massereiche Sterne entwickeln sich also schneller als massearme.

Was stand nun noch im Weg, um die Entwicklung der Sterne tatsächlich berechnen zu können; um explizit einzelne Modelle zu konstruieren und die verschiedenen Phasen im Leben eines Sterns beschreiben zu können; um zu untersuchen, ob sich zum Beispiel ein Stern mit der 5ofachen Masse der Sonne genauso entwickelt wie diese? Das Haupthindernis war nach wie vor das alte Problem der Kernverschmelzung.

Bis zum Jahre 1938 gab es zwar viele Arbeiten, die verständlich machen konnten, daß sich Hauptreihensterne in Richtung der Roten Riesen hin entwickeln mußten und welche Rolle der zur Neige gehende Wasserstoff und das immer dominierender werdende Helium spielen. Aber die Vorgänge im einzelnen quantitativ richtig zu beschreiben, das war noch nicht möglich.

Da erschien im 39. Band der *Physikalischen Zeitschrift* ein Artikel von Carl Friedrich von Weizsäcker über die Elementumwandlung im Inneren von Sternen.[5] Der Autor beschrieb eine Abfolge von Reaktionen, wie mit Hilfe von Kohlenstoff, Stickstoff und Sauerstoff als Katalysatoren die Kernverschmelzung von Wasserstoff vor sich gehen konnte. Nach den chemischen Symbolen für diese drei Elemente spricht man heute vom CNO-Zyklus. Es handelt sich dabei um einen voll katalytischen Reaktionskreislauf, bei dem keines der drei Elemente tatsächlich verbraucht wird. Ihrer Menge nach bleiben sie unverändert erhalten. Die beteiligten Reaktionen aber laufen nur ab, wenn anfangs eines dieser Elemente vorhanden ist. Als Nettoreaktion entsteht aus vier Wasserstoffatomen, wie gewünscht, ein Heliumatom, und die Massendifferenz wird als Energie freigesetzt. Allerdings wird hier ein Proton nach dem anderen eingelagert, so daß sich das Problem gar nicht stellt, wie sich vier Protonen treffen könnten. Der aus Deutschland stammende Amerikaner Hans Albrecht Bethe hat um dieselbe Zeit den CNO-Zyklus ebenfalls gefunden, und so spricht man heute oft auch vom Bethe-Weizsäcker-Zyklus.[6]

Erfreulich war es zwar, nun auch wirklich einen Prozeß zu kennen, der Wasserstoff in Helium umwandelt – doch ein Nachteil war nicht zu übersehen: Woher kommen die für die Katalyse notwendigen Elemente? Es ist ja keineswegs gesichert, ja sogar unwahrscheinlich, daß hinreichende Mengen eines dieser Elemente von Anfang an vorhanden sind, so daß der Zyklus gestartet werden kann. Eigentlich war erwartet worden, daß alles mit Wasserstoff beginnt und schwerere Elemente dann sukzessive aufgebaut werden. Und nun waren plötzlich solche schweren Elemente gleich zu Beginn erforderlich, um überhaupt Helium zu erzeugen. Es war also wohl noch nicht die ganze Lösung.

Allerdings fand man im gleichen Jahr 1938 auch einen Prozeß, der auf direktem Weg Wasserstoff zu Helium umwandelt, und wieder war es Bethe, der ihn zusammen mit Charles Critchfield als erster beschrieb[7]: Nicht zuletzt für diese beiden Arbeiten wurde Bethe 1967 mit dem Nobelpreis für Physik ausgezeichnet. Zunächst treffen zwei Wasserstoffkerne, also Protonen, zusammen und bilden einen schweren Wasserstoffkern, Deuterium, der aus einem Proton und einem Neutron besteht. Trifft auf dieses Deuterium ein weiteres Proton, so bildet sich eine leichte Form von Helium, bei der zwei Protone und ein Neutron verbunden sind; zwei solcher leichten Heliumkerne zusammen bilden dann das Endprodukt, das normale Helium. Dabei werden die beiden überschüssigen Protonen wieder freigesetzt. Heute weiß man, daß diese sogenannten Proton-Proton-Kette bei den kühleren Hauptreihensternen wesentlich ist, während die heißeren vornehmlich mit dem CNO-Zyklus arbeiten.

Im Laufe der folgenden Jahre konnten dann auch Kernprozesse beschrieben werden, die zur Entstehung noch schwererer Elemente führen. Wenn ein Stern am Ende seiner Entwicklung unter bestimmten Bedingungen als Supernova explodiert, ist das dabei wieder freiwerdende Gas mit schwereren Elementen angereichert: Bei späteren Generationen von Sternen wird es schließlich immer einfacher, daß gleich von Anfang an der CNO-Zyklus ablaufen kann.

Der Höhepunkt des besseren Verstehens der kernphysikalischen Vorgänge in Sternen und der Bildung schwerer Elemente war wohl eine Arbeit, die im Jahre 1957 erschien. Vier Astronomen, nämlich das Ehepaar Margret und Geoffrey Burbidge, William Fowler und Fred Hoyle, beschrieben die Synthese der Elemente in den Sternen, beginnend mit dem Wasserstoff bis hinauf zum Eisen.[8] All diese Reaktionen laufen unter Abgabe von Energie ab; nur wenn man noch schwerere Elemente erzeugen will, dann ist die Bilanz umgekehrt, und es wird Energie benötigt. Solche Prozesse sind als treibende Energiequellen für Sterne natürlich nicht geeignet, obwohl – im kleinen Maßstab – auch anders freigesetzte Energie zur Bildung schwerer Elemente verwendet werden kann, die damit prinzipiell in Sternen entstehen können.

Die Arbeit war so grundlegend und erreichte solches Ansehen, daß sie – nach den Anfangsbuchstaben der Familiennamen der Autoren – sogar einen Spitznamen erhielt: die „B²FH-Arbeit". Fowler wurde für seine gesamten Arbeiten auf dem Gebiet der nuklearen Astrophysik im Jahr 1983 mit dem Physiknobelpreis geehrt. Und noch eine interessante Facette: Sir Fred Hoyle war zu dieser Zeit Plumian-Professor an der englischen Universität Cambridge und damit Nachfolger von Eddington.

Zu Beginn der 50er Jahre trafen zwei Momente zusammen: Zum einen existierten jetzt Vorstellungen von den nuklearen Prozessen, die im Sterninneren eine Rolle spielen können, und außerdem wurden die ersten Computer verfügbar. Damit war die Bühne frei für einen Themenbereich, der auch heute noch bei weitem nicht abgeschlossen ist: das detaillierte Nachvollziehen der Entwicklung eines Sterns auf der Rechenanlage. Das ideale Programm müßte imstande sein, ausgehend vom Gas zwischen den Sternen die Bildung der Sterne zu beschreiben, ihren Kollaps und ihre Entwicklung zur Hauptreihe hin. Nach dem längsten Teil des Sternlebens, der auf der Hauptreihe verbracht wird, folgt die Entwicklung zu den Riesensternen und weiter zu den Endstadien, zum Beispiel für massereiche Sterne zu den Supernovaexplosionen.

Von einem solchen kompletten Computerprogramm ist man auch heute noch sehr weit entfernt, aber die letzten Jahrzehnte haben die Situation doch soweit verbessert, daß man die einzelnen Phasen recht gut versteht. Der Pionier auf dem Gebiet der numerischen Modellierung der Sternentwicklung ist ohne Zweifel Martin Schwarzschild, der aus Göttingen stammt und seit den 30er Jahren in den Vereinigten Staaten lebt und arbeitet.[9] Zusammen mit verschiedenen Mitarbeitern veröffentlichte Martin Schwarzschild Anfang der 50er Jahre eine Reihe von Arbeiten über seine Rechnungen, die erstmals genau zeigten, wie sich ein Stern entwickelt, wie er wegen des geringer werdenden Wasserstoffanteils in seinem Inneren zuerst langsam seine Position auf der Hauptreihe verändert, dann aber, wenn der Wasserstoff im Zentrum fast völlig verbraucht ist, schnell seine Struktur wesentlich ändert und zum Riesenstern wird.

War das Wasserstoffbrennen im Zentrum des Sterns noch vergleichsweise einfach zu verstehen, so wurden spätere Stadien komplizierter und komplizierter. Ist der Wasserstoff im Zentrum verbraucht und besteht diese Region also vornehmlich aus Helium, so kann der Wasserstoff in einer Schale um die Heliumkugel verschmelzen; die Heliumkugel wird dabei immer massereicher. Helium selbst kann aber – unter bestimmten Bedingungen – Kernreaktionen ausführen und zum Beispiel Kohlenstoff bilden. Im Laufe der Entwicklung eines Sterns, der anfangs einfach Wasserstoff zu Helium fusionierte, kann dies unter Umständen so weit führen, daß mehrere solcher Schalen immer weiter innen liegende Gebiete umgeben, in denen immer schwerere Elemente dominieren und ihrerseits weiter verschmelzen. Wie erwähnt: Dies kann bis zur Bildung von Eisen führen.

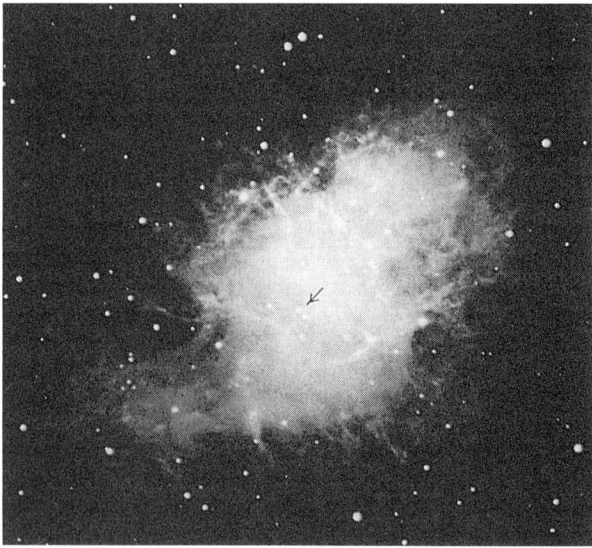

Abb. 49: Der Krebsnebel. Er entstand, als im Jahr 1054 jener Stern explodierte, der mit einem Pfeil gekennzeichnet ist. Im weißen Bereich handelt es sich um Synchrotonstrahlung von Elektronen, die den Neutronenstern (Pfeil) zurückließen.

Es gibt Phasen, in denen Sterne mit Perioden von einigen Tagen schwingen, und Phasen, in denen Kernreaktionen blitzartig ablaufen, sich aber sofort wieder stabilisieren – und vieles mehr. Es laufen also bei weitem nicht alle Zeiten im Leben eines Sterns vollkommen stabil ab. All dies sorgt dafür, daß Sternentwicklung auch heute noch ein höchst aktuelles Gebiet ist. Wie ein Stern entsteht; wie eine interstellare Wolke soweit kollabiert, daß die Bedingungen für die Kernfusion erreicht werden; warum bei diesem Kollaps so oft Doppelsterne entstehen – dies alles bildet den momentan vielleicht interessantesten Komplex im Themenbereich „Sternentwicklung".

Dem stehen aber kaum die Fragen nach dem Lebensende eines Sterns nach, das auf ganz verschiedene Weisen vor sich gehen kann. Ein Stern wie die Sonne wird als Weißer Zwerg von Erdgröße über viele Milliarden Jahre langsam auskühlen, während ein massereicher Stern in einer Supernovaexplosion binnen Sekunden das Ende seiner Entwicklung erreichen kann. Auch an diesen Fragen arbeiten Gruppen verschiedener Institute.

Trotz all der noch offenen Fragen läßt sich feststellen: Zu Beginn unseres Jahrhunderts war nur ansatzweise klar, was genau – physikalisch gesehen – ein Stern eigentlich ist. In Laufe des 20. Jahrhunderts hat der Mensch es verstehen gelernt. Wir haben herausgefunden, welche Energiequelle die Sterne versorgt, und wir haben begonnen, die Entwicklung, das Leben der Sterne zu beschreiben. Wir haben auch gelernt, daß die Sonne ein ganz normaler, in vielem durchschnittlicher Stern ist; daß damit aber auch das, was von der Sonne zu lernen ist, in vielem für Sterne allgemein typisch ist.

Aber nicht zu vergessen ist auch, welche Fragen damit implizit gestellt und beantwortet wurden: So gut wie alle verfügbare Energie auf unserer Erde erhalten wir von der Sonne – sei es direkt und unmittelbar, sei es in Form von Bodenschätzen, die vor Jahrmillionen und Jahrmilliarden Energie von der Sonne erhalten und auf die verschiedenste Art gespeichert haben. Zu fragen, was einem Stern Energie zur Verfügung stellt, heißt also auch zu fragen, was uns Menschen jede Form von Energie zur Verfügung stellt.

Wie die schwereren Elemente im Stern erzeugt werden, ist nichts anderes als die Frage, wie all die chemischen Elemente auf der Erde entstanden sind, ganz gleich, ob in lebender oder unbelebter Materie. Die Atome um uns herum wurden – lange bevor es eine Sonne oder gar eine Erde gab – in früheren Generationen von Sternen durch Kernreaktionen aufgebaut und in Supernovaexplosionen an die interstellare Materie zurückgegeben. Dies trifft auch für die Materie zu, aus der wir Menschen bestehen.

Peter von der Osten-Sacken

Das helle Band am Himmel

Entstehung und Bau der Milchstraße

Es ist in Städten nicht leicht, dieses leuchtende Band, die Milchstraße, zu erkennen. Sicher haben viele Großstädter, gestört durch die Straßenbeleuchtung und die über unseren Städten lagernden Dunstwolken, die Milchstraße überhaupt noch nicht gesehen. Doch wer die Gelegenheit hatte, auf dem Lande bei klarem Wetter in einer mondlosen Nacht den Himmel zu betrachten, dem wird der helle Streifen aufgefallen sein, der sich quer über das Firmament erstreckt. Er hat eine gewisse Ähnlichkeit mit einem sich zerstreuenden Kondensstreifen eines Flugzeugs, der von entfernten Stadtlichtern etwas aufgehellt wird.

Besonders gut kann die Milchstraße im Herbst gesehen werden, wenn sie sich durch die Sternbilder Schütze, Schwan und Adler erstreckt. Aber auch im Winter und Frühling lohnt es sich, nach ihr Ausschau zu halten. Sie verläuft zu dieser Jahreszeit durch die Cassiopeia, Perseus, Fuhrmann und den Großen Hund. Auffallend sind einige dunkel erscheinende Stellen, die wie Gewitterwolken aussehen, und mehrere Verzweigungen der hellen Partien. Im Schwan erkennt man, wie sich die Milchstraße in zwei Bänder teilt.

Doch was ist es, das da leuchtet? Ohne optische Hilfsmittel erkennt man nur ein verwaschenes wolkenartiges, gleichmäßig blaßweißlich leuchtendes Band ohne eine besonders ausgeprägte Struktur, und so ließ man vor der Erfindung des Fernrohres der Phantasie freien Lauf. In einigen mythischen Darstellungen wird die Milchstraße als Weg bezeichnet, den Tiere benutzen, um sich vor den Verfolgungen der Menschen zu retten. In einem französischen kirchlichen Kalender von 1491 wird sie als der Weg beschrieben, der zum Hl. Jacobus führt. In einigen griechischen Schriften heißt es, daß die Milchstraße nichts anderes ist als die Spur, die die Sonne bei ihrer Wanderung am Firmament hinterläßt.

Der heute noch gebräuchliche Name Milchstraße hat ebenfalls einen griechischen Ursprung. Zeus, der Herrscher unter den Göttern, war bekanntlich kein Kostverächter, und wenn er von seinem Thron auf dem Olymp ein schönes Mädchen unter den Menschen erblickte, so dauerte es nicht lange, bis es ihm gelang, in einer Verkleidung das ahnungslose Geschöpf zu verführen. So geschah es auch bei der schönen Alkmene in Theben. Die Folge dieses Abenteuers war Herakles, der aber zum Leidwesen seines Vaters wegen der sterblichen Mutter nur ein Halbgott und demnach nicht unsterblich war, wie es eigentlich einem Sohn des Göttervaters geziemt hätte. Doch Zeus fand einen Ausweg: Der kleine Herakles müßte nur göttliche Milch trinken, dann wäre die Unsterblichkeit gesichert. Zeus legte den Bub der ahnungslosen Gemahlin Hera an die Brust, und die Göttermilch floß den erwünschten Weg. Nur hatte wohl niemand mit der halbgöttlichen Kraft des Herakles gerechnet, der die Milch so heftig einsog, daß ein Teil von ihr danebenspritzte und den Himmel mit einem weißen Band überzog. So ist der Name Milchstraße entstanden. Griechisch heißt die Milch *gala,* und darum wird die Milchstraße auch die Galaxis genannt.[1]

Die Vorstellungen über die Natur der Milchstraße änderten sich schlagartig, als es mit Hilfe von Fernrohren gelang, die hellen Partien der Milchstraßenwolken in einzelne Sterne aufzulösen. Das war bereits 1610 Galileo Galilei gelungen. Da die Milchstraßenwolken fast genau auf einem Großkreis liegen, war man zunächst geneigt, alle in ihnen befindlichen Sterne in einem Ringsystem einzuordnen, in dessen Mittelpunkt sich die Sonne befand. Genauere Beobachtungen und Überlegungen führten später zu der richtigen Feststellung, daß es sich nicht um einen Ring, sondern um eine scheibenartige Ansammlung von Sternen handelt. Diese Ansicht äußerte u. a. 1755 auch Immanuel Kant. Doch wie waren die Sterne in diesem System verteilt? Hat die Sonne tatsächlich eine Vorzugsstellung, indem sie sich im Mittelpunkt dieses Systems befindet? Warum fehlen an vielen Stellen die Sterne fast völlig?

Um eine Antwort auf diese Fragen zu erhalten, wurde von mehreren Forschern die statistische Methode angewandt, bei der man sich bemühte, die Sterne in einem bestimmten Feld der Milchstraße zu zählen. Besonderen Verdienst erwarb sich hierbei Friedrich Wilhelm Herschel, der Entdecker des Planeten Uranus (siehe dazu den Beitrag von Günter D. Roth: *Das neue Bild der Milchstraße*). Er ging von der grundsätzlich richtigen Voraussetzung aus, daß die kleineren, lichtschwächeren Sterne weiter entfernt sein müßten als die größeren, also helleren. Dadurch konnte er ein Modell des Systems entwickeln, bei dem außer der Richtung zu den Sternen auch relative Entfernungen berücksichtigt werden konnten. Wie wir heute wissen, ist seine Annahme, daß alle Sterne ungefähr die gleiche Leuchtkraft haben, falsch gewesen. Die Unterschiede in der absoluten Helligkeit sind außerordentlich groß. Trotzdem war das von Herschel beschriebene Modell richtig. Unbekannt blieb die tatsächliche Ausdehnung des Milchstraßensystems – hierzu benötigte man neben der relativen auch die tatsächlichen, die absoluten Entfernungen der Sterne.

Es fehlte nicht an Versuchen, bei den Fixsternen die sogenannte trigonometrische Methode anzuwenden, mit deren Hilfe man die Entfernungen zu

Objekten bestimmen kann, ohne daß man genötigt ist, zu ihnen zu gelangen, also etwa die Entfernung vom Ufer eines Flusses zu einem Turm, der sich auf der gegenüberliegenden Seite des Flusses befindet. Man wählt dazu zwei möglichst weit voneinander gelegene Orte – die Endpunkte der sogenannten Basis –, peilt das zu vermessende Objekt an und mißt die Winkel zwischen der Basis und der Richtung zum Objekt. Sind Basis und die beiden Basiswinkel bekannt, kann man leicht auch den dritten Winkel im Dreieck beim Objekt errechnen und damit auch die Strecken zwischen den Basisenden und dem Objekt bestimmen.

Auf diese Weise hat man die Entfernung zum Mond und zu den Planeten ermitteln können. Doch diese Methode versagte bei den Fixsternen. So sehr man sich auch bemühte: Die Winkel an den Sternen waren zu klein, um gemessen werden zu können. Selbst als man als Basis den Erdbahndurchmesser wählte, blieb der Erfolg zunächst aus. Erst als die Beobachtungsmethoden immer mehr verfeinert wurden, gelang es im Jahre 1838 den Astronomen Friedrich Wilhelm Bessel in Königsberg am Stern Nr. 61 im Sternbild Schwan und – fast gleichzeitig und von Bessel unabhängig – Wilhelm Struve in Dorpat am Stern Wega in der Leier, Sternparallaxen zu bestimmen. Sternparallaxen sind die Winkel, unter denen ein auf dem Stern gedachter Beobachter den Erdbahnradius sehen würde.

Daß die Parallaxen klein sein müßten, hatte man erwartet, doch daß sie so winzig sind, war eine Überraschung. Denn diese kleinen Parallaxen ergaben eine kaum vorstellbare Entfernung. Der uns am nächsten gelegene Fixstern, Proxima im Sternbild Centaur, hat eine Parallaxe von nur 0,762 Bogensekunden, und daraus folgt eine Entfernung von 4,3 Lichtjahren.[2] Man überlege: Bis zum Mond benötigt ein Lichtstrahl etwas mehr als eine Sekunde, bis zur Sonne acht Minuten, sechs Stunden bis an die Grenze unseres Sonnensystems – und nun über vier Lichtjahre. Dabei sind natürlich die winzigen Lichtpünktchen in der Milchstraße, die man mit bloßem Auge überhaupt nicht sehen kann, noch viel weiter entfernt. Aber wie weit? Die vorhin geschilderte trigonometrische Methode mit dem Dreieck versagt: Die Parallaxen sind bei diesen Sternen unmeßbar klein. Doch gerade diese Entfernungen muß man kennen, um die Dimensionen des Milchstraßensystems bestimmen zu können. Zum Glück gibt es noch andere Methoden der Entfernungsbestimmungen, die letztlich ebenfalls auf der trigonometrischen Methode beruhen.

Große Verdienste hatte sich Jacobus Kapteyn erworben. Im ausgehenden 19. Jahrhundert waren nur von wenigen Sternen zuverlässige Entfernungsbestimmungen gemacht worden. Aus diesem Grunde hatte Kapteyn im Jahre 1906 den Vorschlag gemacht, durch eine groß angelegte internationale Aktion weitere Daten über Sternentfernungen zu beschaffen.[3] Eine große Zahl von sehr bedeutenden Sternwarten, wie das Harvard-Observatorium, das Mt.-Wilson-Observatorium und die Sternwarten in Potsdam und Bergedorf, beteiligten sich an diesem Unternehmen und lieferten umfangreiches Beobachtungsmaterial. Doch trotz dieser Bemühungen konnte man noch immer keine zuverlässigen Angaben über die Entfernungen der weit gelegenen Sterne und die Lage der Sonne im System machen. Man benötigte vor allem die absoluten, also tatsächlichen Leuchtkräfte der klein erscheinenden Sterne. Sind diese bekannt, so ist es ein leichtes, aus ihnen und den scheinbaren Helligkeiten die Entfernungen zu berechnen. Hier half u. a. die Spektralanalyse. Es zeigte sich, daß zwischen den Farben der Sterne, genauer gesagt: zwischen ihren Spektren und den absoluten Leuchtkräften eine enge Beziehung besteht.

Eine weitere Möglichkeit zur Feststellung der absoluten Leuchtkraft ergibt sich bei der Beobachtung einer bestimmten Gruppe der veränderlichen Sterne, also jener, die ihre Leuchtkraft periodisch ändern. So besteht bei den Cepheiden, einer Gruppe, die nach dem Prototyp delta im Sternbild Cepheus benannt worden ist, ein Zusammenhang zwischen ihren Perioden und ihren absoluten Größen. Doch auch die Bestimmung der scheinbaren Größen, des zweiten Faktors bei der Entfernungsberechnung, ist nicht problemlos. Es zeigte sich nämlich, daß der Raum zwischen den Sternen nicht völlig leer ist. Hier befindet sich die Interstellare Materie, die aus Gas – in der Hauptsache Wasserstoff – und im Gas eingelagerten Staubteilchen besteht. Die festen Partikel sind lichtundurchlässig, sie absorbieren das Licht. Ein Stern erscheint uns daher etwas lichtschwächer, als er bei ungestörtem Lichtdurchgang wäre. Erst bei Kenntnis dieser interstellaren Absorption gelangt man zu den wahren scheinbaren Helligkeiten der Sterne. Erschwerend wirkt sich aus, daß die Dichte der Interstellaren Materie sehr unterschiedlich ist. Es gibt Gebiete, in denen sie so konzentriert auftritt, daß sie praktisch überhaupt kein Licht durchläßt. Solche Gebiete sind auch die genannten Dunkelwolken im Band der Milchstraße.

Ein weiteres Beispiel ist der mit bloßem Auge erkennbare Orionnebel, der sich unter den drei Gürtelsternen im sogenannten Schwertgehänge des Orion befindet. In seinen dunklen Partien wird das Licht der dahinterliegenden Sterne absorbiert, während in den helleren Gebieten die Materie durch die Strahlung der im Nebel eingelagerten Sterne beleuchtet oder sogar zum Selbstleuchten angeregt wird.

Trotz dieser und anderer Schwierigkeiten konnte man zu Beginn unseres Jahrhunderts ein recht zuverlässiges Bild über die Dimensionen des Milchstraßensystems gewinnen. Unbeantwortet blieb zunächst noch die Frage nach dem Zentrum des Systems und damit dem Standpunkt der Sonne. Einen Durchbruch erzielte im Jahre 1918 der amerikanische Astronom Harlow Shapley durch die Beobachtung der Kugelsternhaufen.[4] Diese Objekte sind Ansammlungen von einigen Hunderttausenden von Sternen auf engstem Raum. Wer einen lichtstarken Feldstecher besitzt, kann bei guter Sicht mühelos den besonders hellen Kugelsternhaufen mit der Bezeichnung

Abb. 50: Der kugelförmige Sternhaufen M 15 im Sternbild Pegasus. Kugelsternhaufen sind Ansammlungen von einigen 100 000 Sternen auf engstem Raum, das heißt in einem Raum, der in wenigen Lichtjahren durchmessen ist.

M 13 im Sternbild Herkules erkennen. Da in den Kugelsternhaufen auch Cepheiden vorkommen und die sogenannten RR-Lyrae-Sterne, deren absolute Helligkeit bekannt war, wurde es möglich, die Entfernungen der Kugelsternhaufen recht genau zu bestimmen. Das Resultat überraschte. Es zeigte sich, daß die Kugelsternhaufen selbst in einem kugelförmigen Raum angeordnet sind, deren Mittelpunkt in der Richtung zum Sternbild Schütze liegt und weit von der Sonne entfernt ist. Die Sonne besitzt also keine Vorzugsstellung im Milchstraßensystem.

Die optische Beobachtung des galaktischen Zentrums wird durch die im Sternbild Schütze liegenden dichten Wolken der interstellaren Materie behindert. Doch auch hier konnte eine Abhilfe durch den modernen Zweig der Astronomie, die Radio-Astronomie, geschaffen werden. Die Sterne strahlen nicht nur im sichtbaren Licht, sondern es wird von ihnen fast das gesamte Spektrum der elektromagnetischen Wellen ausgesandt. Wenn auch das sichtbare Licht durch die interstellare Absorption geschwächt wird: Einige andere Strahlungsarten passieren die Dunkelwolken fast ungestört. So gelingt es mit Hilfe der modernen Radio-Teleskope, sehr weit entfernte und durch Dunkelwolken verdeckte Objekte zu untersuchen. Nun konnte ein sehr viel genaueres Bild über die Struktur der Galaxis gewonnen werden, als es früher möglich gewesen war.

Auch die Erforschung anderer Milchstraßensysteme, der Galaxien, half den Astronomen bei der Aufgabe, die eigene Heimat zuverlässig zu erkunden. Es ist in der Astronomie nicht viel anders als im täglichen Leben. Das, was beim Nachbarn passiert, wird oft mit großem Interesse registriert, doch was im eigenen Hause passiert, wird oft verkannt. So ist unsere große Nachbargalaxie, der Andromedanebel, ein System, das sehr gut beobachtet werden kann und über das wir sehr viele Einzelheiten erkunden konnten – Einzelheiten, die wir zum großen Teil auch auf unsere heimatliche Galaxis übertragen können. Aus all den Beobachtungen, Untersuchungen und Berechnungen hat sich folgendes Bild ergeben: Die Hauptmasse der über 200 Milliarden Sterne in unserem Sternsystem befindet sich in einem diskusförmigen Gebiet mit einem Durchmesser von 100 000 Lichtjahren und einer Dicke in der Sonnengegend von etwa 3000 Lichtjahren. Die Sonne ist vom Zentrum des Systems rund 30 000 Lichtjahre entfernt. Diese Scheibe wird von einem fast kugelförmigen, genauer gesagt: von einem rotationselliptischen Gebiet mit geringer Abplattung umschlossen, dessen großer Durchmesser etwa 150 000 Lichtjahre beträgt. In ihm befinden sich neben einigen Einzelsternen die Kugelsternhaufen, die sich auf langgestreckten elliptischen Bahnen um das Zentrum bewegen.

Die Sterne sind in ihrer Größe, Leuchtkraft und chemischen Zusammensetzung sehr unterschiedlich. Die meisten Sterne sind kleiner als die Sonne. Die kleinsten Sterne besitzen etwa nur ein Hundertstel der Sonnenmasse. Noch kleinere Fixsterne kann es nicht geben, weil bei ihnen die Temperatur im Sterninneren nicht hoch genug ist, um die Umwandlung von Wasserstoff in Helium zustande zu bringen. Andererseits gibt es auch keine größeren Sterne als solche mit etwa 30facher Sonnenmasse, weil die Sterne sonst nicht mehr stabil wären und auseinanderplatzen würden. Die massenreichen Sterne verbrauchen ihren Wasserstoff sehr viel schneller als die massenarmen und strahlen deshalb besonders hell. So hat beispielsweise der massenreiche Hauptstern im Sternbild Schwan, Deneb, eine Leuchtkraft, die rund 10 000mal größer als die der Sonne ist.

In bezug auf das Alter und die chemische Zusammensetzung der Sterne lassen sich zwei Hauptgruppen von Sternen angeben, die Population I und Population II genannt werden. Sterne der Population I befinden sich hauptsächlich in der Scheibe des Systems: Es sind vorwiegend junge Sterne, die relativ viele schwere Elemente, also andere als Wasserstoff und Helium, enthalten. Zu der Population II gehören ältere, metallärmere Sterne, die sich auch in den Kugelsternhaufen befinden.

Viele Sterne haben sich auch zu Sterngemeinschaften zusammengeschlossen. Oft findet man sie in den dichten Wolken der Interstellaren Materie. Sie werden im Unterschied zu den Kugelsternhaufen als offene Sternhaufen bezeichnet. Die Plejaden, auch Siebengestirn genannt, und Praesepe, die man auch Krippe nennt, sind solche Sternansammlungen, die schon mit bloßem Auge gesehen werden können. Viele Sterne treten als Doppel- und Mehrfachsterne auf. Sie sind durch ihre Schwerkraft aneinandergebunden und bewegen sich dabei um den gemeinsamen Schwerpunkt auf elliptischen Bahnen. Man schätzt, daß etwa die Hälfte aller Sterne solche Bindungen eingegangen ist.

Die in der galaktischen Scheibe befindlichen Sterne sind nicht gleichmäßig verteilt. Eine starke Konzentration zeigt sich im Gebiet um das Zentrum der Galaxis, das man den Kern nennt. In weiterer Entfernung vom Kern sind die Sterne, vorwiegend die Sterne der metallreichen Population I, in spiralförmig angeordneten, sogenannten Armen gelagert. Aus diesem Grunde wird unser Milchstraßensystem als eine Spiralgalaxie bezeichnet. Auch der vorhin genannte Andromedanebel ist eine Spiralgalaxie, und man kann deshalb vermuten, daß ein in einer weit entfernten Galaxie gedachter Beobachter von unserem Milchstraßensystem einen ähnlichen Anblick hätte, wie wir ihn beim Andromedanebel haben. Unsere Sonne befindet sich am Rande des Spiralarmes unseres Systems, der in der Richtung zum Sternbild Orion liegt und deshalb Orionarm genannt wird.[5]

Interessant in vielerlei Hinsicht ist die Frage, ob auch andere Sonnen, also Fixsterne, Planeten besitzen, auf denen möglicherweise Leben existiert. Man

Abb. 51: Spiralgalaxie NGC 2997. Es gilt als gesichert, daß die Milchstraßen-Galaxie, zu der – mehr am Rande – die Erde gehört, vergleichbare Strukturen aufweist. Wirkliche Blicke ins Innere der „heimischen" Milchstraße sind durch die Interstellare Materie verwehrt.

rechnet damit, daß etwa 10 Prozent aller Sterne Planeten haben; das wären allein im Milchstraßensystem 20 Milliarden. Bei vorsichtiger Schätzung hat etwa ein Prozent dieser Sterne Planeten, die durch ihre Größe, chemische Zusammensetzung und Lage für die Entstehung des Lebens geeignet wären. Das ergäbe die Zahl von 200 Millionen. Wenn man weiß, daß die Zahl der Galaxien ebenfalls in die Milliarden geht, erscheint uns die Existenz außerirdischen Lebens auf den ersten Blick selbstverständlich zu sein. Trotzdem gehen die Meinungen der Wissenschaftler hier auseinander. Es gibt einige Überlegungen, die trotz allem darauf hinweisen, daß das Leben auf der Erde einmalig im ganzen Universum ist.[6]

Außer den Sternen ist auch die Interstellare Materie in der galaktischen Scheibe konzentriert. Man rechnet damit, daß 10 Prozent der gesamten Masse des Systems aus ihr besteht. Der Staubanteil in der Interstellaren Materie beträgt etwa ein Prozent, das übrige ist Gas, hauptsächlich Wasserstoff und in geringerer Menge Helium. Abgesehen von den Verdichtungen in den galaktischen Wolken ist die Dichte außerordentlich klein. Es möge in jedem Kubikzentimeter nur etwa ein Atom vorhanden sein: Das ist millionenmal weniger als im besten Vakuum, das wir in unserem Laboratorium erreichen können. In den interstellaren Wolken befinden sich oft besonders starke Konzentrationen der Materie, sogenannte Globulen, die durch weitere Verdichtungen schließlich zur Geburt eines neuen Sternes führen können.

Es gibt aber auch einen rückläufigen Vorgang: Sterne werden nicht nur geboren; sie können auch sterben. Wenn der Energievorrat verbraucht ist, stürzt die Sternmaterie unter dem Einfluß der Schwerkraft in sich zusammen. Man nennt diesen Vorgang einen Gravitationskollaps. Hierbei wird die Sternmaterie außerordentlich verdichtet. Solche Reststerne sind den Astronomen als sogenannte Weiße Zwerge, beim Kollaps besonders massenreicher Sterne als Neutronensterne bekannt. Bei diesen Vorgängen wird die äußere Hülle der Sterne abgestoßen. Ihre Materie verteilt sich im Raum, und das führt zur Bereicherung des in der Umgebung befindlichen interstellaren Mediums. Es ergibt sich also ein Kreislauf, wobei allerdings die Interstellare Materie immer ärmer wird, da je ein bedeutender Teil der Sternmaterie als Sternleiche zurückbleibt (siehe Abb. 49).

Außerhalb der galaktischen Scheibe tritt die interstellare Materie in so großer Verdünnung auf, daß sie kaum nachweisbar ist. Hier ist das Reich der Kugelsternhaufen und der Einzelsterne, wobei ihre Sterndichte ebenfalls sehr viel kleiner als in der Scheibe ist. Zur Zeit sind etwa 150 Kugelsternhaufen bekannt, ihre Gesamtzahl ist sicher noch wesentlich höher. Dieser die Scheibe umgebende Teil des Milchstraßensystems wird der Galaktische *Halo* genannt.

Sehr wichtig für die detaillierte Erforschung des Milchstraßensystems sind die Bewegungsvorgänge. Hier stößt man auf erhebliche Schwierigkeiten, und deshalb ist man noch immer nicht in der Lage, eine endgültige Aussage zu machen. Noch in der beginnenden Neuzeit war man der Meinung, daß die Fixsterne einen festen, also fixierten Platz am Himmel hätten – daher der Name. Doch schon bald nach der Erfindung der Fernrohre konnte man eine Verschiebung der gegenseitigen Sternabstände feststellen. Während die meisten klein erscheinenden, also weit entfernten Sterne ihren Ort am Himmel kaum ändern, gibt es Sterne, die eine recht große Eigenbewegung haben; sie werden Schnelläufer genannt. Bei bekannter Entfernung läßt sich bei ihnen auch die seitliche, tangentiale Geschwindigkeit bestimmen.

Daneben ist es mit Hilfe der Sternspektren möglich, die Geschwindigkeiten der Sterne in der Sichtlinie zum Stern, die sogenannte Radialgeschwindigkeit, zu messen. Man kann also angeben, mit welcher Geschwindigkeit sich ein Stern uns nähert oder sich von uns entfernt. Aus beiden Geschwindigkeitskomponenten lassen sich dann leicht die relative Bewegungsrichtung und die relative Geschwindigkeit im Raum errechnen. Es zeigt sich ein unregelmäßiger Bewegungsablauf, der eine gewisse Ähnlichkeit mit dem Durcheinander bei den Molekülbewegungen in einem Gas hat, zum Beispiel in der Luft.

Natürlich bildet die Sonne hierbei keine Ausnahme: Auch sie bewegt sich mit ihren Planeten im Raum. Doch wie schnell und wohin? Bei jeder Bewegungsangabe müssen wir einen Bezugspunkt haben. Es kann nur eine relative Bewegung angegeben werden. Bezogen auf die nähere Sonnenumgebung, das sogenannte Lokale System, bewegt sich die Sonne mit einer Geschwindigkeit von rund 20 Kilometern in der Sekunde in Richtung auf das Sternbild Herkules zu. Dieser Zielpunkt wird Apex genannt.[7]

Doch ist das nicht die einzige Bewegung der Sonne. Wie verhält es sich um die Bewegungen, bezogen auf das ganze Milchstraßensystem? Natürlich unterliegen alle Sterne dem Gravitationsgesetz, demzufolge sie sich alle gegenseitig anziehen. Mit der Zeit müßten daher alle Sterne einmal zusammenklumpen, wenn es nicht etwas gäbe, das dieses Zusammenstürzen zu einem Massenschwerpunkt verhindern könnte. In der Galaxis spielt sich in dieser Hinsicht das gleiche ab wie im Planetensystem. Auch hier wäre ein Kollaps unausweichlich, wenn die Planeten durch ihren Umlauf um die Sonne nicht eine Fliehkraft hätten, die die gravitative Anziehungskraft ausgleicht. Im Milchstraßensystem befindet sich der weitaus größere Teil der Gesamtmasse in der zentralen Region, und deshalb muß erwartet werden, daß die an der Peripherie gelegenen Sterne um das Zentrum des Systems kreisen.

Das ist im wesentlichen auch der Fall, doch sind hier die Verhältnisse viel verwickelter als im Sonnensystem. Die Sterne werden ja nicht nur nach innen zum Zentrum hin angezogen, sie unterliegen auch der Anziehungskraft der außen gelegenen Sterne. Aus diesem Grunde bewegen sich die Sterne in der Galaxis anders als die Planeten im Sonnensystem, sie folgen nicht den

Keplerschen Gesetzen, bei denen unter anderem ein fester Zusammenhang zwischen den Entfernungen der Planeten und den Umlaufzeiten besteht. Relativ gut können die Bewegungsverhältnisse in der großen Nachbargalaxie, dem Andromedanebel, festgestellt werden. In der Nähe seines Kerngebiets bewegt sich die Materie mit gleicher Winkelgeschwindigkeit, also so, wie es bei einem festen Körper, etwa einem Rade, der Fall ist. Vermutlich besteht sie aus dicht gelagerten Sternen. Es gibt Anzeichen dafür, daß Ähnliches auch in unserer Galaxis geschieht – ein Rätsel, das noch lange nicht gelöst ist. Mit wachsendem Abstand vom Zentrum bewegen sich die Sterne zunächst schneller und danach wieder langsamer. Sie beschreiben Ellipsenbahnen, die fast kreisförmig sind. Ihre Rotationsachse steht ungefähr senkrecht zur galaktischen Scheibe.

Unsere Sonne hat die riesige Umlaufgeschwindigkeit um das Zentrum von rund 220 Kilometern pro Sekunde, doch sind die Dimensionen im Milchstraßensystem so groß, daß es etwa 250 Millionen Jahre dauert, bis ein Umlauf vollendet ist. Wenn wir das Alter der Sonne mit 4,5 Milliarden Jahren annehmen, so hat sie seit ihrer Geburt etwa 18mal den galaktischen Kern umrundet. Andere Sterne haben dementsprechend in Abhängigkeit von ihrer Zentrumsentfernung andere Geschwindigkeiten und Umlaufzeiten. Man spricht hierbei von einer differentiellen Rotation des Systems.

Noch nicht ganz gelöst sind die Probleme, die bei den Bewegungen der Spiralarme auftauchen. Man weiß, daß die Arme ähnlich wie bei einem Feuerrade nachgezogen werden. Doch müßten sie sich infolge der differentiellen Rotation schon nach wenigen Umläufen aufgelöst haben, was aber nicht der Fall ist. Einen Vorschlag zur Lösung haben die Astronomen Bertil Lindblad und später, 1964, C. C. Lin gemacht. Nach ihrer „Dichtewellentheorie" bestehen die Spiralarme nicht ständig aus denselben Sternen. Sie sind vielmehr wellenförmige Verdichtungen der Scheibenmaterie, die sich mit gleicher Winkelgeschwindigkeit, also wie der starre Körper eines Rades um die Nabe, um das galaktische Zentrum bewegen. Die Bahngeschwindigkeit dieser Spiralstruktur beträgt in der Sonnengegend etwa 110 Kilometer in der Sekunde und ist demnach nur halb so groß wie die der Sonne. Die Spiralarme bleiben so hinter den Sternen zurück und enthalten deshalb zu verschiedenen Zeiten verschiedene Sterne.

Ein zutreffender Vergleich sind die Vorgänge bei einem Auto-Stau. Die Stelle größter Autodichte auf der Straße bewegt sich langsamer vorwärts als es die einzelnen Autos tun, die hinten in den Stau einfahren und vorn den Stau wieder verlassen. Diese Dichtewellentheorie birgt aber noch viele Unklarheiten, weshalb sie von mehreren Wissenschaftlern angezweifelt wird.[8]

Rätselhaft sind die Bewegungen der ganz weit außerhalb gelegenen Partien der Galaxis. Die Umlaufgeschwindigkeiten der Materie sind hier viel größer als sie im Hinblick auf die im zentralen Gebiet der Galaxis befindlichen

Masse sein müßten. Gibt es dort eine verborgene Materie, von der wir noch nichts wissen, oder spielen irgendwelche uns noch verborgene Faktoren mit? Einige Forscher bezweifeln sogar die Allgemeingültigkeit des Newtonschen Gravitationsgesetzes.[9]

Ein noch ungelöstes, aber in vieler Hinsicht wichtiges Problem birgt die Entstehung und spätere Entwicklung der Galaxis. Die gesamte zur Zeit im Weltall befindliche Materie stammt vermutlich letztlich aus dem Urknall, jenem spektakulären Ereignis, bei dem das Universum geboren wurde. Die Materie mußte zunächst recht gleichmäßig im Raum verteilt gewesen sein. Da sich das Weltall, wie wir annehmen, ausdehnt, muß sie sich im Laufe der Zeit immer mehr zerstreut haben. Wie sollte es dabei aber zu einer Massenkonzentration kommen, wie sich die Galaxien darstellen? Es hat nicht

Abb. 52: Der Nebel M 20 im Sternbild des Schützen. Deutlich sichtbar sind drei getrennte Teile. Die dunklen Linien im Nebel bestehen wohl aus Interstellarer Materie. Der helle Bereich weist auf die Strahlung von Wasserstoff hin.

an Versuchen gefehlt, diesen Widerspruch zu beseitigen. So nimmt die von Carl Friedrich von Weizsäcker erarbeitete Theorie Wirbel an, die für die Zusammenballung der Materie zu sogenannten Protogalaxien sorgten, aus denen später die Sternsysteme hervorgingen. Doch ist es nicht ganz klar, wie sich diese Wirbel haben bilden können.

Bereits im Jahre 1954 haben der Verfasser und später auch andere Wissenschaftler den umgekehrten Weg beschritten, in dem nicht von einer Kontraktion, sondern Expansion im Gebiet einer Galaxie ausgegangen wird.[10] Einen ähnlichen Weg suchte der sowjetische Astronom V. A. Ambarzumjan. Danach stammt ein wesentlicher Teil der Galaxienmaterie aus dem Kern. Obgleich auch bei dieser Theorie noch vieles im unklaren bleibt, ist sie in der Lage, einige Probleme leichter zu lösen als bei der Annahme der Galaxienbildung allein durch die Kontraktion der Protogalaxie. So müßten sich bei der Bildung aus einer Protogalaxie die Massen mit kleineren Umlaufgeschwindigkeiten zum Zentrum hinbewegt haben; sie bildeten später den Kern. In den Randgebieten mit großer Umlaufgeschwindigkeit müßten schon recht frühzeitig aus der Interstellaren Materie neue Sterne entstanden sein, die älteren und metallarmen Sterne der Population II.

Doch tritt hier ein neues Problem auf: In der Urphase des Universums konnten sich schwere Elemente nicht gebildet haben, sie entstanden erst viel später in den Sternen. So ist es unverständlich, daß Sterne, deren Alter etwa dem Alter des Sonnensystems entspricht, dennoch die schweren Elemente, wenn auch in geringerer Menge, enthalten. Anders sähe es aus, wenn die schweren Elemente auch bei den äußerst energiereichen Vorgängen im Kern entstanden wären. Wären sie aus dem Kerngebiet in die Randgebiete gelangt, so wäre ihre Anwesenheit dort verständlich. In diesem Falle müßte allerdings der Kern älter als seine Umgebung sein, wozu es einige – zugegeben noch nicht voll verständliche – Hinweise gibt.

In der Tat kann man bei vielen Galaxien ein Ausstoßen der Materie aus den Kernen beobachten. Auch in unserem Milchstraßensystem werden große Materiemassen aus dem Kerngebiet in die umgebenden Gebiete transportiert. Unklar ist, woher die ausgestoßene Materie stammt. Gelangte sie beim Kollaps der Protogalaxie in den Kern, oder spielen andere, uns noch unbekannte Faktoren eine Rolle?

Dieses Problem hängt aufs engste mit einem anderen zusammen, das zu den aufregendsten und wichtigsten in der gesamten Kosmologie zählt: die Frage nach den Vorgängen in den Galaxienkernen. Man hat in ihnen relativ kleine Gebiete entdeckt, aus denen unvorstellbar große Energien ausgestrahlt werden. Das sind vermutlich die eigentlichen Zentren, deren Natur uns noch unklar ist. Man spekuliert hierbei mit den sogenannten Schwarzen Löchern, in denen sich durch einen Gravitationskollaps die Materie derart verdichtet hat, daß unter dem Einfluß der Schwerkraft nicht einmal das Licht den entstandenen Körper verlassen kann. Das Gebiet erscheint völlig schwarz – daher der Name Schwarzes Loch. Durch diesen Vorgang ließe sich vielleicht die Energiebilanz klären, doch blieben viele Fragen unbeantwortet, die auch mit dem Ausstoßen der Materie aus dem Kern zusammenhängen.

Wir sind noch weit davon entfernt, die Vorgänge in den Galaxienkernen zu verstehen. Vielleicht verlaufen sie ähnlich wie bei dem Urknall, als die uns heute bekannten Naturgesetze nicht oder nur zum Teil gültig waren. Kommt es vielleicht in den Kerngebieten zu einer Neuschöpfung der Materie? Aber wie, und woher? Das alles sind Fragen und Probleme, die auf die moderne Astronomie und gleichermaßen auf fast alle Zweige der Naturwissenschaft zukommen. Die weltanschauliche Seite darf dabei nicht außer acht gelassen werden. Es sind viele, viele Geheimnisse, die es in unserer Milchstraße zu enträtseln gilt: Das Geheimnisvolle ist in ihr seit dem Altertum, wenn auch in anderer Form, erhalten geblieben.

Johannes Viktor Feitzinger

Von Galaxie zu Galaxie

Die Unendlichkeit des Universums

Himmelsbeobachter wußten schon vor Erfindung des Fernrohrs, daß es zwischen den Sternen am dunklen nächtlichen Firmament abseits des Milchstraßenbandes einige nebelige Flecke gibt. Es waren sternunähnliche Aufhellungen, und man nannte sie daher Wölkchen oder lateinisch Nebula bzw. Nebulae.[1] Die Nebel sind von unterschiedlicher Art und können in sehr unterschiedlichen Entfernungen liegen. Einige sind gewaltige Sternsysteme wie unsere eigene Milchstraße und von uns Millionen von Lichtjahren entfernt. Es sind ferne Sterninseln – Galaxien. Andere sind Teile unseres Milchstraßensystems, nämlich Sternhaufen oder leuchtende Gaswolken.

Von dem arabischen Astronomen Al-Sufi haben wir aus dem Jahre 964 n. Chr. die erste schriftliche Aufzeichnung über die mit bloßem Auge auszumachenden Sternsysteme. Ohne um seine wahre Natur zu wissen, lokalisiert und beschreibt er den Andromedanebel. Andererseits wird heute eine Textstelle in dem astronomischen Lehrgedicht des römischen Edelmannes Rufus Festus Avienus (Mitte des 4. Jahrhunderts n. Chr.) als Hinweis auf den Andromedanebel ausgelegt. Dort heißt es: „Dünne Wolken binden ihre (Andromedas) Arme mit verdrehten Knoten zusammen." Möglicherweise ist mit den Wolken der Andromedanebel gemeint, der somit schon in römischer Zeit als etwas Besonderes am Himmel erkannt worden war.

Al-Sufi erwähnt die unmittelbaren Nachbarsternsysteme der Milchstraße, die nur von der Südhalbkugel aus beobachtbaren Magellanschen Wolken: „Die Leute glauben, daß es zu den Füßen des Suhail einige weißglänzende Sterne gibt, die man weder in Irak noch in Nadsch sieht, und daß die Einwohner von Tihamat diese Sterne *Al-bakar,* die Kühe, nennen. Von diesen Sternen hat Ptolemäus nicht gesprochen, und man weiß nicht, ob es wahr oder falsch ist."

Das Wissen um den Andromedanebel ging wieder verloren, und erst 1612 wurde der Sternnebel von Simon Marius, zuerst Kapellmeister des Markgrafen von Ansbach, später Astronom des Kurfürsten von Brandenburg-Anhalt, wieder entdeckt. Marius arbeitete schon mit einem aus Belgien stammenden Fernröhrchen, und ihm gelang es sogar elf Tage vor Galilei, am 28. 12. 1609, die vier hellsten Jupitermonde als erster zu sehen.[2] Er gab

Abb. 53: Die Andromeda-Galaxie. Deutlich erkennbar sind beide elliptischen Begleit-Galaxien. Die Entfernung der Andromeda-Galaxie wird heute mit 2 200 800 Licht-jahren bestimmt. In Kilometern ist diese „nahe" Galaxie nicht mehr vorstellbar.

ihnen die noch heute benützten Namen. Marius war ein guter und gewitzter Beobachter, der seine Entdeckungen veröffentlichte, aber dennoch ver-schwand das Wissen um den Andromedanebel nochmals für 50 Jahre aus dem Gesichtskreis der europäischen Geisteswelt. 1664 wurde das Sternsystem von dem Franzosen Ischmail Boulliau aufs neue beschrieben. Da der Nebel aber weder in den Arbeiten von Tycho Brahe noch von Johann Bayer in dessen Sternenverzeichnis *Uranometria* von 1603 erwähnt wurde, machte sich der Glaube breit, dieser Nebel ändere seine Helligkeit sporadisch.[3]

Kunde von den Magellanschen Wolken drang spärlich aus den Berichten der Weltumsegler nach Europa. In den Aufzeichnungen von Magellan und in Briefen von Vespucci (1500) an Pierfrancesco de Medici werden sie erwähnt. Alberto de Corsali nennt sie in seinem Reisebericht *Reise nach Ostindien* von 1508: „Wir erblickten zwei Wolken von ziemlich bedeutender Größe, welche in kreisförmiger Umdrehung ziemlich regelmäßig auf- und untergingen." Mehr als 100 Jahre später, im Jahre 1755, werden die Magellanschen Wolken dann endlich in einem Katalog von L'Abbé de La Caille aufgeführt. Der Abbé, der von 1713 bis 1762 lebte, war Professor für Mathematik und Astronomie und stand einer erfolgreichen Expedition zum Kap der guten Hoffnung vor. Er ist ferner 1752 der Entdecker einer Spiralgalaxie. Sechs Jahre vorher, 1749, beschreibt Le Gentil eine elliptische Galaxie neben dem Andromedanebel. Le Gentil arbeitete am Pariser Observatorium.

1755 ist insofern ein bedeutendes Jahr, als Immanuel Kant seine Theorie der Welteninsel formulierte. 60 nebelige Objekte waren zu dieser Zeit bekannt. Nur fünf davon sind echte Sternsysteme, also selbständige Welteninseln. Davon wurden drei von der Südhalbkugel der Erde beobachtet. Kant hätte also nur die Möglichkeit gehabt, die zwei echten Galaxien im Sternbild Andromeda zu sehen. Ob er sie beobachtete, wissen wir nicht. Kant konnte außerdem das Band der Milchstraße bestaunen, das sich bei einem Blick durch kleine Fernrohre in Sterne auflöste. Die Kantsche Vermutung, es gäbe Welteninseln, war in der Tat eine kühne Spekulation.

1784 war durch die Katalogarbeiten von Charles Messier und Pierre François Mechain die Anzahl der bekannten nebeligen Objekte auf 138 angestiegen – eine hart eingebrachte Ernte für mehr als 170 Jahre Teleskoparbeit. Die Liste der nebeligen Objekte enthielt ein kunterbuntes Gemisch von Gaswolken, offenen und kugelförmigen Sternhaufen und echten Galaxien. Im Messier-Katalog von 1784 kann man 39 Galaxien zählen, in der Erweiterung von Mechain, etwa zur gleichen Zeit, zählt man 41 Sternsysteme. In den folgenden Jahren, beim Übergang vom 18. zum 19. Jahrhundert, schnellte durch die Herschel-Familie (siehe dazu den Beitrag von Günter D. Roth: *Das neue Bild der Milchstraße*), die mit einer neuen Generation von Teleskopen arbeitete, die Zahl der Nebel schlagartig in die Höhe.

Innerhalb weniger Jahre gelang es Vater Friedrich Wilhelm und seinem Sohn John Herschel mit Teleskopen, deren größtes 12 Meter Brennweite und 122 Zentimeter Spiegeldurchmesser besaß, mehrere tausend Nebel von der Nord- und Südhalbkugel der Erde aus zu beobachten. 1864 veröffentlichte John Herschel ein Nebelverzeichnis mit 6245 Nebeln und Sternhaufen. Dieser Katalog ist der Vorläufer des heute noch benutzten *New General*

Catalogue. Die Katalognummern der oben genannten Galaxien entstammen diesem Werk, das Galaxien und Sternhaufen in Nummern- und Koordinatenordnung auflistet.

Geschult an den Beobachtungen der Milchstraßenfelder, die sich in Sterne auflösten, erkannte man bald, daß viele der Nebel Sternhaufen waren. Die echten Galaxien sind jedoch zu weit entfernt, um von Teleskopen der vorigen Jahrhunderte in Sterne aufgelöst werden zu können: Sie blieben, wie die Gasnebel der Milchstraße, milchige Flecke. Der Schritt aus unserem eigenen Sternsystem heraus zu anderen Sternsystemen, zu anderen Galaxien, war jedoch auch aus philosophischen Gründen gehemmt.[4] Einfachheit und Gleichförmigkeit wurden vom Universum gefordert, und diesem Postulat stand eine unterschiedliche Natur der Nebel entgegen. Gefordert waren gleiche Natur, Entfernung und gleiche Geschwindigkeit – das verbot die Annahme von sich unterscheidenden und im Raum getrennt liegenden Sternsystemen.

Solche Positionen wurden wiederum durch einen Fortschritt im Teleskopbau in Frage gestellt. 1845 errichtete William Parson, der Earl of Rosse, ein 183 Zentimeter großes Spiegelteleskop. Es war fast doppelt so groß wie das Riesenteleskop von Herschel. Lord Rosse entdeckte damit in einigen Nebeln eine spiralige Struktur. Die erste als Spiralnebel erkannte Galaxie trägt heute die Nr. 5194 im *New General Catalogue*. Damit war das Argument der Einheitlichkeit kosmischer Objekte durch die Beobachtung aufgebrochen. Es mußte anscheinend Nebel mit unterschiedlichem Aufbau geben. Das entscheidende Grundproblem kam immer mehr in den Vordergrund: Es gab keine Verfahren der Entfernungsbestimmung zu diesen nebeligen Flecken.

Die Einführung der Spektralanalyse in die Astronomie durch Gustav Robert Kirchhoff und Robert Bunsen im Jahr 1859, die Zerlegung des Lichtes in seine spektralen Bestandteile, begründete die Astrophysik. Spektroskopie wurde natürlich auch auf die Nebel angewandt, und es zeigte sich, daß einige Nebel Emissionslinienspektren aufwiesen, wie man sie von erhitzten Gasen im Labor kannte. Andere zeigten Absorptionslinien, ähnlich den Spektren der Einzelsterne. Dies waren die Spiralnebel. Es brauchte weitere 60 Jahre, bis 1912 die unterschiedlichen spektralen Eigenschaften der Nebel als gesicherte Beobachtungstatsachen hingenommen wurden.[5]

Schon 1845 hatte Lord Rosse mit Hilfe seines 183-Zentimeter-Reflektors Zeichnungen von Spiralnebeln anfertigen können. Bis zur Wende vom 19. zum 20. Jahrhundert belief sich ihre Zahl auf einige hundert. Spiralnebel zeigten immer Absorptionslinienspektren. Das reichte jedoch nicht aus, um zu dem Schluß zu gelangen, es handele sich um weit entfernte Sternsysteme. Man stellte zudem fest, daß diejenigen Spiralnebel, denen man den Namen Welteninseln zu geben zuneigte, das helle Band der Milchstraße mieden. Man fragte sich, warum diese Nebel so eigentümlich um die Welteninsel Milchstraße verteilt seien, da doch eine gleichförmige Verteilung der Nebel viel natürlicher wäre. Zur weiteren Verwirrung trug eine im Jahr 1885 im Andromedanebel erschienene Supernova bei. Was eine Supernova ist, wußte man nicht. Ein Stern jedoch, der plötzlich die Helligkeit des gesamten Nebels hatte, der heller als Millionen Sterne zusammen sein sollte, schloß die Möglichkeit aus, sich den Andromedanebel aus Sternen bestehend vorzustellen. Er konnte keine Welteninsel sein. Um die Wende des vorigen Jahrhunderts waren sich die Astronomen einig: Nur eine Welteninsel ist der Wissenschaft bekannt, und das ist die Milchstraße.[6]

Es dauerte nochmals fast 25 Jahre, bis der endgültige Durchbruch zum Verständnis der Spiralnebel gelang. Dieser Durchbruch ging Hand in Hand mit einem besseren Verständnis des Aufbaus unserer Milchstraße. 1913 wurde von Vesto Slipher aus der Verschiebung der Spektrallinien im Spektrum des Andromedanebels eine Geschwindigkeit von 300 Kilometern in der Sekunde auf die Milchstraße zu abgeleitet. Es war die größte Geschwindigkeit, die man von einem astronomischen Objekt kannte. Auch andere Spiralnebel zeigten solche Geschwindigkeiten in Sichtlinienrichtung. Diese Geschwindigkeiten übertrafen alle Geschwindigkeiten von Objekten, die man glaubte, sicher der Milchstraße zurechnen zu können. Viele Astronomen begannen daher, die Spiralnebel nicht dem dynamischen System der Milchstraße zuzuordnen. Es mußten Welteninseln sein.

1917 entdeckte Weber Curtis in diesen Spiralnebeln Sterne mit plötzlichen Lichtausbrüchen: Novä. Die absolute Helligkeit der Novä in der Milchstraße war annähernd bekannt. So war es möglich, durch Helligkeitsvergleiche die Entfernung der Spiralnebel abzuschätzen. Sie lagen weit außerhalb der Milchstraße. Curtis löste 1918 auch das Problem der ungleichförmigen Verteilung der Spiralnebel im Bereich des Milchstraßenbandes. Die Mittelebenen der Milchstraße und andere Spiralnebel sind von dunkler Materie durchsetzt. Die Interstellare Materie unserer Milchstraße, Gas- und Staubwolken, absorbiert das Licht der fernen Spiralgalaxien, die zufällig in Richtung der Hauptebene unseres Sternsystems angeordnet sind. Die ungleichförmige Verteilung der Nebel konnte somit als Absorptionseffekt unseres Milchstraßensystems erklärt werden. Diesen schon fast zwingenden Gründen für das Vorhandensein von Welteninseln standen entscheidend noch Fehlmessungen an den Eigenbewegungen der Nebel gegenüber.

Sternsysteme bewegen sich im Raum. Dabei überlagern sich zwei Bewegungsarten: eine transversale und eine radiale Bewegung. Die Ortsveränderungen transversal an der Himmelskugel sind wegen der großen Entfernung der Sternsysteme nicht feststellbar; man kann daher keine Eigenbewegung beobachten. Durch Fehlmessungen der Eigenbewegungen der Sterne in Spiralnebeln um die Jahrhundertwende mußte man daher eine sehr große Nähe der Spiralnebel annehmen, sie also als unserer Milchstraße zugehörig betrachten. Es dauerte mehr als 15 Jahre, bis die Fehlmessungen als solche erkannt wurden. Die bei Spiralnebeln beobachtbare Bewegungsart ist ausschließlich eine Bewegung in der Gesichtslinie, als Radialgeschwindigkeit auf Grund der Linienverschiebung in den Spektren der Sternsysteme nachweisbar. Dabei bedeutet die Verschiebung der Spektrallinien zum langwelligen, roten Bereich des Spektrums eine Bewegung von uns weg, eine Verschiebung der Spektrallinien zum kurzwelligen, blauen Bereich eine Bewegung auf uns zu. Slipher führte hierzu die ersten Messungen durch, ohne eine Systematik zu erkennen.

Doch dann kam die Wende. 1908 wurden auf dem Berg Mount Wilson in den USA das 152-Zentimeter-, 1918 das 254-Zentimeter-Teleskop in Betrieb genommen. Und wie so oft in der Wissenschaft sind Neuentdeckungen zwangsläufig[7], wenn durch neue Meßgeräte die Empfindlichkeit oder das Auflösungsvermögen um Größenordnungen verbessert werden kann. Mit diesen Reflektoren gelang es Edwin Hubble im Jahr 1923, die äußeren Bereiche des Andromedanebels und der Galaxie Nr. 598 in einzelne Sterne aufzulösen. Einige Sterne waren veränderliche Sterne, nämlich Cepheiden. Cepheiden ändern ihre Helligkeit in bestimmten zeitlichen Rhythmen.

Um die Entdeckung für die Entfernungsbestimmung der Nebel ausnützen zu können, bedurfte es jedoch noch anderer Vorarbeiten. 1908 hatte die Astronomin Henrietta Swan Leavitt einen Zusammenhang zwischen der Helligkeit und den periodischen Helligkeitsänderungen veränderlicher Sterne in der Großen Magellanschen Wolke gefunden. 1913 wurde diese Sternklasse auch in unserem eigenen Milchstraßensystem als Cepheiden beschrieben, und 1916 gelang es dann, die erste Eichung durchzuführen, das heißt einen Zusammenhang zwischen der zeitlichen Helligkeitsänderung und der absoluten Helligkeit der Sterne herzustellen. Die gemessene Periode des Lichtwechsels legt die absolute Helligkeit fest. Aus dem Unterschied zwischen ebenfalls gemessener scheinbarer Helligkeit und der errechneten absoluten Helligkeit des Sterns ist die Entfernung bestimmbar: Die Große Magellansche Wolke und der Andromedanebel waren die ersten beiden Galaxien, für die es gelang.

Hubble errechnete für den Andromedanebel eine Entfernung von 929000 Lichtjahren. Damit stand fest, daß es ferne Welteninseln gibt. Die Galaxien sind gewaltige Sternsysteme von ähnlichem Aufbau wie unser eigenes Milchstraßensystem. Die Diskussion wogte zwar in den Jahren nach 1925 noch hin und her, als aber 1936 Hubbles Buch *Im Reich der Nebel* erschien, war die Auseinandersetzung entschieden.[8]

Die Erforschung der Galaxien und natürlich auch die Erforschung des Aufbaus des Kosmos hängen eng mit der Bestimmung der Galaxienentfernung und der Festlegung ihrer Verteilung im Raum zusammen. Astronomische Entfernungsbestimmung bedient sich des Verfahrens von System und Anschluß. Zunächst werden Entfernungen von nahen Sternen trigonometrisch eingemessen. An die geeichten astrophysikalischen Eigenschaften dieser nahen Sterne, das ist vor allem ihre absolute Helligkeit, werden dann entferntere Sterne angeschlossen: So wird ein Maßstabsystem in unserer eigenen Milchstraße aufgebaut. Wie bei der Sternklasse der veränderlichen Cepheiden, deren absolute Helligkeit zunächst in unserer Galaxie festgelegt wurde, gelangt man dann in einem nächsten Schritt bis zu den Nachbargalaxien. In ihnen sucht man sich wiederum Objekte, die schon in unserer eigenen Galaxie bekannt sind, und baut ein zweites Eichsystem auf, an das noch weiter entfernte Sternsysteme angebunden werden.

Die kosmische Entfernungsleiter schleppt natürlich alle Eichfehler von Stufe zu Stufe mit. Es wundert daher nicht, wenn die heute bekannte Entfernung des Andromedanebels 2 200 800 Lichtjahre beträgt. Denn die ursprüngliche Eichung der absoluten Helligkeit der Cepheiden und anderer Entfernungsindikatoren konnte im Verlauf der vergangenen 70 Jahre verbessert werden. Heute sind rund 26 verschiedene Methoden bekannt, die Entfernung von Galaxien festzulegen.

Hubble arbeitete in den 30er Jahren mit neun verschiedenen Verfahren.[9] Sind in einem fernen Sternsystem noch Einzelobjekte beobachtbar, zum Beispiel Cepheiden oder einzelne leuchtende Gasnebel, so ergibt sich die Entfernung der Galaxie durch den geeichten Anschluß an die gleichen Objekte innerhalb unserer Milchstraße – sei es über die Helligkeit, sei es über die Winkelausdehnung leuchtender Gaswolken. Sind keine Einzelobjekte mehr unterscheidbar, wird etwa die Helligkeit des gesamten Sternsystems benutzt. Wiederum gelangt man durch Vergleich von scheinbarer und absoluter Gesamthelligkeit zu einer Entfernungsfestlegung der Galaxie. Alle Methoden werden benötigt, um die am weitesten in den Raum hinausreichende Entfernungsbestimmung sicher zu eichen. Diese Verfahren der Entfernungsbestimmung wurde gleichfalls von Hubble gefunden.

Die großen Radialgeschwindigkeiten der Galaxien waren bekannt, nachdem die Veränderlichkeit der Cepheiden, ihre Periodenhelligkeitsbeziehung[10], verläßliche Entfernungen der Sternsysteme zu bestimmen gestattete. Danach wurde es möglich, den Zusammenhang zwischen Entfernung und Radialgeschwindigkeit einer Galaxie zu untersuchen. 1929 lagen Messungen der Radialgeschwindigkeit an 46 Galaxien vor. Hubble hatte für 18 davon die Entfernungen bestimmt. Mit diesem geringen Datenmaterial konnte er einen Zusammenhang zwischen Entfernung und Geschwindigkeit einer Galaxie nachweisen. Je größer die Entfernung eines Sternsystems war, desto größer war seine Geschwindigkeit von uns fort. Die „Fluchtbewegung" der Galaxien – das Hubble-Gesetz – war entdeckt.

Das Hubble-Gesetz war zu dieser Zeit nur über einen einzigen Entfernungsindikator geeicht. Die Proportionalitätskonstante zwischen Entfernung und Geschwindigkeit in dieser Beziehung, die Hubble-Konstante H, erlebte daher im Laufe der Jahre durch neue Eichverfahren eine Änderung von 550 Kilometern pro Sekunde pro Megaparsec (1 Mpc = 1 Million Parsec bzw. 3,2 Millionen Lichtjahre) auf heutige Werte, die zwischen 50

und 100 Kilometern pro Sekunde pro Megaparsec liegen. Die großen Fehler-
grenzen haben vermutlich ihre Ursache in noch unbekannten systematischen
Meßfehlern. Es könnte sein, daß im Bereich bis zu den näheren großen
Anhäufungen von Galaxien, den Galaxienhaufen, die Fluchtgeschwindigkeit
der Sternsysteme nicht einheitlich ist.[11] Die physikalische Dimension der
Proportionalitätskonstanten H ist die einer reziproken Zeit. Der Umkehr-
wert von H entspricht einem Weltalter.

Das Hubble-Gesetz beeinflußte entscheidend unser Weltbild: Albert Einstein revidierte aufgrund des Beobachtungsbefundes sein aus der Relativitätstheorie abgeleitetes statisches Weltmodell – das Modell des Universums
wurde dynamisch. Die Fluchtbewegung der Galaxien war der entscheidende
Anstoß. Die beobachtete Fluchtbewegung der Galaxien erlaubte es dann
auch, zwei Grundannahmen über die Struktur des Weltalls zu formulieren:

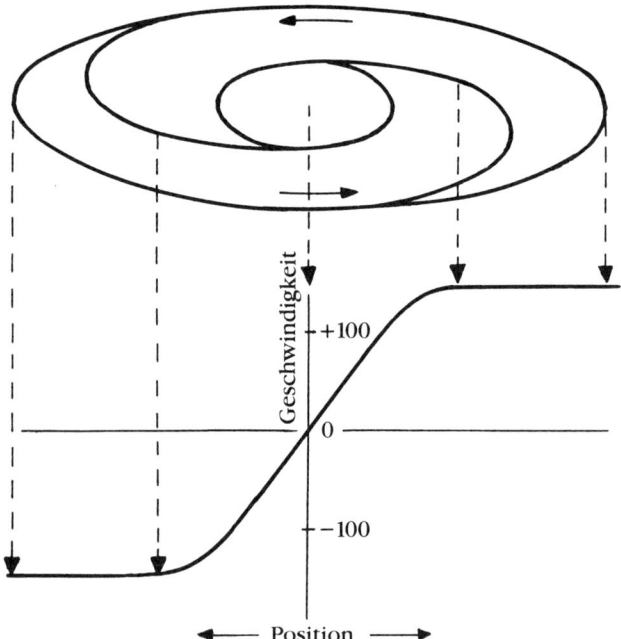

Abb. 54: Die Rotationskurve einer Galaxie. Die Drehgeschwindigkeit – im Beispiel
bis zu 150 Kilometer pro Sekunde – ist als Funktion der Position innerhalb der
Galaxie aufgetragen. Ein steiler Anstieg im Innenbereich und ein flacher konstanter
Geschwindigkeitsverlauf im Außenbereich beschreibt die Rotationskurven der meisten Sternsysteme.

Kein Punkt und keine Richtung sind im Weltall ausgezeichnet; im Weltall gibt es keinen Mittelpunkt und keine bevorzugte Beobachterstellung. Die Astronomie – die Wissenschaft von den Eigenschaften, dem Aufbau, den Bewegungen und der Entwicklung kosmischer Objekte – kann das Verständnis der Struktur unseres Universums nur voranbringen, wenn gute Verfahren zur Entfernungsbestimmung zur Verfügung stehen. Nur wenn wir die Entfernungen der Galaxien verläßlich festlegen können, ist es uns möglich, Aussagen über die zeitliche Entwicklung und Massenverteilungen im Kosmos zu machen. Da die Entfernungen der entferntesten Galaxien ausschließlich über die Fluchtgeschwindigkeit bestimmt werden können[12], ist das Hubble-Gesetz der Schlüssel zu den letzten Fragen unserer Welt: Wie und wann entstand unser Universum?

Die Bausteine des Universums sind die Galaxien. Der mühsame Weg der astronomischen Forschung durch die Jahrhunderte läßt heute ein Bild der Galaxien erscheinen, wie es faszinierender nicht sein könnte. Die außergalaktischen Sternsysteme[13] lassen sich nach ihrem äußeren Erscheinungsbild in vier Hauptgruppen einteilen: Spiralsysteme (40 Prozent), elliptische Systeme (45 Prozent), irreguläre Systeme (5 Prozent) und Sonderformen (10 Prozent). Spiralsysteme sind Sternsysteme ähnlich unserer Milchstraße. Sie sind aus Sternen und Gaswolken aufgebaut. Spiralsysteme rotieren im innersten Teil, auf einem Zehntel ihres Radius, starr, auf neun Zehnteln ihres Radius differentiell, das heißt: Die Winkelgeschwindigkeit ihrer Drehbewegung nach außen immer kleiner. Die absoluten Rotationsgeschwindigkeiten hingegen, die je nach Galaxientyp zwischen 70 und 300 Kilometern pro Sekunde liegen, bleiben in den äußeren Galaxienbereichen konstant und fallen nicht ab. Die beobachtbare Sternentstehung in Galaxien bedenkt, daß es ganz junge Sterne mit einem Alter bis zu 10 Millionen Jahren, ältere Sterne mit einem Alter bis zu einer Milliarde Jahren und sehr alte Sterne mit einem Alter von 10 Milliarden Jahren gibt. In der Tat zeigen die Sternbevölkerungen der Galaxien eine Altersstruktur. Walter Baade führte 1944 den Begriff der „Sternpopulationen" ein. Die Aufgliederung der Sternsysteme in Populationen lieferte den Zugang zu den zeitlichen Entwicklungsvorgängen in Galaxien (siehe dazu den Beitrag von Peter von der Osten-Sacken: *Das helle Band am Himmel*).

Elliptische Sternsysteme von der Form abgeflachter Rotationsellipsoide enthalten fast keine Interstellare Materie. Da die Spiralstruktur an Sternbildungsprozesse gekoppelt ist und Sternbildung Interstellare Materie benötigt, sind diese Sternsysteme ohne erkennbare innere Struktur. Die Rotationsgeschwindigkeiten, wenn überhaupt vorhanden, liegen bei Werten, die kleiner als 20 Kilometer pro Sekunde sind. Die symmetrische Struktur wird durch die Geschwindigkeitsstreuung der Sterne im Wechselspiel mit der Eigengravitation des Gesamtsystems aufrecht erhalten. Die Masse von elliptischen Riesengalaxien kann das 100fache eines normalen Sternsystems betragen.

Population I

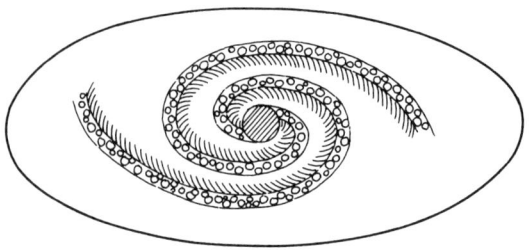

Gas: HI und Molekülwolken

○   HII Gebiete, junge Sterne

〰   Staubwolken, große Molekülwolken

Abb. 55: Die einzelnen Komponenten einer Galaxie in auseinandergefalteter Darstellung. Die Schnitte sind spiegelsymmetrisch zur Grundebene zu denken. Die Sterne
der Population II bilden die Grundstruktur des Systems, dargestellt im Schnittbild
rechts oben. Zwei Spiralarm-Schläuche sind ausgespart. Die jungen Sterne (Popula-

Sternsysteme mit unsymmetrischer Form und Struktur rotieren sehr langsam – weniger als 80 Kilometer pro Sekunde. Sie haben von allen Galaxien
den größten Anteil an Interstellarer Materie, nämlich bis zu 35 Prozent. Sie
werden als irregulär klassifiziert. Übergangstypen, so die Große Magellansche Wolke, zeigen häufig noch Ansätze von Spiralstruktur.

Unter Sonderformen faßt man die Galaxien zusammen, die sich durch
eine Überschußstrahlung in beliebigen Spektralbereichen von dem Gros
der normalen Sternsysteme unterscheiden, unabhängig von ihrem äußeren

Population II

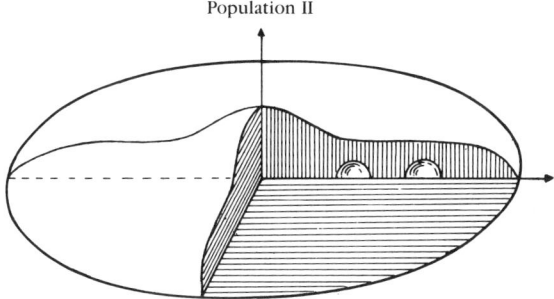

Molekülwolken mit ausgesparten
Spiralnebel-Armen

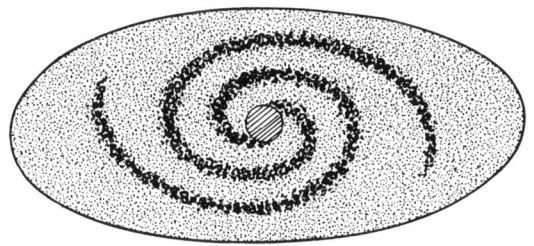

☀   ältere Sternhaufen

❀   extrem junge Sternhaufen, Assoziationen

tion I) und die Komponenten des Interstellaren Mediums sind dieser Grundstruktur eingelagert. Die Dichteverläufe nehmen exponentiell nach außen ab. Im unteren Bild rechts soll die gleichförmige Verteilung der älteren Sternhaufen (älter als 10^8 Jahre) den stetigen Übergang zu Population-II-Objekten symbolisieren.

Erscheinungsbild. Der Oberbegriff für diese Galaxiengruppe heißt „aktive Galaxien". Radiogalaxien gehören hierzu ebenso wie Quasare. Quasare sind in Galaxien beheimatet, die in solch großen Entfernungen stehen, daß sie uns bei optischer Beobachtung sternförmig erscheinen. Wir bezeichnen den extrem strahlungsaktiven Kern dieser Sternsysteme als Quasar – die Abkürzung für *quas*i-stell*ar*. Die Leuchtkräfte von Quasaren übertreffen die von ganzen Sternsystemen um das 100- bis 1000fache. Man muß sich dabei vor Augen halten, daß die Leuchtkraft einer Galaxie etwa die Summe der

Leuchtkräfte ihrer Sterne ist. Die Entfernungen der Quasare werden über das Hubble-Gesetz aus ihren großen Fluchtgeschwindigkeiten abgeleitet: Sie liegen bei Werten von einigen Milliarden Lichtjahren.

Die Erforschung der Quasare gibt uns Kenntnis über kosmische Objekte aus dem Frühstadium unseres Universums. Denn je weiter wir in den Raum hinausblicken, desto länger braucht das Licht als Informationsträger, um unsere Teleskope zu erreichen. Der Blick in die Tiefen des Kosmos ist immer ein Blick zurück in unsere kosmische Vergangenheit.

Galaxien stehen in der Regel in Galaxienhaufen mit 100 bis 10 000 Mitgliedern und mehr beisammen. Galaxienhaufen gehören zu den größten gegenwärtig erkennbaren Systemen im Weltall. Sie scheinen sich nochmals in übergeordneten Strukturen anzuordnen. Diese Galaxienhaufen-Anordnung ist vergleichbar mit girlandenförmigen Flechtwerken, in deren Knotenpunkten sich besonders viele Haufen drängen. Zwischen diesen Galaxienhaufenketten befinden sich gewaltige Leerräume.

Die Fluchtbewegung der Galaxien radial von unserer Milchstraße weg, als Rotverschiebung in den Spektren der Sternsysteme nachweisbar, zeigt die Ausdehnung des gegenwärtig beobachtbaren Weltalls. Das schrittweise Hinausgreifen der astronomischen Forschung von Galaxie zu Galaxie und von Galaxienhaufen zu Galaxienhaufen führte und führt zu keinem Ende. Denn die Tatsache, daß sich alle Sternsysteme von uns wegbewegen, bedeutet nicht, daß unsere Galaxie das Zentrum dieser Expansionsbewegung ist. In jedem anderen Sternsystem würde ein Beobachter den gleichen Effekt wahrnehmen. Die im Radiofrequenzbereich des elektromagnetischen Spektrums auf uns aus allen Richtungen gleichförmig einströmende kosmische Hintergrundstrahlung bestätigt dies. Die Temperatur dieser Hintergrundstrahlung liegt bei minus 270 Grad Celsius – also nur 3 Grad über dem absoluten Nullpunkt. Als durch die Expansion des Weltalls abgekühlte Reststrahlung vom Hitzeblitz des kosmischen Urknalls liefert sie uns Information über den Anfang des beobachtbaren Universums.

Rudolf Kippenhahn

Der Anfang des Alls

Kosmologisches Wissen der Moderne

Wie groß ist die Welt? Komme ich niemals an ein Ende, wenn ich in Gedanken die Erde verlasse, mich in den Weltraum begebe und dort geradlinig immer in dieselbe Richtung fliege? Wenn ich aber an ein Ende stoße: Was ist dahinter? Ähnliche Fragen haben sich jedem von uns irgendwann einmal aufgedrängt.

Die Griechen hatten eine einfache Antwort. Wenn man die Erde verläßt und sich in den Raum der Planeten begibt, so stößt man gegen eine Kugel, an der die Fixsterne haften und die alles umschließt. An dieser Wand hört das Weltall auf. Das wurde auch nicht viel anders, als im 16. Jahrhundert Nikolaus Kopernikus die Erde auf einen Seitenplatz verwies und statt ihrer die Sonne in die Mitte der Welt setzte. Auch dann stieß der Wanderer an die Wand der Fixsterne, die alles umschloß. Es währte jedoch nicht allzu lange, bis man auf den Gedanken kam, die Fixsterne könnten Sonnen sein wie die unsere. Giordano Bruno, der aufrührerische Philosoph, wurde dafür im Jahre 1600 auf dem Scheiterhaufen verbrannt, denn was er sagte, war ungeheuerlich: War es schon schlimm genug, daß die Erde nicht mehr die Mitte der Welt war, so wollte er nun auch noch die Sonne auf einen Seitenplatz stellen, als gewöhnlichen Stern unter tausend anderen.

Mit dem von Sonnen erfüllten Weltall drängten sich aber sofort neue Fragen auf. Wenn es seit eh und je bis in die Unendlichkeit mit Sternen ausgefüllt ist, dann fällt mein Blick, an welche Stelle des Himmels ich auch schaue, immer auf die Oberfläche eines Sterns. Verfehle ich ihn und schaue an ihm vorbei, dann sehe ich auf einen dahinter stehenden Stern. Der ganze Himmel müßte aus zahllosen sich gegenseitig überdeckenden Sternscheibchen bestehen. Er müßte gleißend hell sein wie die Sonne. Eigentlich sollte es nachts nie dunkel werden. Darüber hatte schon Johannes Kepler Anfang des 17. Jahrhunderts gegrübelt, und später Edmond Halley, der englische Astronom, dessen Name mit dem nach ihm benannten Kometen verbunden ist.

Im letzten Jahrhundert war ein Mann der Lösung sehr nahe, der auf einem ganz anderen Gebiet tätig war: der Autor von *Die Maske des Roten Todes* und *Der Doppelmord in der Rue Morgue* – Edgar Allen Poe.[1] Doch erst in neuerer

Zeit hat man gelernt, daß der dunkle Nachthimmel und ein bis in die Unendlichkeit mit Sternen erfülltes Weltall durchaus miteinander in Einklang stehen.

Das bis ins Unendliche mit Sternen ausgefüllte Weltall stellte die Astronomen noch vor eine andere Schwierigkeit. Sterne ziehen sich gegenseitig mit ihrer Schwerkraft an. Das Weltall müßte deshalb eigentlich in sich zusammenstürzen. Vor diesem Problem standen die Astronomen auch noch zu Beginn unseres Jahrhunderts, selbst dann noch, nachdem Albert Einstein mit seiner Allgemeinen Relativitätstheorie unser Verständnis von der Gravitation wesentlich vertieft hatte. Das blieb auch so, als man lernte, daß das Weltall nicht gleichförmig mit Sternen ausgefüllt ist. Denn Sterne treten nur in Gruppen von Millionen oder Milliarden auf. Das Weltall ist mit Sterneninseln angefüllt, zwischen denen weite Gebiete des Raumes leer sind. Diese Inseln heißen Galaxien. Doch auch Galaxien ziehen sich gegenseitig an und müssen im Laufe der Zeit einander immer näherkommen, es sei denn, man änderte die Gravitationstheorie ab und nähme an, die Schwerkraft wirke bei großen Entfernungen nicht mehr anziehend, sondern abstoßend.

Man beachte, daß die Frage, wie sich die Gesamtheit aller Sterne oder aller Galaxien verhält, aus der normalen Naturbetrachtung herausfällt. Der Mensch hat die Physik beim Studium der Vorgänge auf der Erde kennengelernt. Die Gravitation zum Beispiel am fallenden Stein und durch Messun-

Abb. 56: Die „Sombrero-Galaxie" im Sternbild der Jungfrau. Sie besteht aus Milliarden von Sternen. Der dunkle Streifen in der Mitte rührt von einer Schicht absorbierender Materie her.

gen, bei denen man an Fäden von Waagebalken herabhängende Bleikugeln von benachbarten Bleiklötzen anziehen ließ. Man wußte, wie ein Körper im Schwerefeld der Erde fliegt. Nicht zuletzt bildete dieses Wissen die Grundlage der Ballistik, der Lehre vom Flug der Geschosse. Jetzt aber wurden plötzlich dieselben Gesetze auf das Weltall als Ganzes angewandt, über das uns die Erfahrung des täglichen Lebens nichts lehrt.

Bei den Überlegungen über die Gesamtheit aller Sterne tauchte eine weitere Schwierigkeit auf. Wir sehen den Weltraum nicht so, wie er heute ist. Das Licht bewegt sich zwar mit unvorstellbarem Tempo und benötigt für den Abstand Erde–Mond nicht einmal eine Sekunde, trotzdem braucht es für Reisen von Galaxie zu Galaxie lange Zeiträume. So ist es von dem uns nächsten größeren Sternsystem, dem Andromedanebel, bereits zwei Millionen Jahre unterwegs gewesen, wenn es in unser Auge fällt. Je entferntere Galaxien wir betrachten, um so längere Zeit hat das Licht zu uns benötigt. Die entferntesten, gerade noch wahrnehmbaren Ansammlungen von Sternen stehen Milliarden von Lichtjahren weit draußen im All. Wenn wir also nachts zum Himmel schauen, dann sehen wir das Weltall keineswegs so, wie es im Augenblick ist, auch nicht, wie es zu einem früheren Zeitpunkt war. Wir nehmen ein Gemisch aus seinen Zuständen zu verschiedenen Zeiten wahr. Von den uns nächsten Sternen ist das Licht jahrelang unterwegs gewesen, von benachbarten Galaxien Millionen Jahre. Sternsysteme, die so schwach sind, daß man sie mit dem Fernrohr nur mit langen Belichtungszeiten fotografieren kann, stehen so weit entfernt, daß wir sie nur so sehen, wie sie vor Milliarden Jahren waren.

Gerade darin hatte Edgar Allen Poe einen Ausweg aus dem Dilemma vom dunklen Nachthimmel gesucht: Wenn wir in den Raum hinausblicken, dann sehen wir Sterne nur bis zu einer bestimmten Entfernung. Weiter draußen erblicken wir die Dunkelheit, in der es noch keine Sterne gab. Deshalb ist es nachts dunkel. Poe setzte voraus, daß die Sterne erst seit einer endlichen Zeit existieren. Daß er damit recht hatte, erfuhr man erst nach dem Ersten Weltkrieg, als man bemerkte, daß nahezu alle Galaxien von uns wegfliegen. Es erscheint auf den ersten Blick verwunderlich, daß man etwas darüber aussagen kann, wie sich Himmelskörper bewegen, die so weit weg sind, daß ihr Licht uns erst nach Millionen von Jahren erreicht. Doch der Astronom macht sich einen Effekt zunutze, den wir aus dem täglichen Leben kennen: Wenn sich der Unfallwagen uns auf der Straße mit Martinshorn nähert, klingt der Ton höher als später, wenn er sich wieder entfernt. Man hört beim Vorbeifahren deutlich den Wechsel von höherer zu tieferer Tonlage.

Diese nach dem österreichischen Physiker Christian Doppler benannte Erscheinung gibt es nicht nur bei den Schallschwingungen einer Sirene, man beobachtet sie auch bei den Schwingungen des Lichtes. Wenn eine Lichtquelle sich uns nähert, erscheint ihr Licht kurzwelliger, als wenn sie

1200 km/s

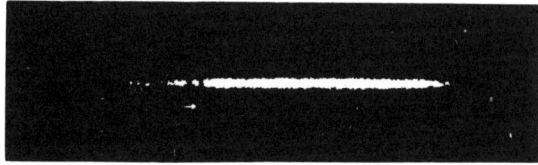

15000 km/s

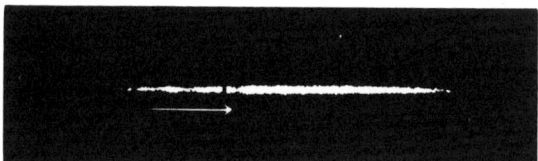

22000 km/s

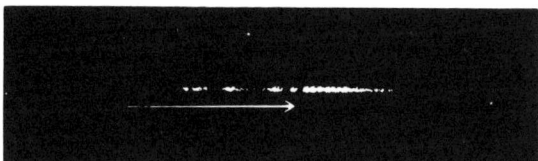

39000 km/s

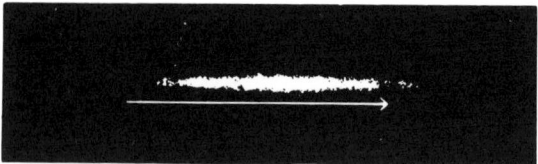

61000 km/s

sich von uns entfernt. So geringfügig der Effekt beim Licht auch ist: Er kann gemessen werden und hilft uns nicht nur festzustellen, ob sich ein Himmelskörper auf uns zu oder von uns wegbewegt – wir können damit auch seine Geschwindigkeit bestimmen. So fand man in den 20er Jahren, daß sich manche Galaxien unvorstellbar rasch von uns entfernen. Geschwindigkeiten von 20 bis 30 Kilometern in der Sekunde waren keine Seltenheit. Der amerikanische Astronom Edwin Powell Hubble erkannte dabei, daß eine einfache Gesetzmäßigkeit besteht: Je entfernter eine Galaxie, mit um so größerer Geschwindigkeit fliegt sie von uns weg. Doppelte Entfernung bedeutet doppelte Geschwindigkeit, dreifache Entfernung dreifache Geschwindigkeit. Das Tempo der Flucht ist proportional zur Entfernung. Das nennt man seither das *Hubblesche Gesetz*.

Auf den ersten Blick erscheint es merkwürdig. Sind wir danach nicht an einer besonders ausgezeichneten Stelle im Weltall angesiedelt? Stehen wir nicht gerade dort, von wo alle Galaxien wegfliegen? Sind wir vielleicht im Mittelpunkt der Welt? Der englische Astrophysiker Sir Arthur Eddington fragte deshalb: „Was haben wir denn an uns, daß alle Galaxien von uns Reißaus nehmen, als wären wir eine Pestbeule im Weltall?"[2] Aber Eddington wußte auch, daß das nur ein Scheinproblem ist. Es ist an einem einfachen Beispiel zu erläutern. Stellen wir uns vor, wir wollten aus Hefeteig einen Kuchen backen – mit Rosinen. Der Teig sei fertig, es herrsche die richtige Temperatur, und er gehe jetzt auf. Versetzen wir uns in die Lage einer Rosine, die ihre Mitrosinen beobachtet. Während der Teig aufgeht, bewegen sich alle von ihr fort, die entfernteren schneller als die näheren: doppelte Entfernung, doppelte Geschwindigkeit. Die Rosine beobachtet ein Hubblesches Gesetz! Daraus darf sie aber nicht schließen, daß sie in der Mitte des Teiges sitzt, denn *jede* Rosine beobachtet, daß sich alle von ihr wegbewegen. So geht es auch uns: Aus der Tatsache, daß alle Galaxien von uns wegfliegen, dürfen wir nicht schließen, daß wir die Rosine in der Mitte der Welt sind.

Aus der Geschwindigkeit, mit der sich zwei Galaxien voneinander entfernen, läßt sich errechnen, wann ihre Fluchtbewegung begonnen hatte. Man

◁ Abb. 57: Die Rotverschiebung im sichtbaren Licht in den Spektren von fünf Galaxien. Die Spektren sind jeweils die hellen horizontalen Streifen. Das rote Ende ist rechts. Da sie von schwachen Objekten aufgenommen sind, kann man nur wenige Details erkennen. Am deutlichsten sieht man den Effekt bei zwei Fraunhofer-Linien, die von Atomen des Elements Kalzium herrühren, zwei Einbuchtungen, im obersten Spektrum links mit H + K gekennzeichnet. Bei dieser Galaxie, die sich „nur" mit 1200 Kilometern pro Sekunde von uns wegbewegt, bewirkt der Doppler-Effekt nur eine geringe Rotverschiebung. Sie ist durch einen kleinen horizontalen Pfeil angedeutet. Nach unten zu sind Spektren von Galaxien mit größerer Fluchtgeschwindigkeit abgebildet. Dementsprechend stehen die beiden Fraunhofer-Linien immer weiter nach dem roten (rechten) Ende des Spektrums hin verschoben, wie die weißen Pfeile jeweils andeuten.

findet dann – bei all der Unsicherheit, die dem genauen Zahlenwert anhaftet –, daß die Bewegung vor 10 bis 20 Milliarden Jahren angefangen haben muß. Es kommt nicht so sehr darauf an, daß wir genau wissen, *wann* alles begann; das Wichtige ist, daß wir nun wissen, *daß* es vor endlicher Zeit begonnen hat. War vor etwa 20 Milliarden Jahren der Anfang der Welt? Es sieht so aus, denn es sprechen noch andere Befunde dafür. Wir sind heute in der Lage, mit gänzlich anderen Methoden das Alter von Sternen zu bestimmen. Man hat bis heute noch keinen Himmelskörper gefunden, der älter als vielleicht 18 Milliarden Jahre ist. Das scheint mit dem aus der Galaxienflucht herleitbaren Weltalter in Einklang zu stehen. Nehmen wir also an, vor 20 Milliarden Jahren wären alle Galaxien eng zusammengedrängt gewesen.

Damals also begann die Welt, und seither fliegt sie auseinander. Doch was heißt das? Bedeutet es, daß anfangs alles an einem Punkt im Raum konzentriert war, von wo alle Materie wie bei einer Explosion nach allen Richtungen in den sonst leeren Raum geschleudert wurde? Dann gäbe es ja doch eine ausgezeichnete Stelle im Weltall, nämlich den Explosionsort. Nein, man muß sich vielmehr vorstellen, daß die Materie von jedem Punkt aus wegflog. Wenn wir den jetzigen Bewegungszustand zurückverfolgen, kommen wir zu einem Anfang, an dem die Materie überall unendlich dicht war und sich dann nach allen Richtungen ausdehnte und verdünnte. Schon frühzeitig kondensierte sich die Materie zu Sternen und Galaxien, zwischen denen der Raum nahezu leer ist. Die auseinanderfliegende Materie wurde zu auseinanderfliegenden Sternsystemen.

Die Hubblesche Entdeckung hat Schwierigkeiten beseitigt, die den Kosmologen vorher Mühe bereitet hatten, als sie noch an ein unbewegtes, statisches Weltall glaubten. Ruhende Galaxien waren den Kosmologen genau so unheimlich, wie uns frei schwebende Steine erscheinen würden, die ruhend in der Luft hängen. Die Schwere müßte sie doch nach unten ziehen! Nur wenn wir die Steine hochwerfen, können sie für längere Zeit oben bleiben. Werden sie mit hinreichendem Schwung nach oben geschleudert, fallen sie überhaupt nicht mehr zurück. Ähnlich ist es mit den Galaxien. Sie können nicht in Ruhe sein. Anfangs wurden sie auseinandergeschleudert. Jetzt bewegen sie sich noch immer auseinander. Vielleicht werden sie sich später einmal wieder einander nähern, es sei denn, sie wären mit so starkem Schwung geschleudert, daß sie sich für immer voneinander entfernen wie der nie mehr auf die Erde zurückfallende Stein. Bewegte Galaxien entsprechen durch die Luft fliegenden Steinen. Die sind wir eher gewohnt als ruhig in der Luft schwebende.

Der russische Physiker und Meteorologe Alexander Friedmann hatte schon Jahre vor der Hubbleschen Entdeckung darauf hingewiesen, daß der Kosmos nach der Relativitätstheorie auch expandieren oder schrumpfen könnte. Hubbles sich ausdehnendes Weltall war also mit der Mechanik bestens in Einklang. Einstein wollte das zuerst nicht glauben. Aber neue

Ideen, die mit Einstein in unsere Vorstellungen von Raum und Zeit kamen, beeinflußten auch die Gedanken über die Struktur des Weltalls im Großen. Erstreckt es sich bis ins Unendliche, oder ist es gekrümmt, schließt es sich gewissermaßen in sich selbst? Wenn man in solch einem Weltall in eine Richtung geht, kommt man nach einer endlichen Zeit aus der entgegengesetzten Richtung zurück – wie etwa der Wanderer auf einer Kugel, der seinen Ausgangspunkt wieder erreicht, ohne jemals umgekehrt zu sein.

Solch einen Raum nennt man geschlossen. Er hat zwar keine Grenzen, besitzt aber einen endlichen Rauminhalt. Über die Raumformen hatte man schon früher nachgedacht. Der Physiker und Arzt Hermann von Helmholtz formulierte im vorigen Jahrhundert spöttisch, daß man, wenn man mit dem Fernrohr in den Raum blickt, möglicherweise seinen eigenen Hinterkopf erspähen kann.

Entfernt sich der Wanderer aber mit jedem Schritt von zu Hause und führt ihn sein geradliniger Weg niemals mehr an den Ausgangspunkt zurück, dann spricht man von einem offenen Raum. Um herauszufinden, ob unser Raum offen oder geschlossen ist, muß man nicht ins Unendliche reisen. Das Weltall verrät im Prinzip seine großräumigen Eigenschaften schon hier bei uns. Denn auch unser Wanderer muß nicht unbedingt die Erde umrunden, um herauszufinden, ob er wirklich auf einer Kugel oder auf einer Ebene spazieren geht. Das hängt mit der Geometrie zusammen.

In der Schule war zu lernen, daß Dreiecke, die wir auf das ebene Blatt zeichnen mußten, eine Winkelsumme von 180 Grad besitzen, unabhängig davon, ob sie breit oder schmal sind. Konstruiert man auf Kugelflächen Dreiecke, deren Seiten die kürzesten Verbindungslinien zwischen den Eckpunkten sind, so ist die Winkelsumme größer als 180 Grad. Das kann man sofort einsehen, wenn man sich auf der Erdkugel ein Dreieck vorstellt, dessen eine Ecke am Nordpol sitzt, die anderen beiden aber am Äquator liegen. Die Seiten des Dreieckes bestehen dann aus den Meridianlinien vom Pol zu den beiden Äquatorpunkten und aus einem Stück des Äquators. Da sich Meridiane und Äquator im Winkel von 90 Grad schneiden, geben bereits zwei der Dreieckswinkel zusammen 180 Grad. Mit dem dritten Winkel am Pol erhält man also für die Summe mehr als 180 Grad. Nur kleine Dreiecke auf der Erdkugel unterscheiden sich nicht merklich von Dreiecken in der Ebene. Ganz ähnlich ist es mit gekrümmten Räumen: Auch ihre Krümmung spiegelt sich in der Winkelsumme von Dreiecken und ganz allgemein in der Geometrie wieder. Trotzdem ist es uns bis heute noch nicht gelungen, die Geometrie des Weltraumes zu erkennen. Wenn überhaupt, dann ist er sicherlich nur geringfügig gekrümmt, sonst wäre das längst aufgefallen.

Wir wissen nicht, ob sich die Expansion des Weltalls für immer fortsetzen wird, oder ob die Schwerkraft, die die Galaxien einander näherbringen möchte, schließlich siegen und die Welt wieder in sich zusammenstürzen lassen wird. Oder war vielleicht der Anfangsschwung so groß, daß die

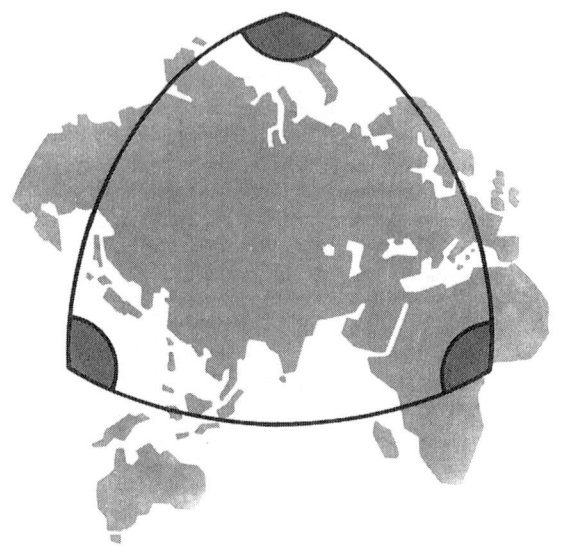

Abb. 58: Sphärische Geometrie. Die Winkelsumme eines Dreiecks auf der Kugel beträgt mehr als 180 Grad. Es gibt Überlegungen, wonach auch der Weltraum „gekrümmt" sein könnte.

Schwerkraft niemals die Oberhand gewinnen wird? Wir wissen es nicht. Wir wissen auch nicht, ob unser Raum offen ist, sich also bis ins Unendliche erstreckt, oder geschlossen ist – und das Raumschiff auf seinem geraden Wege wieder in seinem Heimathafen ankommt.

Die moderne Kosmologie scheint aber im Augenblick in der Frage, wie alles begann, Fortschritte zu machen. Der Anstoß kam im Jahre 1965. Damals fanden Arno Penzias und Robert Wilson, zwei Physiker bei den Bell-Telefon-Laboratorien in den USA, daß aus allen Richtungen des Raumes eine schwache Strahlung der Art kommt, wie wir sie in unseren Mikrowellenherden benutzen, nur sehr viel verdünnter: die sogenannte Kosmische Hintergrundstrahlung. Es sind übriggebliebene, längst erkaltete Wärmestrahlen vom Anfang der Welt. Aus ihnen erfährt man mehr über die Geschichte des Universums.

Das läßt sich mit einem Gedankenexperiment verstehen. Denken wir uns, wir wären so große Lebewesen, daß es für uns möglich wäre, mit den Stoffen im Weltall in großem Maßstab zu experimentieren. Verteilen wir in Gedanken die in den Sternen der Galaxien konzentrierte Materie gleichmäßig über den Raum, und betrachten wir eine Kugel von der Größe der Sonne. Dann wären in der Kugel – der Durchmesser liegt bei 1,4 Millionen Kilometern – etwa 280 Gramm Materie. Es wäre kein besonders exotischer Stoff, den wir da eingefangen haben, hauptsächlich Wasserstoff und Helium und andere Atomsorten, die wir auch zu Hause haben: Kohlenstoff, Sauerstoff, Spuren von Metallen. In der Kugel wäre aber auch die Penzias-Wilsonsche verdünnte Mikrowellenherdstrahlung: etwa so viel Energie, wie im Jahre 1945 bei der Hiroshima-Bombe frei geworden ist. Wir haben jetzt ein Gemisch aus Materie und Strahlung des Weltalls, zwei Komponenten, mit denen umzugehen wir gewohnt sind.

Wir können nun in Gedanken die Kugel zusammenpressen. Dabei kehren wir den Vorgang der Expansion des Weltalls um. Wir bringen die Materie der Kugel in immer frühere Stadien des Universums zurück, und wir können uns, wenn wir nur mutig genug drücken, an den Anfang des Weltalls herantasten. Dabei zeigt sich, daß nahezu alle Energie, die wir aufwenden müssen, um die Kugel zusammenzupressen, in die Strahlung geht. Obwohl sie zu Beginn des Experimentes nur eine untergeordnete Rolle spielte, wird sie bald viel wichtiger als die Materie. Beim Zusammendrücken erhitzt sich das Weltraumgemisch. Entspricht die Strahlung heute einer Temperatur von nur −270 Grad, das sind 3 Grad über dem, was die Physiker als die niedrigste mögliche Temperatur ansehen, so erreichen wir mehrere tausend Grad, wenn wir die Kugel auf ein Tausendstel ihres Durchmessers gedrückt haben.

In diesem Zustand war die Materie der Welt einige 100000 Jahre nach dem Urknall. Bringen wir unsere Kugel nun gar auf den Durchmesser von Metern, so erreichen wir Milliarden von Grad. Das entspricht dem Zustand der Welt einige Sekunden nach dem Urknall. In jedem Kubikzentimeter sind nun ungeheure Energiemengen verdichtet. Solche Energiekonzentrationen kann der Physiker heute künstlich erzeugen, wenn er in großen Teilchenbeschleunigern Teilchen nahezu mit Lichtgeschwindigkeit aufeinanderprallen läßt: Er kann die Zustände, wie sie in den frühesten Phasen des Universums geherrscht haben, im Laboratorium herstellen, wenn auch nur auf kleinem Raum – glücklicherweise, möchte man sagen.

Natürlich kommen wir mit unserem Gedankenexperiment nicht bis an den wirklichen Anfang heran, denn wenn wir das Experiment naiv bis zum Zeitpunkt Null bringen wollten, müßten wir die Kugel auf einen Punkt zusammendrücken. Die Dichte wäre unendlich groß, und keine uns bekannte Physik könnte den Zustand mehr beschreiben. Wenn wir im Gedankenexperiment die Geschichte der Welt zurückverfolgen wollen, können wir uns dem geheimnisvollen Urknall nur nähern, allerdings bis zu einem Weltalter, das, in Sekunden ausgedrückt, hinter dem Komma 41 Nullen hat. Was vorher war, darüber haben wir nicht die leiseste Ahnung. Diese erste Zeitspanne nennt man zu Ehren des Physikers Max Planck die „Planck-Zeit". Nur für die Zeiten danach glauben wir, daß die Einsteinsche Theorie die Schwerkraft richtig beschreibt. Bei einem heutigen Weltalter von 10 oder 20 Milliarden Jahren mag ein winziger Bruchteil einer Sekunde am Anfang des Weltalls unwichtig erscheinen. Aber die entscheidenden Merkmale unseres heutigen Universums wurden bereits in diesem ersten Augenblick geprägt.

Doch nicht allein die Gravitation bestimmt, wie sich das Weltall entwikkelt. Es kommt auch auf die Eigenschaften der Materie an. Leider liegen jene exotischen Zustände kurz nach der Planck-Zeit weit außerhalb unserer Erfahrung. So kann man nur die Theorie zu Hilfe nehmen, wie man sie anhand der Experimente in großen Teilchenbeschleunigern entwickelt hat. In bezug auf diese ersten Augenblicke nach der Planck-Zeit bewegt man sich auf einem Terrain, bei dem man an die Grenzen des Wissens unserer Physiker stößt. Trotzdem hat man kürzlich für den Anfang, unmittelbar nach der Planck-Zeit, ein Bild gewonnen, das einige bisher unverstandene Phänomene zu erklären scheint.

Die neue Theorie nennt man das „Inflationäre Weltall". Sie wurde in der Sowjetunion von dem Physiker Andrej Linde und in den USA hauptsächlich von Alan Guth entwickelt.[3] In diesem Bild gab es kurz nach der Ära der Planck-Zeit – jetzt stehen bei dem in Sekunden angegebenen Weltalter nur noch 34 Nullen hinter dem Komma – eine rasche, fast explosionsartige Ausdehnung, die sogenannte Inflation. Punkte, die vorher einen Zentimeter voneinander entfernt waren, fanden sich winzigste Bruchteile von Sekunden später in einem Abstand von 100 Lichtjahren wieder.

Auf den ersten Blick glaubt man, das würde eine Grundregel der Physik verletzen. Materie kann doch nicht rascher als mit Lichtgeschwindigkeit auseinanderfliegen. Doch die Materieteilchen, die nun in Lichtjahren Abstand stehen, gingen nicht exakt vom gleichen Ort aus. Die genaue Aussage der Relativitätstheorie, wonach kein Körper schneller fliegen kann als das Licht, lautet nämlich: Wenn ich von einem Punkt einen Lichtblitz aussende, gelingt es mir nicht, vom gleichen Punkt aus ihm einen Körper nachzuschikken, der ihn einholen kann. Dagegen wird im inflationären Weltall nicht verstoßen, denn die auseinanderfliegenden Materieteile gehen nicht vom gleichen Punkt aus. Nach der Inflation dehnte sich das Weltall, verglichen zur inflationären Phase, recht gemächlich aus, seit damals bis auf den heutigen Tag.

Noch ist es nicht sicher, ob dieses Bild richtig ist. Unsere Vorstellungen von den Eigenschaften der Materie der Ur-Zeit werden nur teilweise von Experimenten gestützt. In den Teilchenbeschleunigern können heute nur so hohe Energiedichten erzeugt werden, wie sie zu einer Zeit herrschten, als das Weltall in Sekunden nur elf Nullen hinter dem Komma hatte – eine Ewigkeit nach der Planck-Zeit mit ihren 41 Nullen! Nur mit Hilfe der Theorie können wir die experimentellen Ergebnisse bis in die inflationäre Epoche zurück ausdehnen.

Mit dem inflationären Weltall konnte man mehrere bisher unverstandene Phänomene erklären. Eines davon ist das sogenannte Horizontproblem. Wenn wir in zwei entgegengesetzte Richtungen zum Himmel blicken und die kosmische Hintergrundstrahlung messen, dann sehen wir zurück in die frühen Phasen des Weltalls. Denn wir blicken auf Materie, die sich einige 100000 Jahre nach dem Urknall nahezu mit Lichtgeschwindigkeit von uns entfernte. Zwischen den Stellen, aus denen die Strahlung der beiden entgegengesetzten Richtungen uns trifft, kann niemals ein Kontakt bestanden haben. Jede Information von einer zur anderen hätte mit Überlichtgeschwindigkeit gehen müssen. Trotzdem gleichen sich die beiden Stellen wie ein Ei dem anderen, obwohl sie einander immer fremd gewesen sind. Das inflationäre Weltall gibt die Antwort: Anfangs waren die Teilchen nahe beisammen und hatten nahezu gleiche Eigenschaften. Danach flog alles inflationär auseinander. Die Materie mit einheitlichen Eigenschaften wurde über einen weiten Bereich hinausgetragen – kein Wunder, daß die beiden Raumgebiete einander heute gleichen.

Auch daß unser Weltall nahezu flach ist – so flach, daß wir seine Krümmung bis heute noch nicht messen konnten – folgt ganz natürlich aus der Theorie. Denn wie krumm das Weltall am Anfang auch war, in der inflationären Phase dehnte es sich so aus, daß in unseren Raumbereichen die Krümmung unmerklich wurde. Es ist ähnlich wie beim Aufblasen eines Luftballons. Ist er noch klein, so ist ein Dreieck auf seiner Oberfläche von einem Zentimeter Seitenlänge noch merklich gekrümmt, seine Winkelsumme zeigt es. Ist der Ballon aufgeblasen, so ist ein Dreieck von gleicher Seitenlänge nahezu eben.

Ein Problem, das uns bisher zu schaffen machte, hat man in letzter Zeit auch gelöst. Eigentlich müßten wir uns wundern, daß das Weltall aus Materie besteht. In Wahrheit gibt es zu jedem Materieteilchen eine Art Gegenstück, ein sogenanntes Antiteilchen: zum Elektron das Positron, zum Proton das Antiproton. Sind das Elektron und Antiproton elektrisch negativ, so sind ihre Antiteilchen Positron und Proton positiv. Unser Gedankenexperiment zeigte, daß die Weltraummaterie am Anfang, vor allem vor der inflationären Phase, reine Strahlung war. Aus ihr flockten bei der durch die Expansion bedingten Abkühlung Teilchen verschiedenster Art aus: Protonen, Neutronen, Elektronen. Aus ihnen wurden später unsere Atome. Da Materie, mit Antimaterie in Berührung gebracht, verstrahlt, müßten sich ständig Teilchen und Antiteilchen begegnen und in Strahlungsblitzen aufgehen. Doch davon bemerkt man nichts. Es scheint nur *eine* Art von Materie zu existieren. Wo ist die Antimaterie geblieben?

Doch in der Geschichte der Welt sind nicht immer alle Prozesse für Materie und Antimaterie exakt symmetrisch abgelaufen. Man kennt neuerdings Reaktionen, die die Materie geringfügig der Antimaterie vorziehen. So muß sich damals ein geringer Überschuß an Materie herausgebildet haben. Viel war

es nicht: In etwa einer Milliarde Teilchen und Antiteilchen war *ein* Materieteilchen mehr. In den späteren Phasen verstrahlten Teilchen und Antiteilchen
paarweise. In dieser „Paarvernichtungsschlacht", wie sie öfter bezeichnet
wird, wurde fast alles wieder Strahlung. Nur die überzähligen Teilchen
blieben zurück. Sie bilden jetzt die Welt von heute. Die Materie des heutigen
Weltalls ist der damalige geringfügige Überschuß der Teilchen über die
Antiteilchen.

Noch steht nicht fest, ob das Bild vom inflationären Weltall richtig ist.
Im Augenblick herrscht Bewegung, nicht nur unter den Galaxien, sondern
auch in unseren Vorstellungen über den Kosmos, den sie erfüllen. Wir
beklagen heutzutage, daß sich die Wissenschaft immer mehr in Spezialgebiete
verliert, zwischen denen kaum noch Kontakte bestehen; nicht so in der
Kosmologie. Sie spannt einen weiten Bogen: Man zog aus, die Welt in
ihren größten Dimensionen zu ergründen, und mußte feststellen, daß es die
Elementarteilchen, die kleinsten Bestandteile der Atome, und ihre Felder
sind, die bestimmen, wie unser Weltall im Großen beschaffen ist.[4]

Rainer Beck

Fenster zum Weltraum

Radioastronomische Sternstunden

Bis weit in unser Jahrhundert hinein beschäftigte sich die Astronomie mit der Sonne und ihren Planeten sowie mit Sternen und Gasnebeln des Milchstraßensystems. Die Planeten reflektieren das Licht der Sonne. Gasnebel sind dann sichtbar, wenn sie von heißen Sternen zum Leuchten angeregt werden. Nur Sterne erzeugen die zum Leuchten notwendige Energie selbst. Alle diese Himmelskörper senden ihr Licht in dem Wellenlängenbereich des elektromagnetischen Spektrums aus, in dem unsere Augen empfindlich sind: genannt „das optische Fenster".

Die Einführung der Fotografie erweiterte das optische Fenster in den ultravioletten und infraroten Spektralbereich, ausgesandt von besonders heißen oder kühlen Sternen. Die Vorstellung, daß unsichtbare Strahlung völlig anderer Wellenlängen aus dem Kosmos kommen könnte, war den Menschen lange fremd und wurde selbst unter Wissenschaftlern nicht ernsthaft diskutiert. Der Blick durch das schmale optische Fenster war zwar vertraut – aber neue Perspektiven blieben verschlossen.

Kurz nach der Entdeckung der Radiowellen durch Heinrich Hertz im Jahr 1888 versuchten Physiker in England, Frankreich und Deutschland, Radiostrahlung von der Sonne nachzuweisen. Die Geräte der damaligen Zeit waren aber für diesen Zweck völlig unzureichend. Da außerdem niemand eine Ahnung hatte, wieso die Sonne überhaupt Radiowellen produzieren sollte, wurden diese Experimente bald aufgegeben. Somit mußte die Entdeckung kosmischer Radiowellen auf einen Zufall warten.[1] Im Jahr 1930 begann ein Physiker bei einer großen amerikanischen Telefongesellschaft mit der Untersuchungen von Störungen bei der drahtlosen Telegrafie mit Radiosignalen. Karl Guthe Jansky, so hieß der junge Mann, baute zu diesem Zweck eine Antenne von 30 Metern Länge und vier Metern Höhe aus Metallstäben, die er auf vier Autorädern drehen konnte. Er fand außer Radiostörungen durch Gewitter ein starkes Signal, das sich wie die Sonne am Himmel bewegte, aber im Laufe der Wochen immer früher erschien.

Er veröffentlichte diese Entdeckung im Jahr 1932 und gab schon 1933 die richtige Erklärung: Das Signal folgte dem scheinbaren Umlauf der Sterne um die Erde und stammte daher weder von der Erde noch von der Sonne, sondern aus dem Weltall. Jansky vermutete das Zentrum unseres Milchstraßensystems als Quelle – und damit lag er richtig. Die Radiostrahlung der Sonne konnte er nicht entdecken, denn damals war die Sonnenaktivität besonders niedrig und ihre Radiostrahlung daher zu schwach.

Jansky empfing Radiostrahlung bei einer Wellenlänge von 15 Metern, zum Glück gerade noch am Rand des „Radiofensters". Radiostrahlung größerer Wellenlänge wird von der Ionosphäre der Erde reflektiert und gelangt daher nicht bis zur Erdoberfläche. Andererseits ist die Reflexion an der Ionosphäre für Langstrecken-Funkverbindungen von Nutzen. Zu kurzen Wellenlängen wird das Radiofenster durch die Absorption von Radiowellen durch Moleküle des Wasserdampfes und des Sauerstoffs in der unteren Erdatmosphäre begrenzt. Um Radiostrahlung unter einigen Millimetern Wellenlänge empfangen zu können, muß das Radioteleskop auf einem möglichst hohen Berg stehen. Unter einem Drittel Millimeter Wellenlänge sind Flugzeuge nötig, um das Radiofenster noch ein wenig weiter öffnen zu können. Das Radiofenster umspannt Wellenlängen von einigen Zehntel Millimetern bis zu 20 Metern, das heißt rund fünf Zehnerpotenzen, während das optische Fenster von 0,3 bis 0,8 Millionstel Metern Wellenlänge reicht und damit noch nicht einmal eine Zehnerpotenz umfaßt. Das Radiofenster eröffnete ein neues Panorama des Kosmos. Leider nimmt die Umweltverschmutzung auch im Radiofenster immer mehr zu: Fernsehen, Hörfunk, Satelliten, Richtfunkstrecken und Bodenradar von Militärflugzeugen überdecken häufig die schwachen Radiosignale. Es mangelt an bindenden internationalen Abkommen zur Freihaltung bestimmter Wellenlängenbereiche für die Radioastronomie.

Janskys Entdeckung erregte in den Tageszeitungen großes Aufsehen, aber die Wissenschaftler an den Universitäten jener Zeit erkannten ihre Chance noch nicht. Auch Jansky selbst konnte seine Arbeit nicht fortsetzen, denn er hatte seine Aufgabe für seine Firma erfüllt. Janskys Arbeit wurde einige Jahre später von dem amerikanischen Ingenieur Grote Reber fortgeführt, dem ersten Radioastronomen überhaupt und dem ersten Hobbyastronomen im Radiobereich. Er baute im Jahr 1937 in seinem Garten das erste Radio-Spiegelteleskop der Welt mit erstaunlichen zehn Metern Durchmesser, das ihn 1300 Dollar kostete – damals eine gewaltige Summe. Die ersten Beobachtungen bei 9 und 33 Zentimetern Wellenlänge schlugen fehl, doch der dritte Versuch bei 2 Metern Wellenlänge brachte 1939 endlich den erhofften Erfolg. Schon 1940 konnte Reber die erste Radiokarte der Milchstraße veröffentlichen – und jetzt endlich begann das Interesse der Wissenschaftler zu erwachen, die nun den Ursprung der Radiostrahlung zu erklären versuchten.

Normale Sterne sind nur schwache Radioquellen. Radiostrahlung stammt aus dem Raum zwischen den Sternen, der mit extrem dünnem Gas angefüllt ist, das fast ausschließlich aus Wasserstoff und Helium besteht. In der Umgebung heißer Sterne werden die Gaswolken der Milchstraße auf rund 10 000

Grad aufgeheizt. Sie befinden sich im Plasma-Zustand, das heißt, Atomkerne und Elektronen sind voneinander getrennt. Elektronen können sich frei zwischen den Atomkernen bewegen. Bei einer engen Begegnung zwischen Elektron und Atomkern wird Radiostrahlung ausgesandt. Diese Vorstellung trifft zwar zu, doch die dabei erzeugte Radiostrahlung wird überlagert von einer viel stärkeren Komponente, die noch lange rätselhaft blieb.

Erst 1950 gab der Freiburger Astrophysiker Karl Otto Kiepenheuer die richtige Erklärung. Das Milchstraßensystem ist nicht nur mit langsamen Teilchen des heißen Plasmas angefüllt, sondern auch mit Teilchen extrem hoher Geschwindigkeit, die „Kosmische Strahlung" genannt werden. Zur Beschleunigung dieser Teilchen reichen Explosionen, wie sie auf der Sonne beobachtet werden, nicht aus. Der Ursprung der Kosmischen Strahlung muß in wesentlich schnelleren Materieströmungen liegen. In Frage kommen die Explosionen massereicher Sterne, die als Supernovä aufleuchten können. Die Teilchen der Kosmischen Strahlung werden durch großräumige Magnetfelder im Milchstraßensystem auf spiralförmige Bahnen gezwungen. Dabei werden sie nach den Gesetzen der Physik abgebremst und geben die verlorene Energie als elektromagnetische Strahlung ab.

Damit diese Strahlung im Radiofenster beobachtet werden kann, darf die Geschwindigkeit der Elektronen höchstens um ein Millionstel kleiner sein als die Lichtgeschwindigkeit. Bei weiterer Annäherung an die Lichtgeschwindigkeit nimmt die Wellenlänge weiter ab und kann schließlich sogar im optischen Fenster beobachtbar sein. Eine solche optische Strahlung tritt in Teilchenbeschleunigern auf und hat daher den Namen „Synchrotronstrahlung" erhalten. Die von Jansky und Reber beobachteten Radiowellen sind Synchrotronstrahlung.

Die Entdeckung der Radiostrahlung der Sonne während des Zweiten Weltkrieges verlief ähnlich wie bei Jansky. Die englische Radarabwehr stellte im Februar 1942 starke Störungen fest, die dem Lauf der Sonne folgten. Der Physiker Hey telefonierte mit dem Königlichen Observatorium in Greenwich, von dem er von einer ungewöhnlich großen Sonnenfleckengruppe an diesen Tagen erfuhr. Nach anfänglicher Skepsis konnte der Zusammenhang zwischen starker Sonnenaktivität und erhöhter Radiostrahlung im Februar 1946 bestätigt werden.[2]

Ohne Sonnenflecken ist die Sonne trotz ihrer geringen Entfernung nur eine schwache Radioquelle. Die Strahlung der ruhigen Sonne stammt aus der Korona, einer dünnen, heißen Gashülle, die weit ins Planetensystem ragt. Die Radiostrahlung aus begrenzten Gebieten starker Sonnenaktivität ist ein Resultat der starken Magnetfelder auf der Sonne, einige tausend Mal stärker als das Erdmagnetfeld. Bereits die langsamen Elektronen des heißen Gases in der Atmosphäre der Sonne senden in solchen Magnetfeldern Radiostrahlung aus, die „Zyklotronstrahlung". Teilchen können aber auch auf der Sonne beschleunigt werden und dabei besonders intensive Radiowellen abstrahlen, wenn durch plötzliche Entspannung verdrillter Magnetfelder Energie freigesetzt wird. Solche Explosionen gibt es nur in großen Sonnenflecken, die in einem Rhythmus von etwa elf Jahren auftreten. 1989 bis 1991 sind die Jahre des Maximums der Sonnenaktivität, und fast täglich werden

Abb. 59: 100-Meter-Radioteleskop in Bad Münstereifel-Effelsberg. Das Teleskop wird vom Bonner Max-Planck-Institut für Radioastronomie betrieben. Radiowellen durchdringen auch die lichtundurchlässigen Bereiche der Interstellaren Materie.

Strahlungsausbrüche im Radiobereich registriert. Moderne Radioteleskope können verfolgen, wie sich die Magnetfelder während einer Explosion verändern.

Nach dem Zweiten Weltkrieg begann der steile Aufstieg der Radioastronomie, praktisch gleichzeitig in den USA, in England, in den Niederlanden und in Australien. Als Radioteleskope dienten zunächst von der deutschen Flugabwehr hinterlassene Radarspiegel vom Typ „Würzburg-Riese" mit 7,5 Metern Durchmesser. In Deutschland begann die radioastronomische Forschung mit dem 25-Meter-Spiegel auf dem Stockert bei Bad Münstereifel, der seit 1956 dem Radioastronomischen Institut der Universität Bonn gehört. Das 76-Meter-Spiegelteleskop Jodrell Bank bei Manchester in England war 15 Jahre lang das größte vollbewegliche Teleskop der Welt.[3] Es wurde 1971 vom 100-Meter-Teleskop bei Bad Münstereifel-Effelsberg abgelöst. Das Instrument wird vom Bonner Max-Planck-Institut für Radioastronomie betrieben. Durch ständige Modernisierungen ist es nicht nur das größte, sondern auch das leistungsfähigste Einzelteleskop der Welt geblieben.[4]

Der Parabolspiegel eines Radioteleskops sammelt die Radiowellen in einem Brennpunkt, in den das eigentliche Empfangssystem eingebaut wird. Von einer Hornantenne gelangen die Wellen in einen Hohlleiter, in dem ein kleiner Metallstift sitzt. Auf diesem wird, ähnlich wie bei einer Stabantenne, ein Wechselstrom erzeugt, der in mehreren Stufen bis auf das Milliardenfache oder sogar noch weiter verstärkt werden muß. Die eintreffenden Signale werden in digitaler Form auf Magnetplatte und Magnetband gespeichert. Ein Radioteleskop erfaßt im allgemeinen nur einen Punkt am Himmel. Um eine Radiokarte eines Himmelsgebietes zu erhalten, muß dieses Feld streifenförmig abgetastet werden. Die gesammelten Daten werden anschließend durch einen Computer zu einer Karte zusammengesetzt. Auf einem Bildschirm taucht diese Karte schließlich auf und sieht ganz ähnlich aus wie eine fotografische Aufnahme: Die Radiosignale sind sichtbar geworden.

Die Steuerung der komplizierten Bewegung eines Radioteleskops ist mit extrem hohen Anforderungen an die Leistung des Computers verbunden. Jede Radioquelle muß präzise angesteuert werden können, denn ein Radioteleskop besitzt kein Sucherfernrohr. Die Erfolge der Radioastronomie wären ohne hochempfindliche Elektronik und schnelle Computer unmöglich gewesen. Die Erfahrungen mit Radiospiegeln haben auch in der optischen Astronomie zu neuen Konzepten des Baus und der Steuerung von Teleskopen geführt.

Die große Wellenlänge der Radiostrahlung hat einen gravierenden Nachteil. Das Vermögen eines Teleskops, am Himmel eng benachbarte Objekte unterscheiden zu können, hängt direkt von der Wellenlänge ab. Janskys Antenne erlaubte nur, Radioquellen von mehr als 30 Winkelgrad Abstand zu unterscheiden: Das ist 60mal mehr als der scheinbare Durchmesser der Sonne am Himmel. Der Bau immer größerer Instrumente kann diesen Nachteil jedoch zum Teil kompensieren. Das Radioteleskop Effelsberg erreicht bei der kürzesten verfügbaren Wellenlänge von 6 Millimetern ein Auflösungsvermögen von 20 Bogensekunden, also ein Hundertstel des Sonnendurchmessers. Es ist damit besser als das bloße Auge, aber noch deutlich schlechter als optische Teleskope. Zur weiteren Steigerung des Auflösungsvermögens wurden sogenannte Interferometer gebaut: Anordnungen von mehreren Teleskopen. Martin Ryle in Cambridge/England wandte dieses Verfahren zum ersten Mal im Jahr 1946 an. Er zeigte, daß eine Radioquelle auf der Sonne nur so klein ist wie der zugehörige Sonnenfleck. Für diese bahnbrechende Entwicklung erhielt er 1974 den Nobelpreis für Physik.

Das größte Radiointerferometer, das *Very Large Array* (VLA), steht bei Socorro in der Wüste von Neumexiko. 27 Spiegel von jeweils 25 Metern Durchmesser bilden die drei Arme eines Y, die mit einem Schienentransporter bis auf eine Ausdehnung von 25 Kilometern auseinandergefahren werden können.[5] Das Instrument erreicht ein Auflösungsvermögen von Bruchteilen einer Bogensekunde. Damit könnte man die Zahl auf einer Münze in 10 Kilometern Entfernung erkennen. Das übertrifft die Leistung aller optischen Teleskope auf der Erde. Aber es geht noch schärfer! Im optischen Fenster setzen Bewegungen der Luft in der Erdatmosphäre dem Auflösungsvermögen eine Grenze – nicht so im Radiobereich. Durch Kombination von Radioteleskopen in Nordamerika und Europa entsteht ein Interferometer von mehreren tausend Kilometern Größe und entsprechend phantastischem Auflösungsvermögen: weniger als ein Tausendstel einer Bogensekunde, was der scheinbaren Größe eines Fußballs auf dem Mond entspricht! Das Verfahren der „Interkontinentalen Interferometrie" erlaubt den Blick ins Herz der Galaxien wie durch ein kosmisches Mikroskop.[6] Geplante Radioteleskope in Erdumlaufbahn könnten die Leistung noch weiter steigern. Hier bahnt sich eine enge Zusammenarbeit zwischen West- und Osteuropa an.

Die andere Methode, das Auflösungsvermögen zu verbessern, ist die Verringerung der beobachteten Wellenlänge. Das Radioteleskop Effelsberg arbeitet bis zu einer kürzesten Wellenlänge von sechs Millimetern. Für noch kürzere Radiowellen bis zu einem Millimeter steht das 30-Meter-Teleskop in der spanischen Sierra Nevada in 2870 Metern Höhe zur Verfügung. Es wurde vom Bonner Max-Planck-Institut konzipiert und 1985 an das deutschfranzösische Institut für Radioastronomie im Millimeterwellen-Bereich mit Sitz in Grenoble übergeben. Ähnliche Teleskope arbeiten in Japan, den USA und bei der Europäischen Südsternwarte in Chile. 1989 wurde das Tor zum Bereich unterhalb von einem Millimeter geöffnet: Das Bonner Max-Planck-Institut und die Universität von Arizona begannen den Bau eines Zehn-Meter-Teleskops auf dem Mount Graham in 3100 Metern Höhe. Damit ist das gesamte Radiofenster bald mit Teleskopen höchster Qualität bestückt.

Auf der Radiokarte des Himmels sticht die Milchstraßenebene hervor. Dort befinden sich die meisten Teilchen der Kosmischen Strahlung und die Magnetfelder. Darin eingebettet liegen schalenförmige Strukturen, die Überreste von Supernova-Explosionen. Einige dieser Schalen erstrecken sich über ein Viertel des Radiohimmels und zeugen von Sternexplosionen, die sich vor einigen zehntausend Jahren in unserer unmittelbaren Nachbarschaft ereigneten. Die Sterne des Milchstraßensystems sind im Radiohimmel nicht auffindbar, denn sie sind zu schwache Radioquellen. Unsere Sonne wäre bereits in wenigen Lichtjahren Entfernung mit keinem Radioteleskop mehr zu beobachten. Die vielen punktförmigen Radioquellen am Himmel sind eigenständige Milchstraßensysteme, die außergewöhnlich starke Radiowellen aussenden.

Unser Wissen über den Aufbau und die Entwicklung von Sternen basiert wesentlich auf der Analyse der Spektrallinien. 1945 sagte der niederländische Astrophysiker Hendrik van de Hulst voraus, daß der kühle Wasserstoff eine Spektrallinie im Radiobereich aussenden sollte. Die Drehrichtungen von Atomkern und Elektron können nämlich gleichsinnig oder ungleichsinnig sein, und der Wechsel zwischen ihnen setzt Energie in Form einer Radiowelle bei 21,1 Zentimetern frei. Die Entdeckung dieser Linie gelang im Jahr 1951 fast gleichzeitig in den USA, in den Niederlanden und in Australien. Damit eröffnete sich die Möglichkeit, den Aufbau unseres Milchstraßensystems wie auch anderer Galaxien zu durchleuchten, ungestört von kosmischem Staub und irdischer Straßenbeleuchtung. Erstmals entpuppte sich unser Milchstraßensystem ganz deutlich als Spiralgalaxie mit rund 100 000 Lichtjahren Durchmesser.

Die genaue Lage der 21-Zentimeter-Linie ist durch die Geschwindigkeit des Gases bestimmt. Falls sich die Quelle mit hoher Geschwindigkeit von uns fort bewegt, verringert sich die Frequenz der eintreffenden Strahlung. Dieser Effekt trägt den Namen des Physikers Christian Doppler. Die Beobachtung der 21-Zentimeter-Linie in Galaxien erlaubt daher die Messung der Eigenbewegung von Gaswolken, der Rotation um das Zentrum der Galaxie und auch der Fluchtgeschwindigkeit des gesamten Systems von uns weg – eine Folge der allgemeinen Expansion des Kosmos. Die Radiolinien liefern zudem die einzige Methode zur direkten Messung von Magnetfeldern in der Milchstraße. Es stellte sich heraus, daß das allgemeine Magnetfeld der Milchstraße rund 100 000 Mal schwächer als das Magnetfeld der Erde ist.

Kühles Gas in der Milchstraße ist das Baumaterial für neue Sterne. Die Wasserstoffwolken, die in der 21-Zentimeter-Linie beobachtet werden, sind stabile Gebilde und bilden in ihrem Innern nicht ohne weiteres Sterne. Ihre Geburtsstätten müssen in noch kälteren Wolken liegen, bei Temperaturen unter 20 Kelvin bzw. −253 Grad Celsius. Dort gibt es jedoch keinen atomaren Wasserstoff mehr, sondern nur noch Moleküle aus zwei Wasserstoffatomen, die im Radiobereich unsichtbar sind. Zum Glück bilden sich in solchen Wolken auch andere Moleküle, die durch Stöße mit Wasserstoffmolekülen Energie aufnehmen und dann Radio-Spektrallinien aussenden.

1963 wurde die erste Linie eines Moleküls bei einer Wellenlänge von 18 Zentimetern entdeckt, die Hydroxyl, einer Verbindung aus Sauerstoff und Wasserstoff, zugeschrieben wurde. Es folgten Ammoniak, Wasserdampf, Formaldehyd und Kohlenmonoxid. Sogar komplizierte organische Moleküle wie Alkohol oder Ameisensäure wurden nachgewiesen. Sie können nur in kalten und gleichzeitig sehr dichten Gaswolken existieren, die genügend Schutz vor der Ultraviolett-Strahlung heißer Sterne bieten. Die Moleküle sind daher hervorragende Thermometer und dienen gleichzeitig als Manometer.

Die Fülle der in kalten Wolken gefundenen Moleküle – es sind über 60 – gab ihnen den Namen „Molekülwolken". Sie sind die Geburtsstätten der Sterne. Die über die Aufspaltung von Radiolinien gefundenen Magnetfelder könnten als Geburtshelfer bei der Sternentstehung fungieren. Dichte Staubvorhänge versperren den Einblick mit optischen Teleskopen, doch die Radiowellen gelangen ungehindert zu uns. Die neuen Radioteleskope für den Bereich der Millimeterwellen erlauben es, nach Kohlenmonoxid in anderen Milchstraßensystemen zu suchen. Das Molekül ist eines der häufigsten und zeigt eine Reihe von charakteristischen Linien. Die größten Molekülwolken liegen in den Spiralarmen der Galaxien und in der Nähe des Zentrums. Schnelle Rotation um den Kern ist ein Hinweis auf eine starke Massekonzentration im Zentrum – vielleicht ein Schwarzes Loch? Höheres Auflösungsvermögen ist gefordert. Ein Interferometer für Kohlenmonoxid-Messungen ist seit 1989 auf dem Plateau de Bure in den französischen Alpen in Betrieb.

Die Geburtsstätten der Sterne sind ein aktuelles Forschungsgebiet der Radioastronomie. Sobald ein Stern entstanden ist, verschwindet er aus dem Radiofenster. Er taucht erst wieder auf, wenn er so massereich ist, um nach einigen Millionen Jahren Lebensdauer als Supernova explodieren zu können. Supernovä sind seltene Ereignisse. Sie sind nur etwa alle 50 Jahre einmal irgendwo in unserer Milchstraße zu beobachten, meistens so weit von uns entfernt, daß ihr Lichtblitz nicht den Staub durchdringt. Seit über 300 Jahren ist keine Supernova mehr in der Milchstraße beobachtet worden. Dafür gibt es zahlreiche Entdeckungen in anderen Galaxien, zum Beispiel Ende Februar 1987 in der Großen Magellanschen Wolke. Die Radiostrahlung einer Supernova ist nicht so spektakulär wie der Lichtblitz, aber nach einigen Jahrzehnten beginnt ihr Schauspiel im Radiofenster.

Schon Rebers erste Radiokarte des Himmels zeigte ein zweites, verschwommenes Maximum im Sternbild Cassiopeia. Mit wachsender Auflösung tauchten die klaren Umrisse einer schalenförmigen Quelle auf, die bei langen Wellenlängen sogar intensiver als die Sonne strahlt. Ihr Name *Cassiopeia A* kennzeichnet sie als stärkste Radioquelle in diesem Sternbild. Der Durchmesser der Schale nimmt von Jahr zu Jahr meßbar zu. Die Rückverfolgung führt zur Annahme einer Supernova-Explosion im 17. Jahrhundert, die vermutlich John Flamsteed am Königlichen Observatorium

Greenwich beobachtet hat. Im optischen Fenster sind heute nur ein paar unscheinbare Nebelfetzen zu sehen.

Unmittelbar nach einer Explosion rasen die Bruchstücke des früheren Sterns mit rund 10 000 Kilometern pro Sekunde nach außen und fegen dabei Gas und Magnetfelder der Milchstraße wie ein Schneepflug zusammen. In der Stoßfront werden immer mehr geladene Teilchen beschleunigt und senden immer stärkere Radiostrahlung aus. Nach einigen 100 Jahren beginnt die Abbremsung der Explosionswolke, und nach einigen 10 000 Jahren ist das Schauspiel vorbei. Die Teilchen füllen das Reservoir der Kosmischen Strahlung auf, und das Gas vermischt sich mit den Wolken der Milchstraße.

Einer der wenigen Supernova-Überreste, der auch im optischen Fenster deutlich zu sehen ist, ist der Krebsnebel im Sternbild Stier (siehe Abb. 49), ein Produkt der Supernova des Jahres 1054. Hier ist der Stern nicht vollständig explodiert. Ein kleiner Kern von nur rund zehn Kilometern Größe, aber von der Masse der Sonne, ist bis heute aktiv und sorgt für den Energienachschub des Nebels. Die frischen Teilchen sind so energiereich, daß ihre Synchrotronstrahlung bis ins optische Fenster reicht – eines der wenigen Objekte am Himmel, bei dem sich das optische und das Radiobild stark ähneln.

Das Radiofenster hat bisher einige hundert Überreste von Supernova-Explosionen in der Milchstraße zum Vorschein gebracht. Supernovä sind die wichtigsten Energielieferanten der Galaxien: Sie heizen das Gas, sie produzieren die kosmische Strahlung, sie regen die Sternbildung an, und sie setzen schwerere Elemente aus dem Sterninnern frei, aus denen erdähnliche Planeten und vielleicht einmal Lebensformen entstehen können. Die Erforschung der Supernovä hilft uns daher, den Kreislauf der kosmischen Materie zu verstehen.

Ein weiterer Meilenstein in der Geschichte der Radioastronomie ist wiederum dem Zufall zu verdanken. 1966 wurde bei Cambridge in England eine neuartige Empfangsanlage fertiggestellt, die aus über 1000 Holzpfosten von drei Metern Höhe bestand, dazwischen etliche Kilometer Draht. Die Doktorandin Jocelyn Bell hatte die Aufgabe, damit nach flackernden Radiosternen zu suchen. Auf ihren kilometerlangen Papierstreifen tauchten überraschend Signalmuster von präziser Regelmäßigkeit auf. Um Spekulationen über außerirdische Intelligenzen zu verhindern, wurde zunächst strengstes Stillschweigen gewahrt und nach einer natürlichen Ursache gesucht. Ein winziger Stern aus dicht gepackten Neutronen, der im Kern einer Supernova entstehen kann, hat die gewünschten Eigenschaften zur Produktion pulsierender Radiostrahlung, nämlich schnelle Rotation und starke Magnetfelder.[7]

Anthony Hewish, der Leiter der Arbeitsgruppe in Cambridge, nannte diese Radiosterne „Pulsare". Zusammen mit Martin Ryle erhielt er im Jahr 1974 den Nobelpreis für Physik für seine zukunftsweisenden Arbeiten in der Radioastronomie. Heute sind rund 400 Pulsare bekannt. Ihre Entfernung läßt sich relativ gut bestimmen, und daher eignen sie sich als Leuchtfeuer, um den Aufbau unseres Milchstraßensystems zu untersuchen. Pulsare in Doppelsternsystemen sind die genauesten Uhren der Welt und dienen zum Test der Allgemeinen Relativitätstheorie. Leider hinterläßt nicht jede Supernova einen Pulsar, und mit Spannung wird der Ort der Supernova des Jahres 1987 in der Großen Magellanschen Wolke überwacht, in der Hoffnung, dort der Geburt eines Pulsars beiwohnen zu können. Erste Erfolgsmeldungen zu Beginn des Jahres 1989 konnten jedoch bis Mitte 1990 noch nicht bestätigt werden.

Trotz aller Anstrengungen ist der Aufbau unseres Milchstraßensystems nur unzureichend bekannt, da wir „vor lauter Bäumen den Wald nicht sehen". Der Blick zu anderen, ähnlichen Spiralgalaxien präsentiert uns eine willkommene Vogelperspektive. Die Radiostrahlung stammt vorzugsweise aus den Gebieten der Sternentstehung in den Spiralarmen. Dort wird die Kosmische Strahlung produziert, wenn auch einzelne Supernova-Überreste nicht auszumachen sind.

In der benachbarten Spiralgalaxie im Sternbild Andromeda, die rund zwei Millionen Lichtjahre entfernt ist, wurde mit dem Radioteleskop Effelsberg hochpolarisierte Strahlung entdeckt, die auf ein großräumig geordnetes Magnetfeld hindeutet. Ähnliche Beobachtungen an anderen Spiralgalaxien bestätigten die Vorstellung, daß in Galaxien gigantische Dynamos am Werk sind, die aus der Rotationsenergie gespeist werden und Ordnung aus dem Chaos erzeugen. Wie sich diese Magnetfelder auf die Entwicklung der Galaxien auswirken, ist noch ungeklärt.

Von der Seite gesehen erscheinen Spiralgalaxien im optischen Fenster als flache Scheiben. Im Radiobereich sind sie jedoch viel dicker, denn ein Wind treibt heißes Gas, Kosmische Strahlung und Magnetfelder aus der Scheibe heraus. Der Wind kann durch die Anziehungskraft einer Nachbargalaxie noch verstärkt werden. Eng benachbarte Galaxien tauschen auch kühles Gas aus – sie scheinen miteinander zu kommunizieren. Eine zu enge Begegnung kann jedoch das Ende des kleineren Partners bedeuten, indem dieser verschluckt wird.

Die meisten starken Quellen des Radiohimmels sind weder als Supernova-Überreste noch als Spiralgalaxien identifizierbar. Am Ort einer starken Radio-Doppelquelle im Sternbild Schwan konnte 1953 nicht mehr als eine weit entfernte Galaxie gefunden werden. Es entbrannte in den USA ein wissenschaftlicher Streit zwischen Walter Baade und seinem Kollegen Rudolf Minkowski, ob die extreme Radiostrahlung durch die Kollision zweier Galaxien oder durch Prozesse im Kern einer Galaxie entsteht.

Neueste Radiokarten zeigen zwei schmale Verbindungskanäle zwischen der zentralen Galaxie und den beiden Radio-Blasen, die rund 300 000 Lichtjahre voneinander entfernt sind. Vermutlich sind gewaltige Explosionen im Kern für den Auswurf von Teilchen und Magnetfeldern in zwei entgegenge-

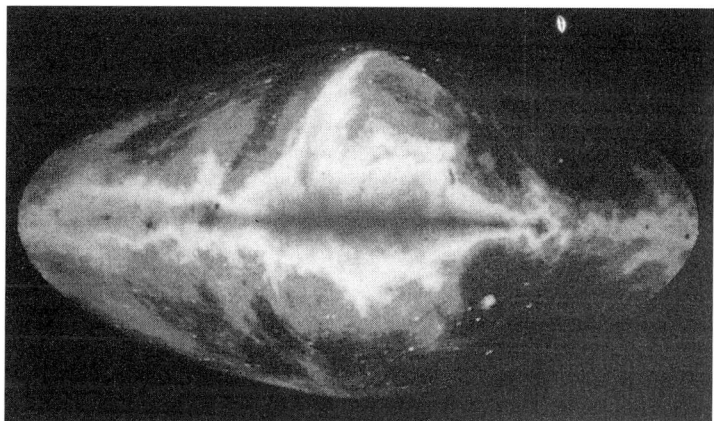

Abb. 60: Radiokarte des Himmels bei 408 Mega-Hertz (73 cm Wellenlänge). Dem dunklen Streifen in der Mitte entspricht die Milchstraßenebene. Der helle Bogen zum Nordpol der Karte hin ist ein Emissionsbereich, der als Supernova-Überrest gedeutet werden kann.

setzte Richtungen verantwortlich. Bei der Anregung solcher Explosionen könnten allerdings Kollisionen mit anderen Galaxien durchaus eine Rolle spielen. Der Streit ist also bis heute nicht entschieden. Es sind Hunderte von weiteren Radio-Galaxien bekannt, die sich alle durch ihre enorme Radiostrahlung und ihre typische Doppelstruktur auszeichnen.

Doch es gibt im Radiofenster noch Erstaunlicheres zu sehen. Im Jahr 1962 zog der Mond mehrmals vor einer Radioquelle vorbei, die im dritten Radio-Katalog des Observatoriums Cambridge die Nummer 273 trägt. Dadurch konnte ihre Position sehr genau gemessen werden. Auf fotografischen Aufnahmen dieser Region fand sich aber nur ein winziges, sternförmiges Objekt mit einem kleinen Strahl leuchtender Materie. Das optische Spektrum zeigte scheinbar ungewöhnliche Linien, bis Maarten Schmidt auf die geniale Idee kam, daß alle Linien um 16 Prozent zum Roten hin verschoben waren. Sofern die Rotverschiebung dieser Galaxie auf ihre Geschwindigkeit in Höhe von 16 Prozent der Lichtgeschwindigkeit im Rahmen der allgemeinen Expansion des Weltalls zurückzuführen ist, befindet sie sich in einer Entfernung von rund zwei Milliarden Lichtjahren. Ihre wahre optische Leuchtkraft muß daher mindestens 100mal größer sein als die einer normalen Galaxie; im Radiobereich ist dieses Verhältnis noch extremer.[8] Heute sind quasistellare Galaxien (oder kurz Quasare) mit noch wesentlich größeren Rotverschiebungen ihres Spektrums bekannt.

Eine kleine Gruppe von Wissenschaftlern glaubt, daß zumindest ein Teil der extremen Rotverschiebungen auf andere Effekte als die allgemeine Ex-

pansion des Kosmos zurückzuführen ist. Die Quasare wären dann wesentlich
jünger, hätten geringere Entfernungen und damit keine so spektakulären
Leuchtkräfte. Nach Meinung der meisten Wissenschaftler befinden sich
die Quasare jedoch am Rand des beobachtbaren Universums und sind die
gewaltigsten Energieerzeuger überhaupt. Viele von ihnen zeigen einen Mate-
riestrahl, der sich nahezu mit Lichtgeschwindigkeit auf uns zu bewegt. Wir
sind weit von einer Erklärung dieses Phänomens entfernt. Schwarze Löcher
im Innern der Quasare bleiben Spekulation, solange die Vorgänge in der
Umgebung solcher Objekte theoretisch nicht verstanden sind.

Die Beobachtung der Quasare ist ein Blick weit zurück in der Zeit.
Vielleicht sehen wir hier die turbulente Jugend der Galaxien vor uns, vielleicht aber auch fossile Galaxien, die heute ausgestorben sind. Vielleicht
bringt die weitere Steigerung des Auflösungsvermögens durch Radioteleskope in Erdumlaufbahn den entscheidenden Durchbruch zur Klärung dieser
Frage. Vielleicht erleben wir aber auch neue Überraschungen.

Die Entdeckung der mit der Entfernung zunehmenden Rotverschiebung
von Galaxien durch Edwin Powell Hubble im Jahr 1929 wird oft als Beweis
der allgemeinen Expansion des Kosmos angeführt. Diese Erklärung war
lange Zeit umstritten, da die Expansion einen Anfang gehabt haben muß,
der den etwas unglücklichen Namen „Urknall" erhielt. Der Durchbruch für
das Urknall-Modell kam wiederum aus der Radioastronomie. Im Jahr 1965
entdeckten die amerikanischen Physiker Arno Penzias und Robert Wilson,
ähnlich zufällig wie zuvor ihre Kollegen Jansky und Hey, mit ihrer riesigen
Hornantenne eine neue Art von Störstrahlung, die den Kosmos gleichmäßig
erfüllt. Der zweite Nobelpreis für eine radioastronomische Entdeckung war
fällig – er wurde im Jahr 1978 zugesprochen.[9]

Die Änderung der Intensität dieser Hintergrundstrahlung mit der Wellenlänge paßt zu der Annahme, daß der Kosmos heute eine Temperatur von
drei Grad Kelvin bzw. − 270 Grad Celsius hat. Wenn der Kosmos expandiert,
muß die Temperatur früher höher gewesen sein. Das Modell eines heißen
Stadiums in der Frühzeit des Universums liefert in der Tat die richtige
Vorhersage. Davor könnte es jedoch eine kalte Phase gegeben haben. Es ist
sogar denkbar, daß ein kalter Kosmos aus dem „Nichts" entstanden ist, doch
hier versagen die Mittel der beobachtenden Astronomie endgültig.

Die Öffnung des Radiofensters zum Kosmos hat Bekanntes in neuem
Licht erscheinen lassen, aber vor allem bisher Unbekanntes zum Vorschein
gebracht: Kosmische Strahlung, Magnetfelder, Pulsare, Quasare, Hintergrundstrahlung. Unser Bild vom Weltall ist nicht einfacher geworden, ganz
im Gegenteil. Der Bau immer größerer Teleskope für immer neue Fenster
des Spektrums und die Schaffung neuer Aussichtspunkte im Weltraum wird
sicher auch in Zukunft für unerwartete Entdeckungen sorgen. Vergessen
sollten wir dabei nie, daß wir immer nur durch begrenzte Fenster schauen
und den Kosmos niemals direkt erfahren können.

Hermann-Michael Hahn

Der offene Himmel

Raumsonden erkunden das All

Jahrtausende hindurch haben die Himmelsforscher sich bei der Erkundung des Weltalls auf die Beobachtungen stützen müssen, die sie – zunächst mit bloßem Auge, später auch mit optischen Hilfsgeräten, den sogenannten Teleskopen – vom Erdboden aus anstellen konnten. Für die Entschleierung des Himmels war dies eine denkbar schlechte Ausgangsposition, weil die irdische Atmosphäre solche Beobachtungen in mehrfacher Hinsicht beeinträchtigt: Zum einen erlaubt die unvermeidliche Luftunruhe, die sich aus Temperaturschwankungen innerhalb der Atmosphäre ergibt, nur unscharfe, verwaschene Bilder, bei denen feinste Details im Gewaber der Luftbewegung verschwimmen, zum anderen verhindert die Atmosphäre, daß der größte Teil der aus dem Weltall stammenden Strahlung überhaupt bis zum Erdboden vordringen kann.

Diese Filterwirkung, die zwar für die Entwicklung und den Fortbestand des Lebens auf unserem Planeten von entscheidender Bedeutung war und ist, stellt für die Astronomen eine äußerst einschränkende Zensur dar, können sie doch am Boden des Luftozeans nur zwei Bereiche der aus dem Weltraum kommenden Strahlung mehr oder minder ungestört empfangen: das sichtbare Licht und die kurzwellige Radiostrahlung – zusammen nicht einmal ein Drittel der gesamten Klaviatur des elektromagnetischen Spektrums. Erst die Möglichkeiten der Raumfahrttechnik erlaubten es den Astronomen, diese engen, natürlichen Fesseln zu sprengen. Satelliten, die oberhalb der störenden Erdatmosphäre kreisen, bieten sich als ideale Beobachtungsplattform ohne jegliche Beeinträchtigung an, und Raumsonden zu fernen Planeten verkürzen darüber hinaus, zumindest innerhalb des Sonnensystems, die Beobachtungsdistanz, können also Details beobachten, die in dieser Fülle auch mit den besten Teleskopen von der Erde aus nicht zu erkennen wären. Jetzt konnten die Himmelsforscher wirklich „nach den Sternen greifen" – kein Wunder also, daß die Raumfahrt manchen Bereichen der astronomischen Forschung zu spektakulären Fortschritten verhalf.

Den Anfang machten die sowjetischen Raketentechniker, die im Herbst 1959, knapp zwei Jahre nach dem Flug von Sputnik 1, im zweiten Anlauf eine Sonde hart auf dem Mond aufschlagen ließen und einen Monat später mit Lunik 3 die ersten Bilder der Mondrückseite aufnehmen und zur Erde übermitteln konnten. Diese Aufnahmen zeigten, was keines Menschen Auge je zuvor gesehen hatte – eine Landschaft, kaum 400 000 Kilometer von uns entfernt, die jedoch ohne Raumfahrt für immer unserem Blick entzogen geblieben wäre.

Während die Sowjetunion ihre Anstrengungen in den 60er Jahren zunächst auf rasche Erfolge in der bemannten Weltraumfahrt konzentrierte, nahmen die amerikanischen Raumfahrttechniker schon bald auch die Nachbarn der Erde im Sonnensystem ins Visier. Im Dezember 1962 gelang ihnen mit dem Vorbeiflug von Mariner 2 an der Venus die erste Naherkundung eines Planeten, und im Juli 1965 übermittelte Mariner 4 die ersten Nahaufnahmen vom Planeten Mars.

Sie zeigten eine mondähnliche, von Kratern zernarbte Oberfläche, auf der man vergeblich nach den im vergangenen Jahrhundert gemeldeten Marskanälen suchte. Der Mars erschien als ein toter Planet, ohne Hoffnung auf Spuren einer längst vergangenen Zivilisation, wie sie in den Gehirnen von Science-fiction-Autoren und manchen Astronomen bestanden hatte. Wesentlich zu dieser Ernüchterung beitragen konnten die Daten der übrigen Meßinstrumente an Bord von Mariner 4: Sie übermittelten die Vorstellung von einer dünnen, kalten und äußerst trockenen Atmosphäre, unter der nach irdischen Maßstäben kein Leben existieren konnte.

Spätere Marssonden konnten das Bild vom Mars als einem mondähnlichen Himmelskörper zwar in wesentlichen Punkten abwandeln, mußten jedoch den Eindruck eines toten Planeten bestätigen. Selbst die beiden Viking-Sonden, die im Sommer 1976 je eine Landekapsel auf dem roten Planeten absetzten, suchten vergebens nach Resten früherer Lebensformen. In ihren automatischen Minilaboratorien setzten sie Bodenproben der Marsoberfläche einer lebensfreundlichen Umgebung aus, um eventuell vorhandene Lebewesen, die sich möglicherweise in einer Art Winterschlaf oder Trockenstarre befanden, wieder zu eigenen Aktivitäten anzuregen. Inzwischen konnten die Wissenschaftler jedoch alle damals beobachteten Reaktionen durch rein chemische Prozesse erklären.[1]

Doch die Marssonden lieferten auch überraschende Informationen, die so gar nicht zum heutigen Erscheinungsbild des roten Planeten passen wollen. Da gibt es zum Beispiel ausgeprägte Strömungsformationen, die wie ausgetrocknete Flußtäler aussehen, und weite Landschaften, in denen der Boden eingestürzt erscheint, gerade so, als sei der Untergrund weggespült worden. Dies deutet – zusammen mit anderen Anzeichen – darauf hin, daß es auf dem Mars früher einmal größere Mengen an Wasser in flüssigem Zustand gegeben haben muß – unter heutigen Bedingungen würde flüssiges Wasser direkt verdampfen. Die Schätzungen für diese globale Wassermenge, die sich auf verschiedenste Messungen stützen, reichen von zwei bis 70 Millionen Kubikkilometer oder rund einem Hunderstel der irdischen Wasservorräte.

Wo ist dieses Wasser geblieben? Wodurch ist der Mars so ausgetrocknet? Sicher dürfte der Mars mehr Wasser an den umgebenden Weltraum verloren haben als die Erde, denn die Anziehungskraft des Planeten erreicht an der Oberfläche nur knapp 40 Prozent der Erdanziehungskraft, während die Erwärmung der Atmosphäre aufgrund des größeren Sonnenabstandes nur auf rund 43 Prozent des von der Erde her bekannten Wertes zurückgeht: Wasserdampf und die übrigen Bestandteile der Marsatmosphäre werden also durch die Sonneneinstrahlung im Verhältnis zur Marsanziehung stärker erwärmt und dadurch beschleunigt als im Falle der Erdatmosphäre. Ein nicht unerheblicher Teil des ursprünglich vorhandenen Wassers dürfte aber auch in Form der seit langem bekannten Poleiskappen oder als Permafrost unter der Marsoberfläche („gefrorenes Grundwasser") fortbestehen. Bei späteren Marsmissionen will man daher vor allem auch die Marskruste anbohren, um unter dem Marsboden nach Eis – und möglichen Resten früherer Lebensformen – zu suchen.[2]

Als für Lebewesen viel zu heiß und unwirtlich hat sich die Oberfläche der Venus, des inneren Nachbarn der Erde, erwiesen. Die Venus, die 1962 zum ersten Mal von einer unbemannten Raumsonde angesteuert wurde, hat seither mehr als 20 weitere Besuche von der Erde aus bekommen. Dabei wurde unser Bild über die vermeintliche Zwillingsschwester der Erde grundlegend verändert.

Noch in den 5oer Jahren hatten die Astronomen keine fundierten Kenntnisse über die Bedingungen an der Oberfläche dieses nach dem Monde nächsten Himmelskörpers: Eine dichte Wolkenhülle versperrt den Blick durch die Atmosphäre und machte selbst eine Bestimmung der Rotationsdauer unmöglich. So rätselte man, ob die Venus ein in der Entwicklung jüngeres Abbild der Erde sei, mit tropischem Klima und – wie die Erde vor einigen Hundertmillionen Jahren – von dichten Wäldern bedeckt, oder ob es sich um einen heißen Wüstenplaneten beziehungsweise um einen ganz von Wasser umgebenen Planeten handelte. Der englische Astronom Fred Hoyle mochte sogar nicht ausschließen, daß die Venusozeane aus einer öllähnlichen Substanz bestünden.[3]

Erste Zweifel an einer erdähnlichen Venus waren Ende der 5oer Jahre aufgetaucht, doch mochte man den Meßergebnissen, die eine sehr hohe Oberflächentemperatur andeuteten, nicht so recht trauen. Sie wurden dann allerdings von Mariner 2 und den in den 6oer und 7oer Jahren recht zahlreichen sowjetischen Venussonden bestätigt: An der Venusoberfläche herrscht eine Temperatur von rund 470 Grad Celsius, während der Luftdruck etwa 9omal so hoch ist wie der Druck der Erdatmosphäre auf Meereshöhe.

Auf solche, wahrhaft höllische Umweltbedingungen waren die ersten sowjetischen Venussonden, die eine Landung auf dem Nachbarplaneten versuchten, nicht vorbereitet: Sie versagten bereits in Höhen um 25 bis 30 Kilometer über dem Venusboden ihre Dienste. Im Dezember 1970 gelang schließlich mit Venera 7 eine erste kontrollierte Landung auf der Oberfläche der Venus: 23 Minuten hindurch funkte die Sonde Meßdaten über die dort herrschenden Umweltbedingungen zur Erde.

Anderthalb Jahre später konnte Venera 8 mit einem besonderen Meßgerät sogar den Versuch unternehmen, die Gesteinsart an der Venusoberfläche zu ergründen. Dabei stieß man auf Elementhäufigkeiten, wie sie von irdischen Basaltgesteinen her bekannt waren; anscheinend hatte es auf der Venus ähnliche vulkanische Aktivitäten gegeben wie auf der Erde.

Während des Abstiegs durch die Venusatmosphäre hatten die sowjetischen Sonden auch die Zusammensetzung der dortigen Lufthülle ergründen können und dabei Kohlendioxid als den Hauptbestandteil identifiziert. Für die Erklärung der unerwartet hohen Temperatur an der Venusoberfläche war dies eine wichtige, wenngleich nicht ausreichende Messung. Das Kohlendioxid spielt in der Venusatmosphäre eine ähnliche Rolle wie die Glasscheiben eines Treibhauses: Es läßt das Sonnenlicht weitgehend ungehindert von außen eindringen und die Planetenoberfläche aufwärmen, hält die dabei entstehende Wärmestrahlung jedoch zurück, so daß sie nicht in den Weltraum entweichen kann. Allerdings hatte diese Erklärung zunächst einen Schönheitsfehler, da eine solche Kohlendioxiddecke einige „Löcher" aufweist und allein kaum in der Lage ist, die Temperatur an der Venusoberfläche so weit ansteigen zu lassen. Um das Venus-Treibhaus wirksam abzudichten, bedurfte es auch eines – wenngleich geringen – Anteils an Wasserdampf in der Atmosphäre, der jedoch von den Sonden zunächst nicht nachgewiesen werden konnte. Dann aber fanden amerikanische Wissenschaftler anhand von Infrarot-Messungen, die sie an Bord eines hochfliegenden Flugzeuges gewonnen hatten, daß die Wolken der Venusatmosphäre aus Schwefelsäuretröpfchen zu bestehen schienen – eine Hypothese, die später durch Sonden vor Ort bestätigt werden konnte. Die solchermaßen eingebundenen Wassermoleküle reichten aus, den Treibhauseffekt der Venusatmosphäre vollständig zu verstehen.

Als dann im Dezember 1978 die vier Meßsonden des amerikanischen Pioneer-Venus-Programms durch die Atmosphäre der Venus zur Oberfläche herabsanken, spielte der Zufall einem der Instrumente eine wesentliche Information zu: An der Meßöffnung schlug sich ein ungewöhnlich großes Schwefelsäuretröpfchen nieder, das – wie die Messung später ergab – einen überraschend hohen Anteil an schwerem Wasser enthielt. Ein solches Mißverhältnis wird nur verständlich, wenn man annimmt, daß auch die Venus früher über wesentlich größere Mengen an Wasser verfügte als heute; Schätzungen reichen bis hin zu 30 Prozent der irdischen Wassermengen.[4]

Wenn sie ursprünglich in Form von Ozeanen vorhanden waren, muß man sich fragen, warum Venus und Erde trotz vergleichbarer Anfangsbedingungen so verschiedene Entwicklungswege genommen haben, denn auch die Erde verfügt über große Mengen an Kohlendioxid, die auf unserem Planeten jedoch weitgehend in Form von Karbonatgestein chemisch gebunden sind: Das reichlich vorhandene Kohlendioxid hat sich offenbar im Wasser der frühen Erdmeere auflösen können und dann mit anderen Elementen zu Sedimentgesteinen verbunden. Die Löslichkeit des Kohlendioxids hängt jedoch von der Wassertemperatur ab, und wenn die Meere der Venus aufgrund der geringeren Sonnenentfernung stärker aufgeheizt wurden, mußte mehr Kohlendioxid in der Atmosphäre verbleiben, wo es seine Treibhauswirkung entfalten konnte. Dadurch verdunsteten die Venus-Ozeane zunehmend, dichtete der dabei entstehende Wasserdampf das Kohlendioxidtreibhaus nachhaltig ab, und die Klima-Katastrophe nahm ihren unaufhaltsamen Lauf.

Damit ist die Venus ein mahnendes Beispiel für die Konsequenzen, die sich aus einer weiteren Zunahme des Kohlendioxidgehaltes der irdischen Atmosphäre ergeben könnten. Die gleichen Klimamodelle, die für die Erde einen Anstieg der Temperatur mit all seinen unerwünschten Folgen voraussagen, können die Klimaentwicklung der Venus jedenfalls zufriedenstellend rekonstruieren. Erst diese Sicherheit hat die Klimaforscher Anfang der 80er Jahre ermutigt, mit ihren schon länger gehegten Befürchtungen über einen zunehmenden Treibhauseffekt an die Öffentlichkeit zu treten und vor einer ungebremsten Zunahme der Kohlendioxidausschüttung zu warnen.

Vorerst bleibt jedoch noch offen, ob das Wasser der Venus je in größeren Mengen in flüssiger Form existiert hat oder nach und nach durch Vulkanismus in eine bereits aufgeheizte Atmosphäre entlassen wurde. Klarheit hierüber soll die neue amerikanische Venussonde Magellan bringen, die Anfang Mai 1989 gestartet wurde. Mit ihrem hochauflösenden Radarsystem soll sie die von außen unsichtbare Venusoberfläche abtasten und dabei Einzelheiten bis herunter zu einigen hundert Metern Größe erkennbar machen. Auf solchen detailreichen Karten dürften sich eventuell vorhandene Fließstrukturen und Strömungstäler ebenso verraten wie mittelozeanische Gebirgsrücken, die auf der Erde charakteristisch sind für tektonische Prozesse am Boden der ausgedehnten Meeresflächen.

Vor gut 15 Jahren drangen dann Raumsonden erstmals auch über die engere Nachbarschaft der Erde hinaus vor: Mariner 10 erreichte auf einem Umweg über die Venus den sonnennahen Merkur, und die beiden Pioneer-Sonden 10 und 11 bahnten sich ihren Weg nach draußen, durch den gefährlich erscheinenden Planetoidengürtel jenseits der Marsbahn bis hin zu den beiden Riesenplaneten Jupiter und Saturn.

Der Flug zum Merkur stellte hohe Anforderungen an die Schubleistung der Rakete, mußte doch die Raumsonde stark abgebremst werden, um überhaupt von der Erdbahn nach innen in Richtung Merkur zu gelangen. Die amerikanischen Wissenschaftler und Ingenieure standen damals vor der Wahl, entweder ein kleines, bescheidenes Raumschiff auf eine direkte Bahn zum Merkur zu entsenden oder aber auf die Entwicklung einer stärkeren Rakete zu warten. Es gab aber auch noch eine dritte Möglichkeit: Eine

größere Sonde so zur Venus zu starten, daß sie von deren Anziehungskraft nach innen zum Merkur umgelenkt wurde. NASA-Mitarbeiter hatten bereits 1962 herausgefunden, daß Erde, Venus und Merkur 1970 beziehungsweise 1973 jeweils vorübergehend in einer entsprechend günstigen Position zueinander stehen würden.

Am 3. November 1973 kurz nach Mitternacht Ortszeit jagte eine Atlas-Centaur-Rakete von Cape Canaveral aus in den dunklen Himmel über Florida. An ihrer Spitze befand sich der 533 Kilogramm schwere Instrumententräger Mariner 10 auf dem Weg zur Venus. Der Flug dorthin dauerte drei Monate, doch schon kurz nach dem Start gab es ernsthafte Probleme mit der Kamera, später dann auch noch mit dem Lagekontrollsystem. Damit war die Mission gefährdet, ehe sie richtig begonnen hatte: Um nämlich vom Schwerefeld der Venus in die richtige Richtung umgeleitet zu werden, mußte Mariner 10 den Planeten in einem ganz engen Korridor anfliegen, und das setzte mehrere Kurskorrekturmanöver voraus, die ohne funktionierendes Lagekontrollsystem zu einem reinen Vabanque-Spiel wurden. Am 5. Februar 1974 zog Mariner 10 in einer Distanz von rund 5800 Kilometern an der Venus vorbei. Die mitgeführten Kameras lieferten erstmals Nahaufnahmen der Venusatmosphäre im Bereich der Ultraviolettstrahlung, auf denen von der Erde aus unsichtbare Wolkenstrukturen erkennbar waren. Anhand der Bildsequenzen konnte die Windgeschwindigkeit in der obersten Wolkenschicht zu rund 400 Kilometer pro Stunde abgeleitet werden.

Gut sieben Wochen später, Ende März, erreichte Mariner 10 den sonnennahen Merkur. Bereits aus einer Entfernung von 4,5 Millionen Kilometern wurden die ersten Bilder aufgenommen und übermittelt, und je näher die Sonde an den Planeten herankam, desto deutlicher wurde eine unübersehbare Ähnlichkeit zum kraterübersäten Mond. Für jene Wissenschaftler, die sich mit der Entstehung des Sonnensystems befaßten, war dies eine wichtige Erkenntnis: Wenn Merkur und Mond gleichermaßen von Kratern zernarbt waren, wenn man darüber hinaus Krater auch beim Mars gefunden hatte, dann mußten diese Krater, die durch den Aufprall größerer Brocken entstanden waren, eine entscheidende Phase in der Frühzeit des Sonnensystems dokumentieren. Hatte man bis dahin angenommen, daß die Planeten im wesentlichen aus der Zusammenlagerung von kosmischen Staubteilchen entstanden waren, so machten diese Krater deutlich, daß die ursprünglich vorhandene Gas- und Staubwolke sich zunächst zu kleineren und größeren Brocken zusammengefunden haben mußte. Diese sogenannten Planetesimale schlossen sich dann zu den größeren Planeten zusammen, und die übriggebliebenen Reste stürzten wenig später, während der ersten 500 Millio-

◁ Abb. 61: Saturn und Saturn-Ringe. Die Bilder entstanden 1981 beim Vorbeiflug der Voyager-2-Sonde in einer Entfernung von rund vier Millionen Kilometern. Die Sonde lieferte die ersten „Nah"-Aufnahmen von Planeten des Sonnensystems.

nen Jahre des Sonnensystems, in mehr oder minder zufälliger Folge auf die
Planeten herunter.

Beim Zusammenstoß mit einem riesigen Brocken von mehreren tausend
Kilometern Durchmesser dürfte Merkur auch seine besonderen Eigenarten
davongetragen haben. Unter der mondähnlichen Landschaft verbirgt sich
nämlich ein ungewöhnlich großer, eisenhaltiger Kern, der immerhin fast
drei Viertel des Merkurdurchmessers erreicht – im Vergleich dazu fällt selbst
der eiserne Erdkern kleiner aus, denn er erstreckt sich lediglich über 54
Prozent des Erddurchmessers. Ein solch hoher Eisenanteil legt die Vermutung nahe, daß Merkur früher einmal rund 1500 Kilometer größer war und
dann beim Zusammenstoß mit einem etwas kleineren Objekt einen Großteil
des leichteren Krustenmaterials verlor, so daß nur der massive Kern mit
einer vergleichsweise dünnen Kruste zurückblieb.[5]

Überraschendes fanden die Raumsonden auch in den Außenbezirken des
Sonnensystems. Nachdem Pioneer 10 und 11 die Ungefährlichkeit einer
Durchquerung des Asteroidengürtels zwischen Mars- und Jupiterbahn demonstriert hatten, wurden im Spätsommer 1977 noch einmal zwei Sonden
zu den Riesenplaneten Jupiter und Saturn entsandt: Voyager 1 und 2 verkör-
perten eine neue Generation von Raumsonden mit extremen Bildaufnahme-
und Übertragungssystemen sowie zahlreichen weiteren, sehr empfindlichen
Meßinstrumenten. Sie fanden unter anderem einen zuvor unbekannten Ring
beim Planetenriesen Jupiter, erkannten die vier großen, schon 1610 von
Galileo Galilei beobachteten Jupitermonde als eigenständige Welten sehr
unterschiedlichen Aussehens, lösten die Saturnringe in eine unverstandene
Vielzahl einzelner, jeweils nur dünner Ringe auf und fanden, daß es sich bei
den Saturnmonden um Mischungen aus Eis- und Gesteinskörpern handelt.

Im Januar 1986 flog Voyager 2 dann am Uranus vorbei, der erst 205 Jahre
zuvor von Friedrich Wilhelm Herschel entdeckt und seither lediglich als winziges, bläulichgrünes Scheibchen im Fernrohr beobachtet worden war. Bei diesem Planeten, der rund 20mal soweit von der Sonne entfernt ist wie die Erde
und 84 Jahre für einen Sonnenumlauf braucht, hatten die Astronomen fünf
Monde gefunden, bloße Lichtpunkte selbst im größten Teleskop – die Kameras von Voyager 2 dagegen übermittelten Bilder, auf denen zum Teil Einzelheiten bis herunter zu einem Kilometer Größe zu erkennen sind: Bizarre Welten
aus Eis und Gestein, wie sie selbst Science-fiction-Autoren sich nicht exotischer hätten ausmalen können. Als nicht minder bizarr erwies sich der Neptun-
mond Triton, den Voyager 2 am 25. August 1989 aus einem Abstand von knapp
40 000 Kilometer fotografierte, nachdem er zuvor den Neptun selbst in einer
Distanz von weniger als 5000 Kilometer passiert hatte. Seither treibt er –
ausgestattet mit einer Art kosmischen Flaschenpost von der Erde – in die
Tiefen der galaktischen Umgebung hinaus.

Den bisherigen Höhepunkt erreichte die raumgestützte Planetenfor-
schung jedoch Mitte März 1986, als eine kleine Armada von Instrumententrä-

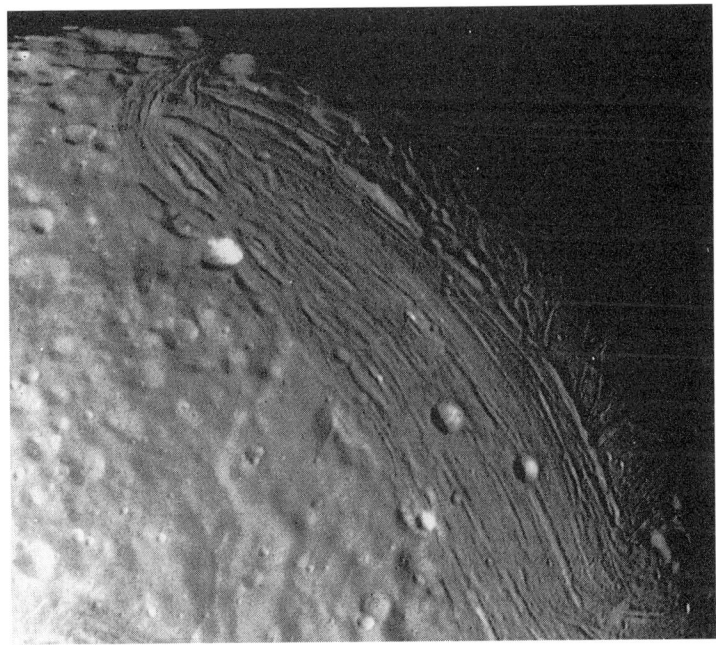

Abb. 62: Der Uranus-Mond Miranda. Die Kameras der Voyager-2-Sonde erreichten hier ein Auflösungsvermögen von 600 Metern. Deutlich erkennbar sind die Einschlagskrater.

gern dem Kern des Kometen Halley zu Leibe rückte. Allen voran kam die europäische Sonde Giotto bis auf rund 600 Kilometer an den kosmischen Winzling heran. Auf den übermittelten Fotos erkennt man ein längliches Gebilde von etwa 15 Kilometer Größe, das – überraschend dunkel – nur an einigen wenigen Stellen Gas an die Umgebung verliert. Dennoch reicht dieses Gas aus, um einem solchen Kometen ein für frühere Generationen furchterregendes Aussehen zu verleihen, das von einem gewaltigen, oftmals viele Millionen Kilometer langen Schweif geprägt wird.

Kometen, so hatten die Wissenschaftler seit einigen Jahrzehnten vermutet, seien in gewisser Weise kosmische Tiefkühltruhen, in denen die Materie aus der Anfangszeit des Sonnensystems nahezu unverändert erhalten geblieben wäre. Diese Hypothese ist durch die Erkundung des Kometen Halley weitgehend bestätigt worden. Allerdings reichten die Messungen noch nicht aus, um die Zusammensetzung dieser Urmaterie wirklich zuverlässig bestimmen zu können, und so soll eine zukünftige europäische Raumsonde zu einem anderen Kometen vor Ort Bodenproben entnehmen und sie zur Erde zurückbringen, wo sie dann mit allen technischen Raffinessen untersucht werden können.

Die Möglichkeiten der Raumfahrt lieferten den Astronomen aber nicht nur wesentlich umfassendere Informationen über die Mitglieder des Sonnensystems, sondern erweiterten auch das Beobachtungsspektrum für das übrige Universum. Schon vor dem Start des ersten Satelliten im Oktober 1957 hatte man mit Höhenforschungsraketen zum Beispiel herausgefunden, daß die Sonne Röntgenstrahlung aussendet und daher über eine sehr heiße Atmosphäre verfügen muß – gerade so, wie es der schwedische Astronom Bengt Edlen anhand von Beobachtungen der Sonnenkorona einige Jahre zuvor behauptet hatte.

Röntgenstrahlung entsteht überall dort im Universum, wo extreme Verhältnisse anzutreffen sind: Temperaturen von einigen Millionen Grad (wie im Falle der Sonnenkorona) oder sehr energiereiche Elektronen, die auf starke Magnetfelder treffen. So vermittelt die Röntgenastronomie, die seit den frühen 70er Jahren wiederholt mit speziellen Instrumententrägern wie etwa dem Einstein-Satelliten HEAO 2 betrieben wurde, Einblicke in äußerst heftige Prozesse im Kosmos, die uns ansonsten verborgen oder zumindest unverständlich geblieben wären.

Ein Beispiel hierfür sind Röntgendoppelsterne, Sternpaare, deren eines Mitglied im Zuge seiner Entwicklung bereits zu einem kosmischen Winzling von vielleicht 10 oder 15 Kilometern Durchmesser geschrumpft ist und nun Materie von seinem nahen Sternpartner zu sich herüberzerrt. Ein solches Objekt, ein sogenannter Neutronenstern, verfügt in aller Regel über ein sehr starkes Magnetfeld, das die herüberströmende Materie in einem engen Kanal bündelt und auf einen kaum quadratkilometergroßen Fleck auftreffen läßt – mit einer Geschwindigkeit von vielleicht 200000 Kilometer pro Sekunde. Dabei entstehen Temperaturen von etlichen Millionen Grad, und Röntgenstrahlung wird ausgesandt.

Noch viel mehr Energie dürfte im Zentrum der vor nunmehr fast 30 Jahren entdeckten Quasare freigesetzt werden. Sie wurden ursprünglich als extrem helle Radioquellen gefunden, doch zeigten spätere Beobachtungen im Röntgenbereich, daß auch sie zum Teil sehr intensive Röntgenstrahlung aussenden. Zu ihrer Erklärung greifen die Astronomen heute zumeist auf jene geheimnisvollen Schwarzen Löcher zurück, die mit ihrer geballten Schwerkraft selbst das Licht in ihren Bann schlagen können und daher von außen unsichtbar bleiben, sich lediglich durch ihr Schwerefeld verraten. Diese Energiekonzentrationen beeinflussen aber auch die Materie in ihrer Umgebung so sehr, daß gewaltige Mengen an Strahlung aller Spektralbereiche freigesetzt werden, von der energiereichen Röntgenstrahlung bis hin zur langwelligen Radiostrahlung. Neue Informationen hierzu erhofft man sich unter anderem von dem bundesdeutschen Röntgensatellit ROSAT.

Während die Ausweitung der Beobachtungsmöglichkeiten in den Bereich der Röntgenstrahlung den Astronomen ein überraschend stürmisches Weltall offenbarte, gewährten Infrarotmessungen einen Blick in die kalten Gegenden des Universums. Zwar lassen sich solche Infrarotbeobachtungen – zumindest in engen Grenzen – auch von hochgelegenen Observatorien oder hochaufsteigenden Flugzeugen und Ballonen aus vornehmen, doch erst der europäisch-amerikanische Infrarotsatellit IRAS konnte 1983 aus einer Umlaufbahn oberhalb der Erdatmosphäre innerhalb von nur zehn Monaten eine weitreichende Bestandsaufnahme vornehmen.

IRAS entdeckte nicht nur fünf Kometen, von denen einer der Erde bis auf 4,5 Millionen Kilometer nahe kam, sondern auch große Mengen an Staub innerhalb des Sonnensystems und zwischen den Sternen unserer Milchstraße. Besonderes Aufsehen schließlich erregte damals die Meldung, der helle Stern Wega im Sternbild Leier, rund 26 Lichtjahre von uns entfernt, sei von einer Staubscheibe umgeben: Hatte man dort am Ende ein Planetensystem im Stadium der Entstehung gefunden?

Auch hier planen die Europäer für die 90er Jahre eine Fortsetzung der Beobachtungsmöglichkeiten. Nachdem das deutsche Infrarotteleskop GIRL vor einigen Jahren in fortgeschrittenem Entwicklungsstadium kurzfristig gestrichen wurde, soll nun der Infrarot-Satellit ISO die Lücke schließen. Seine Messungen könnten dann dazu beitragen, den Prozeß der Sternentstehung, aber auch der Bildung von Galaxien in der Frühphase des Kosmos besser zu verstehen. Vielleicht reichen sie sogar aus, um eine endgültige Antwort auf die seit Jahrzehnten offene Frage zu finden, ob unser Universum sich bis in alle Ewigkeit über alle Grenzen hinaus ausdehnen oder schließlich in einem gewaltigen Kollaps enden wird. Eine Entscheidung zwischen diesen beiden Möglichkeiten erfordert die möglichst genaue Kenntnis der mittleren Materiedichte im Kosmos; die bislang bekannte Materiemenge reicht nicht aus, um die schon rund 15 Milliarden Jahre während Expansion zum Stillstand zu bringen, aber manche Astronomen wollen nicht ausschließen, daß es noch große Mengen an unsichtbarer, weil kalter Materie gibt, die sich nur durch ihre Infrarotstrahlung verraten würde.

Aber auch die klassische, optische Astronomie kann von den Standortvorteilen außerhalb der Erdatmosphäre profitieren: Bereits Mitte der 80er Jahre sollte ein großes Weltraumteleskop gestartet werden, doch die Shuttle-Katastrophe von 1986 durchkreuzte diese Pläne zunächst. Das Hubble-Weltraumteleskop besitzt einen Spiegel von 2,40 Metern Öffnung, dessen Bildqualität nicht mehr von der Luftunruhe beeinträchtigt wird. Die entsprechend bessere Bündelung des Lichtes sollte zu einer größeren Lichtempfindlichkeit führen, so daß man mit diesem Teleskop weiter in den Raum hinaus- und damit näher an den Anfang hätte heranblicken können, doch führte ein Fehler in der Herstellung des Spiegels zu einer enttäuschenden Abbildungsqualität. Demgegenüber haben erste Beobachtungen mit einem neuartigen Teleskop der Europäischen Südsternwarte 1989 gezeigt, daß man auch mit solchermaßen verbesserten, erdgebundenen Fernrohren die erwarteten Leistungen des Weltraumteleskops fast erreichen kann. Dies ist aber nur deshalb möglich, weil das Weltraumteleskop einen vergleichsweise kleinen Spiegeldurchmesser besitzt; wenn man eines Tages auch größere Teleskope in der Erdumlaufbahn einsetzen kann, wird ihre Leistung wohl unübertroffen bleiben.

Uwe Schultz | Joachim Trümper

Letzte Fragen

Gespräch mit einem Astrophysiker

Welche Motive, Herr Professor Trümper, trieben den Menschen seit früher, ja frühester Zeit bei seiner Erkenntnis ins Universum voran? Kann der Mythos des Prometheus den Antrieb des Menschen erklären, auch Herr der Sterne zu werden, das heißt ins Universum vorzudringen mit einem Erkenntnistrieb, der nahezu unbegrenzt ist?

Zum ersten Teil Ihrer Frage: Was hat die Entwicklung von Naturwissenschaft und Astronomie in Gang gebracht? Es ist wohl keine Frage, daß es die regelmäßigen Bewegungen der Gestirne am Himmel waren, die dabei eine wesentliche Rolle gespielt haben. In all der komplexen unbelebten und belebten Natur, in der sich der Mensch befand, stellten die Kreisbahnen der Sterne, die Bewegungen von Sonne und Mond etwas vergleichsweise Einfaches dar. Diese Erscheinungen gehorchen einfachen quantitativen Regeln, und so ist es kein Wunder, daß auch die Entwicklung der frühen Mathematik eng mit der der Astronomie verbunden ist.

Was den zweiten Teil Ihrer Frage zum Vorstoß des Menschen in das Universum betrifft, so erfordert die Antwort eine ungeheuere Extrapolation. Vor 50 Jahren überwanden die ersten Raketen die Atmosphäre, vor 30 Jahren befanden sich die ersten Sputniks in einer Erdumlaufbahn. Wenige Jahre später folgte der erste Mensch und vor 20 Jahren hat er zum ersten Mal den Mond betreten. Aber so groß uns auch diese Schritte erscheinen, so winzig sind sie, gemessen an kosmischen Dimensionen. Bis zum Mond braucht das Licht nur etwas mehr als eine Sekunde und zur Sonne acht Minuten. Aber der nächste Stern ist vier Lichtjahre entfernt, das Zentrum unserer Milchstraße 30000 Lichtjahre und die entferntesten Quasare über 10 Milliarden Lichtjahre!

Ob der Mensch jemals das Sonnensystem besiedeln wird, darüber jetzt etwas auszusagen, ist sehr schwierig. Im Prinzip kann man sich das vorstellen – rein technisch. Aber ob die Menschheit genug Antrieb hat, ob die Motive da sind, ob eine solche Entwicklung wirklich stattfindet: Ich glaube, die Antwort müssen wir einfach der Zukunft überlassen. Noch viel unsicherer erscheint die Bildung einer „galaktischen Zivilisation", über die manchmal spekuliert wird, die aber hunderte Millionen Jahre dauern würde.

Abb. 63: Der Röntgensatellit ROSAT als Zeichnung. Professor Joachim Trümper, Gesprächspartner des Herausgebers in diesem Interview, zeichnet für das Projekt verantwortlich, das viele neue Erkenntnisse bringt.

Wenn ich noch einmal zurückgehen darf in die frühe Menschheitsgeschichte: Sie haben erläutert, daß die Gestirne und ihre Ordnung den Menschen angetrieben haben, die Gesetzlichkeit zu erkennen, und das ist ein langsam und unregelmäßig fortschreitender Prozeß gewesen. Dabei ist auffällig, daß die Erkenntnisetappen, die in der Astronomie zurückgelegt wurden, außerordentlich unregelmäßig verlaufen. Arthur Koestler beispielsweise hat diesen Weg folgendermaßen beschrieben: Es sei ein Zickzackweg, der zeitweise sogar verblüffender wirke als die Entwicklung des politischen Denkens. In seiner Schrift Die Nachtwandler *hat er gezeigt, wie beispielsweise die Aufgabe, die Bewegung der Erde und den Mittelpunkt unseres Sonnensystems herauszufinden, fast 2000 Jahre überhaupt nicht ernsthaft in Angriff genommen wurde. Was ist das für ein Erkenntnisprozeß der Astronomie über zwei-, dreitausend Jahre gewesen?*

In der Tat ist der Erkenntnisprozeß nicht kontinuierlich verlaufen. Zwischen der Blütezeit der antiken griechischen Wissenschaft und dem ausgehenden Mittelalter, also in der Stagnationsperiode, auf die Sie anspielen, hatten sich die geistigen Prioritäten geändert: An die Stelle der Naturforschung waren die Theologie und das Problem der Stellung des Menschen und seiner Beziehung zu Gott als zentrales Thema getreten. Das naturwissenschaftliche Weltbild war in religiöser Dogmatik erstarrt. Mit der Überwindung dieser Situation durch die Lehre des Kopernikus wurde der Weg frei für die moderne Entwicklung der Naturwissenschaften und unserer westlichen Zivilisation. Dabei haben Galileis Entdeckungen – die der Jupitermonde und der Phasen der Venus –, die er mit dem gerade erfundenen Fernrohr machte, eine wesentliche Rolle gespielt. Seit jener Zeit hat das Wechselspiel zwischen Theorie und Beobachtungen, letztere angetrieben durch die technologische Entwicklung, für einen rasanten Fortschritt in der Astronomie gesorgt.

Dieser Fortschritt der modernen Naturwissenschaft, wie er mit Beginn der Neuzeit in besonderer Geradlinigkeit verlaufen ist, hat allerdings dann mit der weiteren Erkundung des Kosmos Dimensionen erreicht, das heißt Entfernungen sichtbar gemacht, die es dem Menschen erschweren, sich überhaupt noch eine visuelle Vorstellung davon zu machen. Vielleicht ist es auch außerordentlich schwierig für den Menschen, denn er ist durch seine erdhaften Distanzen an Erdmaße gebunden, und die Entfernungen, die sich im Universum auftun, sind für ihn ein Grenzwert. Ist überhaupt das, was sich an Entfernungen, Ausmaßen, Zeitvorstellungen im Kosmos entfaltet, ein anthropologischer Grenzwert des Menschen und damit auch eine Schwierigkeit für die astronomische Forschung?

Um bei der letzten Frage anzufangen: Ich glaube nicht, daß es eine Schwierigkeit für die astronomische Forschung ist. Astronomie treiben heißt, sich mit diesen Größenordnungen vertraut zu machen und damit umzugehen, und dies ist ganz wesentlich eine Frage der Gewöhnung. Natürlich haben wir es in der Astronomie mit ganz anderen Dimensionen zu tun, die weitab liegen von unseren menschlichen Skalen. Aber eine ähnliche Situation haben wir auch, wenn wir in die Elementarteilchenphysik gehen, in der die Forschung etwa bei Distanzen von 10-hoch-minus-18 Zentimetern angekommen ist, also bei einem Trillionstel eines Zentimeters. Das sind Bereiche, die ähnlich weit weg sind von unserer unmittelbaren menschlichen Erfahrung wie die, mit denen wir es im Kosmos zu tun haben. Als Wissenschaftler gewöhnt man sich an diese Dimensionen, und ich glaube, es ist alles relativ. Für jemanden, der noch nie aus seinem Dorf herausgekommen ist, ist schon das Maß der Bundesrepublik Deutschland schwer zu fassen. Auf der anderen Seite können wir als moderne Menschen den Globus umfliegen und sind dann geneigt, seine wahren Ausmaße zu unterschätzen.

Ähnlich geht es uns, wenn wir die kosmischen Dimensionen betrachten. Unser Sonnensystem ist riesig groß, aber es ist sehr klein im Vergleich mit der Milchstraße. Die Milchstraße besteht ja aus über 100 Milliarden Sonnen, und ihr Durchmesser ist milliardenmal größer als der unseres Sonnensystems. Der ganze Kosmos schließlich enthält mindestens 100 Milliarden Galaxien, also Gebilde wie unsere Milchstraße, und der Rand des Kosmos ist millionenmal weiter entfernt als die Außenbezirke der Milchstraße. Alles das kann der Forscher quantitativ erfassen. Er kann diese Distanzen mit seinen Methoden messen, er kann den Kosmos ausloten, der damit der rationalen Erforschung zugänglich wird. Welche anschaulichen Vorstellungen man sich dabei machen kann, das ist natürlich eine andere Frage. Aber wie gesagt, wir haben diese Schwierigkeit eigentlich auch, wenn wir hinabsteigen in den Mikrokosmos.

Sie haben gerade schon ein interessantes Stichwort gegeben: Makrokosmos–Mikrokosmos. Das heißt, der Mensch dringt auf der einen Seite unabsehbar in den Weltraum vor und findet dort Entfernungen, die, wie Sie sagen, noch rational unter Kontrolle sind, aber für den Durchschnittsmenschen schwer in sein Vorstellungsschema, das an die Erde gebunden ist, einzufügen sind. Auf der anderen Seite dringt die Forschung in den Mikrokosmos, das heißt in den Bereich der Atome vor, und auch dort wird eine Gesetzlichkeit entdeckt. Ist hier eine Vergleichbarkeit zwischen den Abläufen, den Gesetzen, möglicherweise sogar in bezug auf die Systeme erkennbar? Ist – eine Art Parallelität ist vielleicht zuviel gesagt – aber ist eine Vergleichbarkeit von Makrokosmos und Mikrokosmos gegeben?

Es gibt natürlich Analogien, die auch in der jüngeren Geschichte viel strapaziert worden sind. So ist ja ein Atom dem Planetensystem ähnlich: Um einen massiven Zentralkörper, den Kern, fliegen kleinere Teilchen, die Elektronen. Der Unterschied besteht darin, daß im Atom die Quantengesetze herrschen, die für die Struktur des Planetensystems keine Rolle spielen. Aber es gibt einen anderen Zusammenhang zwischen dem Mikrokosmos und dem Makrokosmos, der mir wichtiger erscheint: Je mehr wir in unseren Kosmos vordringen, und je tiefer wir in unseren Erkenntnissen fortschreiten wollen, um so mehr brauchen wir die Erkenntnisse aus dem Forschungsprozeß, der in die andere Richtung geht, in das Mikroskopische hinein.

Lassen Sie mich das an einigen Beispielen erläutern: Um die Spektren der Sterne zu verstehen und um die Häufigkeiten der Elemente in den Sternatmosphären zu messen, brauchen wir die Atomphysik. Dagegen ist die Energieerzeugung in den Sternen ein Prozeß der Kernphysik. Ähnliches gilt für die Endstadien der Sternentwicklung: Weiße Zwerge sind nach demselben quantenmechanischen Prinzip aufgebaut wie Atome, Neutronensterne sind riesige Atomkerne. Um den Materienstand im Inneren von Neutronensternen quantitativ zu beschreiben, brauchen wir Elementarteilchenphysik, und zwar bei Distanzen oder bei Energien, die heute im irdischen Teilchenbeschleuniger-Labor noch gar nicht erforscht sind. Also: Je weiter wir in der Astrophysik vorstoßen, um so tiefer müssen wir auch in die Mikrophysik eindringen, um die Phänomene zu erklären. Und diese ganze Entwicklung kulminiert im Grunde bei dem Versuch, eine Beschreibung des Urknalls zu geben, also jenes Ereignisses, bei dem vermutlich unsere Welt entstanden ist.

In diesem Urknall, den wir empirisch nur als eine Extrapolation von meßbaren Vorgängen sehen können, müssen sich physikalische Prozesse sehr hoher Energien abgespielt haben. Es geht dabei um Elementarteilchenphysik bei so extrem hohen Energien, daß wir noch gar nicht wissen, ob wir an diese Bereiche überhaupt jemals mit Teilchenbeschleunigern herankommen können. Die Entstehung der Welt und die Struktur der Materie sind eng miteinander verbunden, und die Erforschung dieser Zusammenhänge ist eines der großen Themen astronomisch-physikalischer Forschung.

Sie haben gerade von dem Vorstoß in die Makro- und Mikrodimension gesprochen. Das ist natürlich ein Erkenntnisprozeß, ein Fortschrittsprozeß, der sich auf der Zeitschiene und auf der Raumschiene voranbewegt. Was aber ist das für ein Erkenntnisprozeß, der die Astronomie in Gang hält über die Jahrhunderte? Ist das dem irdischen Fortschrittsdenken vergleichbar, oder läuft dieser Erkenntnisprozeß in ganz anderen Methoden und auch in ganz anderen Intervallen ab?

Nein. Ich glaube, da gibt es eine sehr starke Verkoppelung. Ich hatte ja gerade anhand einiger Beispiele erläutert, wie eng die Erkenntnisse in der Physik mit den Erkenntnissen in der Astrophysik oder Astronomie verbunden sind. Eine andere sehr starke Verknüpfung besteht mit der Technologie. Wesentliche astronomische Fortschritte sind durch das Aufkommen neuer Beobachtungstechniken möglich geworden. Ich erinnere an die Erfindung des Fernrohrs in Holland und seine astronomische Anwendung durch Galilei. Im letzten Jahrhundert entwickelte sich die Spektralanalyse. In unserem Jahrhundert sind für die Astronomen ganz neue Informationsmöglichkeiten erschlossen worden, beginnend mit der Entdeckung der kosmischen Strahlung, bei der es sich um eine Teilchenstrahlung handelt. Weitere Entdeckungen wurden möglich mit dem Aufkommen der Radioastronomie, der Ultraviolettastronomie, der Röntgen- und Gammaastronomie und der Infrarotastronomie. Schließlich gelang vor wenigen Jahren die Entdeckung von Neutrinos beim Ausbruch der Supernova 1987 A.

Mit diesen neuen Methoden sind ganz neue Phänomene entdeckt worden, die man mit der klassischen optischen Astronomie nicht gefunden hätte. Ich würde so sagen: Die Astronomie schreitet in dem Maße fort, wie sich die physikalischen Interpretationsmöglichkeiten entwickeln und wie neue Beobachtungsmöglichkeiten technologisch erschlossen werden. Und wir sind da noch lange nicht am Ende angekommen. Ich glaube, daß sich gerade in den letzten Jahrzehnten anhand der Ausweitung der Astronomie auf die neuen Spektralbereiche erwiesen hat, daß hier ganz neue, ungeahnte Möglichkeiten bestehen. Wir wissen, daß wir in der Astronomie im Grunde noch sehr wenig wissen und daß hier der Vorrat des noch Erforschbaren – erforschbar mit neuen Methoden, mit zukünftigen Technologien – noch besonders groß ist.

Es ist also die Technik, die Industrie, die modernste Industrie, heute ein wichtiger Arbeits- und Forschungspartner für die Astronomie, um zu bestimmten Erkenntnis-

sen im Weltraum zu gelangen. Es ist immer wieder die, man kann fast sagen: utopische Erwartung an die Astronomie gestellt worden, nun ihrerseits, nachdem der Einsatz der Technik von Seiten der Industrie von der Erde her erfolgt ist, auch die Rückfrage zu stellen: Sind die Informationen, die aus dem Weltraum zurückkommen, wirksam, nützlich anwendbar und für das Leben auf der Erde folgenreich? Ein relativ kühner Vergleich wäre: Auf der Erde sind neue Kontinente entdeckt worden mit ganz besonderen Ressourcen. Ist etwas Ähnliches nicht zu erwarten, aber zumindest als Erwartungshorizont auch bei der Astronomie wirksam? Will man auch eine bestimmte Nützlichkeit für die Erde erobern?

Ich glaube, daß man hier verschiedene Antworten geben kann. Einerseits ist der unmittelbare Nutzen der astronomischen Erkenntnis im praktischen Sinne, also im Sinne einer Umsetzung in zivilisatorische Fortschritte, begrenzt. Ich halte die kulturelle Bedeutung der Astronomie für wesentlich größer. Ich glaube, daß es letztlich für die Menschheit wichtig ist zu wissen, in welcher Welt sie lebt und wie unser Kosmos aussieht, in dem wir auf einem Staubkörnchen angesiedelt sind. Allein das Bewußtsein, das in den letzten Jahrzehnten gewachsen ist, daß wir auf einem solchen Staubkörnchen in einer einzigartigen und verwundbaren Situation leben, ist ja schon ein ganz wesentliches Ergebnis des Fortschrittes, den uns die Astronomie und die Weltraumforschung gebracht haben.

Nun gibt es aber durchaus auch einen direkten Nutzen. Ich denke dabei daran, daß chemische Elemente zunächst in der Astrophysik gefunden wurden. Das bekannteste Beispiel ist das Helium. Dieses zweithäufigste Element im Kosmos, das in unserer modernen Technologie eine große Rolle spielt, ist ja zuerst auf der Sonne mit spektroskopischen Methoden gefunden worden. Ein weiteres Beispiel ist die Kernfusion, die die Sterne und unsere Sonne zum Leuchten bringt und deren kontrollierte Anwendung im irdischen Reaktor unsere Energieversorgung dauerhaft sichern könnte. Und dann gibt es aber auch eine andere Art von Nutzen, den ich so beschreiben möchte: Durch die intensive Wechselwirkung der Astronomie mit der Technologie, dadurch daß die Astronomie immer die neuesten technologischen Errungenschaften genutzt und auch vorangetrieben hat, ist natürlich auch ein Gewinn gegeben.

Die Astronomie hat zweifellos die Entwicklung der Optik beeinflußt, und der moderne astronomische Apparatebau ist auch für andere technologische Bereiche wichtig. So gibt es eine enge Wechselwirkung, natürlich im Methodischen, zwischen Radioastronomie und der Kommunikationstechnik. Neue Technologien, zum Beispiel bei der Entwicklung von Kohlefaserspiegeln hoher Präzision, die für Millimeter- und Submillimeter-Radioteleskope entwickelt werden, können auch beim Bau von Satelliten-Empfangs- und Sendestationen nützlich sein. In der Weltraumastronomie werden für Astronomiesatelliten Techniken entwickelt, die für Kommunikations- und Wettersatelliten wie auch für irdische Anwendungen durchaus interessant sind. Für unseren Röntgensatelliten ROSAT, der am 1. Juni 1990 gestartet wurde, sind Sternsensoren, also elektronische Augen, entwickelt worden, die auch für die Ausrichtung von Anwendungssatelliten oder den Einsatz in Robotern Verwendung finden dürften. Ein anderes Beispiel sind die Röntgenspiegel von ROSAT, die die glattesten Spiegel darstellen, die man überhaupt jemals in makroskopischen Dimensionen gebaut hat. Es sind dort von der Herstellerfirma Carl Zeiss ganz neue Werte im Hinblick auf die Kleinheit der Oberflächenrauhigkeit von Spiegeln erzielt worden. Diese Entwicklungen haben sicherlich auch in anderen Anwendungsbereichen ihre Bedeutung.

So gibt es also über die innige Wechselwirkung zwischen astronomischem und technologischem Fortschritt aus der Astrophysik und Astronomie heraus vielfältige Impulse für technologische Entwicklungen, die durchaus von wirtschaftlicher Bedeutung sind. Wie manch anderer Zweig der Grundlagenforschung entwickelt die Astronomie eine stimulierende Wirkung, die zur technologischen Anwendung und zur industriellen Produktion führt. Es ist ja für ein Gemeinwesen wie die Bundesrepublik Deutschland von außerordentlichem Interesse, daß diese Wirkungskette funktioniert. Nur dadurch können wir auf Dauer den Lebensstandard erhalten, den wir in den letzten Jahrzehnten errungen haben und den wir heute genießen.

Sie haben jetzt die Möglichkeiten einer Nützlichkeit der Information und der Techniken in der Astronomie herausgestellt. Es gibt daneben, wenn man so will, eine metaphysische, jenseits der physikalischen eine metaphysische Dimension, fast eine religiöse. Bei dem Röntgensatelliten, den sie erwähnt haben und der am 1. Juni 1990 gestartet wurde – es ist übrigens Westeuropas größter Forschungssatellit –, sind Sie nicht nur an der wissenschaftlichen Arbeit, sondern auch an der technischen beteiligt. Sie haben sehr grundsätzliche Erwartungen an diesen Satelliten geknüpft. Sie haben formuliert, daß so grundsätzliche Fragen damit gestellt und möglicherweise auch beantwortet werden sollen wie die, ob der Kosmos, das ist jetzt wörtlich ein Zitat von Ihnen, „ob der Kosmos offen oder in sich zurückgekrümmt ist, ob er immer weiter expandiert und ob die Expansion in eine Kontraktion umschlägt"? Wir haben schon darüber gesprochen, daß das Universum einen Anfang hatte, den man im Urknall vermutet. Ein Ende wird auch astronomisch in Betracht gezogen. Was sind das überhaupt für Fragen, die die Astronomie stellt? Wenn sie den Anfang des Kosmos, sein Ende erforscht, gerät sie dann nicht von der Physik in die Metaphysik? Kann sie darauf Antworten geben?

Sicher sind diese Fragen nach dem Anfang der Welt solche, die direkt an die Religion und an die Metaphysik angrenzen. Dessen sind wir uns bewußt. Wir können als Wissenschaftler immer nur in unserem System argumentieren und seine Grenzen nicht überschreiten. Wir können bestenfalls bis zum Urknall zurückforschen. Die Fragen: „Wer hat da auf den Knopf gedrückt, wer hat den Urknall ausgelöst?", „Wie ist es dazu gekommen?" und „Warum

entwickelt sich diese Welt gerade nach diesen und nicht nach anderen Gesetzen?" sind natürlich aus unserem Forschungsgebiet heraus allein nicht zu
beantworten.

Was die Fortschritte, nach denen Sie gefragt haben, anbetrifft, so ist in
diesem Jahrhundert der Mensch mit seinen Instrumenten immer weiter in
den Kosmos vorgedrungen. Wir sind jetzt mit den größten Teleskopen in
der Lage, Objekte – es handelt sich um Quasare – zu sehen, die 10 bis 15
Milliarden Lichtjahre von uns entfernt sind. Sie sind auch entsprechend alt;
denn das Licht ist von dort bis zu uns 10 bis 15 Milliarden Jahre unterwegs
gewesen. Auf der anderen Seite schätzen wir das Alter unserer Welt heute
auf 17 bis 20 Milliarden Jahre. Wir schauen also mit den heutigen Teleskopen
sehr, sehr weit zurück in der Zeit, wir schauen in die Frühzeit unseres
Kosmos. Und mit den neuen Instrumenten, zu denen unser ROSAT gehört,
oder auch das Hubble-Space-Telescope der NASA, das fast gleichzeitig
mit ROSAT gestartet wurde, werden wir die Grenzen des astronomischen
Erfahrungsbereiches ein weiteres Stück nach außen verschieben. Wir kommen dann also näher an den Urknall heran.

Derzeit reichen unsere Informationen noch nicht aus, um zu sagen, ob die
Welt ewig weiter expandiert oder ob die Expansion in eine Kontraktion
umschlägt. Um solche Fragen zu beantworten, müssen wir ein größeres
Stück von unserem Kosmos vermessen, ausmessen, und das wird mit den
zukünftigen Instrumenten geschehen. Ob die Antworten, die wir dann damit
gewinnen, wirklich schlüssig sein werden – das wird die Zukunft zeigen.
Ich wage da keine Vorhersage. Aber die Fragen sind gestellt, und wir
haben guten Grund anzunehmen, daß wir hier ein ganzes Stück weiter
vorankommen. Und das ist einer der interessantesten Aspekte, die mit diesen
astronomischen Projekten der nahen Zukunft verbunden sind.

Anmerkungen, Quellen, Literatur

Wolfhard Schlosser: Sterne und Steine

Anmerkungen

1 Schmeidler, F.: Malereien in der Höhle von Lascaux. Beweis astronomischer Kenntnisse der Steinzeitmenschen. In: Naturwissenschaftliche Rundschau 37/1984, S. 218. – Ders.: Astronomische und kulturgeschichtliche Aspekte der Malereien in der Höhle von Lascaux. In: Die Sterne 64/1988, S. 169. – Weiss, A.: Orientierung der Wanderjäger im Paläolithikum. In: Naturwissenschaftliche Rundschau 37/1984, S. 312.
2 Čierny, J./Schlosser, W.: Astronomische Ausrichtungen im Mesolithikum – Ein Vergleich der mesolithischen Kulturen in Nord-, Mittel- und Westeuropa. Mit Fundkatalog. Bochum 1990.
3 Schlosser, W./Čierny, J.: Astronomical Orientation of Neolithic Sites in Central Europe. In: Heggie, D. C. (Hrsg.): Archaeoastronomy in the Old World. Cambridge University Press, Cambridge 1982.
4 Thom, A.: Megalithic Sites in Britain. Clarendon Press, Oxford 1967. – Ders.: Megalithic Lunar Observatories. Clarendon Press, Oxford 1971.
5 Atkinson, R. J. C.: Aspects of the Archaeoastronomy of Stonehenge. In: Heggie, D. C. (Hrsg.): Archaeoastronomy in the Old World. Cambridge University Press, Cambridge 1982.
6 Wiegel, B.: Trachtkreise im südlichen Hügelgräberbereich – Studien zur Beigabensitte der Mittelbronzezeit unter besonderer Berücksichtigung forschungsgeschichtlicher Aspekte. Diss. München 1989.
7 Siehe dazu die Literatur in den Anmerkungen 2, 3 und 6.
8 Robertson, G. S.: The Kafirs of the Hindu-Kush. Lawrence & Bullen, London 1896.
9 Lentz, W.: Zeitrechnung in Nuristan und am Pamir. Akademische Druck- und Verlagsanstalt, Graz 1978.
10 Koneckis, R.: Astrale Grundmuster im deutschen Volksmärchen. In: Sterne und Weltraum 27/1988, S. 730.

Tilman Spengler: Die Häuser des Mondes

Literatur

Biot, E.: Le Tcheou-Li ou Rites de Tcheou. Nachdruck Taipeh 1978.
Hashimoto, K.: On the Role of Hsu Kuang-ch'i at the Ch'ung-ch'eng Calendrical Reform Project. In: Li Guohao et al.: Explorations in the History of Science and Technology in China. Shanghai 1982.
Ho, P. Y: Ancient Chinese Astronomical Records and their Modern Applications. In: Physics Bulletin 21/1970.
Ders.: The Astronomical Chapter of the Chin Shu. Paris 1966.

Needham, J.: Science and Civilization in China. Bd. 3, Cambridge University Press, Cambridge 1959, S. 171–461.

Saussure, L. de: Les Origines de l'Astronomie Chinoise. Paris 1930.

Unsöld, A.: Der neue Kosmos. Heidelberger Taschenbücher 16/17, Berlin/Heidelberg/New York 1967.

Wilhelm, R.: Frühling und Herbst des Lü Bu-We. Jena 1928.

Yabuti, K.: The Observational Date of Shih-shih Hsing-ching. In: Li Guohao et al.: Explorations in the History of Science and Technology in China. Shanghai 1982.

Thomas W. Kraupe: Linien zu den Göttern

Anmerkungen und Literatur

1 Urton, G.: At the Crossroads of the Earth and the Sky. University of Texas Press, Austin 1979.

2 Zuidema, R. T.: The Siderial Lunar Calendar of the Incas. In: Aveni, A. F. (Hrsg.): Archaeoastronomy in the New World. Cambridge University Press, Cambridge 1982.* (Die mit * gekennzeichneten Quellen empfiehlt der Autor als weiterführende Literatur.)

3 Zuidema, R. T./Urton, G.: La Constelacion de la Llama en los Andes Peruanos. Allpanchis Phuturinqua 9, Cuzco 1976. – Siehe auch Anm. 2.

4 Dearborn, D. S. P./White, R. E.: The Torreon of Machu Picchu as a Solar Observatory. In: Journal for the History of Astronomy, Archaeoastronomy Supplement No. 5/1983.

5 Reiche, M.: Geheimnis der Wüste. Selbstverlag, Stuttgart ²1976.

6 Private Mitteilung von M. Reiche, Nazca 1986.

7 Pitluga, P.: Pitluga returns with new findings. In: The Adler Planetarium Newsletter, Chicago 1987.

8 Hawkins, G. S.: Beyond Stonehenge. Harper & Row, New York 1973. – Morrison, T.: Pathways to the Gods. Harper & Row, New York 1978.

9 Hadingham, E.: Lines to the Mountain Gods. Random House, New York 1987.*

10 Aveni, A. F./Hartung, G.: The Observation of the Sun at the Time of Passage through the Zenith in Mesoamerica. In: Journal for the History of Astronomy, Archaeoastronomy Supplement No. 3/1981.

11 Aveni, A. F.: Skywatchers of Ancient Mexico. University of Texas Press, Austin 1980.*

12 Hadingham, E.: Early Man and the Cosmos. Walker and Company, New York 1984.*

13 Aveni, A. F./Hartung, G.: Maya City Planning and the Calendar. In: Transactions of the American Philosophical Society. Vol. 76, Part 7, Philadelphia 1986.*

14 Thompson, J. E. S.: A Commentary on the Dresden Codex. In: Memoirs of the American Philosophical Society No. 93, Philadelphia 1972.

15 Außer der in Anm. 13 genannten Veröffentlichung: Aveni, A. F.: Archaeoastronomy in the Maya Region: 1970–1980.* In: Aveni, A. F. (Hrsg.): Archaeoastronomy in the New World. Cambridge University Press, Cambridge 1982. – Als weiterführende Literatur außerdem zu empfehlen: Aveni, A. F. (Hrsg.): World Archaeoastronomy – Selected Papers from the 2nd Oxford International Conference on Archaeoastronomy. Cambridge University Press, Cambridge 1989.*

Udo Becker: Venus und Sirius

Literatur

Blacker, C./Loewe, M. (Hrsg.): Weltformeln der Frühzeit. Düsseldorf/Köln 1977.

Damerow, P./Lefèvre, W.: Rechenstein, Experiment, Sprache. Stuttgart 1981.

Hunger, H.: The spread of mesopotamian exact science into the hellenistic world. Sumer 42/1979–81, Special Issue, S. 64–67.

Krupp, E. C. (Hrsg.): Astronomen, Priester, Pyramiden. München 1980.

Kugler, F. X.: Die babylonische Mondrechnung. Freiburg 1900.

Ders.: Sternkunde und Sterndienst in Babel. Münster 1907 und 1909/10.

Lorenzen, P.: Die Entstehung der exakten Wissenschaften. Berlin/Göttingen/Heidelberg 1960.

Neugebauer, O.: Astronomy and History. New York/Berlin/Heidelberg/Tokyo 1983.

Rottländer, R. C. A.: Antike Längenmaße. Braunschweig 1979.

Schott, A.: Das Werden der babylonisch-assyrischen Positions-Astronomie und einige seiner Bedingungen. In: Zeitschrift der Deutschen Morgenländischen Gesellschaft, Neue Folge Bd. 13/1934, S. 302–337.

Waerden, B. L. van der: Die Anfänge der Astronomie. Groningen 1965.

Ders.: Erwachende Wissenschaft. Basel ²1966.

Weidner, E. F.: Der babylonische Fixsternhimmel. Leipzig 1915.

Verschiedene einschlägige Artikel in: Reallexikon der Assyriologie und Vorderasiatischen Archäologie. Berlin/New York seit 1928/32.

Walter Saltzer: Vom Chaos zur Ordnung

Anmerkungen

1 Eine zuverlässige und handliche Ausgabe neueren Datums, zusammen mit dem Lehrgedicht „Werke und Tage" und dem in seiner Echtheit umstrittenen „Schild", findet sich in der Edition „Les Belles Lettres", Paris 1960.

2 Das Zitat ist der bis heute wichtigsten Sammlung entnommen: Diels, H./Kranz, W.: Die Fragmente der Vorsokratiker. 2 Bde. Weidmannsche Buchhandlung, Berlin ¹⁰1961. Fundstelle: I Nr. 12 „Anaximandros" A 15.

3 Vgl. Diels, H./Kranz, W., a. a. O. I Nr. 22 „Herakleitos" B 91; vgl. auch B 49 a.

4 Diels, H./Kranz, W., a. a. O. II „Anaxagoras" B 12 (Seite 38, Zeilen 5/6), A 47.

5 Die Zeugnisse zu Anaximenes stehen bei Diels, H./Kranz, W., a. a. O. I unter Nr. 13, insbesondere A 7, B 3.

6 Diels, H./Kranz, W., a. a. O. „Anaximandros" A 15 (I Seite 85, Zeile 18).

7 Titus Lucretius Carus: De Rerum Natura Libri VI. Hrsg. von C. Bailey, Oxonii 1957. Hilfreich zum Auffinden der Termini ist der „Index Lucretianus" von Paulsen.

8 Diels, H./Kranz, W., a. a. O. I „Thales", A 5.

9 A. a. O. A 14.

10 Diels, H./Kranz, W., a. a. O. „Anaximandros" B 1.

11 A. a. O. A 9 (I Seite 83, Zeilen 10/12).

12 A. a. O. A 26.

13 Bei Diels, H./Kranz, W., a. a. O. I Nr. 28. Zur Begründung dieser Chronologie siehe vom Verfasser: Parmenides, Leukippos und die Grundlegung der epikurischen Physik und Ethik bei Lukrez. Frankfurt a. M. 1964.
14 Diels, H./Kranz, W., a. a. O. II Nr. 67 „Leukippos", A 8.
15 A. a. O. A 6.
16 A. a. O. A 1, A 24, B 1.

Literatur

Burnet, J.: Early Greek Philosophy. London ⁴1930.
Capelle, W.: Die Vorsokratiker. Kröner Bd. 119, Stuttgart ⁴1953.
Gigon, O.: Der Ursprung der Griechischen Philosophie. Basel 1945.
Kirk, G. S./Raven, J. E.: The Presocratic Philosophers. Cambridge University Press, Cambridge 1962.
Mansfeld, J.: Die Vorsokratiker. 2 Bde. Reclam 7965/6 (4), Stuttgart 1986. Die Übersetzung der Texte stützt sich weitgehend auf die Fragmentsammlung von Diels/Kranz (siehe Anm. 2).
Schrödinger, E.: Die Natur und die Griechen. P. Zsolnay-Verlag, Hamburg/Wien 1959.
Zeller, E./Nestle, W.: Die Philosophie der Griechen in ihrer geschichtlichen Entwicklung. Bd. 1, Leipzig ⁶1923.

Fritz Krafft: Die Zahlen des Kosmos

Anmerkungen

1 Hesiod: Theogonie, Verse 886–900 und 924–926.
2 Hesiod: Theogonie, Verse 881–885 (als Ergebnis des Titanenkampfes).
3 Vgl. hierzu Krafft, F.: Anaximandros und Hesiodos. Die Ursprünge rationaler griechischer Naturbetrachtung. In: Sudhoffs Archiv – Zeitschrift für Wissenschaftsgeschichte 55/1971, S. 152–179. – Kaum berechtigt sind die Einwände gegen die (auch) kosmologische Deutung der Theogonie Hesiods durch Neitzel, H.: Homer-Rezeption bei Hesiod. Interpretationen ausgewählter Passagen. Abhandlungen zur Kunst-, Musik- und Literaturwissenschaft. Bd. 189. Bonn 1975, S. 118–127, bes. S. 125. Vgl. dazu Krafft, F.: Vergleichende Untersuchungen zu Homer und Hesiod. Hypomnemata, Heft 6, Göttingen 1963, S. 51–54 (Anm.).
4 Herodot identifiziert daraufhin jeweils die Götter anderer Völker mit entsprechenden der Griechen; vgl. etwa Historien II, 43, 50–53.
5 Die stereotype versmaßgerechte Umschreibung für Zeus ist „Geist des Zeus" (Diós nóos).
6 Siehe Krafft, F.: Geschichte der Naturwissenschaft I: Die Begründung einer Wissenschaft von der Natur durch die Griechen. rombach hochschul paperback Bd. 23, Freiburg i. Br. 1971, Vorlesung 2: Voraussetzungen für das Entstehen einer Wissenschaft von der Natur, S. 35–60.
7 Kranz, W.: Kosmos. In: Archiv für Begriffsgeschichte 2, Heft 1–2, Bonn 1958. – Kerschensteiner, J.: Kosmos. Quellenkritische Untersuchungen zu den Vorsokratikern. Zetemata, Bd. 30, München 1962. – Haebler, C.: Kosmos. Eine etymologisch-wortgeschichtliche Untersuchung. In: Archiv für Begriffsgeschichte 11/1967, S. 101–118.

8 Diogenes Laertios: Vitae philosophorum VIII, 48 (aus Theophrast) = VS 28 A
44. – VS = Die Fragmente der Vorsokratiker. Griechisch und deutsch von
H. Diels. 6. Auflage, hrsg. von W. Kranz. 3 Bde. Berlin 1952 (mehrmals als spätere
Auflagen nachgedruckt).

9 Hesiod: Theogonie, Verse 720–725.

10 Die alte Vorstellung, daß das jeweils „Zehnte" die Entscheidung bringe, findet
sich auch etwa bei Ovid (Tristien I, 2, Verse 49 f.), wenn er bei einem schweren
Sturm die ersten neun Wellen als ungefährlich bezeichnet, die zehnte jedoch über
das Schicksal des Schiffes entscheiden läßt.

11 Anaximander, VS 12 A 10 (VS siehe Anm. 8).

12 Zur Reihenfolge Himmelskugel/Mond/Sonne siehe VS 12 A 18 (VS siehe Anm.
8). Sie erklärt sich wohl aus der Anlehnung an Vorstellungen und Formulierungen
Hesiods; vgl. Krafft, F.: Anaximandros und Hesiodos (wie Anm. 3).

13 Zu den Verhältnismaßen siehe VS 12 A 11, A 21, A 22 (VS siehe Anm. 8). Die
Diskrepanz der überlieferten Zahlen für das Sonnenrad (27 bzw. 28) erklärte
schon H. Diels (Über Anaximanders Kosmos. In: Archiv für Geschichte der
Philosophie 10/1897, S. 228 ff.) damit, daß einmal der innere Durchmesser und
einmal der äußere gemeint sei. Zur obigen Deutung insgesamt vgl. Krafft, F.:
Anaximandros. In: Faßmann, K. u. a. (Hrsg.): Die Großen der Weltgeschichte.
Bd. 1, Zürich 1971, S. 284–305; wiederabgedruckt in: Exempla historica. Epochen
der Weltgeschichte in Biographien. Bd. 4: Von den frühen Hochkulturen bis zum
Hellenismus. Griechische Philosophen. Frankfurt a. M. 1985, S. 9–39 und 209.

14 Siehe VS 12 A 21, A 22 (VS siehe Anm. 8).

15 Siehe Anm. 13.

16 Siehe VS 12 A 21/Aetius II, 21,1 (VS siehe Anm. 8).

17 Siehe VS 12 A 1, A 6 (VS siehe Anm. 8).

18 Vgl. Szabó, Á.: Die Anfänge der griechischen Mathematik. München/Wien 1969;
Krafft, F.: Geschichte (wie Anm. 6), S. 315 ff.

19 Vgl. insbesondere Burkert, W.: Weisheit und Wissenschaft. Studien zu Pythagoras, Philolaos und Platon. Erlanger Beiträge zur Sprach- und Kunstwissenschaft.
Bd. 10, Nürnberg 1962. – Durch unkritische Auswertung der (teilweise sehr
späten) Quellen schreibt B. L. van der Waerden wohl fälschlich vieles Pythagoras
selbst zu; siehe zusammenfassend: Die Pythagoreer. Religiöse Bruderschaft und
Schule der Wissenschaft. Die Bibliothek der Alten Welt, Zürich/München 1979.

20 Vgl. Fritz, K. von: Mathematiker und Akusmatiker bei den alten Pythagoreern.
Sitzungsberichte der Bayerischen Akademie der Wissenschaften, Phil.-hist. Klasse
1960, Heft 11, München 1960.

21 Vgl. Krafft, F.: Geschichte (wie Anm. 6), Vorlesung 8: Physische Mathematik im
fünften vorchristlichen Jahrhundert, S. 200–234.

22 Vgl. Krafft, F.: Geschichte (wie Anm. 6), Vorlesung 7: Das geometrische Erdbild
des Hekataios von Milet, S. 168–199. – Jacoby, F.: Hekataios. In: Realencyclopä-
die der classischen Altertumswissenschaft. Reihe A, Bd. 7, Sp. 2666–2769, bes.
Sp. 2675 ff.; wiederabgedruckt in: Jacoby, F.: Griechische Historiker. Stuttgart
1956, S. 185–237.

23 Siehe die Berichte unter VS 40 (VS siehe Anm. 8).

24 Vgl. VS 39 (VS siehe Anm. 8). – Von ihm stammen u. a. die Neuplanung des im
Ionischen Aufstand zerstörten Milet, die Planung des athenischen Hafens Piräus
(446 v. Chr. im Auftrage von Perikles) und der panhellenischen Kolonie Thurioi
am Golf von Tarent (444 v. Chr.).

25 Siehe VS 18 A 12–14 (VS siehe Anm. 8).

26 Die „Differenz" von Quinte und Quarte ergibt danach das Verhältnis eines
   Ganztons von $9:8 - (3:2):(4:3) = 9:8$; die „Differenz" einer Quarte und zweier
   Ganztöne das Verhältnis von $256:243$ für einen Halbton $- (4:3): (9:8) \times (9:8)$;
   die „Summe" von Quarte und Quinte das Verhältnis einer Oktave $- (3:2) \times$
   $(4:3) = 2:1 -$, die somit sechs Ganztöne (fünf Ganz- und zwei Halbtöne) umfaßt,
   usw. – Siehe auch Philolaos, VS 44 B 6 (VS siehe Anm. 8).
27 Archytas von Tarent, VS 47 A 19a, B 1 (VS siehe Anm. 8).
28 Platon: Politeia X, 13 f. (614 Aff.). Siehe dazu Krafft, F.: Geschichte (wie Anm.
   6), S. 212–221.
29 Platon: Politeia X, 14 (617 B).
30 Siehe Aristoteles: Metaphysik I, 5 (985^b 23 ff.).
31 Philolaos, VS 44 A 16, A 17 (VS siehe Anm. 8).
32 Auch für Hiketas gab es neben der Erde eine „Gegenerde" – er ließ die Himmelserscheinungen allein aus den Bewegungen der Erde resultieren; siehe VS 50 A 1,
   zu Ekphantos VS 51 A 1, A 5 (VS siehe Anm. 8).
33 Copernicus, N.: De revolutionibus orbium coelestium libri VI. Nürnberg 1543,
   Vorrede an Papst Paul III. – nach einer Cicero-Handschrift Hiketas fälschlich als
   „Nicetus" zitierend.
34 VS 16 A 1 (VS siehe Anm. 8).
35 Platon: Politeia VI, 20f. (509D–511E) bzw. VII, 1–5 (514A–521B). – Vgl.
   insgesamt zum folgenden Krafft, F.: Geschichte (wie Anm. 6), Vorlesung 11: Die
   Rolle der Mathematik in der platonischen Wissenschaft, S. 295–327 und 12: Die
   mathematische Naturwissenschaft Platons, S. 328–356.
36 Siehe VS 42 A 4 (VS siehe Anm. 8).
37 Siehe VS 47 A 14, A 15 (VS siehe Anm. 8); vgl. Becker, O.: Das mathematische
   Denken der Antike. Studienhefte zur Altertumswissenschaft, Heft 3, Göttingen
   1957, ²1966, S. 75–80.
38 Siehe Platon: Timaios 20 (53 c–54 b); vgl. Krafft, F.: Geschichte (wie Anm. 6),
   S. 340 ff.
39 Vgl. Sachs, E.: Die fünf Platonischen Körper. Berlin 1917.
40 Platon: Timaios 8 (35 a–36 d); siehe hierzu Kytzler, B.: Die Weltseele und der
   musikalische Raum (Platon, Timaios 35 a ff.). In: Hermes 87/1959, S. 393–414;
   Krafft, F.: Geschichte (wie Anm. 6), S. 347 ff.
41 Vgl. Platon: Nomoi VII, 22 (822 A).

Ingrid Craemer-Ruegenberg: Der Himmel und das Göttliche

Anmerkungen

1 Metaphysik XI, Kap. 8, 1074^a 10–12.
2 De caelo A, Kap. 2, Kap. 3, 270^b 20–25.
3 De caelo A, Kap. 8.
4 Physik IV, Kap. 2, 209^b 1–5.
5 De caelo A, Kap. 4–7.
6 De caelo A, Kap. 9, 279^a 11 f.
7 De caelo B, Kap. 13–14, bes. 297^a 6 f.; zum Erdumfang vgl. 298^a 15.
8 De generatione et corruptione B, Kap. 8–11.
9 De caelo A, Kap. 3, 270^b 1–10.

10 Physik H, Kap. 1, 241^b 34–243^a 31; O Kap. 5, 256^a 14–21.
11 Thomas von Aquin: Summa Theol. I-I q. 2, a. 3 (c. a.).
12 Physik III, Kap. 4–8.
13 Metaphysik XI, Kap. 7, 1072^b 4 ff., und Kap. 9.
14 Siehe Anm. 13.
15 Metaphysik XI, Kap. 8, 1073^b 34–38.
16 Nikomachische Ethik I (10), vor allem Kap. 7–9.
17 Physik IV, Kap. 8, 215^a 24–216^a 21.
18 Joh. Philoponos: Physica, p. 675–693 (CAG Bd. XVI u. XVII).
19 Physik IV, Kap. 5, 212^b 4 ff.

Quellen

Aristotelis Opera. Ex rec. I. Bekkeri ed. Academia Regis Borussica. 5 Bde. Berlin 1831–1870; Nachdruck 1955 ff. Nach dieser Ausgabe wird mit Seiten-, Kolumnen- und Zeilenzählung zitiert.
The Works of Aristoteles. Translated into English under the Editorship of W. D. Ross. Bd. 1–12. Oxford 1913 ff.
Aristotle's De Generatione et Corruptione. Translated with Notes by C. J. F. Williams. Oxford 1982.
Aristoteles' Metaphysik (griech.-dt.). In der Übersetzung von H. Bonitz. Neu bearbeitet, mit Einleitung und Kommentar. Hrsg. von H. Seidl, Halb-Bde. 1–2. Hamburg 1978–1980.
Aristoteles: Vom Himmel. Von der Seele. Von der Dichtkunst. Übersetzt, herausgegeben und mit einer neuen Vorbemerkung versehen von O. Gigon, München (dtv) ^{2}1987.
Johannes Philoponos: Grammatikos von Alexandrien. Ausgewählte Schriften. Übersetzt, eingeleitet und kommentiert von W. Böhm. München/Paderborn/Wien 1967.
Johannes Philoponos: Physica (ed. H. Vitelli), Commentaria in Aristotelem graeca XVI und XVII. Berlin 1887 und 1888.

Literatur

Bos, A. P.: On the Elements. Aristotle's Early Cosmology (translated of the Dutch MS by J. N. Kraay). Assen 1973.
Elders, L.: Aristotle's Cosmology. A Commentary on the „De caelo". Assen 1966.
Natali, C.: Cosmo e divinità: La struttura logica della teologia aristotelica. L'Aquila 1974.
Seek, G. A.: Über die Elemente in der Kosmologie des Aristoteles. Untersuchungen zu „De generatione et corruptione" und „De caelo". München 1964.
Solmsen, F.: Aristotle's System of the Physical World. A Comparison with his Predecessors. Ithaca, New York 1960.

Paul Kunitzsch: Die Erde im Mittelpunkt

Quellen

Ptolemäus: Handbuch der Astronomie. Deutsche Übersetzung von K. Manitius. 2 Bde. 1912–1913; neue Ausgabe mit Vorwort und Berichtigungen von O. Neugebauer. Teubner, Leipzig 1963.

Ptolemy's Almagest. Translated and Annotated by G. J. Toomer. New York etc. 1984. Neue, wissenschaftlich fundierte englische Übersetzung aus dem griechischen Urtext mit kritischen Anmerkungen und Verbesserungen.

Ptolemäus, Claudius: Der Sternkatalog des Almagest. Die arabisch-mittelalterliche Tradition. Bd. I: Die arabischen Übersetzungen. Herausgegeben, ins Deutsche übertragen und bearbeitet von P. Kunitzsch, Wiesbaden 1986; Bd. II: Die lateinische Übersetzung Gerhards von Cremona. Herausgegeben und bearbeitet von P. Kunitzsch, Wiesbaden 1990. Es folgt noch Bd. III: Gesamtkonkordanz der Sternkoordinaten.

Literatur

Boll, F.: Das Epigramm des Claudius Ptolemaeus. In: Sokrates 9/1921, S. 2–12.

Kunitzsch, P.: Der Almagest. Die Syntaxis Mathematica des Claudius Ptolemäus in arabisch-lateinischer Überlieferung. Wiesbaden 1974.

Neugebauer, O.: A History of Ancient Mathematical Astronomy. 3 Bde. Berlin etc. 1975.

Newton, R. R.: The Crime of Claudius Ptolemy. Baltimore/London 1977.

Pedersen, O.: A Survey of the Almagest. Odense University Press, Odense 1974.

Toomer, G. J.: Ptolemy. In: Dictionary of Scientific Biography. Bd. XI. New York 1975, S. 186–206.

Ziegler, K./Waerden, B. L. van der/Boer, E.: Klaudios Ptolemaios. In: Real-Encyclopädie der classischen Altertumswissenschaft (Pauly-Wissowa-Kroll). 46. Halb-Bd., 1959, col. 1788 ff.

David King: Die Sterne weisen nach Mekka

Literatur

Goldstein, B. R.: Theory and Observation in Ancient and Medieval Astronomy. Variorum Reprints, London 1985. (Nachdruck von Schriften aus den Jahren 1964–1983.)

Kennedy, E. S. et al.: Studies in the Islamic Exact Sciences. American University of Beirut, Beirut 1983. (Nachdruck von Schriften aus den Jahren 1947–1978.)

King, D. A.: Islamic Mathematical Astronomy und Islamic Astronomical Instruments. Variorum Reprints, London 1986 und 1987. (Nachdruck von Schriften aus den Jahren 1973–1985. Ein dritter Band: Astronomy in the Service of Islam, Nachdruck von Schriften aus den Jahren 1982–1990, ist im Druck.)

Kunitzsch, P.: The Arabs and the Stars. Variorum Reprints, Northampton 1989. (Nachdruck von Schriften aus den Jahren 1964–1987.)

Schoy, C.: Beiträge zur arabisch-islamischen Mathematik und Astronomie. 2 Bde.

Institut für Geschichte der arabisch-islamischen Wissenschaften, Frankfurt a. M. 1988. (Nachdruck von Schriften aus den Jahren 1911–1926.)

Sezgin, F.: Geschichte des arabischen Schrifttums. Bd. VI: Astronomie. E. J. Brill, Leiden 1978. (Nachschlagwerk für Quellen und Bibliographie bis etwa 1100 n. Chr.)

Suter, H.: Beiträge zur Geschichte der Mathematik und Astronomie im Islam. 2 Bde. Institut für Geschichte der arabisch-islamischen Wissenschaften, Frankfurt a. M. 1988. (Nachdruck von Schriften aus den Jahren 1892–1922.)

Kurt Flasch: Gott jenseits im All

Literatur

Albertus Magnus: Opera Omnia. Tom. 4, Pars 1: Physica. Münster 1987. – Das Zitat auf Seite 124: Physica L. 4 Tr. 3 c. 4; Ed. Colon. IV/1, 265. 24–36.

Crombie, A. C.: Von Augustinus bis Galilei. Köln/Berlin 1959.

Duhem, P.: Le système du monde. 10 Bde. Paris 1913 ff.

Flasch, K.: Das philosophische Denken im Mittelalter. Von Augustin zu Machiavelli. Stuttgart 1986.

Ders.: Aufklärung im Mittelalter? Die Verurteilung von 1277. Das Dokument des Bischofs von Paris, eingeleitet, übersetzt, herausgegeben und erklärt von K. Flasch, Mainz 1989.

Heribert M. Nobis: Der Himmel stürzt ein

Anmerkungen

1 Rheticus, G. J.: De libris Revolutionum Copernici Narratio prima. Gedanae 1540. Nachdruck in: Miliaria. Hrsg. von H. Rosenfeld und O. Zeller. Osnabrück 1965.

2 A. a. O. c. H3r ff.

3 Dies ist anzunehmen, da er als Sekretär seines Onkels Bischof Lucas Watzelrode diesen wahrscheinlich zu den Sitzungen des polnischen Reichstages (sejm koronny) begleitete. Vgl. Biskup, M.: Nicolaus Copernicus im öffentlichen Leben Polens. Toruń 1972, S. 19 f.

4 Vgl. Markowski, M.: Astronomie an der Krakauer Universität im XV. Jahrhundert. In: The universities in the late middleages. 1978, S. 256–275.

5 Vgl. Nobis, H. M.: Werk und Wirkung von Copernicus als Gegenstand der Wissenschaftsgeschichte. Methodologische Bemerkungen zur Copernicus-Forschung. In: Sudhoffs Archiv, vol. 61 (1977), S. 136.

6 Markowski, M.: Burydanizm w Polsce w okresie przedkopernikańskim. Studium z historii filozofii i nauk ścisłych na Uniwersytecie Krakowskim w XV wieku. Studia Copernicana 2, Wrocław etc. 1971. Ders.: Studien zu den Krakauer mittelalterlichen Physik-Kommentaren: Die Impetus-Theorie. Archives d'Histoire doctrinale et littéraire du Moyen Age 35 (1968), S. 187–210.

7 Vgl. Prowe, L.: Nicolaus Coppernicus. Bd. II, 1883, S. 209–210.

8 Sein juristisches Doktorexamen hat er bekanntlich am 31.5. 1503 in Ferrara abgelegt. Vgl. hierzu: Studia Copernicana. Bd. VIII: Biskup, M.: Regesta copernicana Nr. 44, S. 45.

9 Copernicus, N.: De hypothesibus motuum coelestium a se constitutis commentariolus. Manuscriptum Holmiense, ed. Lindhagen, A.: Bihang till K. Sveska Vet. Akad. Handlingar. Bd. 6, No. 12, Stockholm 1881, S. 9, Z. 2–3.

10 Vgl. Gassendi, P.: Vita Copernici. In: Tychonis Brahei equitis Dani, astronomorum coryphaei vita … Accessit Nicolai Copernici, Georgii Peurbachii, et Joannis Regiomontani astronomorum celebrium vita. Hagae 1655, S. 288–332.

11 Vgl. Buczkowski, M.: Beitrag zum gegenwärtigen Stand der Forschung über die ärztliche Tätigkeit des Nicolaus Copernicus (1473–1543). Diss. München 1989. Berg, A.: Der Arzt Nikolaus Kopernikus und die Medizin des ausgehenden Mittelalters. In: Kopernikus Forschungen. Leipzig 1943, S. 172–201.

12 Keil, G.: Das „Regimen duodecim mensium" der „Düdeschen Arstedie" und das „Regimen sanitatis Coppernici". Jb. f. ndt. Sprachf. 81/1958, S. 33–48.

13 Vgl. Blumenberg, H.: Kopernikus im Selbstverständnis der Neuzeit. In: Abhandlungen der Geistes- und Sozialwissenschaftlichen Klasse der Akademie der Wissenschaften und der Literatur zu Mainz. Wiesbaden 1964, S. 3.

14 Vgl. Rheticus, G. J.: Encomium Prussiae l. c. c. F1r–v.

15 Vgl. eigenhändige Eintragung Widmannstatts auf dem Titelblatt des Manuskriptes von Alexander Aphrodiscus „De sensu et sensili". Clg 151. Bayer. Staatsbibliothek München.

16 Biskup, M.: Regesta Copernicana, Nr. 359, S. 160.

17 Vgl. Burmeister, K. H.: Georg Joachim Rheticus (1514–1574). Eine Bio-Bibliographie. Wiesbaden 1967. Bd. 1, S. 77.

18 Copernicus, N.: De Revolutionibus orbium coelestium libri VI. Nürnberg 1543, c. 9b. Nicolaus-Copernicus-Gesamtausgabe. Hrsg. von H. M. Nobis, Bd. 2: De Revolutionibus libri sex. Besorgt von H. M. Nobis und B. Sticker, Hildesheim 1984, S. 20.

19 Biskup, M.: Regesta Copernicana, Nr. 486, S. 206.

20 Mulerius, N.: „Reteneri enim fruere numeri omnes". Nicolai Copernici Torinensis Astronomia instaurata Amstelrodami, (sic!) MDCXVII fol. § 3 b.

21 De Revolutionibus VI. Cap. VIII l. c. p. 478–481. Vgl. hierzu Anmerkungen zu den Tabellen des liber sextus, a. a. O. S. 567.

22 Vgl. hierzu cod. Barb. lat. 3151 fol. 58–61.

23 Vgl. Kaltenbrunner, F.: Die Polemik über die gregorianische Kalenderreform. In: Sitzungsberichte d. Phil. Hist. Cl. d. Kaiserl. Akad. d. Wissensch. Bd. LXXXVII, Wien 1877, S. 496.

24 De hypothesibus, a. a. O. S. 5.

25 Vgl. Nobis, H. M.: Die Vorbereitung der copernicanischen Wende in der Wissenschaft der Spätscholastik. In: Mathemata. Hrsg. von M. Folkerts/U. Lindgren. Festschrift f. H. Gericke. Boetius Bd. 12, Wiesbaden/Stuttgart 1985.

26 De hypothesibus, a. a. O. S. 6.

27 Leo I.: Epistola ad Imperatorem Marcianum. Migne PL I, IV 1056. Vgl. hierzu Nobis, H. M.: Zeitmaß und Kosmos im Mittelalter. In: Miscellanea Mediaevalia. Hrsg. von A. Zimmermann, Bd. XVI/2 pp. 272–274.

28 Rheticus, G. J.: Encomium Prussiae l. c. c. I1r (Übersetzung nach K. Zeller).

29 Vgl. Nobis, H. M.: Nicolaus Copernicus und das Problem der Kalenderreform. In: Festschrift des Copernicus-Gymnasiums Philippsburg. Philippsburg 1985, S. 53–55.

30 Vgl. Engels, F.: Dialektik der Natur. Notizen und Fragmente: Aus der Geschichte der Wissenschaft. Bücherei des Marxismus-Leninismus. Bd. 18. Dietz-Verlag, Berlin 1961, S. 206.

31 Vgl. hierzu Ulmer, K.: Von der Sache der Philosophie. Freiburg 1959, S. 63 ff.

32 De Revolutionibus. Epistola ad Paulum III., a. a. O. p. 5, lin. 23–26.

33 Galilei, G.: Lettera a Madama Cristina di Lorena. In: Ed. Naz. V, 307sq sowie Rheticus, G. J.: De motu terrae. Ed. Hooykaas. In: G. J. Rheticus Treatise on holy Scripture and the motion of the earth. In: Verh. d. Koninklijke Nederlandse Akad. v. Wetensch. Afd. Letterkunde. Nieuwe Recks, Deel 124. Amsterdam etc. 1984.

34 De hypothesibus, a. a. O. S. 4.

35 De Revolutionibus. Epistola ad Paulum III., a. a. O. p. 4,16–21 und 4,27–31.

36 Vgl. hierzu Ulmer, K., a. a. O. S. 49 ff.

37 De Revolutionibus. Epistola ad Paulum III., a. a. O. p. 4,29.

38 De Revolutionibus. Lib. I, cap. 10, a. a. O. p. 21,6–7.

39 Er findet sich z. B. in der „Sphaera Sacrobosci", die seit 1233 bis zum Beginn des 17. Jahrhunderts unzählige Auflagen erlebt hatte, gleich zu Anfang: „Universalis autem mundi machina in duo dividitur in aetheream scilicet et elementarem regionem". In: Sphaera Ioannis de Sacrobosco emendata aucta. Coloniae MDCI p. 6.

40 Vgl. Nobis, H. M.: Die Entstehung der naturwissenschaftlichen Erkenntnis aus der wissenschaftlichen Erkenntnis des Mittelalters. In: Weltall und Weltbild. Hrsg. von U. Hameyer/T. Kapune. Institut für die Pädagogik der Naturwissenschaften, Kiel 1983, S. 135–157.

41 Vgl. hierzu Krafft, F.: Nicolaus Copernicus. Astronomie und Weltbild an der Wende zur Neuzeit. In: Abh. d. Akad. d. Wiss. Göttingen. Phil. hist. Cl. 3. F. Nr. 179, S. 282–335.

42 Vgl. hierzu Nobis, H. M.: Die Entwicklung der naturwissenschaftlichen Erkenntnis etc., a. a. O. S. 137.

43 Thomas v. Aquin: Expos. in lib. II de coel. lect. 2 (311) ed. Marietti, p. 153.

44 Fellmann, F.: Scholastik und kosmologische Reform. Beiträge zur Geschichte der Philosophie und Theologie des Mittelalters. N. F. Bd. 6, Münster 1971, S. 5 ff.

45 Vgl. Platon: Timaios 37D sowie Aristoteles: Phys. IV, 11.219 b1–2.

46 De Revolutionibus, a. a. O. p. 65,7.

47 Blumenberg, H.: Die kopernikanische Konsequenz für den Zeitbegriff. In: Colloquia Copernicana. Toruń 1973, I. Studia Copernicana 5, Wrocław 1972, S. 57–58.

48 Insbesondere von Johannes Philoponos. Vgl. sein Fragment aus der verlorenen Schrift „contra Aristotelem" in: Simplikios in Aristotelis libros de coelo quattuor commentaria. Ed. Diels, Berlin 1882, p. 134,20 ff.

49 Baco de Verulam: De dignitate et augmentis scientiarum libri IX. lib. IV, cap. 1. In: Francisci Baconis opera omnia. Francoforti 1665, col. 98.

50 Vgl. hierzu die Empfehlung Bellarmins an Galilei im Volumen 1181: Ex Archivo S. Officii „contra Galileum Galilei ... e che finalmente dalla Congregatione dell'Indice fu (f. 4r) dichiarato che la sodetta opinione del Copernico assolutamente presa era contraria alla Sacra Scrittura, né si poteva tener e difender se non ex suppositione; e che a lui fu dal sig. card. Belarmino notificata tal dichiarazione ..."

51 Aus diesem Grunde bemerkt Johann Amos Comenius, einer der Besitzer des Manuskriptes von De Revolutionibus: „Copernicus novam astronomiam suam ex opticis rationibus plausibiliter construxit". In: Comenius, J. A.: Prodromus pansophiae 25. Ed. Reber-Novak 343,37–344,1.

52 Kant, I.: Kritik der reinen Vernunft, Vorrede.

Rainer Kayser: *Die Harmonie der Welt*

Anmerkungen

1 Kepler, J.: Mysterium Cosmographicum – Das Weltgeheimnis. Übersetzung des Originaltextes von M. Caspar. Dr. Benno Filser Verlag, Augsburg 1923, S. 86.
2 Caspar, M.: Johannes Kepler. Kohlhammer Verlag, Stuttgart 1948, S. 98. Die umfassendste Biographie Keplers.
3 Siehe Anm. 2, S. 146.
4 Kepler, J.: Neue Astronomie. Übersetzung des Originaltextes von M. Caspar. Verlag R. Oldenbourg, München/Berlin 1929, S. 250.
5 Siehe Anm. 4, S. 267.
6 Caspar, M./Dyck, W. von: Johannes Kepler in seinen Briefen. Bd. I, Verlag R. Oldenbourg, München/Berlin 1930, S. 215.
7 Siehe Anm. 4, S. 26.
8 Siehe Anm. 4, S. 33.
9 Gerlach, W.: Johannes Kepler und die Copernicanische Wende. Nova Acta Leopoldina. Bd. 37/2. Barth Verlag, Leipzig 1987, S. 18.
10 Siehe Anm. 2, S. 62. – Koestler, A.: Die Nachtwandler. Suhrkamp Verlag, Frankfurt a. M. 1980, S. 243.
11 Koestler, A.: Die Nachtwandler. Suhrkamp Verlag, Frankfurt a. M. 1980, S. 243.
12 Siehe Anm. 11, S. 245.
13 Siehe Anm. 2, S. 430.

Literatur

Caspar, M.: Bibliographia Kepleriana. C. H. Beck'sche Verlagsbuchhandlung, München 1936. Ein Führer durch das gesamte Schrifttum Keplers.
Caspar, M.: Johannes Keplers wissenschaftliche und philosophische Stellung. Verlag R. Oldenbourg, München/Berlin 1926.
Kepler, J.: Grundlagen der geometrischen Optik. Übersetzt von F. Plehn. Hrsg. von M. von Rohr. Akademische Verlagsgesellschaft, Leipzig 1922.
Kepler, J.: Unterredung mit dem Sternenboten. Übersetzt von F. Hammer. Hrsg. von W. Lehmann. International Astronomical Union, Hamburg 1964.
Kepler, J.: Weltharmonik. Übersetzt von M. Caspar. Verlag R. Oldenbourg, München/Berlin 1939.
Strauß, H. A./Strauß-Kloebe, S.: Die Astrologie des Johannes Kepler. Verlag R. Oldenbourg, München/Berlin 1926.

Albrecht Fölsing: *Und er bewegt uns noch*

Anmerkungen

1 Galilei an Diodati, Arcetri, 2. Januar 1638. Ed. Naz. XIV.
2 Olschki, L.: Geschichte der neusprachlichen wissenschaftlichen Literatur. Bd. III: Galilei und seine Zeit. Halle 1927, S. 167.
3 Galilei an Kepler, Padua, Juli 1597, Ed. Naz. X, S. 67.

4 Unterredungen und mathematische Demonstrationen über zwei neue Wissenszweige, die Mechanik und die Fallgesetze betreffend. Übersetzt von A. von Oettingen, Leipzig 1890.
5 Sidereus Nuncius, deutsch von M. Hossenfelder, Frankfurt 1965, S. 109.
6 Brief von Kardinal del Monte an Cosimo II., Großherzog von Florenz, vom
31. Mai 1611, Ed. Naz. XI.

Quellen

Favaro, A. (Hrsg.): Le Opere di Galileo Galilei. Edizione Nazionale 1890–1909.
Nachdruck 1966.
Galileo Galilei: Schriften, Briefe, Dokumente. 2 Bde. Hrsg. von A. Mudry. Berlin/
München 1987. Eine nach nicht immer einsichtigen Kriterien vorgenommene
Auswahl aus der Edizione Nazionale in deutscher Übersetzung.
Galileo Galilei: Dialog über die beiden hauptsächlichen Weltsysteme. Übersetzt von
E. Strauß. Leipzig 1891. Nachdruck 1982.
Galileo Galilei: Unterredungen und mathematische Demonstrationen über zwei neue
Wissenszweige, die Mechanik und die Fallgesetze betreffend. Übersetzt von
A. von Oettingen. Leipzig 1890. Nachdruck 1964.
Galileo Galilei: Sidereus Nuncius – Nachricht von neuen Sternen. Hrsg. von H.
Blumenberg. Frankfurt 1965.
Pagano, S. M. (Hrsg.): I Documenti del Processo di Galileo Galilei. Pontificiae
Academiae Scientiarum Scripta Varia. Rom, Citta del Vaticano 1984. Die autoritati-
ven Texte und Dokumente des Galilei-Prozesses.

Literatur

Drake, S.: Galileo at Work. Chicago 1978.
Fölsing, A.: Galileo Galilei – Prozeß ohne Ende. München 1983 ff.
Redondi, P.: Galileo Eretico. Turin 1983. Deutsche Übersetzung: Galilei, der Ketzer.
Verlag C. H. Beck, München 1989.

Matthias Schramm: Die Gesetze der Himmelsmechanik

Anmerkungen

1 Original abgedruckt bei L. T. More: Isaac Newton – A biography. New York
1934 (Nachdruck ebendort 1952), S. 290 f.
2 Isaac Newton's Philosophiae naturalis principia mathematica. The 3rd edition
(1726) with variant readings, assembled and edited by A. Koyré and I. B. Cohen.
Harvard University Press 1972. Vol. 1, S. 54 f.
3 A. in Anm. 1 a. O. More bemerkt, daß statt der offensichtlich irrtümlichen
Zeitangabe wahrscheinlich der Winter 1679/80 gemeint sein müsse.
4 Brief vom 5. 2. 1675/76, Nr. 154. In: The correspondence of Isaac Newton. Voll.
1–5, ed. by H. W. Turnbull. Cambridge 1959–1975. Vol. 1, S. 416 f.
5 Brief vom 9. 12. 1679, a. a. O. Nr. 237, vol. 2, S. 304–307.
6 Brief vom 16. 12. 1679, a. a. O. Nr. 238, S. 307 f.
7 Lib. 1, prop. 1, a. in Anm. 2 a. O. S. 88 ff.

8 Lib. 1, lemma 11, a. a. O. S. 80–83.
9 Lib. 1, prop. 11 ff., a. a. O. S. 118–125.
10 Lib. 1, prop. 17, a. a. O. S. 130–134.
11 A. in Anm. 1 a. O. S. 247.
12 A. a. O. S. 299.
13 A. a. O. S. 490.
14 Lib. 1, prop. 66, a. in Anm. 2 a. O. S. 278–294.
15 A. a. O. vol. 1, S. 55.
16 Lib. 3, prop. 7, a. a. O. vol. 2, S. 576 f.
17 1. Teilaussage von lib. 3, prop. 2, a. a. O. S. 564.
18 A. in Anm. 1 a. O. S. 664.

Quellen

Koyré, A./Cohen, I. B. (Hrsg.): Isaac Newton's Philosophiae naturalis principia mathematica. Harvard University Press 1972.

Newton, I.: Mathematische Prinzipien der Naturlehre. Hrsg. von J. Ph. Wolfers. Berlin 1872. Nachdruck Braunschweig 1964. Schon wegen der verwirrenden Neugliederung des Textes kann diese einzige vollständige deutsche Übersetzung nur als Notbehelf dienen. Besser läßt sich mit der nachfolgend angeführten englischen Übersetzung arbeiten:

Newton, I.: Mathematical principles of natural philosophy. Translated by A. Motte, revised by F. Cajori, 2 voll. Berkeley 1962.

Newton's „Principia" door H. J. E. Beth 1.2. Deel. Historische Bibliotheek voor de Exacte Wetenschappen. Deel 4.5., Groningen 1952. Beth liefert die einzige tiefer greifende Gesamtanalyse der Principia.

Newton, I.: Über die Gravitation. Texte zu der philosophischen Grundlegung der Mechanik. Lateinisch-deutsch. Übersetzt und erläutert von G. Böhme. Klostermann Texte: Philosophie, Frankfurt a. M. 1988. Zur Einführung in die Fragen der Entstehungsgeschichte der Principia.

Literatur

Dreyer, J. L. E.: A History of Astronomy from Thales to Kepler. New York ²1953.

Dugas, R.: Histoire de la mécanique. Bibliothèque scientifique 16. Philosophie et histoire, Neuchâtel 1950.

Koyré, A.: An unpublished letter of Robert Hooke to Isaac Newton. In: Isis. An international review devoted to the history of science and civilization 43/1952, S. 312–337.

North, J. D.: Isaac Newton. Clarendon biographies, Oxford 1967.

Westfall, R. S.: Never at rest. A biography of Isaac Newton. Cambridge University Press, Cambridge 1980.

Rhea Lüst: Kosmische Vagabunden

Anmerkungen

1 Marcus Tullius Cicero: De natura deorum, II, 5; um 60 v. Chr. – Gajus Plinius Secundus d. Ältere: Naturalis historia, II, 92; um 50 n. Chr.
2 Anonymer Chronist: Vita Hludovici, ca. 843; siehe auch in: Quellen zur karolingischen Reichsgeschichte. Hrsg. von R. Rau, Übersetzung aus dem Lateinischen. Rütten & Loening, Berlin 1956.
3 Halley, E.: Astronomiae cometicae synopsis. Oxford 1705.
4 Ders.: Tabulae astronomicae. London 1749.

Literatur

Hahn, H.-M.: Zwischen den Planeten; Kometen, Asteroiden, Meteorite. Franckh'-Kosmos Verlag, Stuttgart 1984.
Keppler, E.: Sonne, Monde und Planeten. Piper-Verlag, München 1982.
Kippenhahn, R.: Unheimliche Welten; Planeten, Monde und Kometen. Deutsche Verlags-Anstalt, Stuttgart 1987.
Tammann, G. A./Véron, P.: Halleys Komet. Verlag Birkhäuser, Basel 1985. Ein ausgezeichnetes und reich mit historischen Bildern illustriertes Buch, das die Geschichte des Halleyschen Kometen zum Schwerpunkt hat und jede Erscheinung seit 240 v. Chr. beschreibt; kleinere Abschnitte geben eine Übersicht über den heutigen Stand der Kometenforschung.

Felix Schmeidler: Der mathematische Himmel

Anmerkungen

1 Überlegungen dieser Art waren z. B. der Grund, warum Voltaire in jungen Jahren in Frankreich und England als begeisterter Anhänger der Lehren von Newton hervortrat.
2 Die Erscheinungen dieses Kometen sind bis zu der des Jahres 240 v. Chr. lückenlos beobachtet worden. Die von 1985/86 war die ungünstigste unter allen.
3 Kant, I.: Allgemeine Naturgeschichte und Theorie des Himmels. Königsberg/Leipzig 1755.
4 Theoria motus corporum coelestium. Hamburg 1809.
5 Wegen dieser ständigen Verlängerung der Dauer des Tages hat es sich neuerdings als notwendig erwiesen, alle 1 bis 2 Jahre eine Schaltsekunde einzuführen, um die Zeitrechnung in Übereinstimmung mit den astronomischen Gegebenheiten zu halten. Nachdem ein genaues Gesetz der Verlängerung der Tageslänge noch nicht bekannt ist, können diese Schaltsekunden nur jeweils bei Bedarf festgelegt werden. Eine formelle Schaltregel wird erst möglich sein, wenn aus weiteren Forschungen das Gesetz der Veränderung der Tagesdauer ermittelt ist.

Literatur

Bauschinger, J.: Die Bahnbestimmung der Himmelskörper. Leipzig ²1928.
Laplace, P. S.: Traité de mécanique céleste. 5 Bde. Paris 1799–1825.

Stumpff, K.: Himmelsmechanik. 3 Bde. Berlin 1959–1974.
Zinner, E.: Die Geschichte der Sternkunde. Berlin 1931.

Günter D. Roth: Das neue Bild der Milchstraße

Anmerkungen

1 Kant, I.: Allgemeine Naturgeschichte und Theorie des Himmels. In: Werke. Bd. 1. Hrsg. von E. Cassirer. Berlin 1912, S. 253.
2 Herschel, W.: Bericht über einen Kometen. In: Zinner, E.: Astronomie. Geschichte ihrer Probleme. Freiburg/München 1951, S. 213.
3 Bode, J. E.: Von den neu entdeckten Planeten. Berlin 1784, S. 5.
4 Herschel, K.: Memoiren und Briefwechsel. Berlin 1877. In: Buttmann, G.: Wilhelm Herschel. Stuttgart 1961, S. 9 f.
5 In: Buttmann, G.: Wilhelm Herschel. Stuttgart 1961, S. 32.
6 Siehe Anm. 4, S. 36.
7 In: Littrow, J. J.: Die Doppelsterne. Wien 1835, S. 146.
8 Siehe Anm. 5, S. 61.
9 Siehe Anm. 5, S. 93.
10 In: Roth, G. D.: Kosmos Astronomiegeschichte. Stuttgart 1987, S. 101.
11 Herschel, W.: Account of some observations tending to investigate the construction of the heavens. Phil. Trans. Vol. 74/1784, S. 437–451. In: Zinner, E.: Astronomie. Geschichte ihrer Probleme. Freiburg/München 1951, S. 317.
12 Herschel, W.: On the construction of the heavens. Phil. Trans. Vol. 75/1785, S. 213–266. In: Zinner, E.: Astronomie. Geschichte ihrer Probleme. Freiburg/München 1951, S. 318.
13 Herschel, W.: Über den Bau des Himmels. Dresden/Leipzig 1826, S. 313 f.
14 Siehe Anm. 13, S. 71 f.
15 Siehe Anm. 7.

Literatur

Becker, F.: Geschichte der Astronomie. Mannheim/Wien/Zürich ⁴1980.
Buttmann, G.: Wilhelm Herschel. Leben und Werk. Stuttgart 1961.
Drews, J./Schwier, H. (Hrsg.): Lilienthal oder die Astronomen. Historische Materialien zu einem Projekt Arno Schmidts. München 1984.
Herrmann, D. B.: Geschichte der modernen Astronomie. Berlin 1984.
Herschel, F. W.: Über den Bau des Himmels. Dresden/Leipzig 1826.
Herschel, C.: Memoiren und Briefwechsel. Berlin 1877.
Howse, D.: Greenwich Observatory. Vol. 3: The Buildings and Instruments. London 1975.
Littrow, J. J.: Die Doppelsterne. Wien 1835.
Roth, G. D.: Kosmos Astronomiegeschichte. Astronomen, Instrumente, Entdeckungen. Stuttgart 1987.
Zinner, E.: Astronomie. Geschichte ihrer Probleme. Freiburg/München 1951.

Joachim Herrmann: Mit dem Maßstab ins All

Anmerkungen

1 Bessel, F. W.: Ich habe Euch lieb, aber der Himmel ist mir näher. Eine Autobiographie in Briefen. Minden 1984.
2 Bessel, F. W.: Abhandlungen. Bd. 1, Leipzig 1875–76, S. XIX.
3 Bessel, F. W.: Bestimmung der Entfernung des 61. Sterns des Schwans. In: Astronomische Nachrichten 16, Altona 1844, S. 65 ff.

Literatur

Hamel, J.: Friedrich Wilhelm Bessel. Biographien hervorragender Naturwissenschaftler, Techniker und Mediziner. Bd. 67. Leipzig 1977.
Herrmann, D. B.: Geschichte der Astronomie von Herschel bis Hertzsprung. Berlin 1975.
Herrmann, D. B.: Kosmische Weiten. Geschichte der Entfernungsmessung im Weltall. Leipzig ³1989.
Schmeidler, F.: Leben und Wirken des Königsberger Astronomen Friedrich Wilhelm Bessel. Kelkheim/T. 1984.
Zinner, E.: Astronomie. Geschichte ihrer Probleme. Freiburg/München 1951.

Dieter B. Herrmann: Auf dem Weg zur Astrophysik

Anmerkungen

1 Herrmann, D. B.: Entdecker des Himmels. Leipzig ³1982, S. 121.
2 Zöllner, K. F.: Wissenschaftliche Abhandlungen. Band 4, Leipzig 1881, S. 724.
3 Zitiert nach Lockemann, G.: Robert Wilhelm Bunsen. Stuttgart 1949, S. 152.
4 Kirchhoff, G. R.: Monatsberichte der Königlich Preußischen Akademie der Wissenschaften zu Berlin, 662/1859.
5 Bessel, F. W.: Populäre Vorlesungen über Wissenschaftliche Gegenstände. Hrsg. von H. C. Schumacher. Hamburg 1848, S. 413–414.
6 Zöllner, K. F.: Photometrische Untersuchungen. Leipzig 1865, S. 316.
7 Herrmann, D. B.: Der Beitrag der Astrophysik zur Erforschung der Kometen im 19. Jahrhundert. In: Geschichte der Kometenforschung. Vorträge und Schriften der Archenhold-Sternwarte Nr. 66, Berlin-Treptow 1987, S. 55–62.
8 Herrmann, D. B./Hoffmann, D.: Astrofotometrie und Lichttechnik in der zweiten Hälfte des 19. Jahrhunderts. In: NTM-Schriftenreihe für Geschichte der Naturwissenschaften, Technik und Medizin 13/1976, Heft 1, S. 94–104.
9 Herrmann, D. B.: Ein eigenhändiger Lebenslauf von Carl Friedrich Zöllner aus dem Jahre 1864. Mitteilungen der Archenhold-Sternwarte Nr. 97, Berlin-Treptow 1974.

Literatur

Clerke, A. M.: Problems in Astrophysics. Adam and Charles Black, London 1903.
Herrmann, D. B.: Geschichte der modernen Astronomie. Aulis-Verlag, Köln 1988.
McGucken, W.: Nineteenth Century Spectroscopy. Development of the Understanding of Spectra 1802–1897. John Hopkins Press, Baltimore 1969.

Scheiner, J.: Die Spectralanalyse der Gestirne. Engelmann, Leipzig 1890. Translated, enlarged and revised by Edwin Brant Frost. Astronomical Spectroscopy. Ginn, Boston 1894, ²1898.

Schellen, H.: Die Spectralanalyse in ihrer Anwendung auf die Stoffe der Erde und die Natur der Himmelskörper. Braunschweig 1878.

Axel Wittmann: Feuer des Lebens

Anmerkungen

1 Sonnensystem: Bereich der gesamten gravitativ an die Sonne gebundenen Materie (große und kleine Planeten, Kometen, Meteoriten, Gas, Staub usw.), die zusammen mit der Sonne an deren Raumbewegung und deren galaktischer Rotation teilnimmt (Durchmesser etwa 1,6 Lichtjahre).

2 Wiedergabe z. B. in: Lalou, E.: Le soleil. Encyclopédie essentielle, Serie science, No. 1. Robert Delpire, Paris 1958, S. 14.

3 Einflüsse der Erde auf die Sonne sind ausschließlich gravitativer Natur, ihrem Betrag nach äußerst gering und in diesem Zusammenhang ohne Belang.

4 Calorimetrische Temperatur: Durch direkte Messung der Wärmewirkung der Sonnenstrahlung und Vergleich mit irdischen Wärmequellen ermittelte Temperatur der Sonne.

5 Effektivtemperatur: Nach dem – die wirklichen Verhältnisse idealisierenden – Gesetz von Stefan-Boltzmann ist die Gesamtenergie, die ein Stern (wie etwa die Sonne) pro Sekunde abstrahlt, proportional zur vierten Potenz seiner (absoluten) Oberflächentemperatur. Die anhand der Gesamtausstrahlung (der sog. „Leuchtkraft") bestimmte Oberflächentemperatur wird daher auch als „Effektivtemperatur" bezeichnet.

6 Parallaxe: In der Astronomie übliche Bezeichnung für denjenigen Winkel, unter dem eine bekannte Basisstrecke aus einer bestimmten Entfernung erscheint. Die Parallaxe ist umso kleiner, je größer die Entfernung des betreffenden Himmelskörpers von der Basisstrecke ist; sie ist daher ein Maß für die Entfernung des Himmelskörpers. Im Falle der Sonnenparallaxe dient der Äquatorhalbmesser der Erde als Basisstrecke.

7 Exzentrizität: Maßzahl für die Abweichung der Bahnform eines Himmelskörpers von der Kreisform; z. B. hat die (fast kreisförmige) Erdbahn eine Exzentrizität von nur 0,0167.

8 Dynamomechanismus: Im Rahmen der solaren Dynamotheorie wird die Wechselwirkung zwischen Magnetfeldern und Bewegungen geladener Plasmateilchen im Inneren der Sonne untersucht. Bei geeigneter Mittelung über kleinräumige, turbulente Bewegungen und unter Berücksichtigung der differentiellen Rotation ergeben sich Lösungen der magnetohydrodynamischen Grundgleichungen, die das 22jährige periodische Verhalten des Sonnenmagnetfeldes einigermaßen gut wiedergeben.

9 Zu frühen Entwicklungen in der Spektroskopie der Sonne vgl. u. a.: Secchi, A.: Die Sonne. Georg Westermann, Braunschweig 1872. Young, C. A.: Die Sonne. F. A. Brockhaus, Leipzig 1883. Abbott, C. G.: The Sun. D. Appleton, London 1912. Meadows, A. J.: Early Solar Physics. Pergamon Press, Oxford 1970.

10 Spektroheliograph: Gerät zur Erzeugung zweidimensionaler Bilder der Sonnenoberfläche im Licht einer einzelnen Spektrallinie. Ein Spektroheliograph besteht

im wesentlichen aus einem hochauflösenden Spektrographen und einer Vorrichtung, die eine gleichgeschaltete Abtastbewegung des Eintrittsspaltes über das Sonnenbild sowie der zu belichtenden Photoplatte über den Austrittsspalt ermöglicht. Dieses, erstmals 1869 von Jules Janssen beschriebene Verfahren ist inzwischen weitgehend durch den Einsatz schmalbandiger Filter abgelöst worden.

11 Dopplergramm: Zweidimensionale Kartierung (Registrierung) der Radialgeschwindigkeit des solaren Plasmas mit Hilfe der Verschiebung von Spektrallinien aufgrund des Dopplereffekts. Ein Dopplergramm zeigt im wesentlichen die auf den Beobachter gerichteten Komponenten der Strömungszellen der Granulation und der Supergranulation.

12 Konvektionszone: Unmittelbar unterhalb der Photosphäre gelegenes Gebiet turbulenter Bewegungen, in dem der überwiegende Teil der Energie nicht durch Strahlung oder Wärmeleitung, sondern durch aufsteigende Materiebewegungen nach außen transportiert wird. Die Konvektionszone der Sonne erstreckt sich bis in eine Tiefe von etwa 27 Prozent des Sonnenradius.

13 Eigenschwingung: Durch nichtperiodische äußere Kräfte (z. B. Stöße) angeregte Schwingung eines (schwingungsfähigen) mechanischen Systems in einer seiner „Eigenfrequenzen". Letztere sind nicht regellos verteilt, sondern bilden ein charakteristisches Spektrum. Im Falle der Sonne liegen die Eigenperioden bei etwa 5 Minuten.

14 Kosmische Strahlung: Aus dem Milchstraßensystem stammende, hochenergetische Teilchenstrahlung, die beim Auftreffen auf die Erdatmosphäre im Bereich der Stratosphäre durch stoßangeregte Kernreaktionen Sekundärteilchen verschiedenster Art erzeugt.

15 Dieser höchst erfolgreiche Forschungssatellit ist im Dezember 1989 in der Erdatmosphäre verglüht.

Literatur

Ekrutt, J. W.: Die Sonne. GEO-Buch, Gruner + Jahr, Hamburg 1981.

Friedman, H.: Die Sonne: Aus der Perspektive der Erde. Spektrum der Wissenschaft, Heidelberg 1987.

Giovanelli, R. G.: Geheimnisvolle Sonne. VCH Verlagsgesellschaft, Weinheim 1987.

Kiepenheuer, K. O.: Die Sonne. Verständliche Wissenschaft. Bd. 68. Springer-Verlag, Berlin 1957.

Nicolson, I.: Die Sonne. Herder, Freiburg 1982.

Stix, M.: The Sun: An Introduction. Springer-Verlag, Berlin 1989.

Übelacker, E.: Die Sonne. Was ist Was? Bd. 76. Tessloff, Hamburg 1984.

Verdet, J.-P.: Die Sonne: Quelle unseres Lebens. Otto Maier, Ravensburg 1987.

Hans-Heinrich Voigt: Das zerlegte Licht

Anmerkungen

1 Sawyer, R. A.: Experimental Spectroscopy. Dover Publications, New York ^{5}1963. In Kap. I dieses Buches findet man die Originalzitate der in diesem Aufsatz erwähnten Arbeiten von Newton bis Kirchhoff und Bunsen.

2 Herrmann, D. B.: Karl Friedrich Zöllner. B. G. Teubner Verlags-Ges., Leipzig 1982, S. 22 f.

3 Pohl, R. W.: Optik und Atomphysik. Springer-Verlag, Berlin/Heidelberg/New York, ^{12}1967, § 151/152.

4 Curtiss, R. H.: Classification and Description of Stellar Spectra. In: Handbuch der Astrophysik. Band V/1. Springer-Verlag, Berlin 1932, S. 1. In dieser Arbeit findet man die Originalzitate der verschiedenen Schemata zur Klassifikation der Sternspektren bis zur Harvard-Klassifikation.

5 Cannon, A. J./Pickering, E. C.: Henry Draper Catalogue of Stellar Spectra. Ann. Harvard Obs. 91–99, 1918–1924.

6 Becker, F./Brück, H. A.: Potsdamer Spektraldurchmusterung. Publikationen des Astrophysikalischen Observatoriums Potsdam, Bd. 88–93/1929–1938.

7 Schwassmann, A./Wachmann, A. A.: Bergedorfer Spektraldurchmusterung. Bd. 1–5. Hamburg-Bergedorf 1935–1953.

8 Morgan, W. W./Keenan, P. C./Kellman, E.: An Atlas of Stellar Spectra. Chicago 1943.

9 Unsöld, A.: Der neue Kosmos. Springer-Verlag Berlin/Heidelberg/New York ^{2}1974. § 17: Spektren und Atome; § 18: Sternatmosphären, kontinuierliches Spektrum der Sterne; § 19: Chemische Zusammensetzung der Sternatmosphären; § 25: Innerer Aufbau und Energieerzeugung der Sterne.

10 Schwarzschild, K.: Über das Gleichgewicht der Sonnenatmosphäre. Nachr. Ges. d. Wiss. Göttingen, Math.-Phys. Klasse, 1906, S. 41.

11 Unsöld, A.: Physik der Sternatmosphären. Springer-Verlag Berlin/Göttingen/Heidelberg ^{2}1955.

Wolfgang J. Duschl: Leuchtende Sterne

Anmerkungen

1 Einstein, A.: Annalen der Physik, 18/1905, S. 639. – Ders.: Annalen der Physik, 20/1906, S. 627.

2 Eddington, Sir A.: Nature, 106/1920, S. 14.

3 Gamov, G.: Zeitschrift für Physik, 52/1928, S. 510.

4 Hertzsprung, E.: Publikationen des astrophysikalischen Observatoriums Potsdam, 22, Nr. 63/1911. – Russell, H. N.: Popular Astronomy, 22/1914, S. 275.

5 Weizsäcker, C. F. von: Physikalische Zeitschrift, 39/1938, S. 633.

6 Bethe, H. A.: Physical Review, 55/1939, S. 434.

7 Bethe, H. A./Critchfield, C. L.: Physical Review, 54/1938, S. 248.

8 Burbidge, E. M./Burbidge, G. R./Fowler, W. A./Hoyle, F.: Reviews of Modern Physics, 29/1957, S. 547.

9 Sandage, A. R./Schwarzschild, M.: Astrophysical Journal, 116/1952, S. 463.

Literatur

Kippenhahn, R.: Hundert Milliarden Sonnen. Serie Piper, München 1984.

Kippenhahn, R./Weigert, A.: Stellar Structure and Evolution. Springer-Verlag, Berlin/Heidelberg 1990.

Meyers Handbuch Weltall: Bibliographisches Institut, Mannheim 1984.

Scheffler, H./Elsässer, H.: Physik der Sterne und der Sonne. Bibliographisches Institut Wissenschaftsverlag, Mannheim 1974.

Unsöld, A./Baschek, B.: Der neue Kosmos. Springer-Verlag, Berlin/Heidelberg 1989.
Voigt, H.-H.: Abriß der Astronomie. Bibliographisches Institut Wissenschaftsverlag,
Mannheim 1988.
Weigert, A./Wendker, H. J.: Astronomie und Astrophysik. Physik-Verlag, Weinheim
1982.

Peter von der Osten-Sacken: Das helle Band am Himmel

Anmerkungen

1 Drößler, R.: Als die Sterne Götter waren. Leipzig 1976.
2 Herrmann, D. B.: Geschichte der Astronomie von Herschel bis Hertzsprung.
Leipzig 1975.
3 Unsöld, A.: Der neue Kosmos. Berlin/Heidelberg/New York 1974.
4 Siehe Anm. 3.
5 Osten-Sacken, P.: Kosmos plus minus. München 1971.
6 Monod, J.: Zufall und Notwendigkeit. München 1972.
7 Scheffler, H./Elsässer, H.: Bau und Physik der Galaxis. Zürich 1982.
8 Voigt, H.-H.: Abriß der Astronomie. Zürich 1980.
9 Die Sterne. Heft 4/1986.
10 Osten-Sacken, P.: Die neue Kosmologie. Düsseldorf/Wien 1986.

Literatur

Gondolatsch, F./Groschopf, G./Zimmermann, O.: Astronomie. Klett Studienbücher,
Stuttgart 1980.
Henbest, N./Marten, M.: Die neue Astronomie. Basel 1984.
Herrmann, J.: Astronomie. Grundlagen der Himmelskunde. Orbis-Verlag, München
1988.
Kühn, L.: Das Milchstraßensystem. Stuttgart 1978.
Meyers Handbuch über das Weltall. Mannheim 1973.
Mitton, S.: Die Erforschung der Galaxien. Berlin/Heidelberg/New York 1978.
Schaifers, K.: Geschwister der Sonne. Hamburg 1976.

Johannes Viktor Feitzinger: Von Galaxie zu Galaxie

Anmerkungen

1 Jones, K. G.: The Search of the Nebulae. Science History Publication, Chalfont
1975.
2 Eine kritische Bewertung dieses Prioritätenstreites findet sich bei R. K. Merton:
Entwicklung und Wandel von Forschungsinteressen. Suhrkamp Verlag, Frankfurt
a. M. 1985, S. 258 f.
3 Siehe Anm. 1.
4 Hoskin, M. A.: Stellar Astronomy. Science History Publication, Chalfont 1982.
5 Siehe Anm. 4.

6 Berendzen, R./Hart, R./Seeley, D.: Man Discovers the Galaxies. Science History Publication, New York 1976. Vgl. auch Anm. 4.

7 Harwit, M.: Die Entdeckung des Kosmos. Piper Verlag, München 1983.

8 Hubble, E. P.: The Realm of the Nebulae. Yale University Press, New Haven 1936.

9 Hodge, P. W.: Hubble's Distance Indicators. In: The Extragalactic Distance Scale. Hrsg. von S. van den Bergh/Chr. J. Pritchet. Verlag Astronomical Soc. Pazific, San Francisco 1988, S. 1 ff.

10 Fernie, J. V.: The Period-Luminosity Relation. A Historical Review. Publ. Ast. Soc. Pac., Bd. 81, 1965, S. 707.

11 Tully, R. B.: Origin of the Hubble Constant Controversy. In: Nature 334/1988, S. 209.

12 Rowan-Robinson, M.: The Cosmological Distance Ladder. Freeman, New York 1985.

13 Feitzinger, J. V.: Extragalaktische Sternsysteme. In: Handbuch für Sternfreunde. Bd. 2. Hrsg. von G. D. Roth. Springer-Verlag, Heidelberg 1989, S. 541–588.

Rudolf Kippenhahn: Der Anfang des Alls

Anmerkungen

1 Poe, E. A.: Eureka. G. P. Putnam, New York 1948.

2 Eddington, Sir A.: Dehnt sich das Weltall aus? (The Expanding Universe.) Deutsche Verlags-Anstalt, Stuttgart 1933.

3 Börner, G.: The Early Universe. Facts and Fiction. Springer-Verlag, Heidelberg 1988.

4 Fritzsch, H.: Vom Urknall zum Zerfall. Piper Verlag, München 1983.

Weitere Literatur

Appenzeller, I. (Hrsg.): Kosmologie. Spektrum der Wissenschaft, Heidelberg 1984.

Kippenhahn, R.: Licht vom Rande der Welt. Deutsche Verlags-Anstalt, Stuttgart 1984.

Rainer Beck: Fenster zum Weltraum

Anmerkungen

1 Verschuur, G. L.: Die phantastische Welt der Radioastronomie. Birkhäuser-Verlag, Basel 1988. – Siehe auch Anm. 2.

2 Hey, J. S.: The Evolution of Radio Astronomy. Science History Publications, New York 1973.

3 Lovell, B.: Signale aus dem Weltall. Goldmann-Verlag, München 1970.

4 Schwartz, R./Zinz, W.: Das Radioobservatorium Effelsberg. In: Praxis der Naturwissenschaften, Heft 8, 31/1982, S. 225–235. – Knapp, W.: Rauschen vom Rande der Welt. In: Bild der Wissenschaft 10/1983, S. 122–132.

5 Siehe Anm. 1.
6 Preuss, E.: Radiointerferometrie mit großen Basislängen. In: Physik in unserer Zeit, Heft 4, 16/1985, S. 123–130 und Heft 5, 16/1985, S. 153–158.
7 Daucourt, G.: Was sind Pulsare? Verlag H. Deutsch, Frankfurt a. M. 1987.
8 Ders.: Was sind Quasare? Verlag H. Deutsch, Frankfurt a. M. 1987.
9 Mezger, P. G.: Beiträge der Radioastronomie zum Urknallmodell der Weltentstehung. In: Sterne und Weltraum, Heft 8, 20/1981, S. 265–272 und Heft 9, 20/1981, S. 319–324.

Weitere Literatur

Beck, R.: Das „Radiofenster" hat unser Weltbild verändert. In: Umschau Nr. 25/1982, S. 774–779.
Gürtler, J., u. a.: Fünfzig Jahre Radioastronomie. In: Die Sterne, Heft 4, 58/1982.
Harwit, M.: Die Entdeckung des Kosmos. Piper Verlag, München 1983.
Rohlfs, K.: Radioastronomie. Wissenschaftliche Buchgesellschaft, Darmstadt 1980.
Schwartz, R./Witzel, A.: Radioastronomie verändert unser Weltbild. In: Funkschau 6/1982, S. 45–50.

Hermann-Michael Hahn: Der offene Himmel

Anmerkungen

1 Chemical model for Viking biology experiments. In: Nature 338/1989, S. 633; Wo blieb das Wasser auf dem Mars? In: Bild der Wissenschaft 8/1989, S. 108.
2 Miles, F.: Aufbruch zum Mars. Kosmos-Verlag, Stuttgart 1988.
3 Die nahen Planeten. Time-Life Bücher, München 1989, S. 32.
4 Vgl. Anm. 3, S. 89.
5 A violent birth for Mercury. In: Nature 335/1988, S. 496; War Merkur früher größer? In: Bild der Wissenschaft 1/1989, S. 116.

Literatur

Beatty, J. K./O'Leary, B./Chaikin, A.: Die Sonne und ihre Planeten. Physik-Verlag, Weinheim 1985.
Der Große IRO-Atlas der Astronomie. IRO Kartografische Verlagsgesellschaft mbH, München 1987.
Die fernen Planeten. Time-Life Bücher, München 1989.
Die nahen Planeten. Time-Life Bücher, München 1989.
Die Neue Astronomie. Time-Life Bücher, München 1990.
Hunt, G./Moore, P.: Jupiter. Verlag Herder, Freiburg 1982.
Dies.: Saturn. Verlag Herder, Freiburg 1983.
Kippenhahn, R.: Unheimliche Welten. Deutsche Verlags-Anstalt, Stuttgart 1987.
Klingholz, R.: Marathon im All. Westermann-Verlag, Braunschweig 1989.
Miles, F.: Aufbruch zum Mars. Kosmos-Verlag, Stuttgart 1988.
Moore, P.: Der Mond. Verlag Herder, Freiburg 1982.

Verzeichnis der Bildquellen

Abb. 18   Aus einem ägyptischen Traktat über die Volksastronomie, vermutlich 14. Jahrhundert. Abdruck mit freundlicher Genehmigung der Treuhänder der Chester Beatty Library, Dublin.

Abb. 19   Bibliothèque Nationale, Paris.

Abb. 20   Aus: Viktor Schönfeld: Prognosticum astrologicum. o. O. 1563.

Abb. 21   Aus: Prognostica ab Jacobo Henrichmanno. o. O. 1508.

Abb. 22   Aus: Athanasius Kircher: Iter extaticum. Herbipoli. Würzburg 1660.

Abb. 23   Miniatur aus der „Bible moralisée", 14. Jahrhundert. Österreichische Nationalbibliothek, Codex 2554 fol. 1 v.

Abb. 24   Aus: Johannes Kepler: Mysterium cosmographicum. Tübingen 1596.

Abb. 25   Aus: Tycho Brahe: Astronomiae Instauratae mechanica. Wandsbeck 1598.

Abb. 26   Verlag C. H. Beck.

Abb. 27   Aus: Galileo Galilei: Il Saggiatore. Rom 1623.

Abb. 28   Biblioteca Nazionale, Florenz, Ms. Galileiano 55, fol. 8 v.

Abb. 29   Aus: Isaac Newton: Neue Theorie über Licht und Farben. In: Philosophical Transactions Nr. 81/1672.

Abb. 30   Zeichnung: Prof. Dr. Matthias Schramm.

Abb. 31   Zeichnung: Prof. Dr. Matthias Schramm.

Abb. 32   Max-Planck-Institut für Aeronomie, Lindau/Harz. Aufgenommen mit der Halley Multicolour Camera an Bord der Giotto-Raumsonde der ESA. Abdruck mit freundlicher Genehmigung von Dr. H. U. Keller.

Abb. 33   Max-Planck-Institut für Astronomie, Heidelberg/Calar Alto. Foto: K. Birkle.

Abb. 34   Gemälde von Emanuel Handmann (1718–1781), Kunstsammlung Basel. Foto: Bildarchiv Preußischer Kulturbesitz, Berlin.

Abb. 35   Zeitgenössischer Stich. Foto: Bildarchiv Preußischer Kulturbesitz, Berlin.

Abb. 36   Aus: Armand Freiherr von Schweiger-Lerchenfeld: Atlas der Himmelskunde. Verlag Hartleben, Wien/Pest/Leipzig 1898. Foto: Günter D. Roth.

Abb. 37   Aus: Armand Freiherr von Schweiger-Lerchenfeld: Atlas der Himmelskunde. A. a. O. Foto: Günter D. Roth.

Abb. 38   Aus: Friedrich Wilhelm Herschel: Über den Bau des Himmels. Dresden/ Leipzig 1826.

Abb. 39   Daguerreotypie von 1843. Foto: Stadtarchiv Aachen.

Abb. 40   Zeichnung von 1829. Foto: Kommunalarchiv Minden.

Abb. 41   Aus: Angelo Secchi: Die Sterne. Leipzig 1878.

Abb. 42   Aus: Gustav Müller: Photometrie der Gestirne. Verlag W. Engelmann, Leipzig 1897.

Abb. 43 Aus: Publikationen des Astrophysikalischen Observatoriums zu Potsdam. Bd. 15, Nr. 45. Potsdam 1907.

Abb. 44 Aus: Angelo Secchi: Die Sonne. Verlag G. Westermann, Braunschweig 1872. Foto: Lewis Morris Rutherford.

Abb. 45 Observatoire du Pic-du-Midi/Universitäts-Sternwarte Göttingen. Foto: Richard Muller.

Abb. 46 University of Michigan, USA.

Abb. 47 Universitäts-Sternwarte Göttingen.

Abb. 48 Zeichnung Verlag C. H. Beck. Nach: Rudolf Kippenhahn: Hundert Milliarden Sonnen. Piper Verlag, München 1981.

Abb. 49 Kitt Peak National-Observatory, USA.

Abb. 50 Canada-France-Hawaii Telescope Corporation.

Abb. 51 © 1980 Anglo-Australian Telescope Board/VLA/NRAO.

Abb. 52 © 1977 Anglo-Australian Telescope Board.

Abb. 53 Aufnahme vom 19. 7. 1985 in der Sierra Nevada/Spanien. Foto: Astronomische Arbeitsgemeinschaft Bochum: U. Bartelt/W. E. Celnik/P. Riepe/D. Sporenberg/H. G. Weber.

Abb. 54 Aus: Johann Viktor Feitzinger: Extragalaktische Sternsysteme. In: Günter D. Roth (Hrsg.): Handbuch für Sternfreunde. Bd. 2, Springer-Verlag, Heidelberg 1989.

Abb. 55 Aus: Johann Viktor Feitzinger: Extragalaktische Sternsysteme. A. a. O.

Abb. 56 Europäische Südsternwarte (ESO), Garching bei München.

Abb. 57 Palomar Observatory.

Abb. 58 Aus: Rudolf Kippenhahn: Licht vom Rande der Welt. Deutsche Verlags-Anstalt, Stuttgart 1984.

Abb. 59 Max-Planck-Institut für Radioastronomie, Bonn. Foto: G. Hutschenreiter.

Abb. 60 Max-Planck-Institut für Radioastronomie, Bonn. Abdruck der Radiokarte mit freundlicher Genehmigung des Autors.

Abb. 61 IPL/National Air and Space Agency (USA).

Abb. 62 IPL/National Air and Space Agency (USA).

Abb. 63 Max-Planck-Institut für extraterrestrische Physik, Garching bei München.

Die Autoren

Rainer Beck, geb. 1951, Dr. rer. nat., Wissenschaftlicher Mitarbeiter am Max-Planck-Institut für Radioastronomie Bonn.

Udo Becker, geb. 1925, Astrophysiker, Chefredakteur und Lexikograph.

Ingrid Craemer-Ruegenberg, geb. 1940, Professorin für Philosophie an der Universität Köln.

Wolfgang J. Duschl, geb. 1958, Dr. rer. nat., Wissenschaftlicher Assistent am Institut für Theoretische Astrophysik an der Universität Heidelberg.

Johannes Viktor Feitzinger, geb. 1939, Dr. rer. nat., Professor für Astronomie an der Ruhr-Universität Bochum und Direktor der Sternwarte Bochum.

Kurt Flasch, geb. 1930, Professor für Philosophie an der Ruhr-Universität Bochum.

Albrecht Fölsing, geb. 1940, Diplom-Physiker, Leiter der Wissenschaftsredaktion beim NDR-Fernsehen in Hamburg.

Hermann-Michael Hahn, geb. 1948, Wissenschaftsjournalist für Astronomie und Raumfahrt.

Dieter B. Herrmann, geb. 1939, Dr. rer. nat. et Dr. sc. phil., Honorarprofessor für Geschichte der Astronomie an der Humboldt-Universität Berlin, Direktor der Archenhold-Sternwarte und des Zeiss-Großplanetariums Berlin (DDR).

Joachim Herrmann, geb. 1931, Leiter der Westfälischen Volkssternwarte und des Planetariums Recklinghausen.

Rainer Kayser, geb. 1957, Dr. rer. nat., Astrophysiker, Wissenschaftlicher Mitarbeiter an der Hamburger Sternwarte.

David A. King, geb. 1941, Professor für Geschichte der Naturwissenschaften an der Universität Frankfurt a. M.

Rudolf Kippenhahn, geb. 1926, Honorarprofessor für Astronomie an der Universität München und Direktor des Max-Planck-Instituts für Astrophysik in Garching bei München.

Fritz Krafft, geb. 1935, Professor für Geschichte der Pharmazie und Direktor des Instituts für Geschichte der Pharmazie der Universität Marburg.

Thomas W. Kraupe, geb. 1956, Diplom-Physiker, Wissenschaftlicher Mitarbeiter und Stellvertretender Leiter des Carl-Zeiss-Planetariums Stuttgart.

Paul Kunitzsch, geb. 1930, Professor für Arabistik an der Universität München.

Rhea Lüst, geb. 1921, Dr. rer. nat., bis 1987 Wissenschaftliche Mitarbeiterin am Max-Planck-Institut für Astrophysik in Garching bei München, Schwerpunkt Kometenforschung.

Heribert Maria Nobis, geb. 1924, Dr. phil., bis 1989 Leiter der deutschen Copernicus-Forschungsstelle und Herausgeber der Nicolaus-Copernicus-Gesamtausgabe.

Peter Baron von der Osten-Sacken, geb. 1909, Professor für Astronomie an der Sternwarte Lübeck.

Günther D. Roth, geb. 1931, Diplom-Kaufmann, Mitherausgeber der Zeitschrift für Astronomie „Sterne und Weltraum".

Walter G. Saltzer, geb. 1938, Professor für Geschichte der Naturwissenschaften an der Universität Frankfurt a. M.

Wolfhard Schlosser, geb. 1940, Professor für Astronomie an der Ruhr-Universität Bochum.

Felix Schmeidler, geb. 1920, Dr. rer. nat., Professor für Astronomie an der Universität München.

Matthias Schramm, geb. 1928, Dr. phil. nat., Professor für Geschichte der Naturwissenschaften an der Universität Tübingen.

Uwe Schultz (Hrsg.), geb. 1936, Dr. phil., Leiter der Hauptabteilung Kulturelles Wort beim Hessischen Rundfunk in Frankfurt a. M.

Tilman Spengler, geb. 1947, Dr. phil., Sinologe und Publizist.

Joachim Trümper, geb. 1933, Dr. rer. nat., Honorarprofessor für Hochenergieastrophysik mit Röntgenastronomie an der Universität München und Direktor des Instituts für extraterrestrische Physik am Max-Planck-Institut für Physik und Astrophysik in Garching bei München.

Hans-Heinrich Voigt, geb. 1921, Professor em. für Astronomie und Astrophysik an der Universität Göttingen.

Axel D. Wittmann, geb. 1943, Dr. rer. nat., Wissenschaftlicher Mitarbeiter an der Universitäts-Sternwarte Göttingen.

Zu dieser Ausgabe

Scheibe, Kugel, Schwarzes Loch
Die wissenschaftliche Eroberung des Kosmos
Herausgegeben von Uwe Schultz
insel taschenbuch 1804

Der Text folgt der Ausgabe: *Scheibe, Kugel, Schwarzes Loch, Die wissenschaftliche Eroberung des Kosmos,* herausgegeben von Uwe Schultz, C. H. Beck Verlag, München 1990. Umschlagabbildung: NASA/Science Photo Library/Focus.

Am Fluß des Heraklit

Neue kosmologische Perspektiven

Herausgegeben von
Eberhard Sens
Kartoniert

Der Band versucht den neuen kosmologischen Denkbewegungen in vielen Bereichen nachzugehen: den Paradoxien der Physik oder der Entstehung der Zeit, den Theorien der Selbstorganisation oder der Verbindung von Bewußtsein und Materie. Erst in einer breit angelegten Suche läßt sich ein vertieftes Verständnis der Natur gewinnen.

Friedrich Cramer
Der Zeitbaum

Grundlegung einer allgemeinen
Zeittheorie
Gebunden

Daß die Zeit selbst eine Geschichte hat, daß sie entstanden ist und sich entwickelt, ist eine der aufregendsten Entdeckungen der letzten Jahre. Friedrich Cramer stellt hier einen neuen, umfassenden Zeitbegriff vor, der den aktuellen Erkenntnissen in Physik und Biologie, in Philosophie und Kosmologie Rechnung trägt.

Elisabet Sahtouris
Gaia

Vergangenheit und Zukunft
der Erde
Gebunden

Die Gaia-Theorie, die die Erde als einen einzigen großen Organismus betrachtet, steht inzwischen im Brennpunkt der ökologischen und politischen Debatten. Elisabet Sahtouris, Schülerin von James Lovelock, hat das Konzept weiterentwickelt und differenziert.

Carol Zaleski
Nah-Todeserlebnisse und Jenseitsvisionen

Gebunden

Nah-Todeserfahrungen, Berichte von Menschen, die nach ihrem klinischen Tod wieder ins Leben zurückkamen, sind inzwischen medizinisch bestätigt worden. Carol Zaleski vergleicht gegenwärtige Berichte von Nah-Todeserlebnissen und historisch-literarische Jenseitsvisionen. Überraschende Übereinstimmungen werden sichtbar: ein neuer Ansatz zur Deutung eines vielschichtigen Themas.

Jacob Needleman
Vom Sinn des Kosmos

Moderne Wissenschaften und
alte Wahrheiten
Gebunden

Auch die moderne Wissenschaft bedarf der Rückbesinnung auf alte Weisheitslehren. Needleman plädiert, bei aller nötigen Differenzierung, für eine umfassende Reintegration und damit auch für eine Humanisierung der Wissenschaften.

Michio Kaku/Jennifer Trainer
Jenseits von Einstein
Die Suche nach der Theorie
des Universums

Gebunden

Die Suche nach einer einheitlichen
Theorie zur Erklärung des Universums ist die zentrale Aufgabe der
Astrophysik und der Quantentheorie. Das Buch gibt eine Zusammenfassung der kosmologischen
Grundgedanken der letzten Jahre
und Einblick in neueste Erklä-
rungsversuche.

Werner Künzel/Peter Bexte
Allwissen und Absturz
Der Ursprung des Computers

Gebunden

Auch der Computer und seine
Theorie haben ihre Geschichte. Sie
reicht zurück bis zu kosmologischen, religiösen und sprachphilo-
sophischen Konzepten in Mittelalter und Barock. Die alten Texte
und die neuen Maschinen demon-
strieren auf ihre besondere Weise
die Logik des Universums.

David Lorimer
**Die Ethik der
Nah-Todeserfahrungen**
Mit einem Vorwort von
Raymond A. Moody

Gebunden

Das Plädoyer für ein neues Bewußtsein der Einheit, Verbunden-
heit und Verantwortlichkeit; der
Entwurf einer neuen Ethik, die auf
dem empirischen Boden der Nah-
Todeserfahrungen entstehen kann.

Fred Alan Wolf
Parallele Universen
Die Suche nach anderen Welten

Gebunden

In glänzendem Weiterdenken der
heute gängigen Quantentheorie
führt Wolf den Leser in die Annahme paralleler Universen ein, in
die Vorstellung, nach der die
Zukunft die Vergangenheit zu
bestimmen vermag, nach der pro-
phetische Träume und Schizophre-
nie die Überlappung paralleler
Universen anzeigen und Quanten-
computer den Aktienmarkt vorhersagen können.

Wolfgang Kaempfer
Zeit des Menschen
Das Doppelspiel der Zeit im Spek-
trum der menschlichen Erfahrung

Gebunden

Wolfgang Kaempfers Buch enthält
eine umfassende Darstellung der
›Zeit des Menschen‹, in Religion
und Mythologie, in Politik und
Gesellschaft, in Kunst und Philosophie. Zusammen mit Friedrich
Cramers ›Zeitbaum‹ liegt damit, in
zwei Bänden, eine Art Handbuch
zur ›Zeit‹ vor.

Friedrich Cramer
Chaos und Ordnung
Die komplexe Struktur des
Lebendigen.

*Mit zahlreichen Abbildungen
insel taschenbuch 1496*

Natur ist keineswegs nur Ordnung, die Vorstellung des durch
und durch geregelten Kosmos ist

erschüttert. Alles Lebendige bewegt sich auf dem schmalen Grat zwischen Chaos und Ordnung. Diese Polarität gehört heute zu den wichtigsten Fragen der Wissenschaft. Cramers Buch beschreibt das neue Paradigma in der Anwendung auf zahlreiche Disziplinen.

Richard M. Bucke
Kosmisches Bewußtsein
Zur Evolution des
menschlichen Geistes
insel taschenbuch 1498

R. M. Bucke hat mit diesem Buch auf dem Gebiet der Bewußtseinsforschung und Tiefenpsychologie innovativ gewirkt. Auf nüchternsachliche Weise beschreibt Bucke Möglichkeit und Wirklichkeit einer Bewußtseinsveränderung und untersucht zahlreiche historische Fälle.

Fred Alan Wolf
Körper, Geist und neue Physik
Eine Synthese der neuesten
Erkenntnisse von Medizin und
moderner Naturwissenschaft
insel taschenbuch 1497

Die klassische Physik eines Galilei und Newton hat auch die Mechanik des menschlichen Körpers verständlich gemacht. Doch erst die Quantenphysik versetzt uns in die Lage, den letzten Geheimnissen des Lebens ein Stück näher zu kommen. Der amerikanische Physiker F. A. Wolf vermittelt neue Einsichten in den Zusammenhang von Geist und Materie, Seele und Körper.

Der Geist im Atom
Eine Diskussion der Geheimnisse
der Quantenphysik
Herausgegeben von
P. C. Davies und J. R. Brown
insel taschenbuch 1499

Anlaß dieses Buches waren die Experimente von Alain Aspect in Frankreich, die neues Licht auf die Debatte zwischen Niels Bohr und Albert Einstein warfen. Julian Brown und Paul Davies interviewten führende Physiker, die einen besonderen Anteil an der Entwicklung der Quantentheorie haben. Eine klare und knappe Einführung erläutert die Grundlagen der Quantentheorie, ihre Rätsel und Paradoxa sowie ihre unterschiedlichen philosophischen Deutungen.

Anthony Zee
Magische Symmetrie
Die Ästhetik in der
modernen Physik
insel taschenbuch 1501

Die theoretische Physik der Gegenwart richtet ihren Blick in immer stärkerem Maße auf den Entwurf eines einfachen und umfassenden Konstruktionsplans unserer Welt. Bei der Suche nach diesen elementaren Strukturen hat die moderne Physik erkannt: Die Natur gehorcht prinzipiell denselben Gesetzen wie die Ästhetik; besonders Formen der Symmetrie finden sich in den Bausteinen der Natur ebenso wie in der Kunst.

James Lovelock
Das Gaia-Prinzip
Die Biographie unseres Planeten
insel taschenbuch 1542

Inzwischen ist die Gaia-Theorie auch in Deutschland anerkannt. Dazu hat das weltweit Aufsehen erregende Buch von James Lovelock erheblich beigetragen. Denn er ist der Begründer dieses neuen Paradigmas der Geologie und Biologie, der Erdbetrachtung insgesamt. Auf dem Spiel steht heute die Gesundheit der Erde. Das Gaia-Prinzip eröffnet neue Perspektiven und neue Chancen für uns alle.

Ian Stewart
Spielt Gott Roulette?
Uhrwerk oder Chaos
insel taschenbuch 1543

Chaos »ist inzwischen eines der meistdiskutierten Phänomene der gegenwärtigen Mathematik«. Stewart zeigt, daß dieser neuen Mathematik ein großer Teil der Natur entspricht, daß die Welt der Dynamik sich noch immer unseren Berechnungen entzieht. Spielt Gott also Roulette mit unserer Welt – oder spielt er ein tiefsinnigeres Spiel, dessen Regeln wir nur noch nicht verstanden haben?

John Gribbin/Martin Rees
Ein Universum nach Maß
Bedingungen unserer Existenz
insel taschenbuch 1579

Eine aktuelle Einführung in die Grundfragen der Kosmologie, zur Entstehung des Universums ebenso wie zur Theorie der ›Schwarzen Materie‹, zu den physikalischen Gesetzen des Kosmos und zur Entwicklung des Lebens. Fesselnd geschrieben und für jedermann verständlich, macht dieses Buch dem Leser deutlich, was in der Astrophysik zur Erkenntnis geworden ist: »Unser« Universum ist ein Universum nach Maß für die Menschheit, und es ist das einzig denkbare, in dem wir existieren können.

Mircea Eliade
Kosmos und Geschichte
Der Mythos der ewigen
Wiederkehr
insel taschenbuch 1580

Bei dem Versuch des Menschen, seine eigene Stellung im Universum zu deuten, lassen sich zwei einander prinzipiell entgegengesetzte Grundhaltungen unterscheiden: die des »historischen (modernen) Menschen«, der sich als Schöpfer der Geschichte erkennt, und die des »Menschen der archaischen Kulturen«, der die Geschichte abwehrt, indem er alles Historische in ein System von Mythen und Archetypen einordnet. Alles Geschehen im Leben des Individuums wie der Gemeinschaft hat auf diese Weise selbst teil an einem Urbild, ja wird selbst ein Teil einer überzeitlichen Gegenwart. Dadurch erhält es seinen Wert: Das »Chaos« wird zum »Kosmos«, »Geschichte« zur »Wirklichkeit« beispielhafter Vorbilder. *Kosmos und Geschichte* gehört zu Mircea Eliades bahnbrechenden Arbeiten, dessen Œuvre in Deutschland vor allem von den Verlagen Suhrkamp und Insel betreut wird.